本书精彩案例

▶ 制作水墨画效果

▶ 遮罩的使用

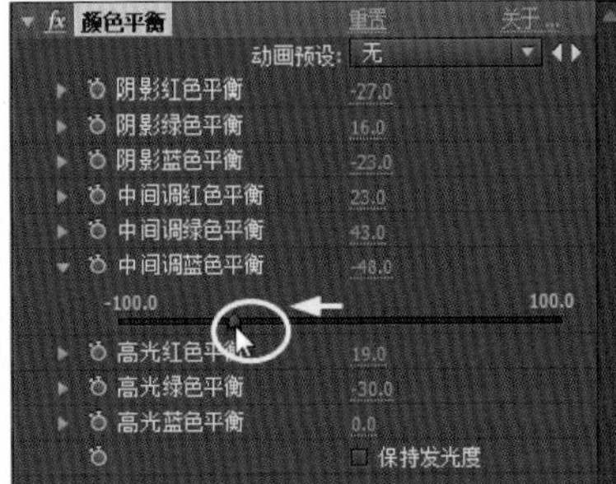

▶ 图像的色彩校正

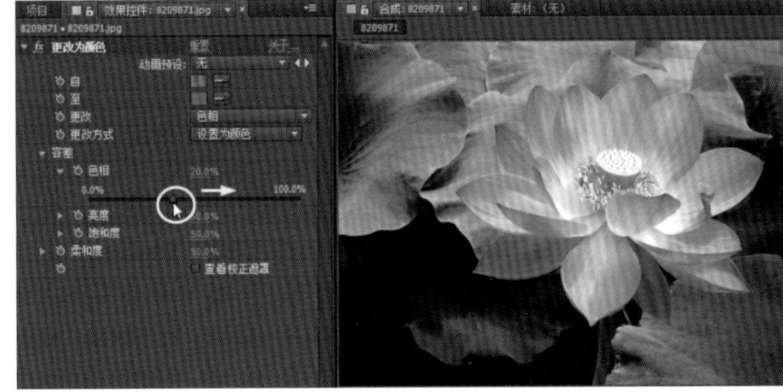

▶ 更改图像颜色

▶三色调效果

本书精彩案例

火焰字的制作

我市历年房价走势图

8000
7000
6000
5000
4000
3000
2000
1000

05年 06年 07年 08年 09年 10年 11年

走势图的制作

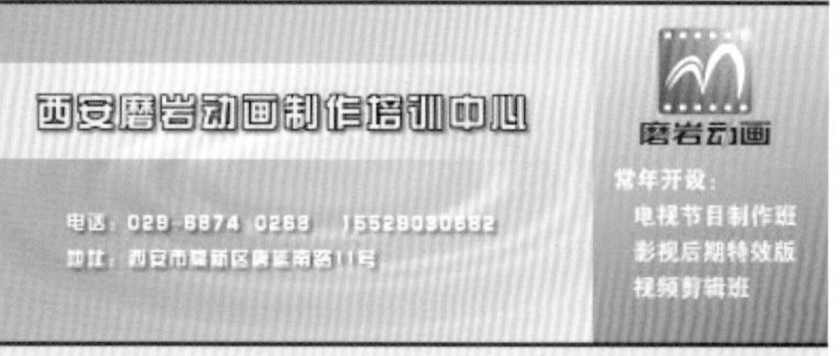

磨岩动画宣传广告的制作

视频的动态跟踪技术

本书精彩案例

▶ 制作内容提要

▶ 下雪、下雨效果

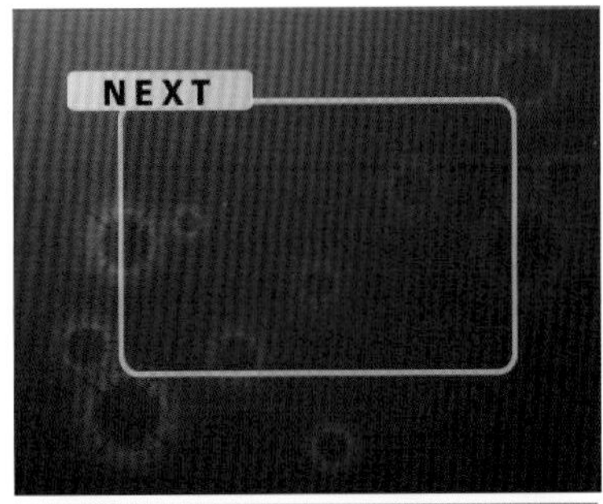

▶ 制作电视节目导视

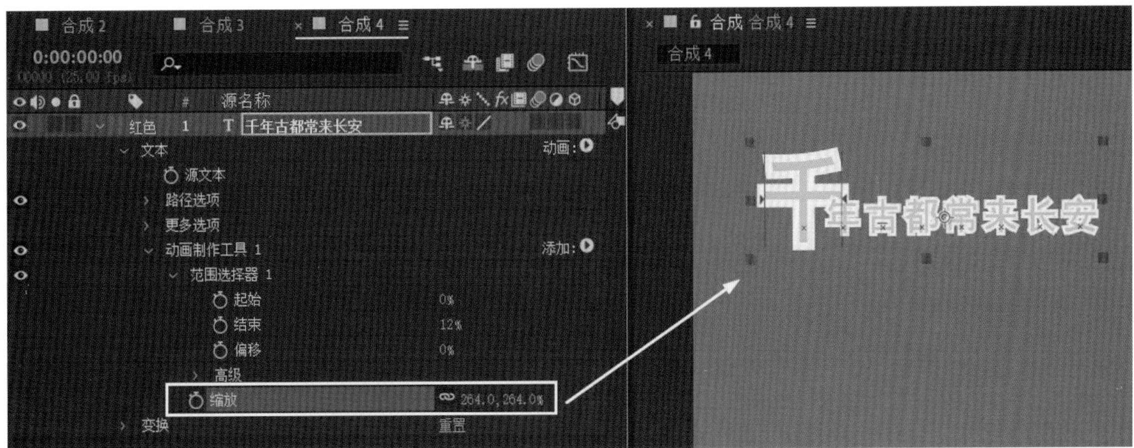

▶ 设置文字动画效果

本书精彩案例

微电影片尾制作

片名制作

“磨岩摄影采风活动”片头最终效果

利用内容识别移除公路上的汽车效果

《和孩子们在一起》片头制作

计算机规划教材·实用教程系列

新编 After Effects 2022 影视后期制作实用教程

马建党　编著

西北工業大學出版社

西　安

【内容简介】 本书主要内容包括认识 After Effects 2022、基础操作、时间线的介绍、蒙版和图形的绘制、文字的应用、绚丽的视频特效、三维空间合成、综合应用实例、上机实验等，各章后面都附有思考与练习，使读者在学习时更加得心应手，做到学以致用。

本书结构合理，内容系统全面、循序渐进，理论与实践相结合，非常适合广大影视后期制作人员、各电视台工作人员、婚庆公司人员等学习或参考；既可作为各高等学校 After Effects 2022 基础课程的首选教材，也可作为高等教育影视专业、各成人高校、民办高校及社会培训班的教材，同时还可供广大视频处理、影视制作爱好者自学参考。

图书在版编目（CIP）数据

新编 After Effects 2022 影视后期制作实用教程 / 马建党编著. —西安：西北工业大学出版社，2022.11
ISBN 978-7-5612-8442-1

Ⅰ. ①新… Ⅱ. ①马… Ⅲ. ①图像处理软件-教材 Ⅳ. ①TP391.413

中国版本图书馆 CIP 数据核字（2022）第 207894 号

XIN BIAN After Effects 2022 YINGSHI HOUQI ZHIZUO SHIYONG JIAOCHENG
新编 After Effects 2022 影视后期制作实用教程
马建党 编著

责任编辑：万灵芝 **策划编辑：**杨 睿
责任校对：李文乾 **装帧设计：**李 飞
出版发行：西北工业大学出版社
通信地址：西安市友谊西路 127 号 邮编：710072
电　　话：（029）88493844，88491757
网　　址：www.nwpup.com
印 刷 者：西安浩轩印务有限公司
开　　本：787 mm×1 092 mm 1/16
印　　张：21 **插页：**2
字　　数：563 千字
版　　次：2022 年 11 月第 1 版 2022 年 11 月第 1 次印刷
书　　号：ISBN 978-7-5612-8442-1
定　　价：58.00 元

如有印装问题请与出版社联系调换

前　言

After Effects 2022 是享有盛名的 Adobe 公司推出的一款用于电影特效、电视栏目制作、影视动画制作和多媒体设计的合成编辑软件。该软件以功能强大、操作简单、性能稳定为特点，受到广大专业影视制作人员的青睐和推崇。

这是一本写给影视特效及影视后期制作人员的教材，完全将笔者多年来丰富的影视工作经验和教学经验相融合。全书系统地介绍了 After Effects 2022 软件及其应用技巧，循序渐进，从零基础到高级，帮助广大影视爱好者和专业制作人员全面了解 After Effects 2022 软件的各项功能，进而能够快速直观地了解和掌握 After Effects 2022 的基本使用方法、操作技巧和实际应用。

本书共分 9 章，在初步介绍 After Effects 2022 软件和视频有关基础知识之后，对软件各视窗的功能进行了详细的讲解，并介绍了软件的实际运用，有利于读者进一步掌握影视制作的理论与方法。其中第 1～7 章配备了相应的思考与练习，通过理论联系实际，帮助读者举一反三，活学活用，进一步巩固所学的知识。书中对每一个案例都进行了详细的介绍，步骤简明清晰。此外，还添加了操作“提示”和“注意”，对初学者在操作中容易出现的一些问题进行了剖析，使读者学有所思、学有所想、学有所成。

本书结构合理，图文并茂，内容系统全面，实例丰富实用，既可作为各高等学校 After Effects 2022 基础课程的首选教材，也可作为成人高校、民办高校及社会培训班的教材，同时还可供广大影视后期制作爱好者参考。

非常感谢陕西省宁陕县教育局、宁陕县委宣传部、宁陕县丰富镇猴子坪小学的大力协助。给予本书帮助和支持的还有胡凤莲、申玉玲、马琰菊、马乐岩、申崇录、胡海森、胡世权、黄同谦、杨宁、吴西平、杨春燕、金海波、岳甜、刘成、李嘉凤、南乐坤、张伟、邢伟涛、钟昕、尹婷、杨堃等，在此一并表示感谢！

在编写本书的过程中笔者力求严谨细致，但由于水平有限，书中难免出现疏漏与不妥之处，敬请广大读者批评指正。

编　者

2022 年 1 月

目 录

第 1 章　认识 After Effects 2022

After Effects 2022 是 Adobc 公司推出的一款用于高端视频特效的专业特效合成编辑软件，功能比以前的版本更加强大，良好的通用性和易用性使它拥有越来越多的用户。该软件适用于从事设计和视频特技的机构，包括电视台、动画制作公司、个人后期制作工作室以及多媒体工作室。尤其是随着 DV 的广泛运用和 Web 的日益发展，人们越来越需要一个得心应手的工具来合成和编辑视频，因此 After Effects 2022 软件已经成为目前最为流行的影视后期合成软件。

知识要点

- 软件的基本功能
- After Effects 2022 的新增功能
- 软件的启动和退出
- 软件的界面介绍和自定义
- 视频的基础知识

1.1　软 件 简 介

Adobe After Effects 软件可以帮助用户高效且精确地创建无数种引人注目的动态图形和震撼人心的视觉效果，利用与其他 Adobe 软件无与伦比的紧密集成和高度灵活的 2D 和 3D 合成，以及数百种预设的效果和动画，软件界面布局合理，操作简单，最大的优点就是具有分层编辑和强大的特技控制等功能。

1.1.1　After Effects 2022 的基本功能

After Effects 2022 可以支持多种视频格式的编辑，还可以引入 Photoshop 中图层的概念，对多图层的合成图像进行分层编辑。另外，除了对视频进行剪辑、修复，还提供了高级的关键帧运动控制、路径动画、变形特效、粒子特效等功能。

（1）强大的视频处理技术。After Effects 2022 不但可以处理各种视频，还可以制作出令人震撼的视觉效果。它借鉴了许多优秀软件的成功之处，将视频特效合成技术上升到了一个新的高度，软件界面如图 1.1.1 所示。

图 1.1.1　After Effects 2022 软件界面

（2）分层编辑方式。After Effects 2022 可以与 Adobe 公司其他软件紧密结合，实现分层编辑的方式，如图 1.1.2 所示。

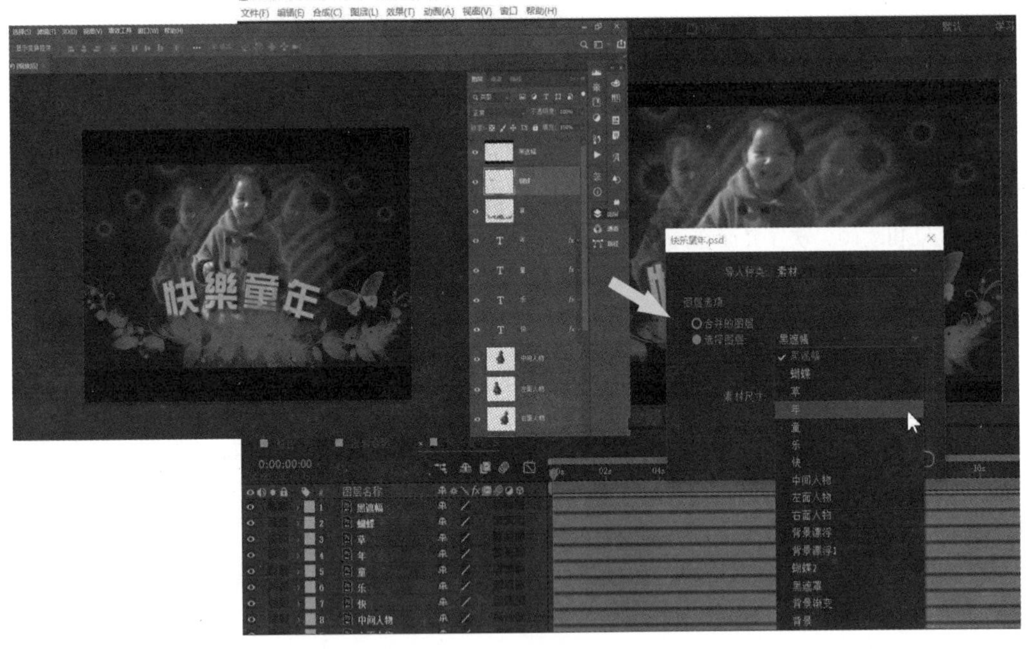

图 1.1.2　将 Photoshop 带图层文件导入 After Effects 2022

（3）强大的路径功能。利用钢笔工具可以随心所欲地绘制动画路径，制作出许多意想不到的路径动画效果，如图 1.1.3 所示。

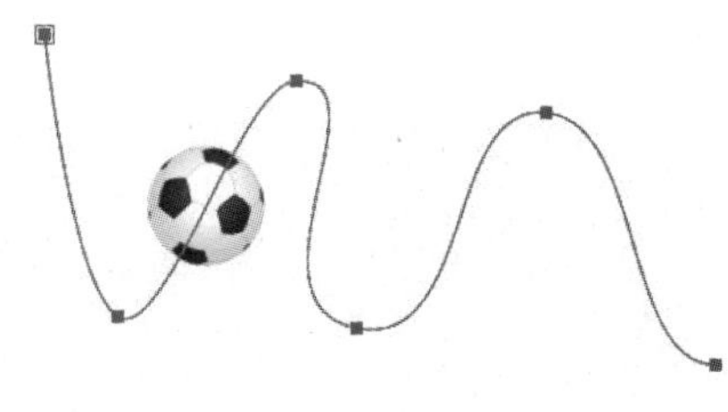

图 1.1.3　路径动画

（4）强大的特技控制技术。After Effects 2022 提供了多种不同类型的内置特效，可以将视频制作出各种特殊的效果，如图 1.1.4 所示。

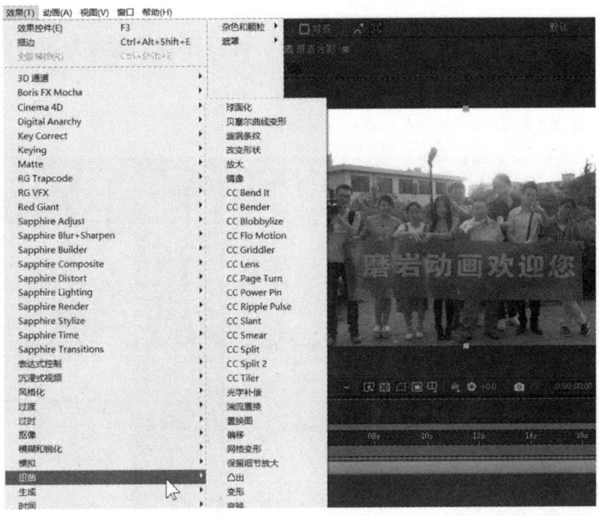

图 1.1.4　“效果”菜单

（5）高质量视频编辑。After Effects 2022 可以编辑 2K、4K 电影，画面尺寸为 4 096 像素×3 112 像素，可以自由设置合成画面大小等，如图 1.1.5 所示。

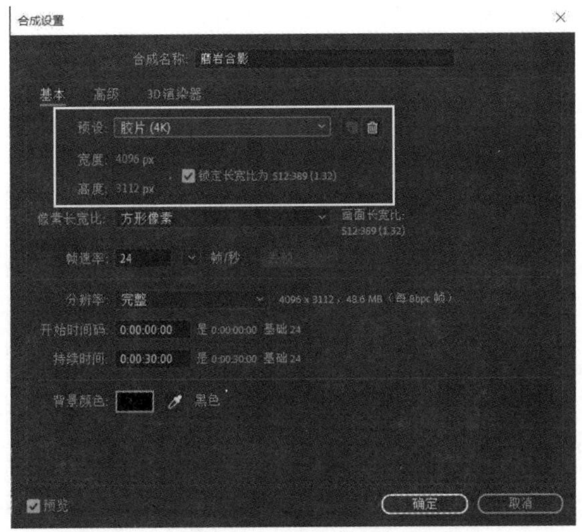

图 1.1.5　图像“合成设置”对话框

（6）高效的关键帧编辑。After Effects 2022 支持具有关键帧所有层属性的动画，利用曲线编辑器可以编辑动画，如图 1.1.6 所示。

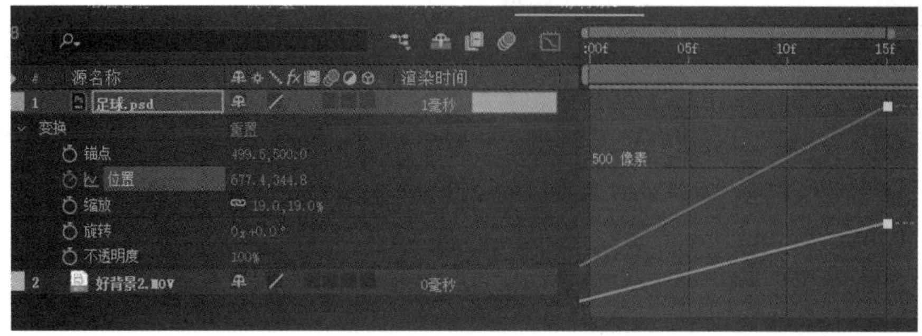

图 1.1.6　“动画关键帧”编辑

（7）3D 空间合成编辑。After Effects 2022 除了可以在 2D 空间进行编辑外，还可以在 3D 空间对素材进行编辑，如图 1.1.7 所示。

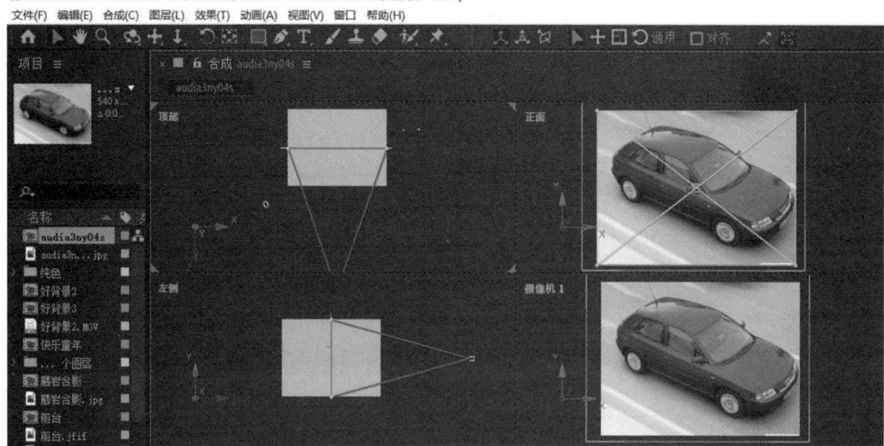

图 1.1.7　“三维空间”编辑

（8）高效的多格式渲染。可以根据用户的需要选择所输出的视频格式，After Effects 2022 提供了多种视频格式供用户选择，如图 1.1.8 所示。

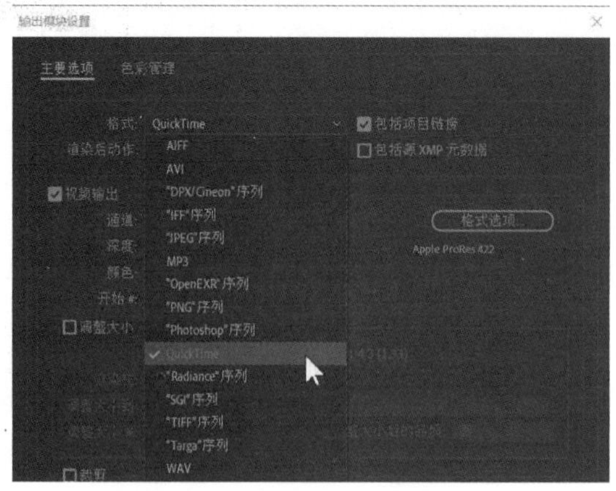

图 1.1.8　“输出组件设置”对话框

（9）强大的跟踪技术。After Effects 2022 提供了强大的跟踪运动、稳定运动功能，利用跟踪器对跟踪物体与动态画面进行完美的动态跟踪，如图 1.1.9 所示。

图 1.1.9　“跟踪器”的设置

1.1.2　After Effects 2022 的新增功能

After Effects 2022 在上一版本的基础上又增加了许多新的功能，使 After Effects 软件更加完善，功能更加强大。

（1）全新的主页界面。在软件工具箱单击主页按钮就可以打开主页界面，在主页里分布了新建项目、打开项目等选项，用户可以根据自己的需要直接选取即可。在面板上还新增了“将合成内容制成动画”的功能，如图 1.1.10 所示。

图 1.1.10　“切换主页界面”的操作

（2）软件界面布局更合理。软件的界面颜色比以前要深一些，界面布局更加合理，各面板间相互连接在一起，操作起来更加方便快捷，如图 1.1.11 所示。

图 1.1.11　After Effects 2022 工作界面

（3）新颖的合成嵌套示意图。在制作过程中，合成间的相互嵌套应用使用频率较高，因此软件也采用很新颖的合成嵌套示意图，如图 1.1.12 所示。

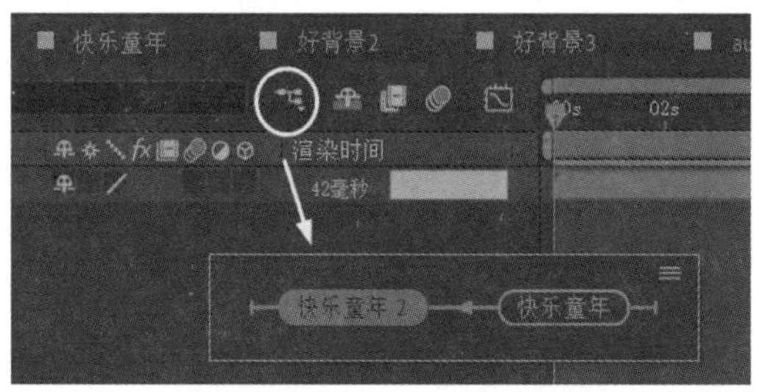

图 1.1.12　合成嵌套示意图

（4）After Effects 2022 新增了多帧渲染功能，大幅度提升了 After Effects 的运行速度。多帧渲染会影响项目在计算机上的渲染速度，软件会自动调整资源的使用，以便提升电脑硬件的性能并加速项目合成的渲染，如图 1.1.13 所示。

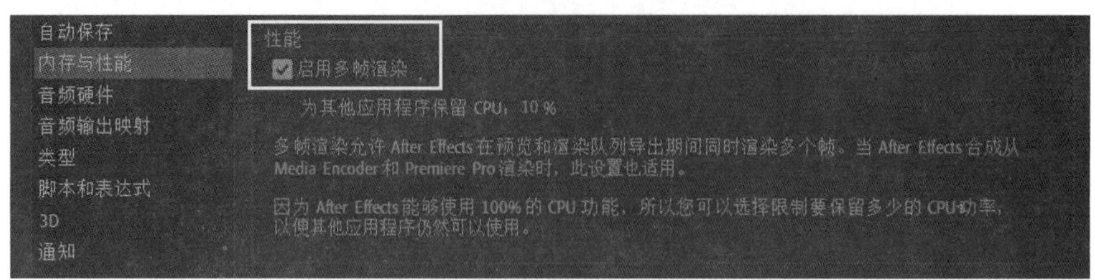

图 1.1.13　启用多帧渲染功能

（5）重新设计的渲染队列可突出显示当前渲染的内容、剩余时间、渲染进度、渲染信息和系统的使用情况等信息，另外还新增了队列完成时通知等，如图 1.1.14 所示。

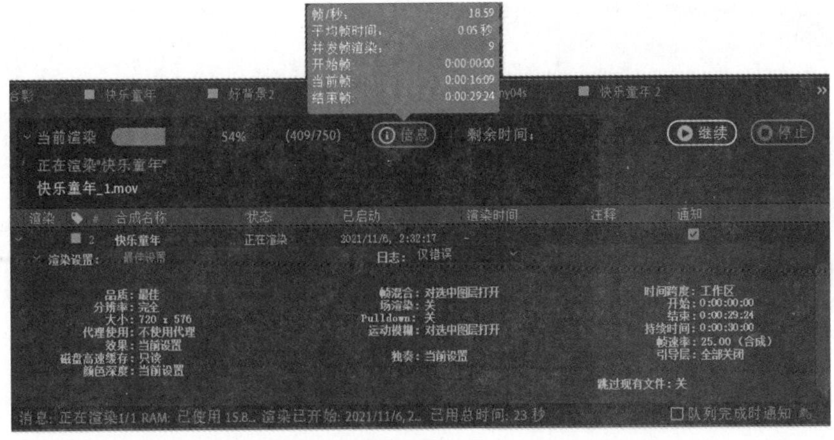

图 1.1.14　全新的渲染队列面板

（6）新增的空闲时缓存帧功能，可以根据设定的闲置时长自动渲染合成，默认空闲时间设置为 8 秒，如图 1.1.15 所示。

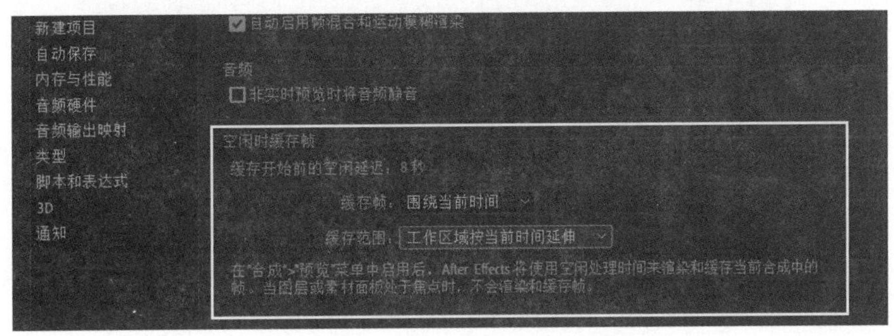

图 1.1.15　新增的空闲时缓存帧功能

（7）新增画面水平合成分析器功能。软件根据时间线上的素材和特效进行分析并确定渲染所需的时间，如图 1.1.16 所示。

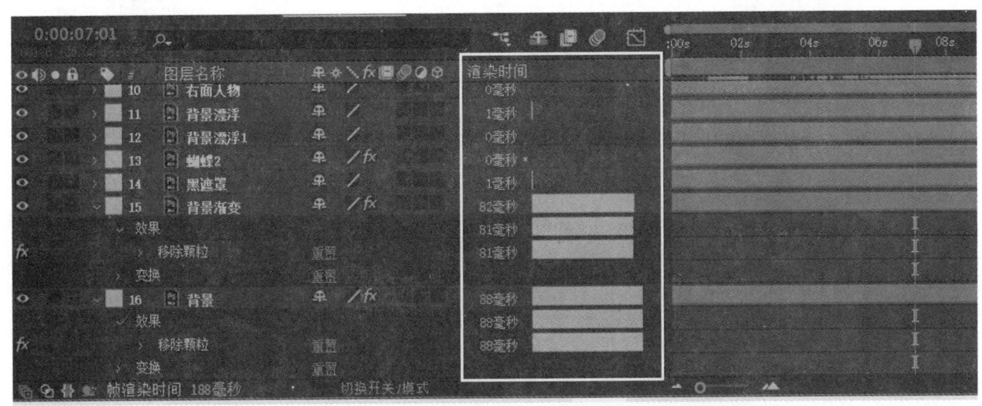

图 1.1.16　合成分析器功能

（8）After Effects 2022 的渲染队列面板里，单击 AME 中的队列 按钮就可以使用 Adobe Media Encoder 中的多帧渲染功能导出为合成，如图 1.1.17 所示。

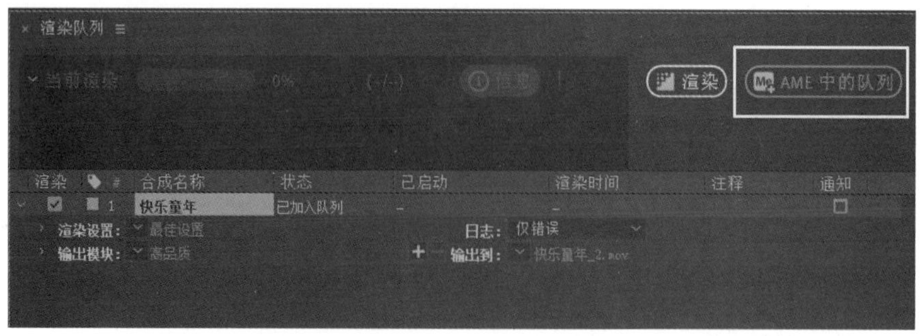

图 1.1.17　渲染队列面板新增 Adobe Media Encoder 的队列功能

（9）全新的动画曲线编辑功能。全新的动画曲线编辑功能，使编辑动画更方便、更快捷，如图 1.1.18 所示。

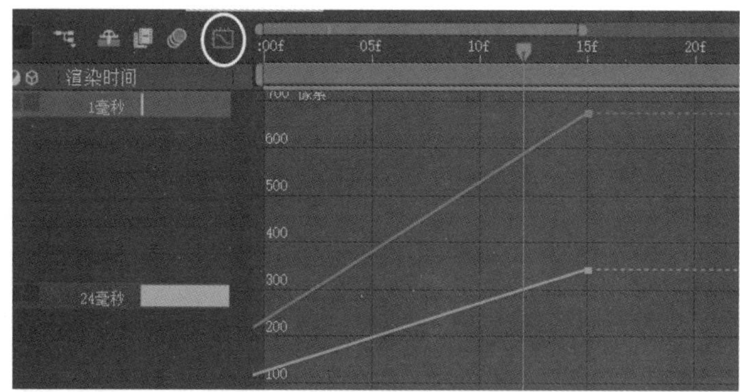

图 1.1.18　动画曲线编辑工具

（10）自动分辨率选项。新增的自动分辨率选项可以使视图自动匹配分辨率，如图 1.1.19 所示。

图 1.1.19　自动分辨率选项

（11）与 Adobe 公司其他软件动态链接。After Effects 2022 版本与 Adobe Photoshop、Adobe Premiere、Maxon Cinema 4D 形成完美的动态链接，如图 1.1.20 所示。

图 1.1.20　导出菜单选项

（12）蒙版羽化工具。新增的蒙版羽化工具可以将图像蒙版边缘进行羽化效果设置，如图 1.1.21 所示。

图 1.1.21　蒙版羽化工具

（13）After Effects 2022 版本不再需要创建摄影机图层，即可在 3D 空间中更直观地在视图上对素材进行旋转、平移和前后推拉镜头等操作，如图 1.1.22 所示。

图 1.1.22　旋转视图操作

1.2 启动 After Effects 2022

1.2.1 软件的启动和退出

安装 After Effects 2022 软件后，在电脑桌面上显示软件的启动快捷方式图标。启动 After Effects 2022 应用程序的方法和传统软件完全相同，有以下两种。

（1）单击菜单“开始”→“所有程序”→“Adobe After Effects 2022”选项，即可打开 After Effects 2022 软件，如图 1.2.1 所示。

（2）在电脑桌面双击 Adobe After Effects 2022 快捷方式图标，如图 1.2.2 所示。

图 1.2.1 启动 After Effects 2022

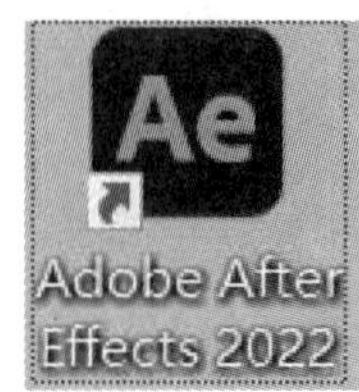

图 1.2.2 After Effects 2022 快捷方式图标

启动 After Effects 2022 软件后，软件开始加载应用程序，如图 1.2.3 所示。

图 1.2.3 After Effects 2022 启动界面

软件启动后会自动弹出主页界面，这也是 After Effects 2022 软件新增的一个功能。在主页界面中，包含了主页、新建项目、打开项目和最近使用项等，如图 1.2.4 所示。

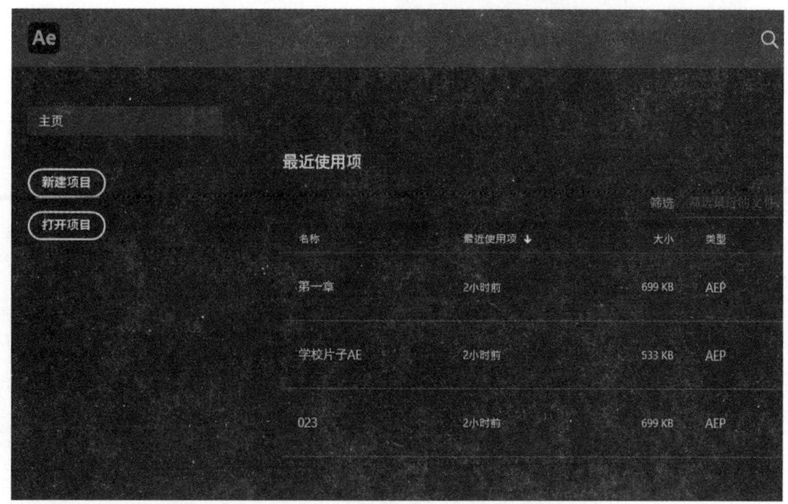

图 1.2.4　After Effects 2022 主页界面

最近使用项：软件最近使用的一些工程项目文件，位置最上面的工程项目离上次关闭时间最近，用户可以根据需要直接点击打开相对应的工程文件。

新建项目：单击此项可以直接新建 After Effects 的一个工程项目文件。

打开项目：打开一个 After Effects 的工程项目文件。

注意：这里的打开文件只能是打开.aep 类型的 After Effects 工程项目文件，而不是导入视频文件，如图 1.2.5 所示。

图 1.2.5　通过主页界面打开工程项目文件

提示：在工具箱单击主页按钮，可以打开主页面板；另外，在主页面板单击图标可以关闭主页面板，如图 1.2.6 所示。

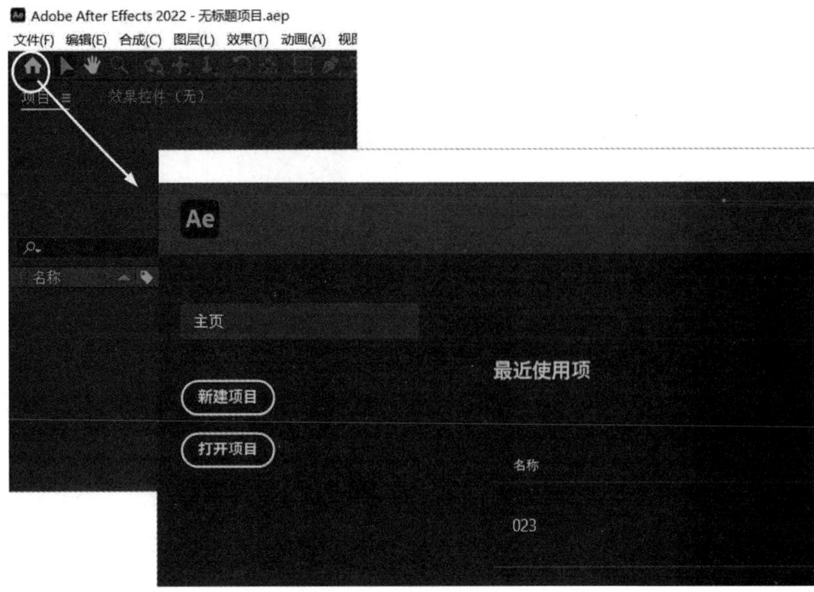

图 1.2.6　打开主页界面

退出 After Effects 2022 应用程序的方法有以下几种：

（1）单击软件窗口右上角的“关闭”按钮 × 。

（2）单击鼠标执行菜单“文件”→“退出”命令，如图 1.2.7 所示。

（3）按键盘快捷键“Ctrl+Q”键。

图 1.2.7　“文件”菜单

1.2.2　软件的界面和工作流程

运行 After Effects 2022 以后，屏幕上将显示如图 1.2.8 所示的窗口。After Effects 的窗口和 Photoshop 有许多相似的地方，其实 After Effects 和 Photoshop 有着千丝万缕的关系。Photoshop 是处理静态图片软件，而 After Effects 是处理动态视频软件，两款软件都是 Adobe 公司的产品，都是基于层的方式编辑，在工作中，可以把 After Effects 看作“动态的 Photoshop”。在 Photoshop 中的许多想法完全可以利用 After Effects 来编辑。

图 1.2.8　After Effects 2022 软件工作窗口

After Effects 2022 软件的工作窗口除了标题栏、菜单栏和工具箱以外，还包括项目面板、效果控件、合成视窗、合成时间线窗口、音频面板、信息面板、播放控制面板、特效和预置面板、文字属性面板、段落面板和跟踪器面板等。

软件的基本工作流程如下：

（1）通过项目面板导入要编辑的素材并分类管理，如图 1.2.9 所示。

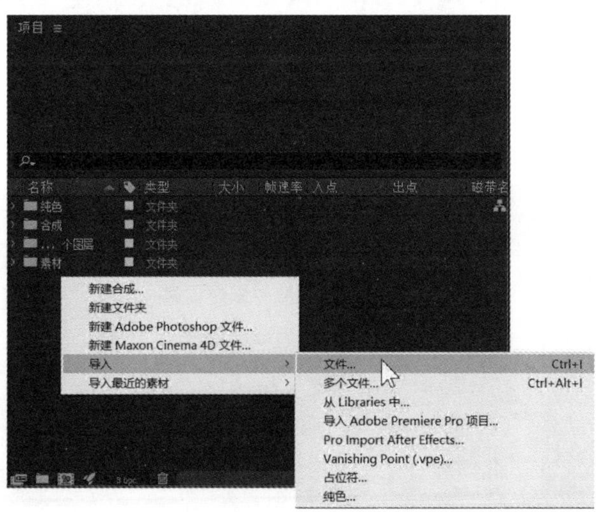

图 1.2.9　在项目面板导入素材

（2）将素材添加到合成时间线，在合成时间线上设置动画关键帧，如图 1.2.10 所示。

图 1.2.10　添加素材到合成时间线

（3）在工具箱选择所需要的工具，在合成视窗对素材进行编辑，如图 1.2.11 所示。

图 1.2.11　选择所需的工具在合成视窗编辑素材

（4）通过字符面板设置文字的属性，如图 1.2.12 所示。

图 1.2.12　编辑文字

（5）在特效和预置面板添加所需要的特效，在特效控制面板进行特效设置，如图 1.2.13 所示。

图 1.2.13　添加特效并调整参数

（6）通过播放控制预览动画效果，如图 1.2.14 所示。

图 1.2.14　预览动画效果

（7）输出最终动画片段，如图 1.2.15 所示。

图 1.2.15　输出动画片段

1.2.3 工作区的自定义

从 After Effects 7.0 版本以后，软件的界面做了许多人性化的改进，而 After Effects 2022 在 After Effects 7.0 版本的基础上又做了许多改进，更便于操作。

1. 工作区的显示方式

根据用户的需要，After Effects 2022 的工作区分为动画、所有面板、效果、文本、标准、浮动面板、简约、绘画和运动跟踪等，如图 1.2.16 所示。

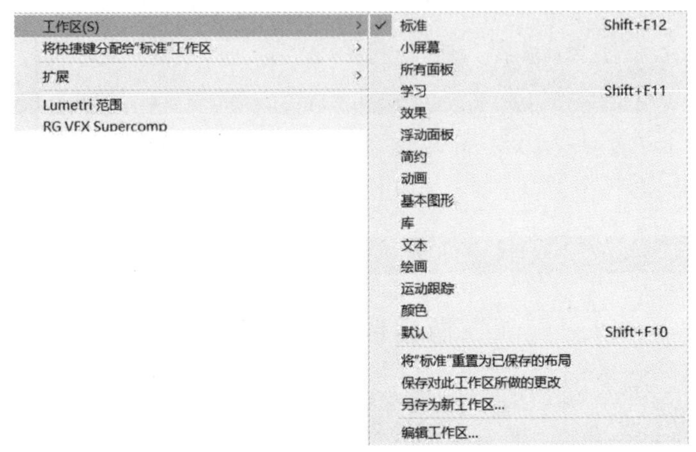

图 1.2.16 工作区下拉菜单

提示：选择“浮动面板”选项可以将工作区的各面板解除停靠，也可以将用户自定义编辑的工作区通过“新建工作区”进行保存，编辑工作区时可以通过“重置『标准』工作区”重置到标准工作区状态。

2. 工作区各面板的关闭和打开

工作区面板的关闭有以下几种方法：

（1）在面板的左上角点击面板选项按钮选择“关闭面板”选项，如图 1.2.17 所示。

（2）在窗口菜单选择或取消相对应的“字符”选项即可打开或关闭字符面板，如图 1.2.18 所示。

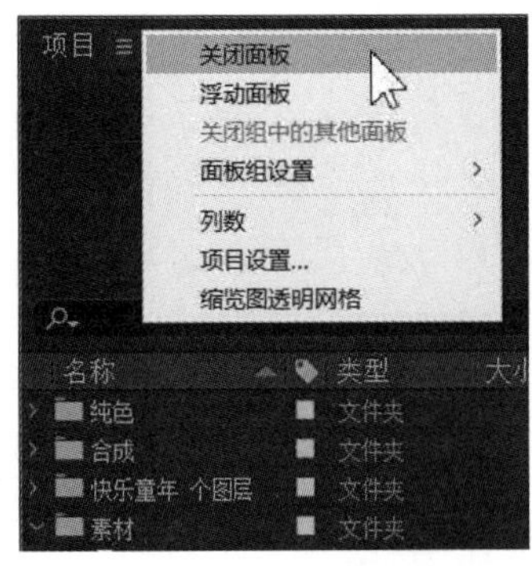

图 1.2.17 关闭项目面板

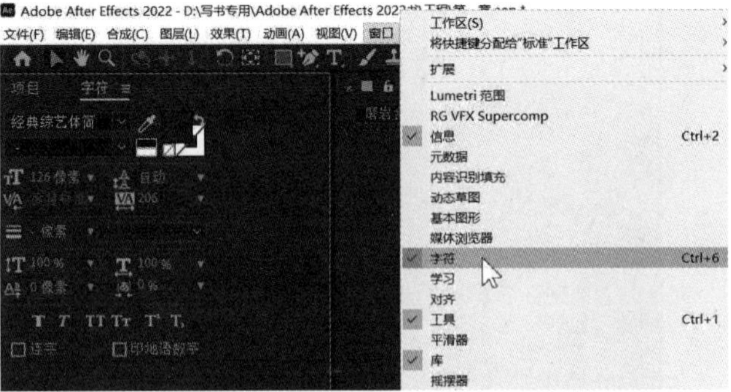

图 1.2.18 “字符”选项

注意：在“面板组设置”里选择“关闭面板组”选项，可以将关闭面板所处位置的“项目”面板的整组面板关闭，如图 1.2.19 所示。

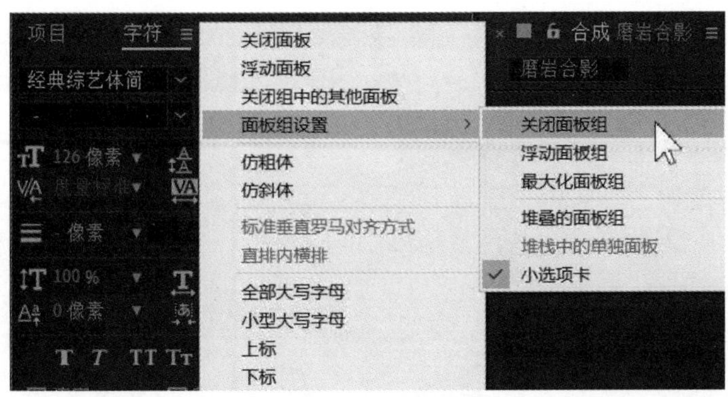

图 1.2.19　关闭面板组

关闭了工作区的项目面板以后，可以通过单击鼠标菜单“窗口”→“项目”打开项目面板，如图 1.2.20 所示。

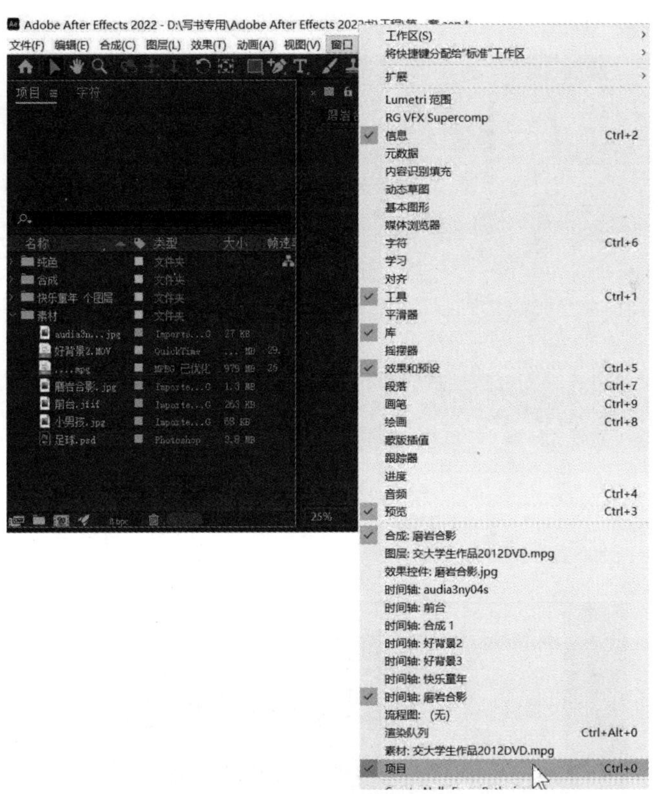

图 1.2.20　打开项目面板

提示：软件工作区其他面板的打开和关闭与项目面板的方法完全相同，都可以通过“窗口”菜单下选择面板的名称打开或者关闭，名称前面有“√”的面板为显示状态，名称前面没有“√”的面板为关闭状态。

3. 面板的大小改变和嵌套

鼠标移动至面板的边界处时会变成黑色的双向箭头，单击鼠标左键拖动可以改变相邻两个面板的大小，如图 1.2.21 所示。

图 1.2.21　改变相邻两个面板的大小

鼠标移动至多个面板的边界处时会变成黑色的十字箭头，单击鼠标左键拖动可以改变相邻多个面板的大小，如图 1.2.22 所示。

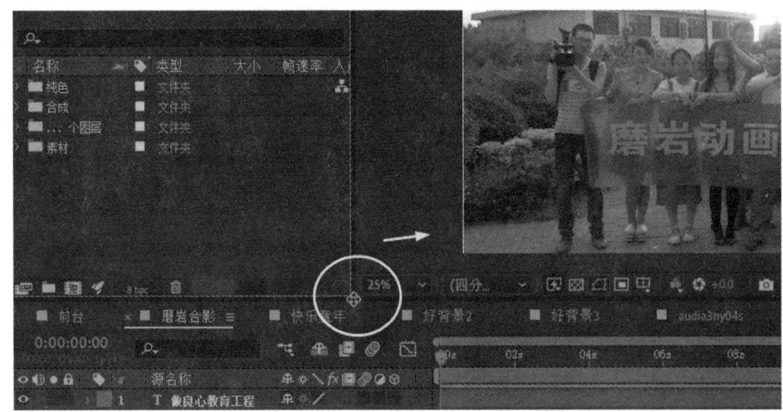

图 1.2.22　改变相邻多个面板的大小

在面板的左上角点击面板选项按钮选择“浮动面板”选项，可以解除面板与窗口的停靠，如图 1.2.23 所示。

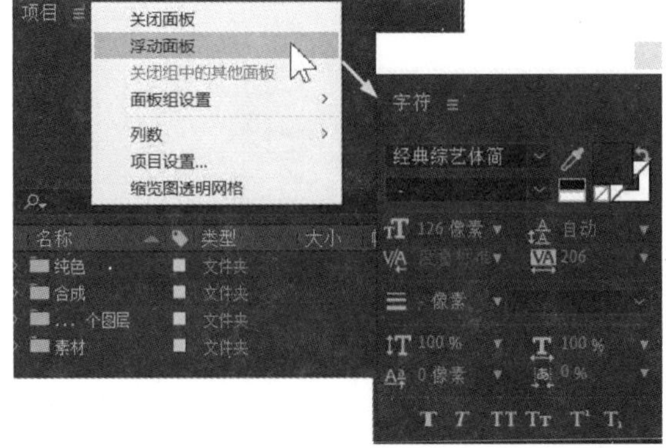

图 1.2.23　浮动面板

提示：按住键盘 Ctrl 键后，在要解除停靠的面板左上角单击鼠标左键向下拖动，也可以解除面板与窗口的停靠，如图 1.2.24 所示。

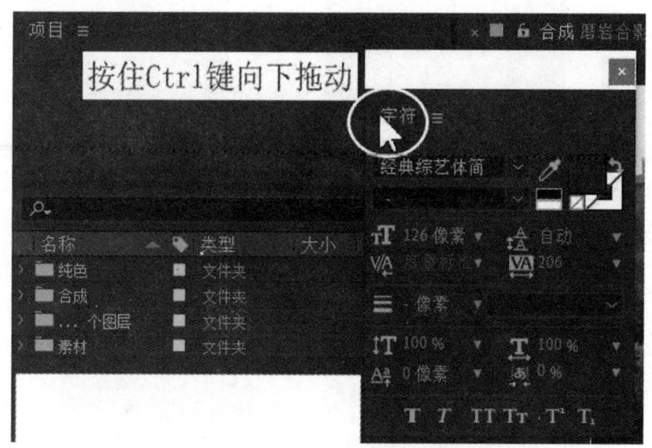

图 1.2.24　用鼠标拖动解除面板停靠

在面板的左上角单击鼠标左键，将其拖动到要嵌套的窗口里，就可以将面板嵌套在窗口里，如图 1.2.25 所示。

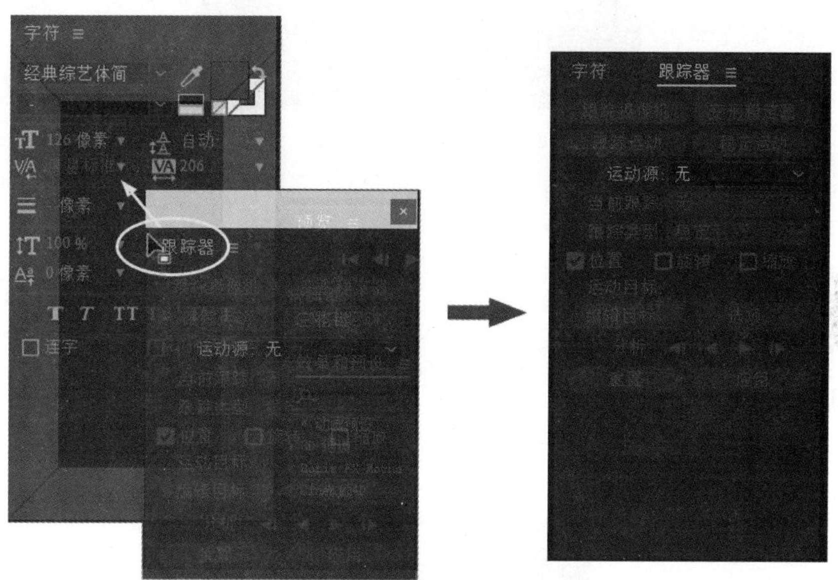

图 1.2.25　面板嵌套于窗口

注意：在键盘上按住 Ctrl 键拖动到要嵌套的窗口时，嵌套窗口会有 5 个蓝色块，一定要注意嵌套窗口的面板位置。将面板拖到上面的蓝色块里时，面板会在嵌套窗口的上方；拖到左面的蓝色块里时，面板会在嵌套窗口的左方；拖到中间的蓝色方块里时，将和嵌套窗口已有的面板并列，如图 1.2.26 所示。

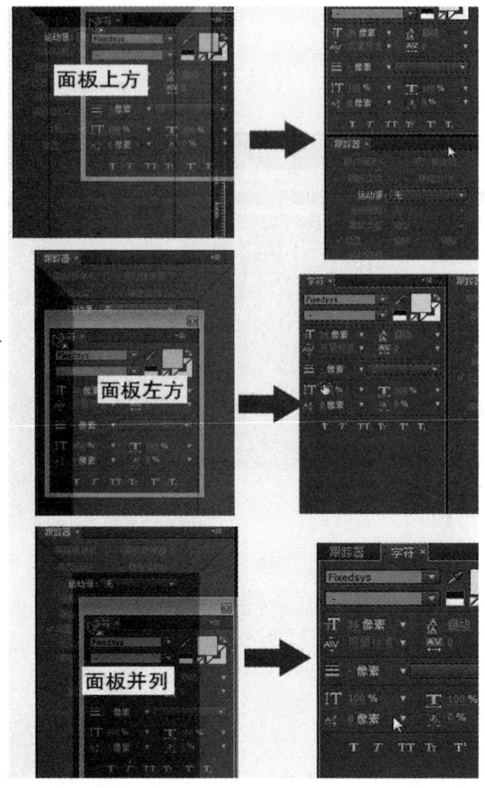

图 1.2.26　面板嵌套的位置

1.2.4　软件的设置

对于刚安装好的 After Effects 2022 软件，要对它进行各个参数的设置，这样软件才能更好地为我们所使用，达到事半功倍的效果。

1. 项目的设置

（1）单击鼠标菜单“文件”→“项目设置”选项，或者在项目面板的左上角单击面板选项按钮选择“项目设置”选项，如图 1.2.27 所示。

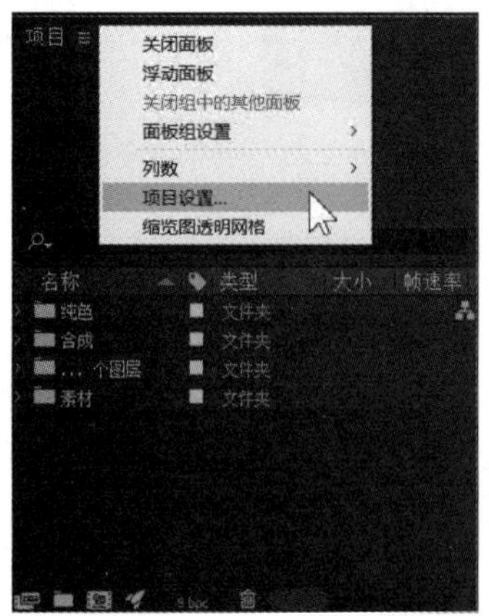

图 1.2.27　面板选项下拉菜单

（2）在“项目设置”对话框里，根据用户需要设置项目的视频渲染和效果、时间显示样式、颜色设置、音频设置、表达式等信息，参数仅供参考，如图 1.2.28 所示。

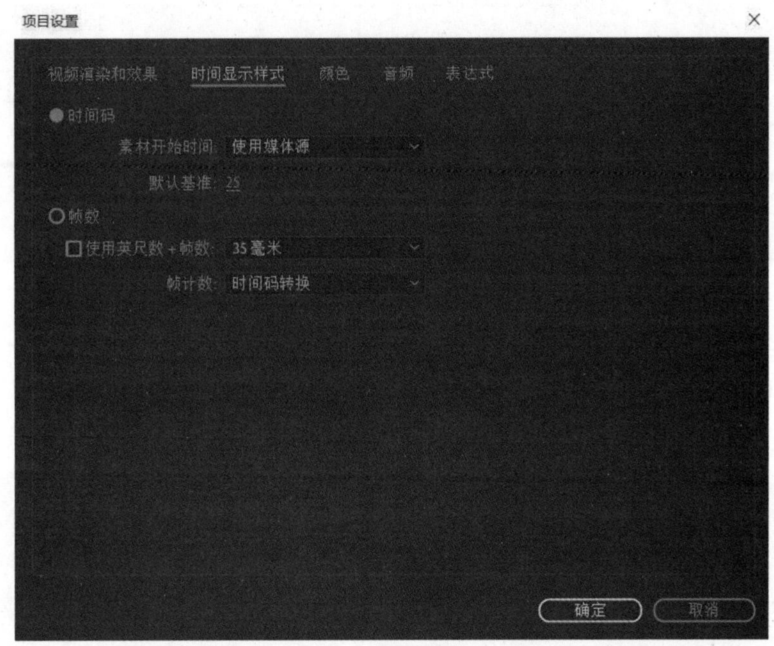

图 1.2.28　“项目设置”对话框

2．参数设置

（1）单击鼠标菜单“编辑”→“首选项”→“常规”选项，在弹出的“常规”选项卡里对常规选项进行设置，如图 1.2.29 所示。

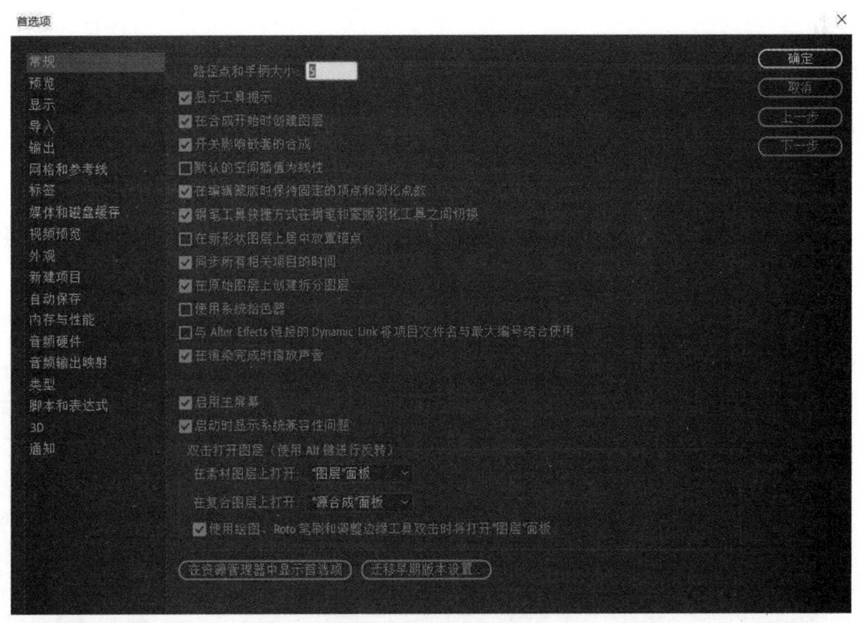

图 1.2.29　“常规”选项卡

（2）单击“首选项”对话框里的“导入”选项，设置“导入”的参数，如图 1.2.30 所示。

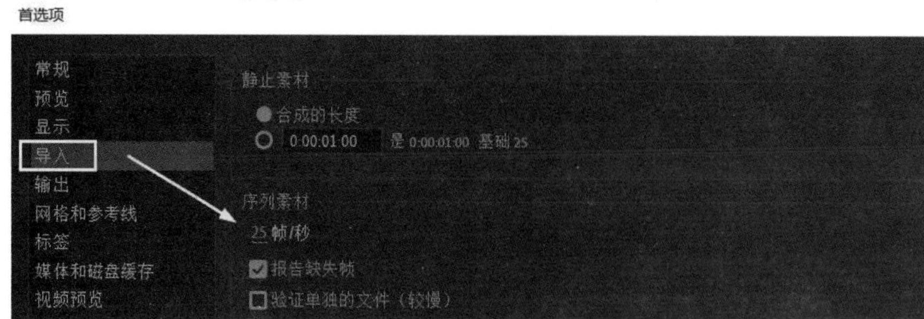

图 1.2.30　设置导入参数

（3）单击“首选项”对话框里的“自动保存”选项，勾选“保存间隔”选项，将保存间隔设置为 5 分钟，如图 1.2.31 所示。

图 1.2.31　自动保存设置

（4）单击“首选项”对话框里的“外观”选项，用鼠标单击“亮度”滑块可以改变软件界面的亮度，如图 1.2.32 所示。

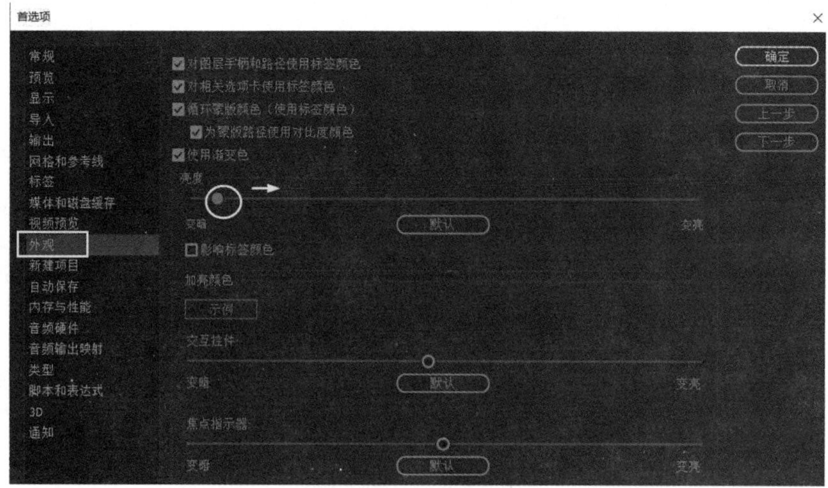

图 1.2.32　外观亮度设置

1.3　视频的基础知识

要真正掌握并使用一款视频特效软件，不仅要掌握软件的基本操作，还要掌握视频的基础知识，如数字视频的概念、电视制式、帧与场的扫描方式和常用视频格式等。

1.3.1　数字视频的概念

1．视频

众所周知，电影是以 24 帧/秒的速度放映的，而电视由于制式不同，帧速率也不同，因人眼视觉分辨力的局限，那些具有连贯性静态画面的播放展现在眼前便宛如真实运动了。

视频是指由一系列静止图像所组成，但能够通过快速播放使其“运动”起来的影像记录技术。也就是说，视频本身不过是一系列静止图像的组合。

2．模拟信号

从表现形式上来看，模拟信号由连续且不断变化的物理量来表示信息，其电信号的幅度、频率或相位都会随着时间和数值的变化而连续变化。模拟信号的这一特性，使得信号所受到的任何干扰都会造成信号失真。长期以来的应用实践也证明，模拟信号会在复制或传输过程中不断发生衰减，并混入噪声，从而使其保真度大幅降低。

提示： 在模拟通信中，为了提高信噪比，需要在信号传输过程中及时对衰减的信号进行放大，这就使得信号在传输时所叠加的噪声（不可避免）也会被同时放大。随着传输距离的增大，噪声累积越来越多，以至传输质量严重恶化。

3．数字信号

与模拟信号不同的数字信号的波形幅值被限制在有限个数值之内，因此其抗干扰能力强。除此之外，数字信号还具有便于存储、处理和交换，安全性高，以及相应设备易于实现集成化、微型化等优点。

1.3.2　帧与场

在电视系统中，将图像转换成顺序传送电信号的过程称为扫描。在摄像管或显像管中，电子束的扫描运动是依靠偏转线圈中流过锯齿波电流产生磁场来完成的。电子束自左至右水平方向的扫描称为行扫描，自上而下垂直方向的扫描称为帧扫描。

1．帧

视频是由一幅一幅静态画面所组成的图像序列，而组成视频的每一幅静态图像便被称为“帧”。也就是说，帧是视频（包含动画）内的单幅影像画面，相当于电影胶片上的每一格影像。

2．场

在采用隔行扫描方式进行播放的显示设备中，每一帧画面都会被拆分开进行显示，而拆分后得到

的残缺画面被称为“场”。也就是说，视频画面播放为 30fps（1fps=1 帧/秒）的显示设备，实质上每秒需要播放 60 场画面，而对于 25fps 的显示设备来说，每秒需要播放 50 场画面。

电视机的显像原理是通过电子枪发射高速电子来扫描显像管，最终使显像管上的荧光粉发光成像。电子枪扫描图像的方式有以下两种：

（1）逐行扫描：电子束在屏幕上一行接一行的扫描方式。

（2）隔行扫描：一幅（帧）画面分成两场进行，一场扫描奇数行，另一场扫描偶数行。

提示：为了实现准确隔行，要求每场扫描的行数加半行。一幅完整的画面是由奇数场和偶数场叠加后形成的，组成一帧两场的行扫描线。

1.3.3 电视制式

在电视系统中，发送端将视频信息以电信号形式进行发送，电视制式便是在其间实现图像、伴音及其他信号正常传输与重现的方法与技术标准，因此也称为电视标准。目前，应用最为广泛的彩色电视制式主要有 3 种类型，下面便对其分别进行介绍。

1. NTSC 制式

NTSC 制式由美国国家电视标准委员会（National Television System Committee）制定，主要应用于美国、加拿大、日本、韩国、菲律宾等国家，以及中国台湾地区。

2. PAL 制式

PAL 制式也采用了隔行扫描的方式进行播放，共有 625 行扫描线，分辨率为 720×576 电视线，帧速率为 25fps。目前，PAL 彩色电视制式广泛应用于德国、英国、意大利等国家，以及中国大陆和中国香港地区。

3. SECAB 制式

SECAB 制式同样采用了隔行扫描的方式进行播放，共有 625 行扫描线，分辨率为 720×576 电视线，帧速率则与 PAL 制式不同。目前，该制式主要应用于俄罗斯、法国、埃及等国家。

1.3.4 常用视频格式

经常在电脑上看到各种各样的视频格式，视频格式可以分为适合本地播放的本地影像视频格式和适合在网络中播放的网络流媒体影像视频格式两大类。

1. AVI

AVI 是音频视频交错(Audio Video Interleaved)的英文缩写。AVI 这个由微软公司推出的视频格式，在视频领域可以说是最悠久的格式之一。AVI 格式调用方便，图像质量好，压缩标准可任意选择，是应用最广泛的格式。

2. MPEG

MPEG 是 Motion Picture Experts Group 的缩写。这类格式包括了 MPEG-1，MPEG-2 和 MPEG-4 在内的多种视频格式。相信 MPEG-1 是大家接触得最多的了，因为目前其正在被广泛地应用于 VCD

的制作和一些视频片段下载的网络应用，大部分的 VCD 都是用 MPEG-1 格式压缩的，MPEG-2 则应用在 DVD 的制作方面。

3．MOV

使用过 Mac 计算机的朋友应该多少接触过 QuickTime。QuickTime 原本是 Apple 公司用于 Mac 计算机上的一种图像视频处理软件。QuickTime 提供了两种标准图像和数字视频格式，即可以支持静态的*.PIC 和*.JPG 图像格式，动态的基于 Indeo 压缩法的*.MOV 和基于 MPEG 压缩法的*.MPG 视频格式。

4．WMV

WMV 是一种独立于编码方式的在 Internet 上实时传播多媒体的技术标准，微软公司希望用其取代 QuickTime 之类的技术标准以及 WAV、AVI 之类的文件扩展名。WMV 的主要优点在于可扩充的媒体类型、本地或网络回放、可伸缩的媒体类型、流的优先级化、多语言支持、扩展性等。

5．3GP

3GP 是一种 3G 流媒体的视频编码格式，主要是为了配合 3G 网络的高传输速度而开发的，也是目前手机中最为常见的一种视频格式。

6．FLV

FLV 是 Flash Video 的简称，FLV 流媒体格式是一种新的视频格式。它形成的文件极小，加载速度极快，常用于网络观看视频文件。它的出现有效地解决了视频文件导入 Flash 后，使导出的 SWF 文件体积庞大，不能在网络上很好地使用等缺点。

本 章 小 结

本章主要介绍了 After Effects 2022 的基本功能、新增功能、软件工作区的自定义、软件的工作流程和设置以及视频的一些基础知识等。通过学习，读者应对 After Effects 2022 软件具有新的认识，了解最基本的视频知识，为以后的学习奠定坚实的基础。

思考与练习

一、填空题

1．After Effects 2022 是________公司推出的一款用于高端视频特效的专业________软件。

2. 新增的主页界面包含了________、________、________、________、________和________等选项。

3．After Effects 2022 的工作区分为________、________、________、________、________、________、简约和绘画等。

4. After Effects 2022 的工作窗口除了标题栏、菜单栏和工具箱以外，还包括项目面板、________、________、________、________、________、________、________、________、段落面板和

跟踪器面板等。

5. 应用最为广泛的彩色电视制式主要有________、________、________等 3 种类型。

二、选择题

1. 关闭软件的快捷键是（ ）键。

（A）Ctrl+R　　（B）Ctrl+Q

（C）Ctrl+G　　（D）Q

2. After Effects 2022 是（ ）公司推出的一款专业特效合成编辑软件。

（A）Corel　　（B）Autodesk

（C）Adobe　　（D）其他

3. 按住键盘（ ）键后，在要解除停靠的面板左上角单击鼠标左键向下拖拽，也可以解除面板与窗口的停靠。

（A）Ctrl　　（B）Tab

（C）Shift　　（D）Delete

4. 我国大陆地区的电视制式为（ ）制式。

（A）SECAM　　（B）NTSC

（C）PAL　　（D）MPEG

三、简答题

1. After Effects 2022 是一款什么软件？
2. After Effects 2022 的基本功能有哪些？具有哪些新增功能？
3. 简述 After Effects 2022 的工作流程。
4. 常用的视频格式有哪些？

四、上机操作题

1. 反复练习启动和退出软件。
2. 对软件工作区的各面板练习关闭/打开、更改相邻面板大小、面板相互嵌套。
3. 练习界面的亮度、常规参数的设置。

第2章　基 础 操 作

本章主要学习 After Effects 2022 的基础操作，例如新建、打开和保存以及导入各种素材和管理素材，合成视窗的介绍和软件其他面板的介绍。只有先掌握 After Effects 2022 的基础操作，才能更好更快地制作视频特效。

知识要点

- 文件的新建、打开和保存
- 项目面板的介绍
- 导入素材和管理素材
- 合成视窗的介绍
- 合成的设置
- 工具箱的介绍

2.1　项目文件的操作

启动 After Effects 2022 软件以后，打开或者新建一个项目文件的方法和传统软件基本相同，可是 After Effects 2022 可以通过新增的“主页界面”里的“打开项目”选项直接打开项目文件，这样的操作更方便、更快捷。

2.1.1　新建、打开和保存文件

After Effects 2022 项目文件的新建、打开和保存的操作方法如下：

（1）单击鼠标执行菜单“文件”→“新建”→“新建项目”命令，或按“Ctrl+Alt+N”键新建一个项目文件，如图 2.1.1 所示。

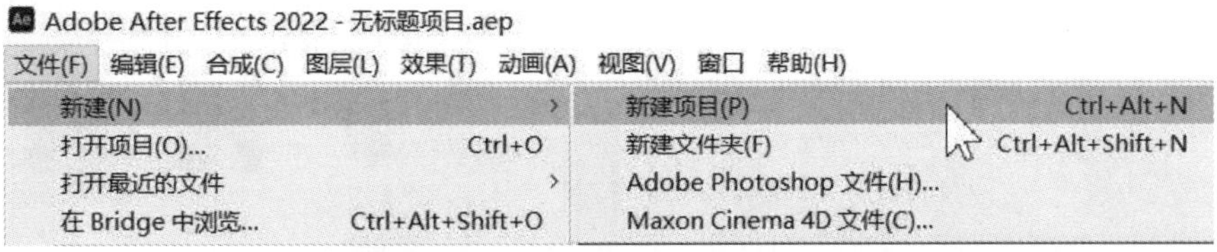

图 2.1.1　新建项目文件

（2）单击菜单“合成”→“新建合成”命令，或按“Ctrl +N”键新建图像合成组，如图 2.1.2 所示。

（3）单击菜单“文件”→“保存”命令，或按“Ctrl+S”键可以保存项目文件，并输入项目文件名称，如图 2.1.3 所示。

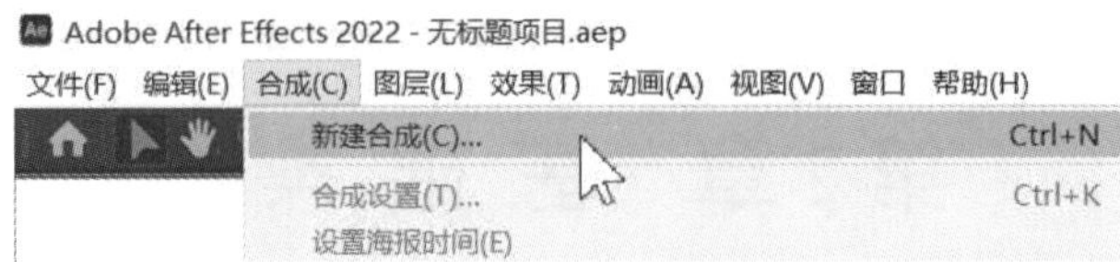

图 2.1.2　新建图像合成组

图 2.1.3　保存文件

提示：项目文件保存后，文件名称“第二章”会显示在软件标题栏上，.aep 为项目文件类型，如图 2.1.4 所示。

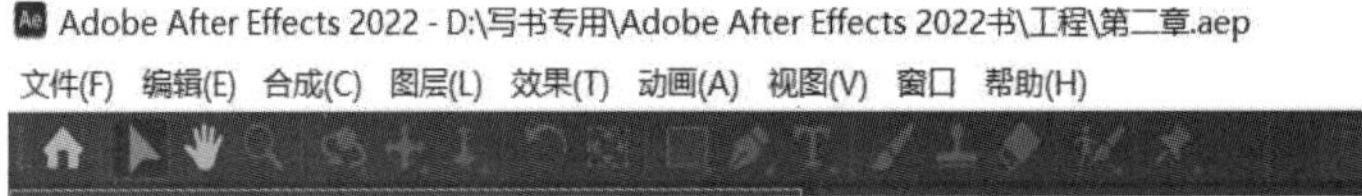

图 2.1.4　软件标题栏

（4）单击菜单“文件”→“打开项目”命令，或按“Ctrl+O”键可以打开项目文件，如图 2.1.5 所示。

图 2.1.5　打开项目文件

2.1.2　自动存盘文件的介绍

After Effects 7.0 版本之后新增了自动存盘功能，软件按照用户设定的时间进行自动存盘。比如正在编辑视频时电脑突然断电或者遇到突发事件未能保存项目文件时，第二次打开电脑后直接打开自动存盘文件即可。启用 After Effects 2022 的“自动保存”功能，并设置其保存的时间间隔和保存项目数量等。在项目文件保存的路径下可以找到自动存盘“Adobe After Effects 自动保存”文件夹，双击鼠标左键就可以找到自动存盘文件了，如图 2.1.6 所示。

图 2.1.6　自动存盘文件夹

提示：将鼠标放在图标上就会自动弹出工程文件的属性，包括文件的大小、上次修改日期等信息，双击离电脑关闭时间最近的一个图标就可以打开文件了，如图 2.1.7 所示。

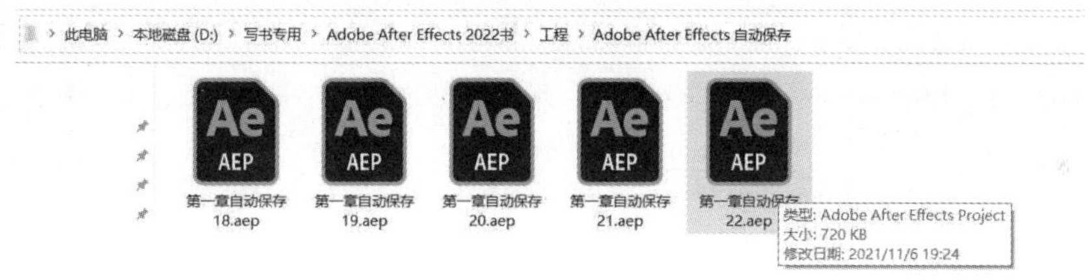

图 2.1.7　找出自动存盘文件

2.1.3　项目面板的介绍

项目面板的主要作用是导入素材、新建合成组、存放和管理素材，相当于一个强大的素材库。项目面板的打开和关闭在前面的章节中已经介绍过了，通过单击菜单“窗口”→“项目”选项可以打开项目面板。

项目面板中包含了素材的信息栏、素材栏和工具栏，如图 2.1.8 所示。

提示：在项目面板选择一段素材，可在信息栏里预览素材，显示素材的名称、使用次数、持续时间、音频采样率等一些相关信息，如图 2.1.9 所示。

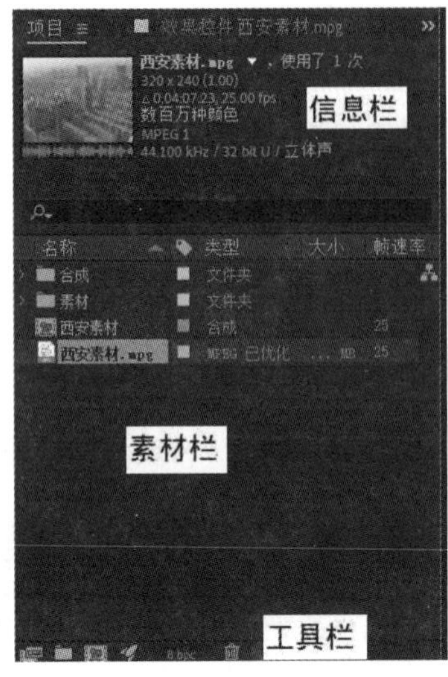

图 2.1.8　项目面板

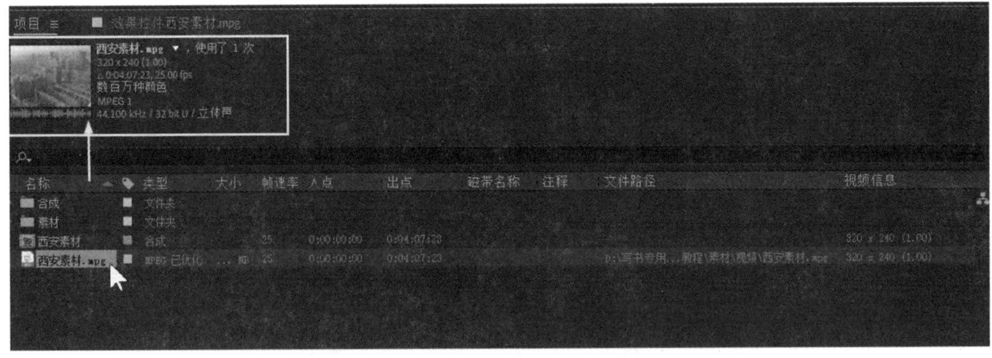

图 2.1.9　素材信息显示

在项目面板中选定素材后，单击鼠标右键菜单选择“解释素材”→“主要”选项，或按“Ctrl+Alt+G”键解释素材参数，如图 2.1.10 所示。

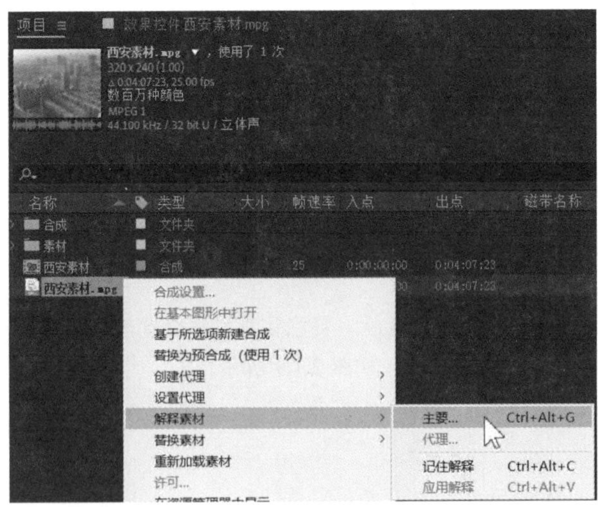

图 2.1.10　解释素材菜单

在实践工作中解释素材的操作相当频繁，因此 After Effects 2022 开始在项目面板中新增了解释素材按钮，选择选定素材后在项目面板工具栏单击该按钮即可，如图 2.1.11 所示。

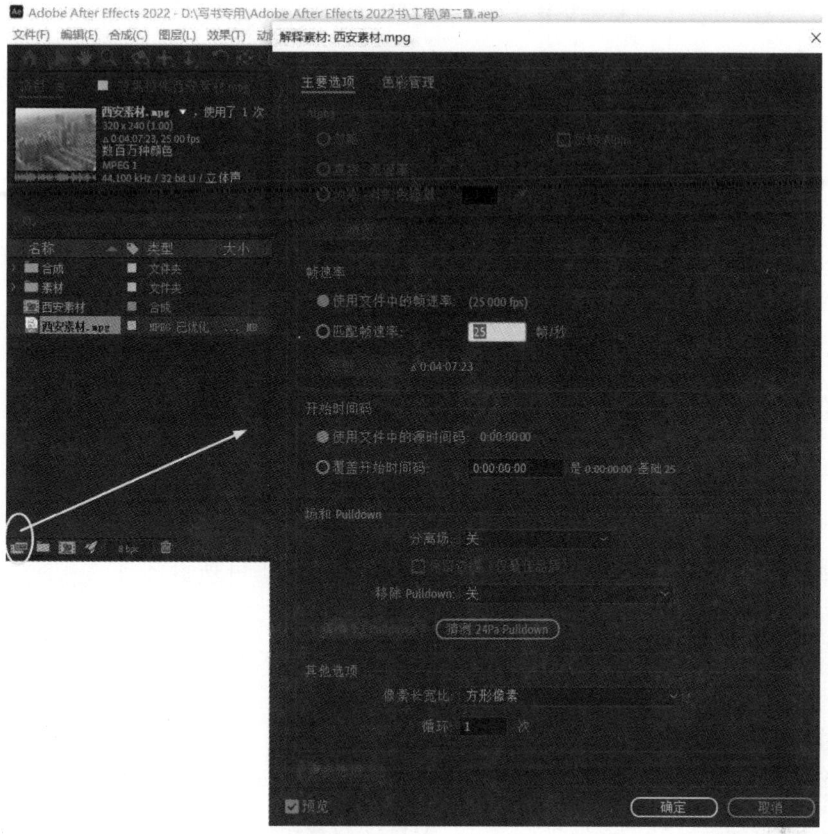

图 2.1.11　解释素材面板

在项目面板里，可以通过新建文件夹的方式来管理素材。在项目面板新建文件夹的方式有以下几种：

（1）执行菜单“文件”→“新建”→“新建文件夹”命令，或者按“Ctrl+Alt+Shift+N”键。

（2）在项目面板单击鼠标右键菜单选择“新建文件夹”选项，如图 2.1.12（a）所示。

（3）在项目面板工具栏单击新建文件夹按钮，如图 2.1.12（b）所示。

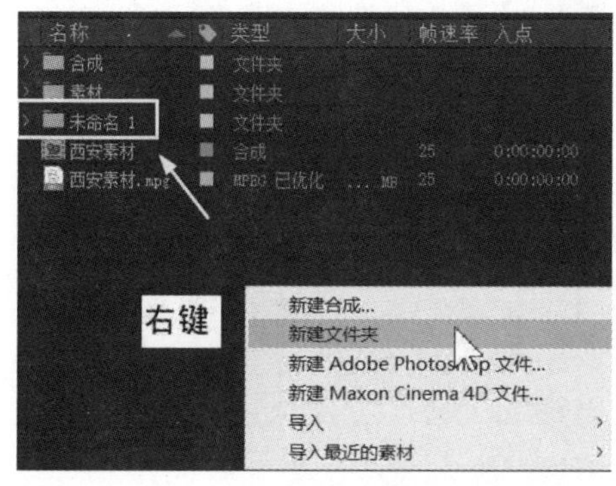

（a）

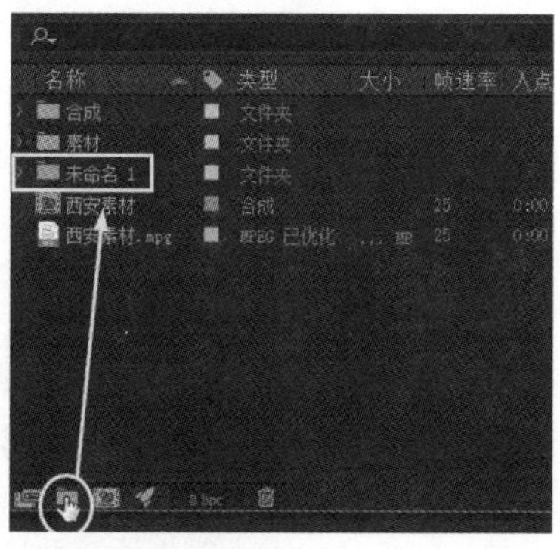

（b）

图 2.1.12　新建文件夹

注意：新建文件夹的时候直接单击新建文件夹按钮，则新建的文件夹和以前文件夹为并列关系；选择前面的文件夹再单击新建文件夹按钮，则新建的文件夹将成为前面文件夹的子文件夹，如图 2.1.13 所示。

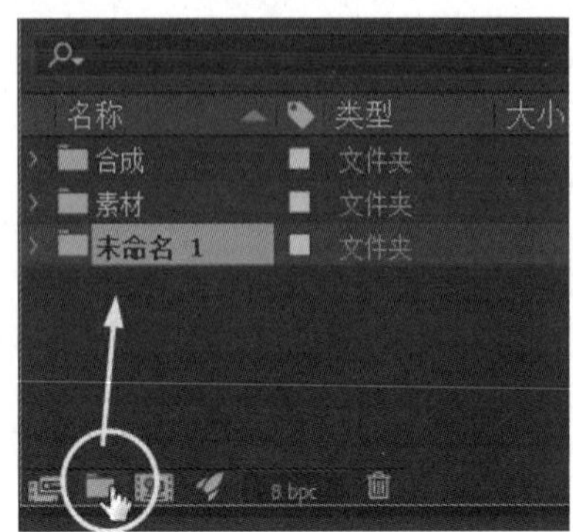

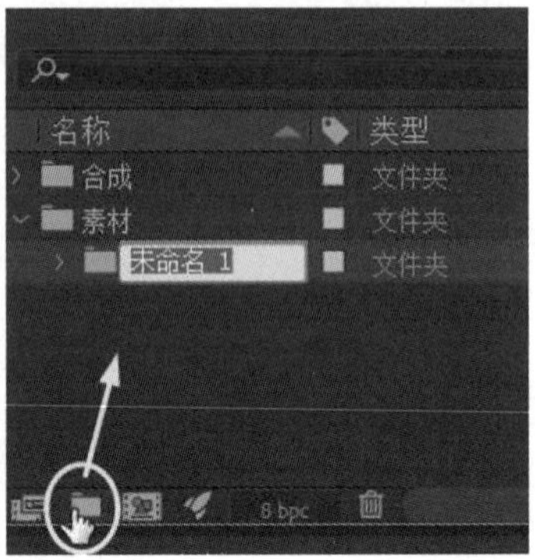

图 2.1.13　新建文件夹演示

在项目面板里可以通过删除按钮将不用的文件夹和素材删除。选择前面新建的文件夹，单击鼠标右键选择“重命名”选项，可以对素材重新命名，如图 2.1.14 所示。

提示：选择要重新命名的文件夹或者素材，按 Enter 键输入文件夹名称即可，如图 2.1.15 所示。

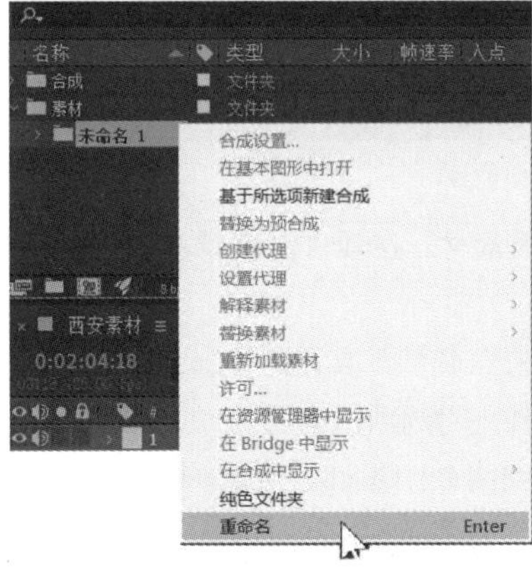

图 2.1.14　利用鼠标右键菜单重命名文件夹

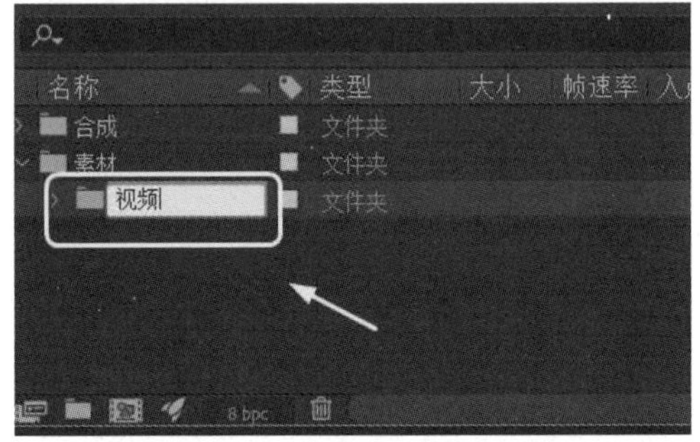

图 2.1.15　按 Enter 键重命名文件夹

利用项目面板新增的搜索功能，通过输入素材的相关字符可以快速地查找到相对应的素材，如图 2.1.16 所示。

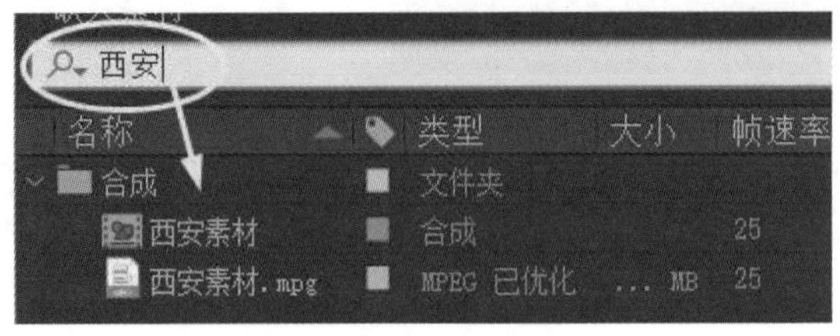

图 2.1.16　查找素材

在项目面板单击新建合成组按钮，可以新建一组新的合成图像，如图 2.1.17 所示。

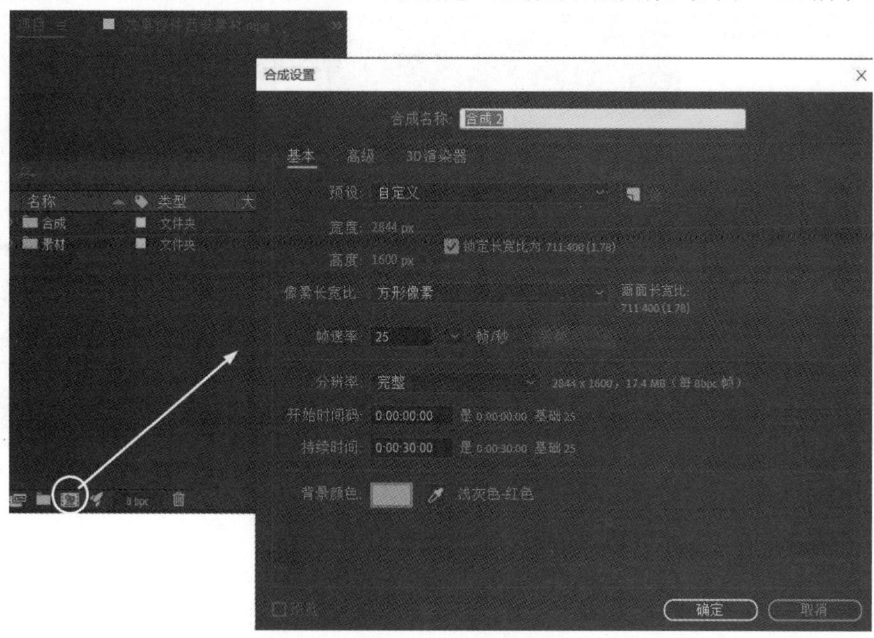

图 2.1.17　新建合成组

用鼠标单击颜色深度按钮 8 bpc 可以设置项目和设置颜色深度值，或者按 Alt 键单击颜色深度按钮 8 bpc 也可以设置颜色深度值，如图 2.1.18 所示。

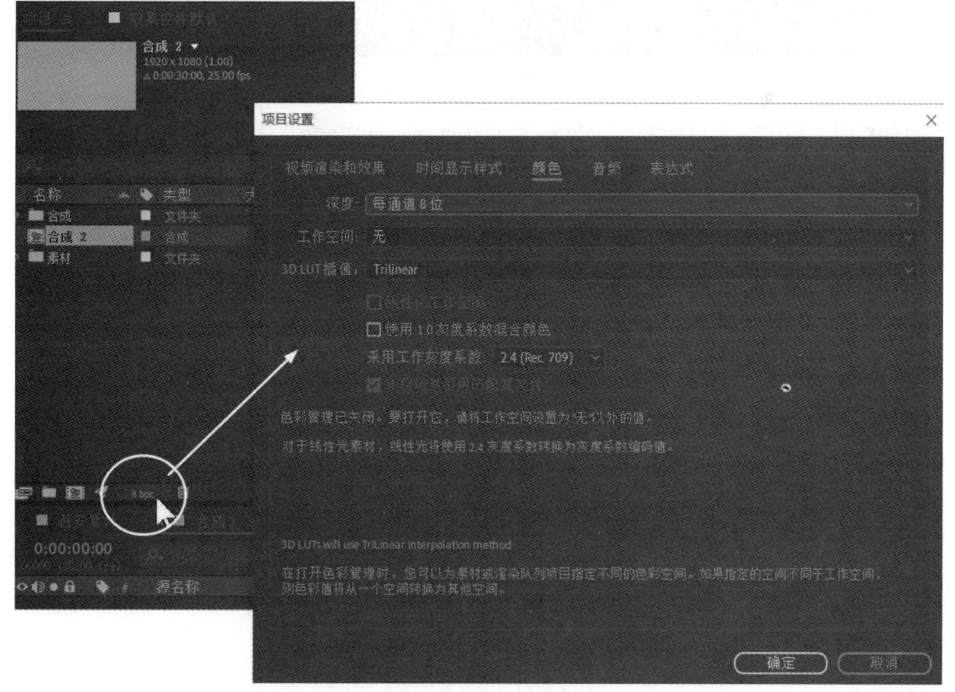

图 2.1.18　项目设置对话框

用鼠标单击项目面板右上角的面板选项按钮，在下拉菜单里选择“列数”→“文件路径”选项，可以在素材栏列表显示素材的“文件路径”信息，如图 2.1.19 所示。

图 2.1.19　显示文件路径信息

提示：把鼠标放在两个信息列表中间时，鼠标变成双向箭头后可以左右拖动来改变当前列表栏的大小，如图 2.1.20 所示。

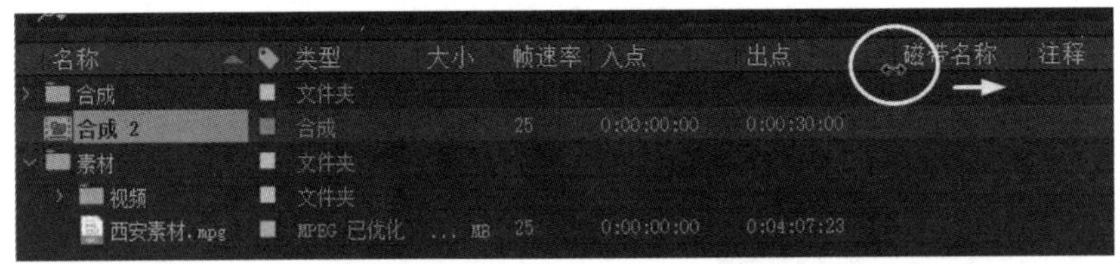

图 2.1.20　更改列表栏大小

在素材标签色块上单击鼠标左键可以更改素材标签的显示颜色，如图 2.1.21 所示。

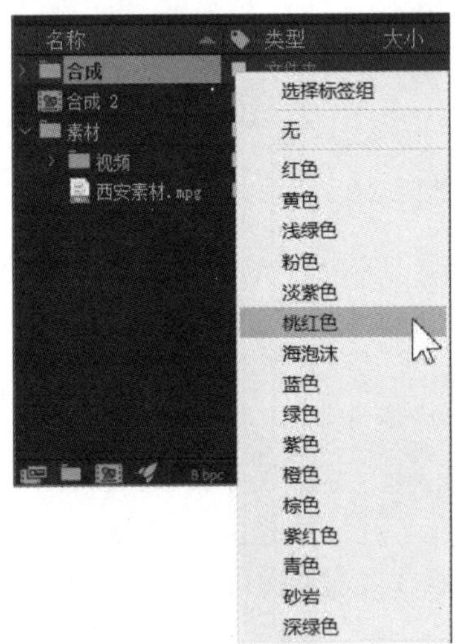

图 2.1.21　更改素材标签颜色

根据用户的需要可以具体地设置标签的颜色，操作步骤如下：

（1）单击鼠标执行菜单“编辑”→“首选项”→“标签”命令，弹出“首选项”对话框，如图 2.1.22 所示。

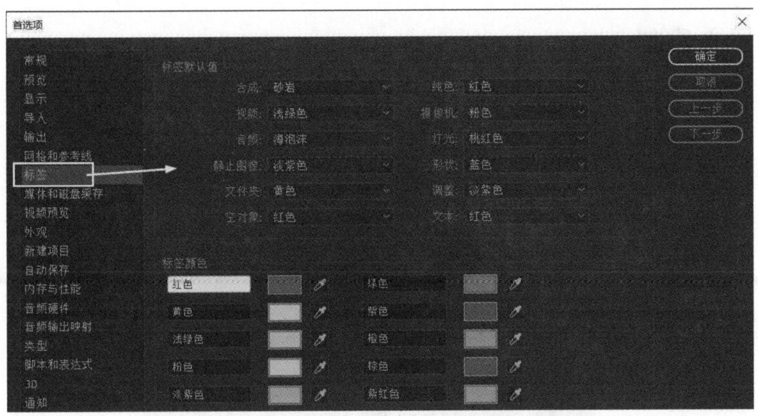

图 2.1.22 “首选项”对话框

（2）在红色的色块上单击鼠标，在弹出的“标签色”上更改颜色，如图 2.1.23 所示。

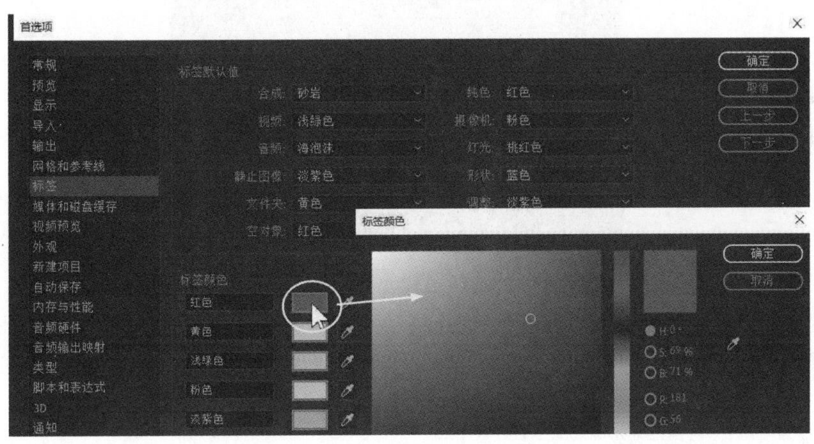

图 2.1.23 设置素材标签颜色

（3）用鼠标单击“确定”按钮，完成素材标签颜色的设置，如图 2.1.24 所示。

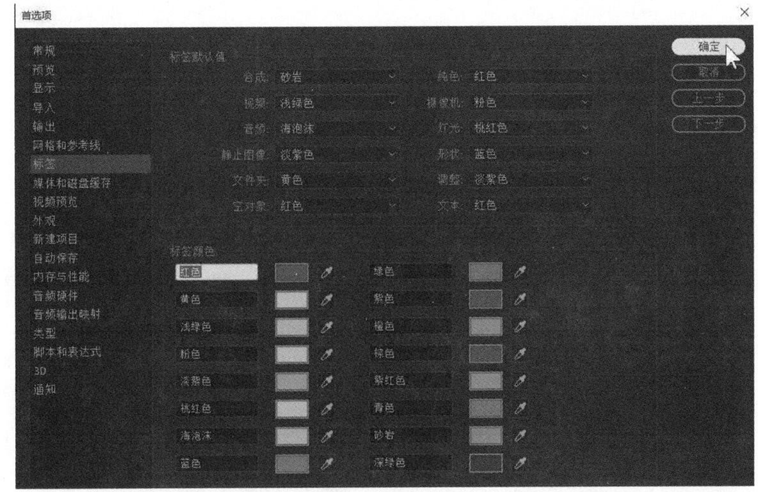

图 2.1.24 完成素材标签颜色设置

2.1.4　导入素材

After Effects 2022 可以导入的素材分为视频素材、音频素材、音视频素材、静态图片素材、动画序列素材、合成组、固态层等，根据图标可以识别不同类别的素材，方便用户对素材进行管理，如图 2.1.25 所示。

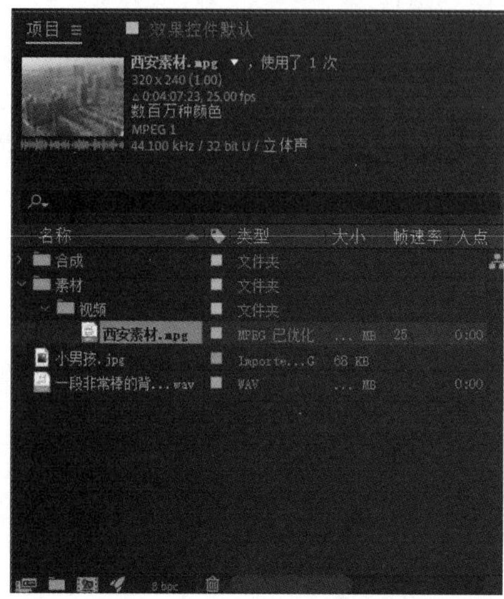

图 2.1.25　素材的分类

导入素材的方式有以下几种，具体操作如下：

（1）单击执行菜单“文件”→“导入”→“文件”命令，或按“Ctrl+I”键，如图 2.1.26 所示。

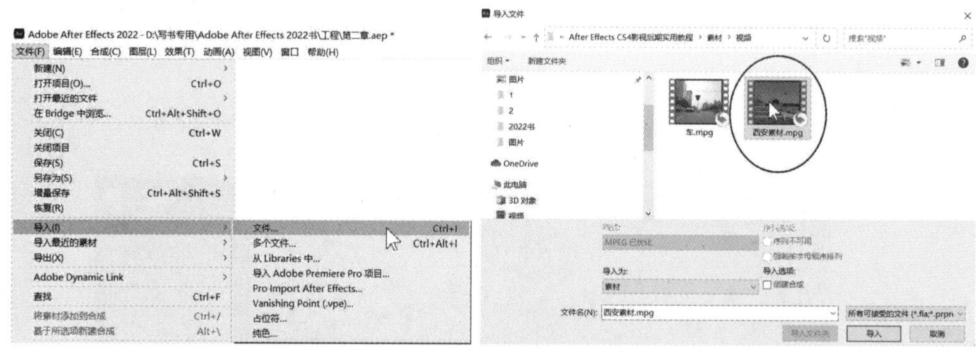

图 2.1.26　文件菜单

（2）在项目面板空白处单击右键执行菜单“导入”→“文件”命令，如图 2.1.27 所示。

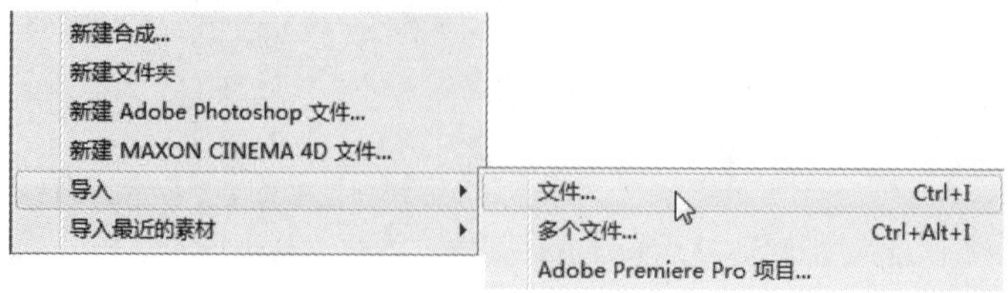

图 2.1.27　鼠标右键菜单

（3）最快捷的方法就是在项目面板空白处双击鼠标左键，如图 2.1.28 所示。

图 2.1.28　导入素材

2.1.5　动画序列素材的导入

前面已经介绍了素材的分类和管理，在工作实践中经常会遇到许多由连续图片组合起来的动画序列素材，如图 2.1.29 所示。

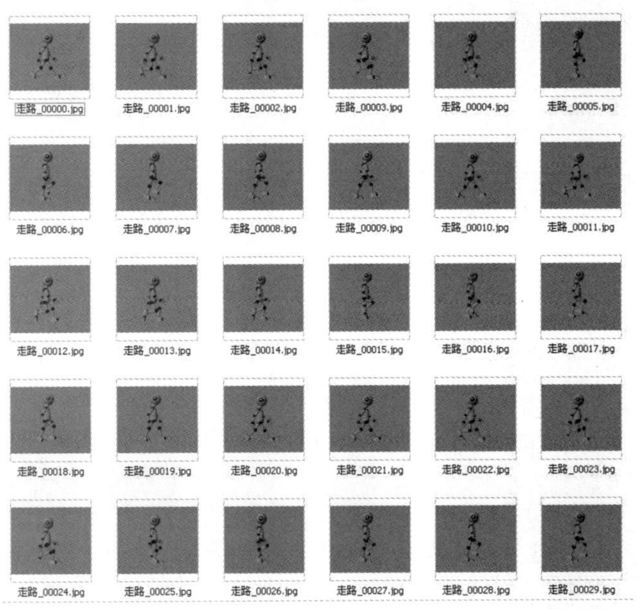

图 2.1.29　动画序列素材

导入动画序列素材的具体操作如下：

（1）在项目面板空白处双击鼠标左键，在弹出的“导入文件”对话框里选择要导入的序列素材起始图片，如图 2.1.30 所示。

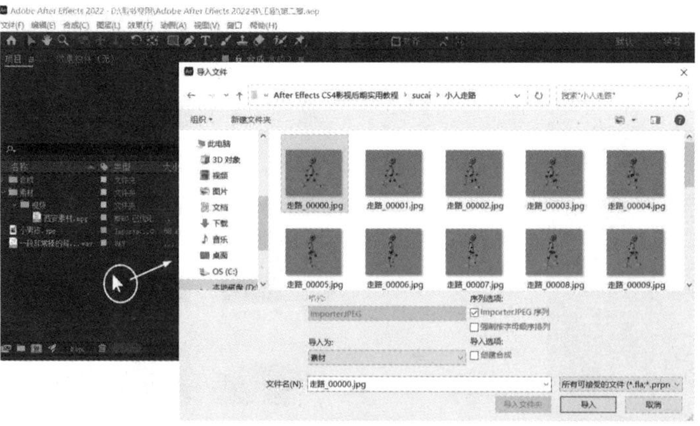

图 2.1.30　导入动画序列素材

（2）在“导入文件”对话框里一定要勾选“ImporterJPG 序列”选项，这样导入的才是一个动画序列素材，如果要导入其中的某一张图片就去掉“ImporterJPG 序列”的勾选，最后单击“导入”按钮，如图 2.1.31 所示。

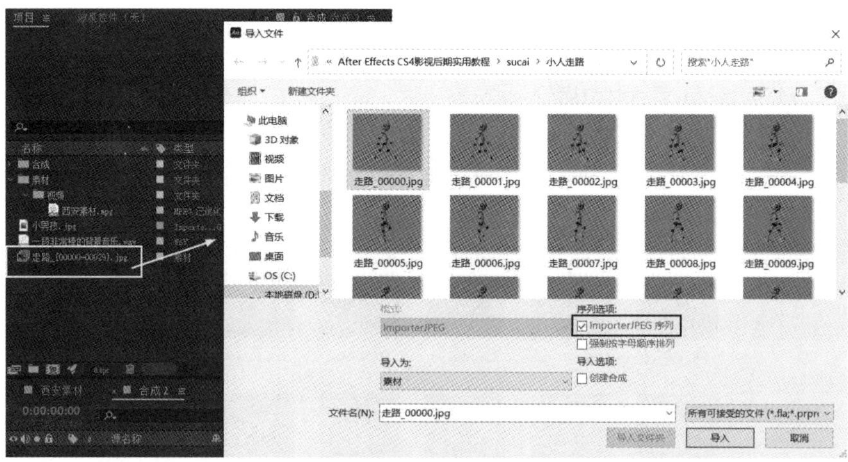

（a）动画序列素材

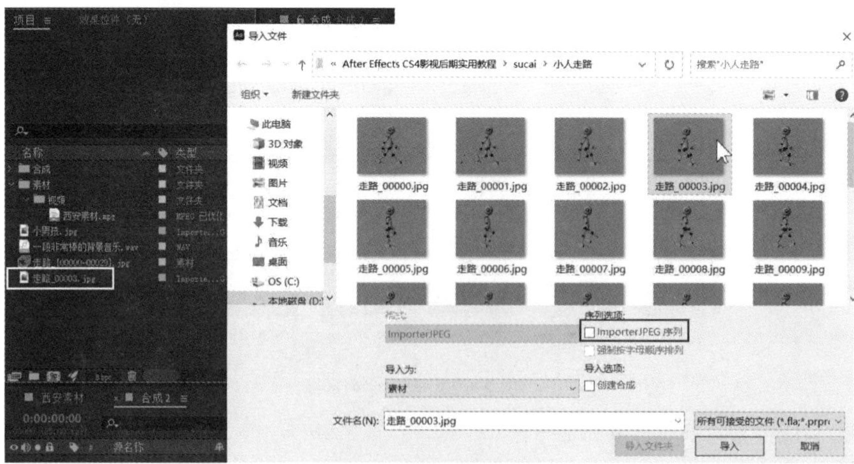

（b）单张图片素材

图 2.1.31　导入素材文件

2.1.6　解释素材

在素材导入项目面板以后，要对其设定相对应的参数，例如 Alpha 通道的选项、帧速率和场序的设置等，具体操作如下：

（1）在项目面板选择“走路”动画素材，单击解释素材按钮，弹出“解释素材”对话框，如图 2.1.32 所示。

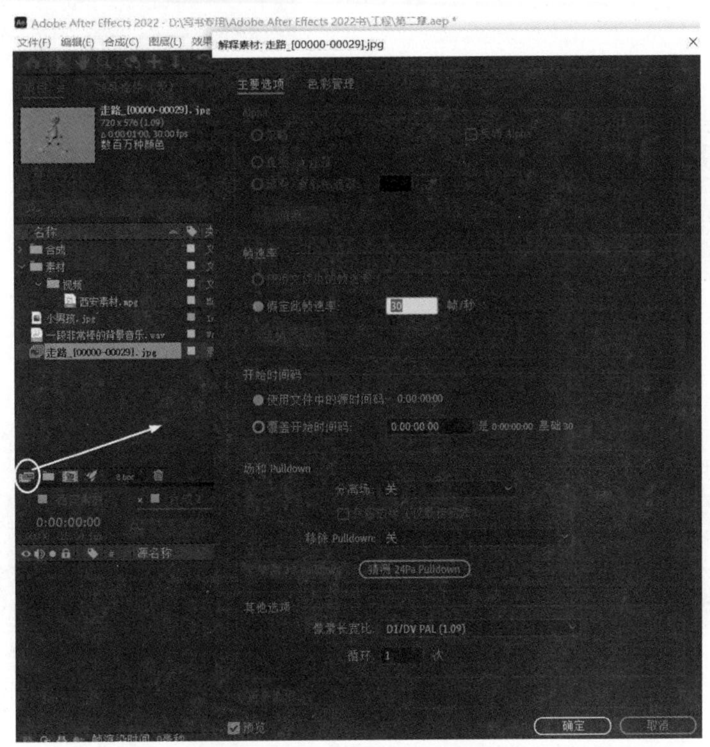

图 2.1.32　“解释素材”对话框

（2）在“解释素材”对话框里设置“Alpha”透明通道选项，如图 2.1.33 所示。

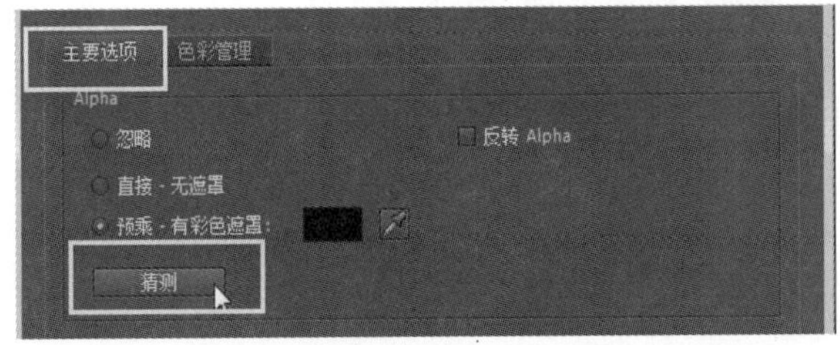

图 2.1.33　解释素材 Alpha 选项

提示：在设置素材“Alpha”透明通道选项时，当选择“忽略”选项时，表示素材将忽略 Alpha 透明通道；当选择“直通–无遮罩”选项时，表示素材带有“Alpha”透明通道；当选择“反转 Alpha”选项时，表示反转 Alpha 通道；单击“猜测”按钮，系统将根据素材自动选择，如图 2.1.34 所示。

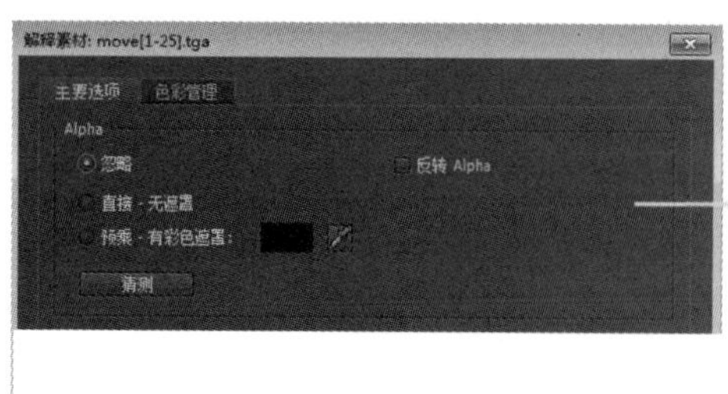

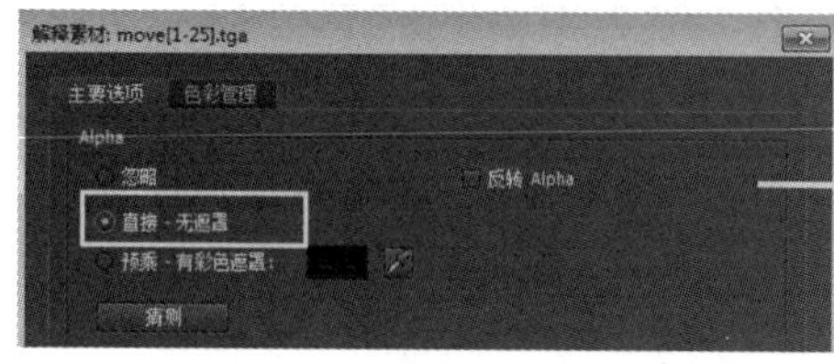

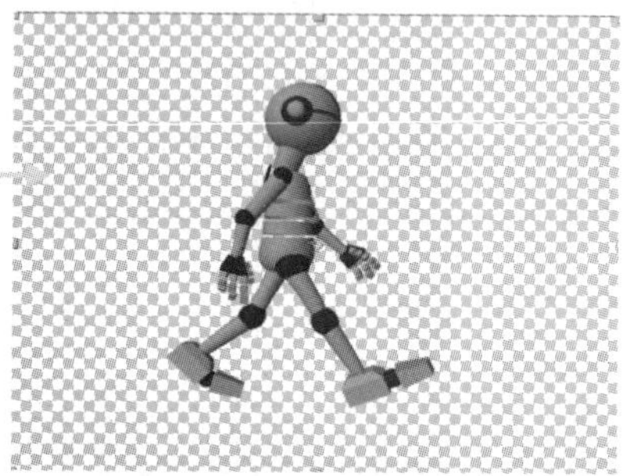

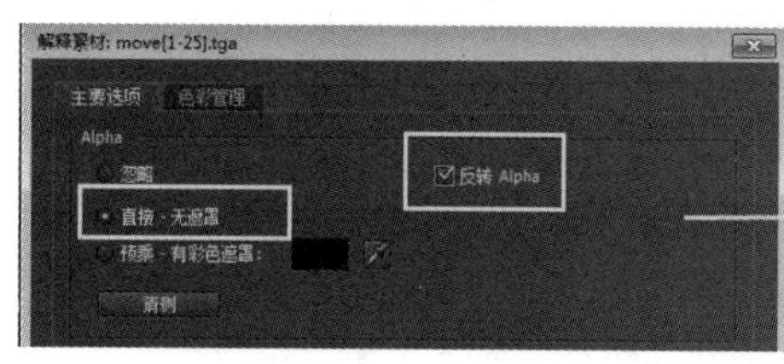

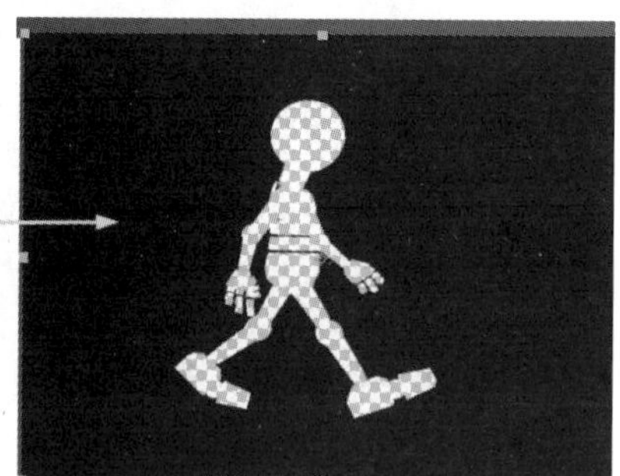

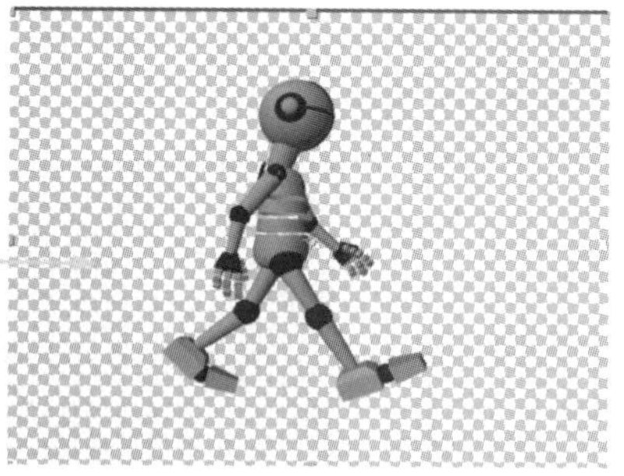

图 2.1.34　素材“Alpha”透明通道设置

（3）在“帧速率”选项栏里将“假定此帧速率”设置为 25 帧/秒，在“场和 Pulldown”选项栏里将“分离场”设置为“低场优先”，如图 2.1.35 所示。

（4）选择走路动画素材，在项目面板右上角单击面板选项按钮，在弹出的下拉菜单里选择“缩览图透明网格”选项，可以对带有“Alpha”透明通道的素材进行透明网格缩略显示，如图 2.1.36 所示。

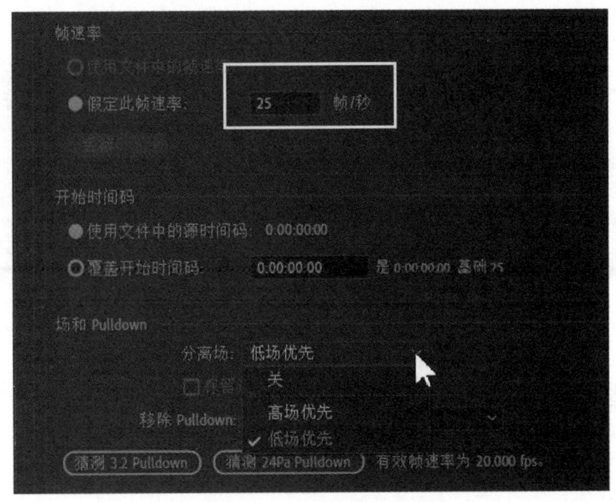

图 2.1.35　设置素材帧速率和分离场

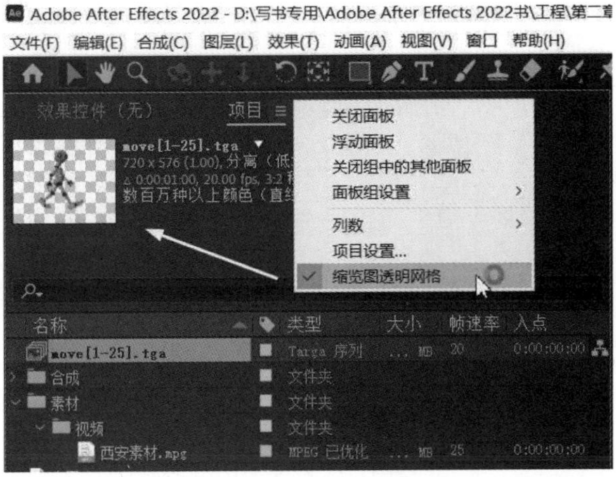

图 2.1.36　缩略图透明网格显示

（5）在“解释素材”对话框里将素材循环设置为 3，如图 2.1.37 所示。

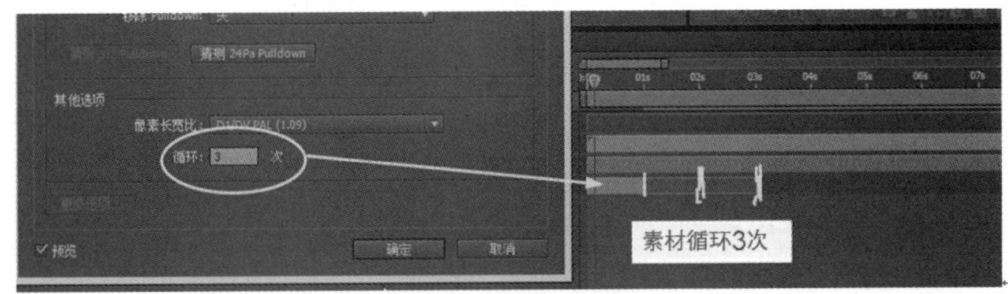

图 2.1.37　素材的循环设置

提示: 以前经常通过复制素材来实现素材多次循环操作，而现在只要通过解释素材里的“其他选项”就可以直接设置素材的循环次数，如图 2.1.38 所示。

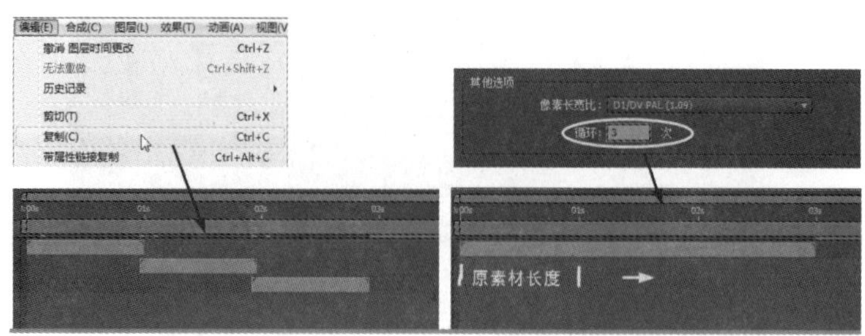

图 2.1.38　素材的循环设置对照

2.1.7　替换素材

在工作实践中经常会遇到替换素材的操作，在 After Effects 2022 中替换素材的方法有两种。第一种方法操作如下：

（1）在玫瑰花素材上单击鼠标右键菜单执行“替换素材”→“文件”命令，或按快捷键“Ctrl+H”键，如图 2.1.39 所示。

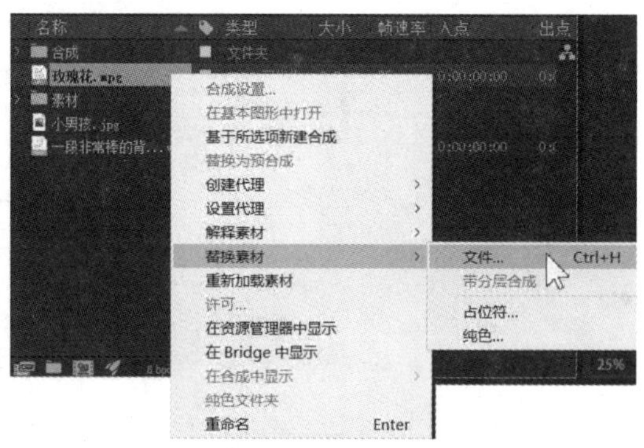

图 2.1.39　替换素材菜单

（2）在弹出的“替换素材文件”对话框里选择要替换的西安素材，单击“导入”按钮，如图 2.1.40 所示。

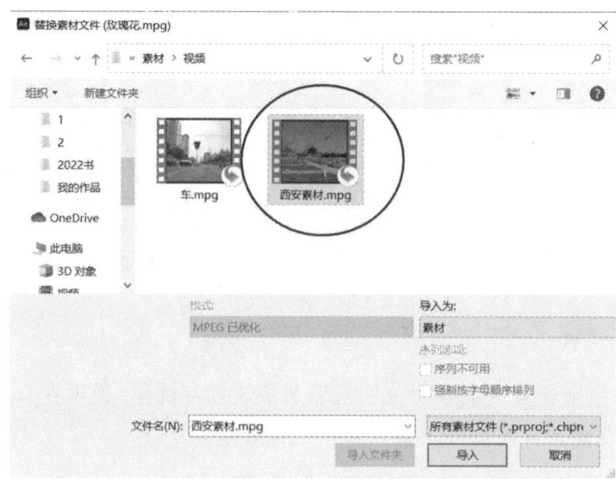

图 2.1.40　替换素材文件对话框

（3）项目面板的玫瑰花素材就被替换成了西安素材，如图 2.1.41 所示。

图 2.1.41 替换素材文件演示

从图 2.1.41 可以看出玫瑰花素材已经被西安素材所替换了。下面，利用另外一种素材替换方式再将玫瑰花素材替换回来，具体操作如下：

（1）在项目面板空白处双击鼠标左键，在弹出的“导入文件”对话框里选择玫瑰花素材，单击“导入”按钮，如图 2.1.42 所示。

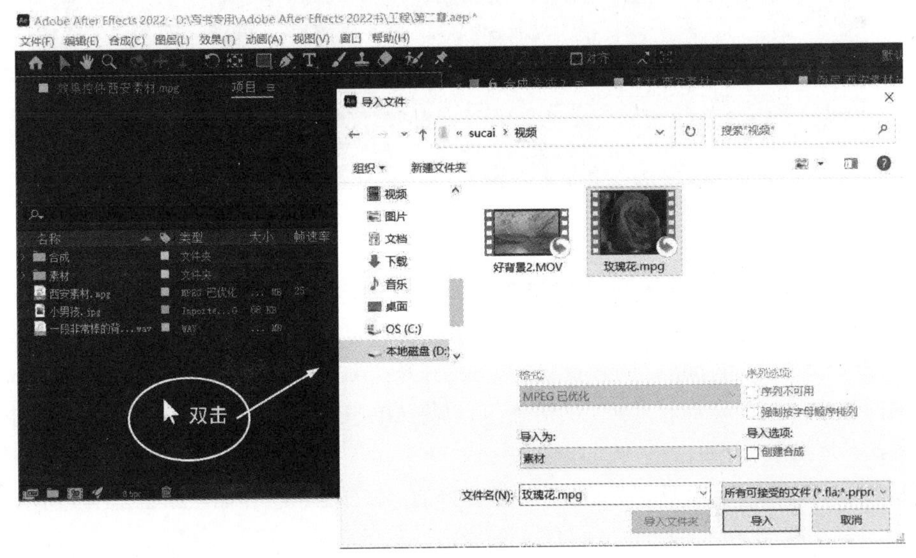

图 2.1.42 导入素材文件

（2）在项目面板中选择玫瑰花素材，并按住 Alt 键单击鼠标拖到西安素材上，如图 2.1.43 所示。

图 2.1.43　替换素材文件

（3）玫瑰花素材已经被成功替换，如图 2.1.44 所示。

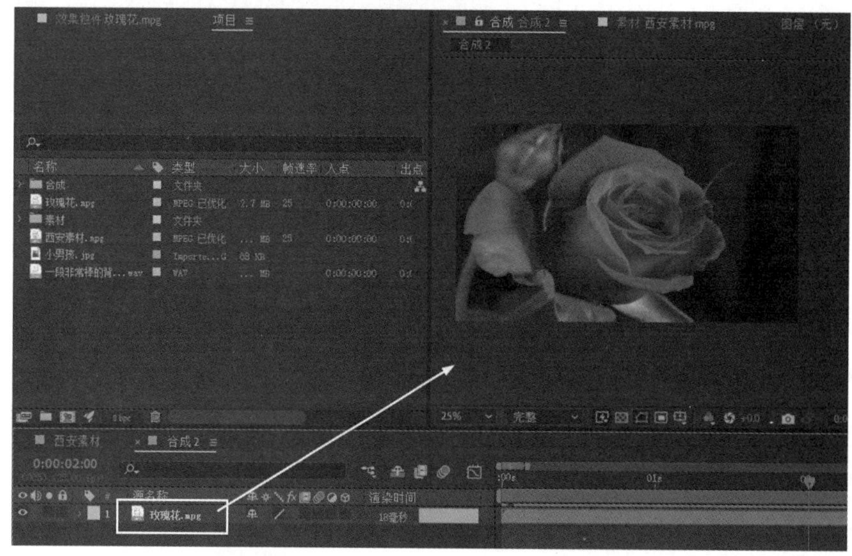

图 2.1.44　素材被替换

2.1.8　导入 Photoshop 文件素材

After Effects 和 Photoshop 之间有着密不可分的关系，After Effects 2022 可以在导入 Photoshop 素材文件的同时，保留 Photoshop 素材层的信息，可以将 After Effects 2022 的文件分层输出为 Photoshop 素材文件，具体操作如下：

（1）打开 Photoshop 软件，打开一幅以前做好的“快乐童年”作品，如图 2.1.45 所示。

图 2.1.45　打开 Photoshop 作品

（2）在项目面板中双击鼠标左键，在弹出的“导入文件”对话框里打开“快乐童年”文件，如图 2.1.46 所示。

图 2.1.46　导入 Photoshop 作品

（3）在弹出的“快乐童年.psd”对话框的导入类型里选择“素材”选项，如图 2.1.47 所示。

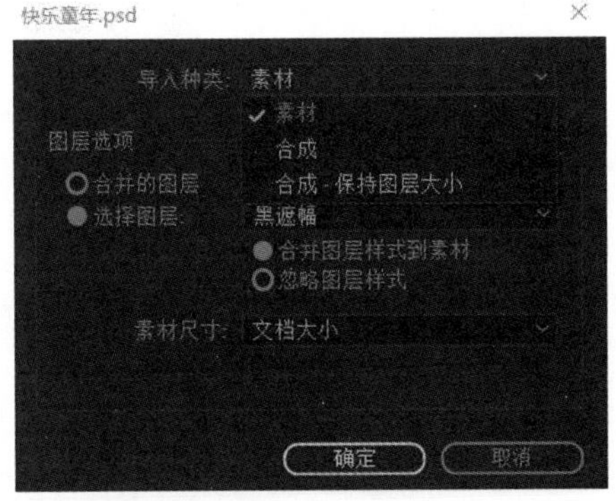

图 2.1.47　导入“快乐童年”素材

提示：在“图层选项”栏里选择“合并图层”选项，将 Photoshop 文件合并图层后导入，如图 2.1.48 所示。在“图层选项”栏里选择“选择图层”选项，可以将 Photoshop 文件其中的一层导入，如图 2.1.49 所示。

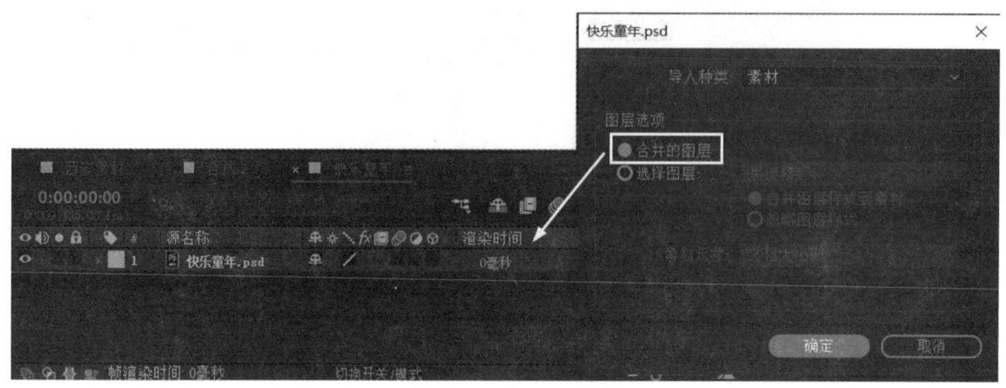

图 2.1.48　选择“合并图层”导入文件

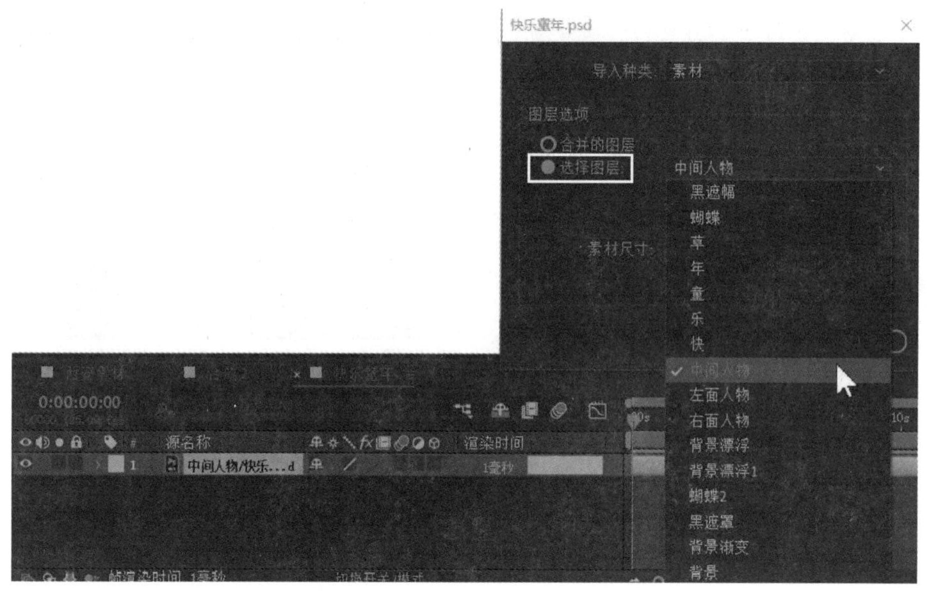

图 2.1.49　选择“选择图层”导入文件

（4）在弹出的“快乐童年.psd”对话框的导入类型里选择“合成”选项，可以将整个 Photoshop 文件作为一个合成导入，如图 2.1.50 所示。

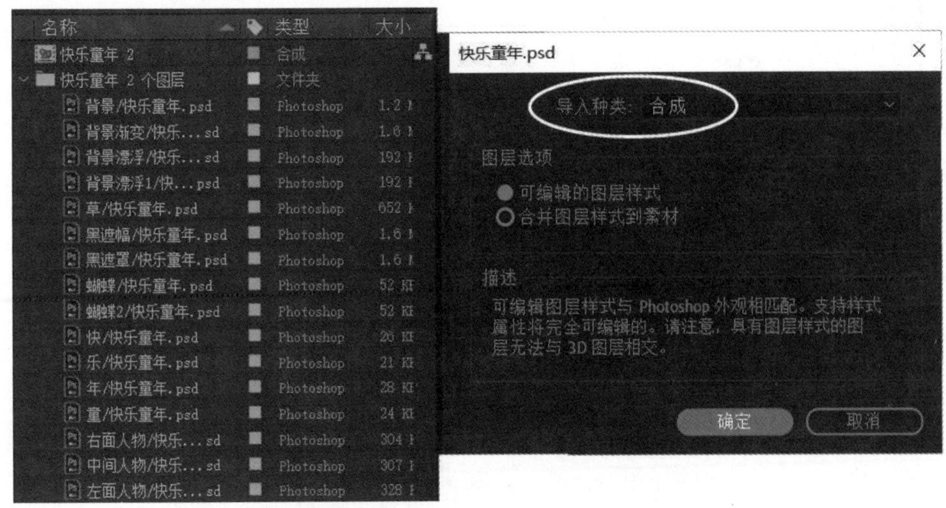

图 2.1.50　按合成类型导入 Photoshop 文件

注意： 导入 After Effects 合成时间线的图层顺序和 Photoshop 文件的图层顺序完全相同，而且从 After Effects 2022 版本开始识别 Photoshop 文件为实时 3D 图层，如图 2.1.51 所示。

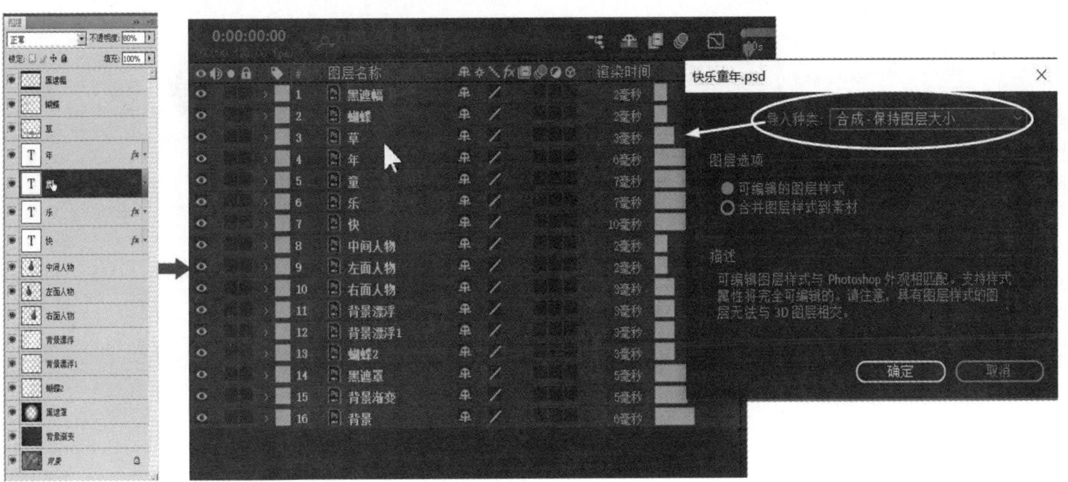

图 2.1.51　Photoshop 文件导入前后对比

After Effects 2022 版本新增了“新建 Photoshop 文件”功能，这项功能可以更灵活地将 Photoshop 文件与 After Effects 软件相结合，具体操作如下：

（1）单击鼠标左键执行菜单“文件”→“新建”→“Adobe Photoshop 文件”命令，如图 2.1.52 所示。

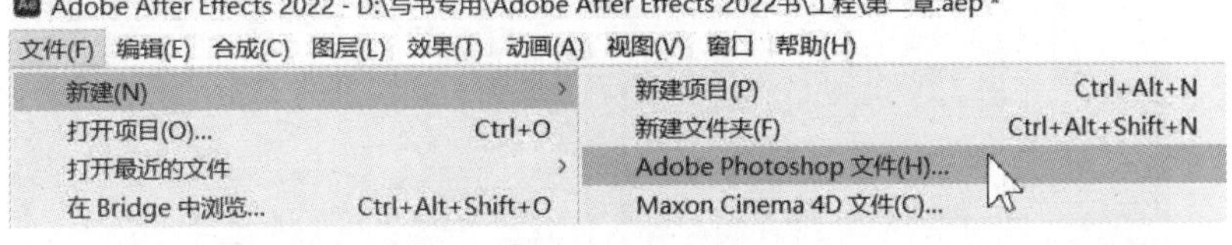

图 2.1.52　Photoshop 文件

（2）在弹出的“另存为”对话框中选择新建文件的存储路径，命名为“图像修饰”，如图 2.1.53

所示。

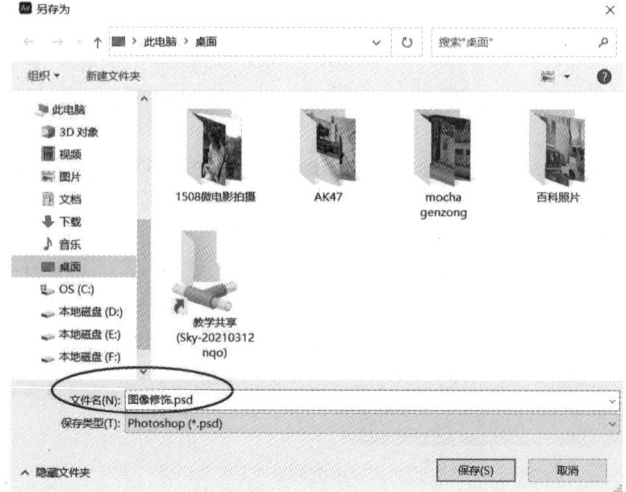

图 2.1.53　分层文件存储对话框

（3）在存盘位置就可以找到新建的 Photoshop 文件，如图 2.1.54 所示。

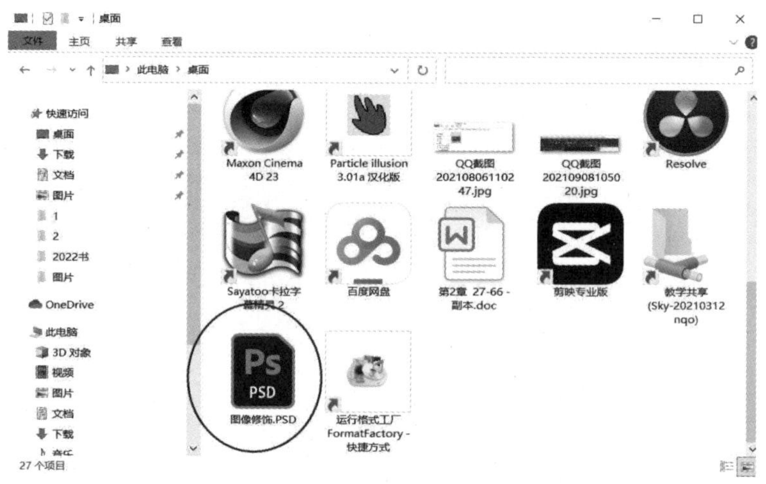

图 2.1.54　新建 Photoshop 文件

2.1.9　离线素材

再次打开项目文件以后，有时会弹出一个“After Effects”警告信息对话框，如图 2.1.55 所示。

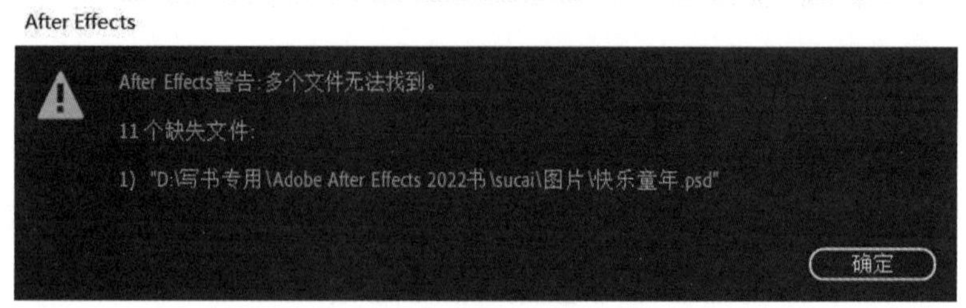

图 2.1.55　“After Effects”警告信息对话框

单击“确定”按钮后，发现合成视窗会呈“彩条”显示，合成时间线上的素材和项目面板的素材预览也呈“彩条”显示，这是项目文件中的部分素材离线所致，如图 2.1.56 所示。

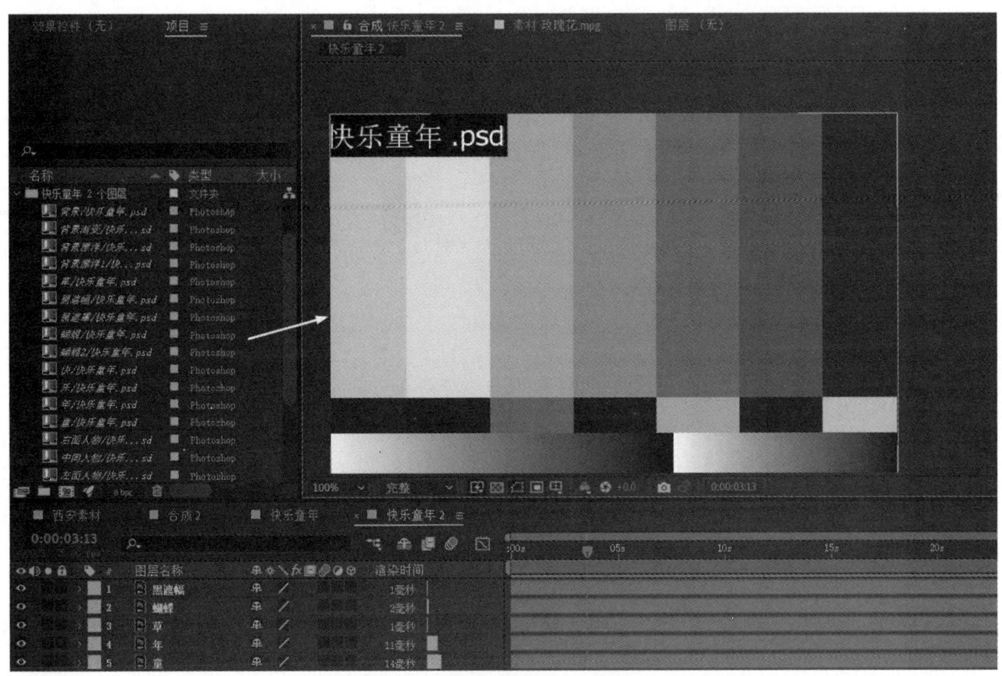

图 2.1.56　素材离线显示

注意：素材离线的原因主要是素材所在的保存路径或者名称发生了改变。我们做片子的时候最好在工程文件夹里建立相应的文件夹，能将素材分类来管理。例如，在家里电脑上做好的工程文件要拷贝到公司的电脑上，拷贝文件的时候，最好连同素材和工程文件一起拷贝，家里的电脑保存路径和公司的保存路径保持一致，包括电脑盘符也一致，这样不容易造成素材离线，如图 2.1.57 所示。

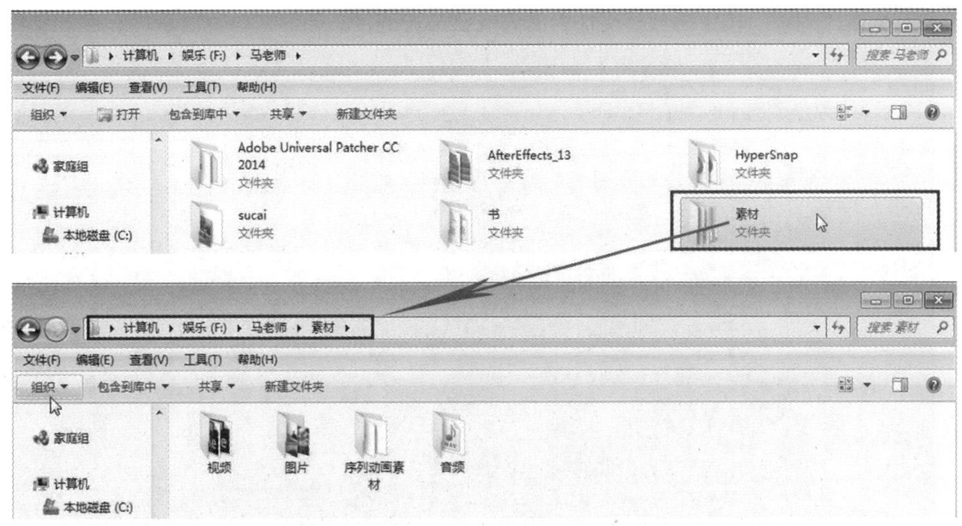

图 2.1.57　按素材分类管理素材

恢复离线素材的操作如下：

（1）在项目面板里双击离线素材，弹出“替换素材文件”对话框，找到素材所在的路径位置，如图 2.1.58 所示。

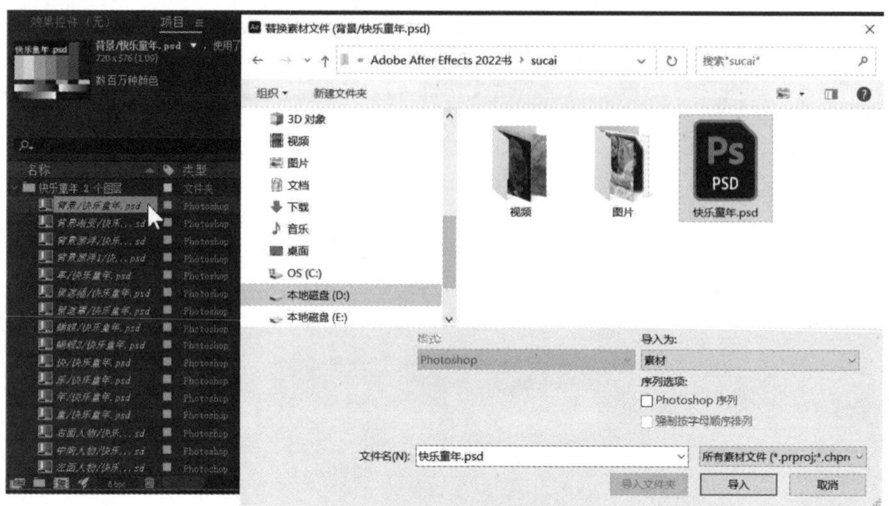

图 2.1.58　恢复离线素材

（2）单击“导入”按钮后弹出“After Effects”信息对话框，表示项目文件中离线素材已经被找到，如图 2.1.59 所示。

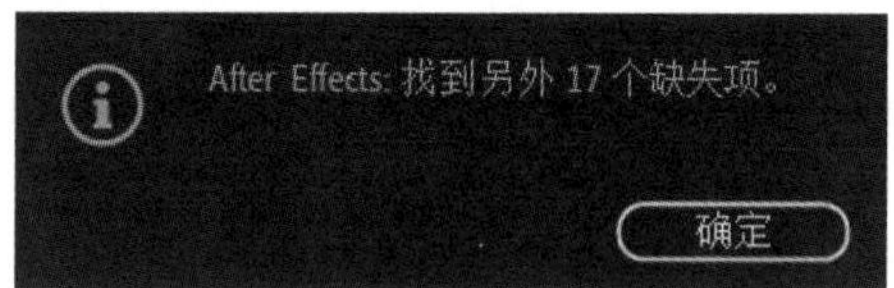

图 2.1.59　“After Effects”信息对话框

（3）单击“确定”按钮后项目文件中的离线已经被链接，如图 2.1.60 所示。

图 2.1.60　链接离线素材

2.2　合成视窗的介绍

新建一个项目文件后还必须新建一个合成文件，合成文件相当于剪辑软件的时间线序列。在项目文件里创建合成文件，然后在合成文件里导入要编辑的素材，而且各合成文件之间可以相互嵌套和编辑。

2.2.1　新建合成组

每次启动 After Effects 软件后，在合成视窗单击“新建合成”项即可创建一组合成，如图 2.2.1 所示。

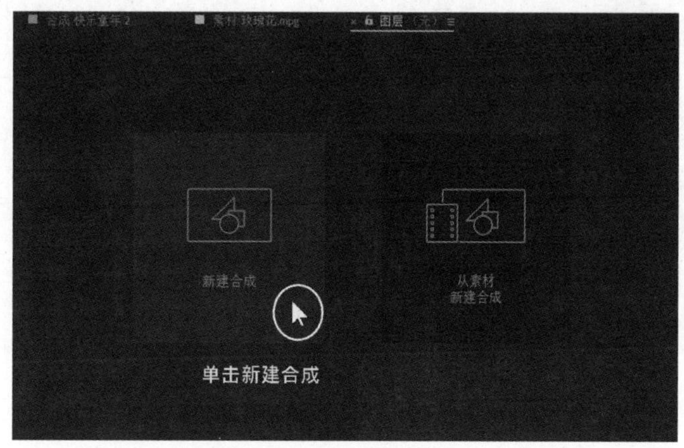

图 2.2.1　新建合成

在工作实践中，除了通过“欢迎使用界面”新建合成组以外，还有以下几种方式，具体操作如下：

（1）单击菜单执行“合成”→“新建合成”命令，或者按“Ctrl+N”键，如图 2.2.2 所示。

图 2.2.2　合成菜单

（2）在项目面板单击鼠标右键菜单选择“新建合成”选项，如图 2.2.3 所示。

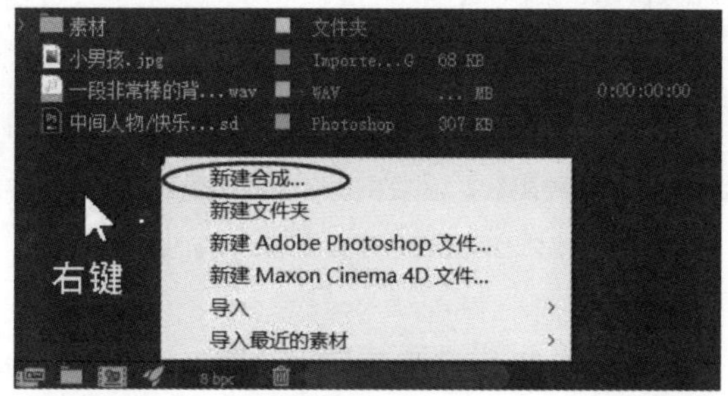

图 2.2.3　鼠标右键菜单

（3）在项目面板工具栏单击新建合成组按钮。

2.2.2 图像合成的设置

图像合成设置主要是对图像合成的名称、合成图像的尺寸、像素纵横比、帧速率、分辨率和持续时间等信息进行设置，具体操作如下：

（1）单击新建合成组按钮后，软件会自动弹出“合成设置”面板，如图 2.2.4 所示。

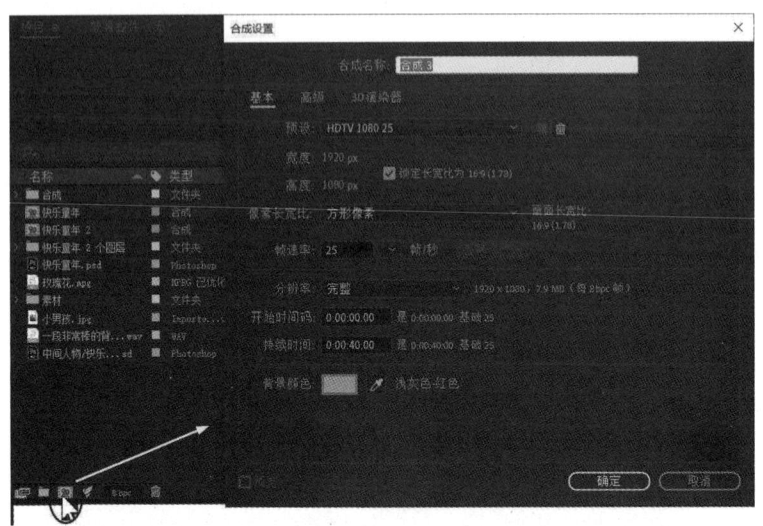

图 2.2.4　新建合成组

（2）在“合成名称”处单击鼠标输入“片头制作”，如图 2.2.5 所示。

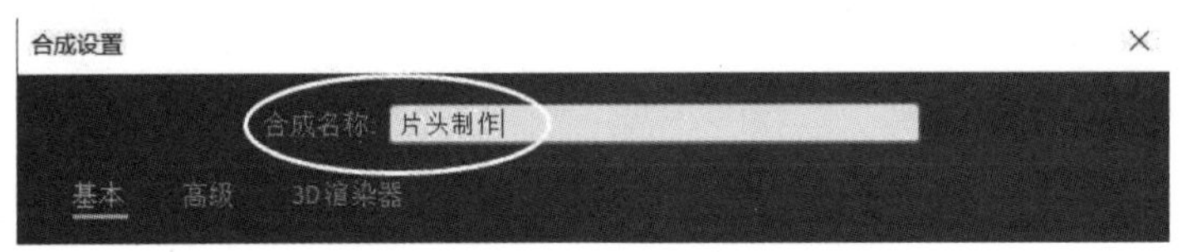

图 2.2.5　输入合成组名称

（3）在“基本”信息里设置图像合成组宽、高的尺寸，如图 2.2.6 所示。

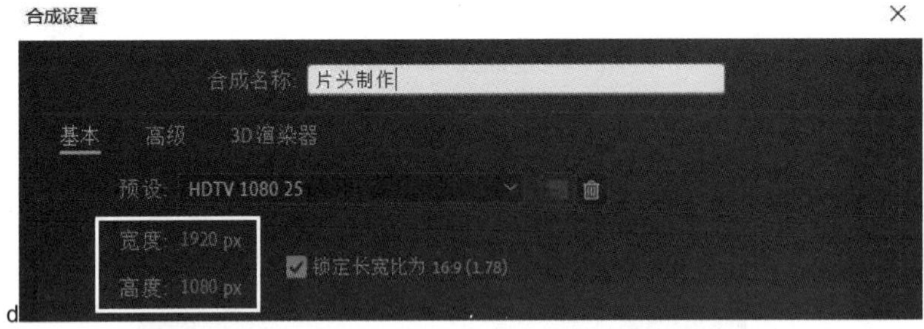

图 2.2.6　设置图像合成组宽、高的尺寸

提示：通过单击“预设”选项后面的白三角图标，在弹出的下拉菜单中选择“PAL D1/DV”选项来设置图像合成大小，如图 2.2.7 所示。

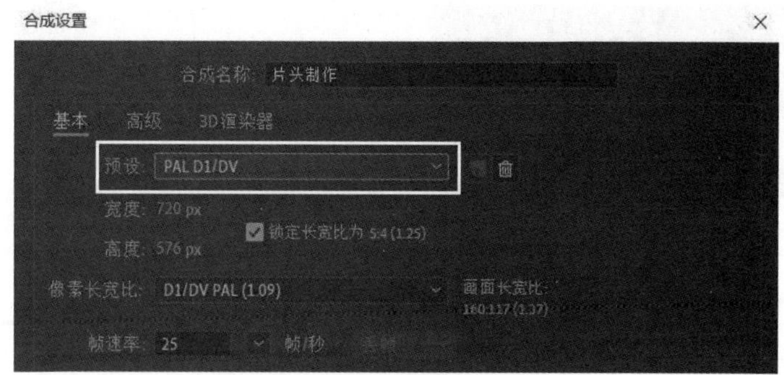

图 2.2.7　设置图像合成大小

（4）单击“像素长宽比”选项后面的白三角图标，在弹出的下拉菜单中选择“D1/DV PAL(1.09)”选项，如图 2.2.8 所示。

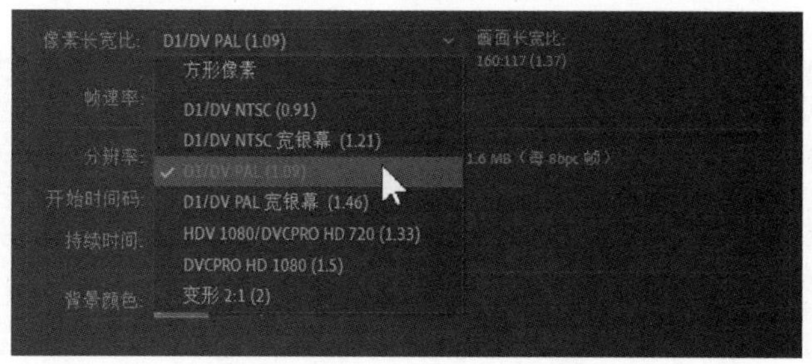

图 2.2.8　设置图像合成像素长宽比

（5）最后设置图像合成的帧速率和持续时间，单击“确定”按钮完成设置，如图 2.2.9 所示。

（6）在项目面板单击“片头制作”名称可以查看图像合成的基本信息，如图 2.2.10 所示。

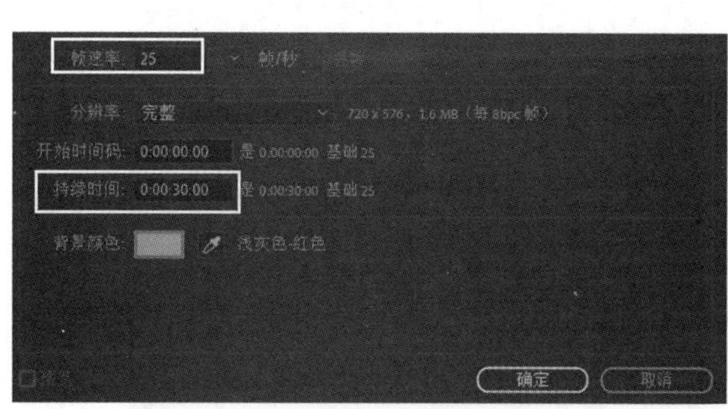

图 2.2.9　设置图像合成的帧速率和持续时间

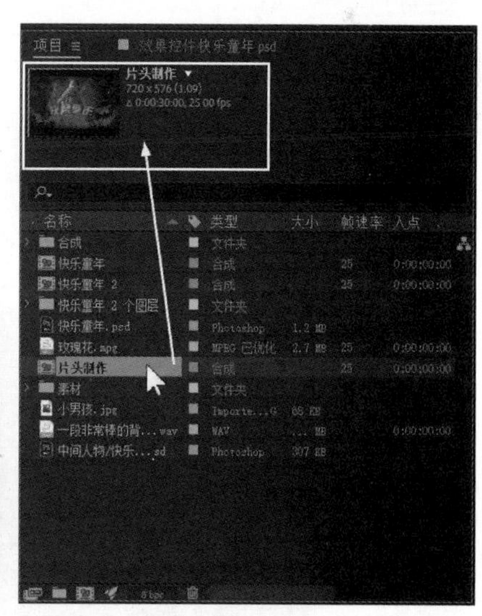

图 2.2.10　在项目面板查看图像合成的基本信息

提示：在项目面板选择“片头制作”合成，单击鼠标右键选择“合成设置”选项，或者单击菜单执行“合成”→“合成设置”命令，按快捷键“Ctrl+K”键打开“合成设置”面板，可以重新设置合成信息，如图 2.2.11 所示。

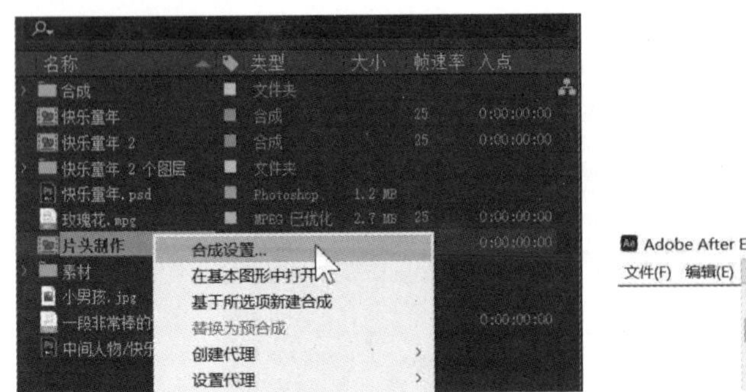

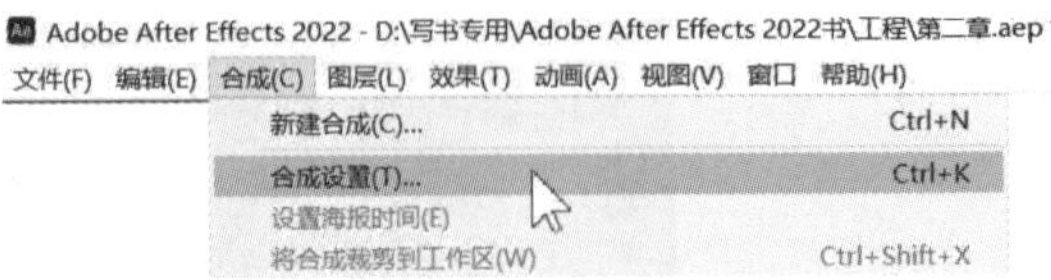

图 2.2.11　合成设置菜单

注意： 通过设置“开始时间码”参数，可以随意设置合成图像时间线的起始时间，如图 2.2.12 所示。

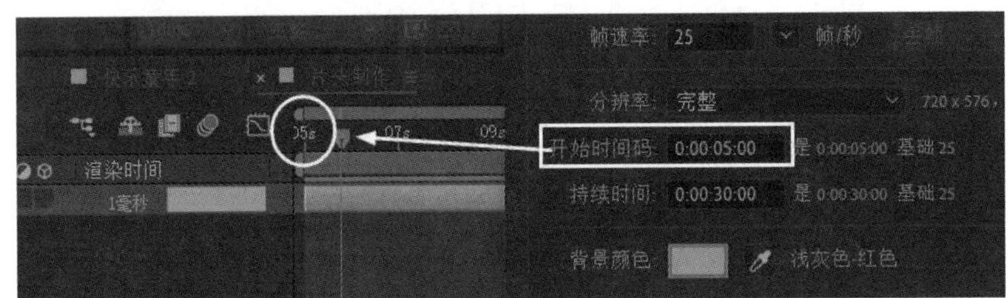

图 2.2.12　设置图像合成时间线的起始时间

2.2.3　打开和关闭合成

在项目面板选择“快乐童年 2”合成，双击鼠标可以打开该合成，如图 2.2.13 所示。

图 2.2.13　打开合成

在合成视窗的标签栏单击蓝色文字“片头制作”，在展开的下拉菜单中选择“关闭片头制作”选项，可以关闭“片头制作”合成，如图 2.2.14 所示。

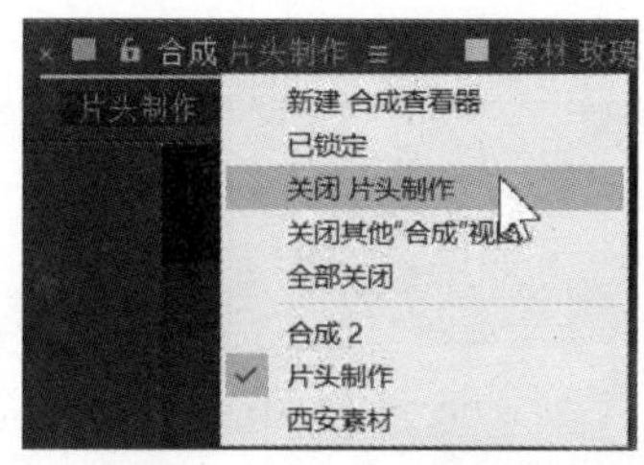

图 2.2.14　在合成视窗关闭合成

还可以在“片头制作”的合成时间线标签栏，单击关闭按钮，关闭合成，如图 2.2.15 所示。

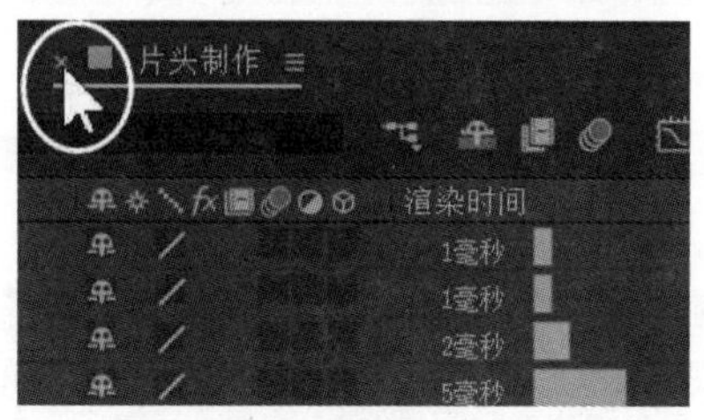

图 2.2.15　在合成时间线关闭合成

2.2.4　合成视窗的缩放

合成视窗不但可以对合成时间线的实时动画进行显示，还可以对画面进行编辑，很形象地将 Premiere 的时间线监视功能和 Photoshop 的画布编辑功能完全融为一体。在合成视窗编辑画面时，完全可以和 Photoshop 软件一样随意缩放合成视窗的显示比例。

合成视窗的缩放具体操作如下：

（1）在工具栏单击放大镜工具，在合成视窗上单击鼠标左键放大视窗显示，在按住 Alt 键的同时单击鼠标将缩小视窗显示。另外，可以通过视窗下面的工具栏查看缩放比例，如图 2.2.16 所示。

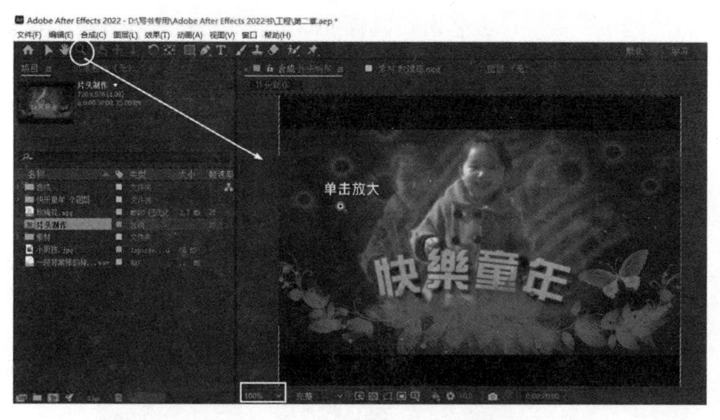

图 2.2.16　用放大镜工具缩放合成视窗

提示：合成视窗放大后，可以在工具栏单击手形工具平移视窗，也可以按空格键平移视图，如图 2.2.17 所示。

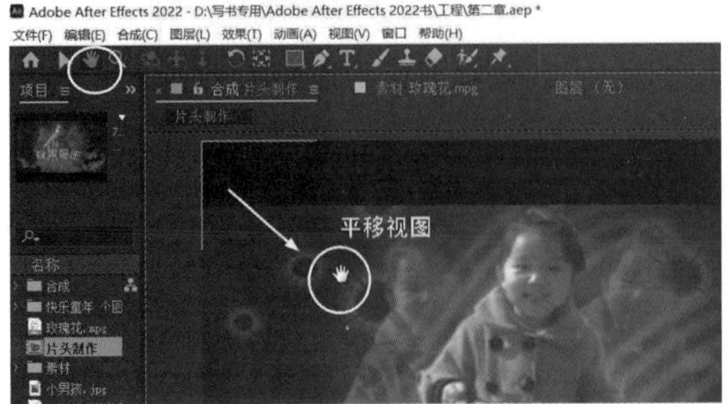

图 2.2.17　平移合成视窗

（2）在合成视窗工具栏单击缩放比例显示后面的白三角图标 100%，根据用户所需单击选择显示比例，如图 2.2.18 所示。

图 2.2.18　缩放合成视窗

（3）单击菜单执行“视图”→“缩小”命令，或者滚动鼠标中间滚轮来缩放合成视窗的显示比例，如图 2.2.19 所示。

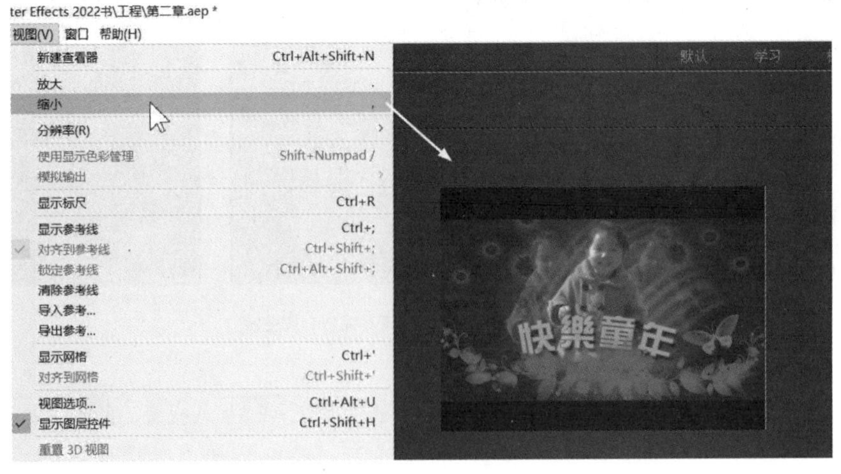

图 2.2.19　缩放合成视窗显示

2.2.5　合成视窗的参考线

合成视窗的参考线在制作视频时起到辅助作图的作用，分为标题/动作安全框、标尺、参考线、网格/比例网格等。

（1）标题/动作安全框。标题/动作安全框主要用于确定字幕和视频的安全区域，视频画面超出活动安全区域将被电视机边缘所裁剪。十字中心线将视频画面按中心划分，从而确定水平和垂直的中心位置。单击参考线选项按钮，在展开的选项栏中选择“标题/动作安全”，如图 2.2.20 所示。

图 2.2.20　标题/动作安全框的显示

（2）标尺。标尺主要具有作图时参考辅助和测量等作用。单击菜单执行“视图”→“显示标尺”命令，按快捷键“Ctrl+R”键可以显示/隐藏标尺，如图 2.2.21 所示。

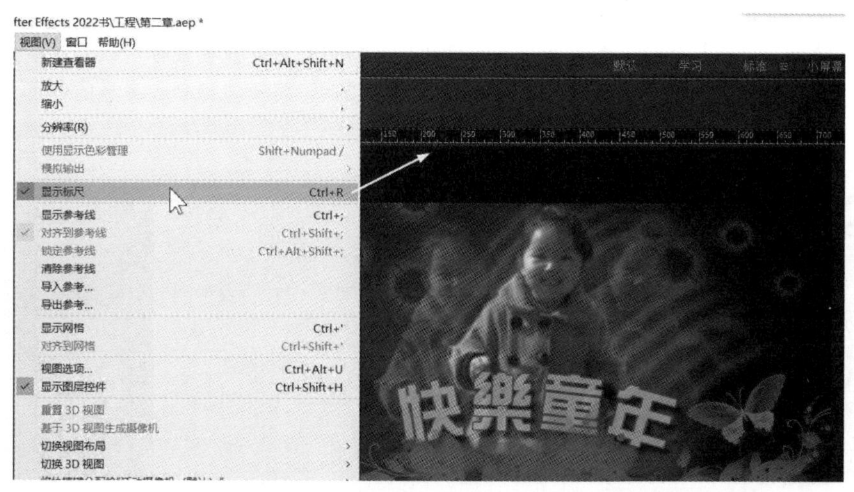

图 2.2.21　显示标尺

提示：在标尺刻度处单击鼠标左键拖拽，可以拖拽出一条参考线。在标尺的左上角单击鼠标左键拖拽，可以自定义标尺“0”刻度位置，如图 2.2.22 所示。

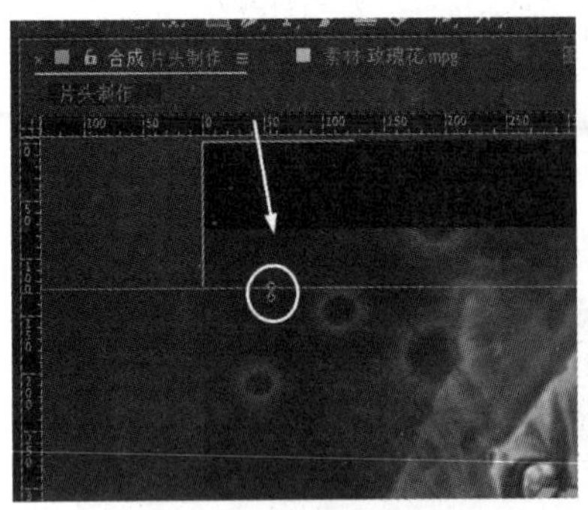

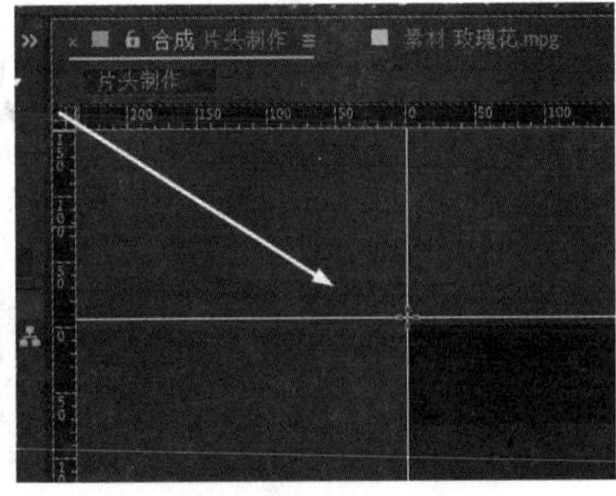

图 2.2.22 拖拽参考线和定义“0”刻度的位置

（3）参考线。参考线主要用于辅助作图。单击菜单执行“视图”→“显示参考线”命令，按快捷键“Ctrl+;”可以显示/隐藏参考线，如图 2.2.23 所示。

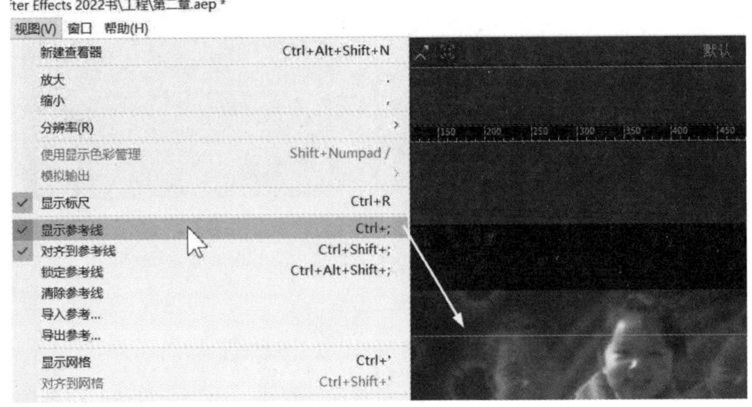

图 2.2.23 显示参考线

提示：将鼠标移动至参考线，当鼠标变成双向箭头时，拖拽鼠标可以移动参考线的位置。单击鼠标左键菜单执行“视图”→“锁定参考线”命令以后，将不能移动参考线的位置，如图 2.2.24 所示。

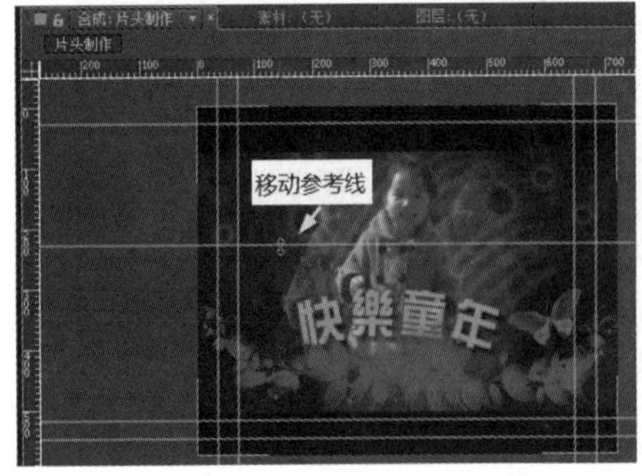

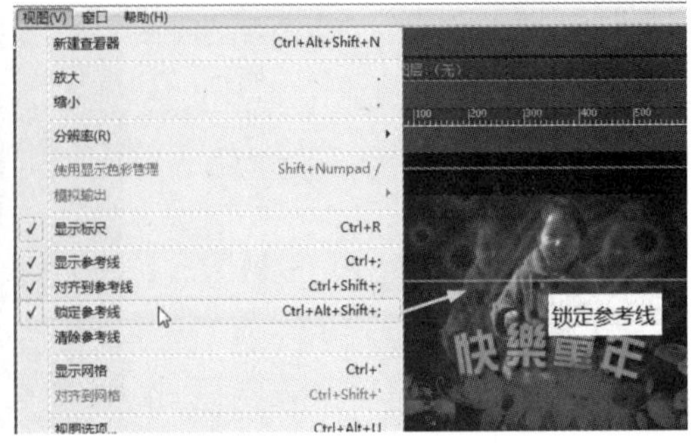

图 2.2.24 移动和锁定参考线

（4）网格/比例网格。网格的作用主要是辅助定位和参考作图。单击菜单执行“视图”→“显示

网格”命令，可以显示/隐藏网格线，如图 2.2.25 所示。

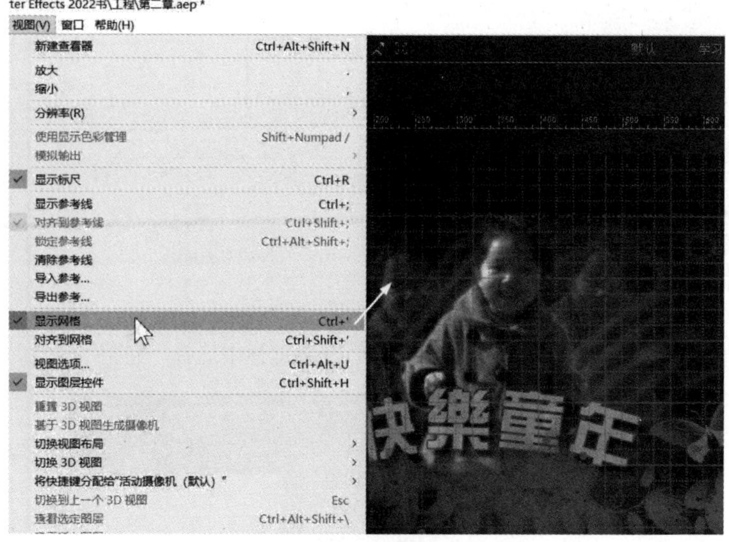

图 2.2.25　显示网格

提示：单击菜单执行“编辑”→“首选项”→“网格和参考线”命令，在弹出的“参数”面板里根据需要来设置网格、网格比例、参考线和安全框的相关参数，如图 2.2.26 所示。

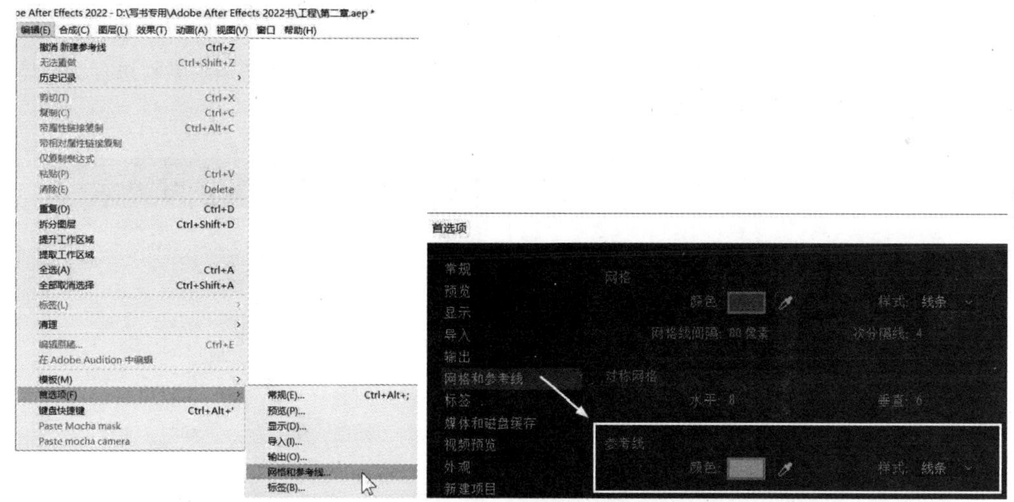

图 2.2.26　“参数”面板

2.2.6　图像的分辨率和透明显示

当制作完一段动画视频时，要根据用户电脑的内存和动画的复杂程度来设置画面分辨率，再预览动画。分辨率分为完整、一半、三分之一和四分之一以及自定义，分辨率越低，画面越模糊，但是预览动画越顺畅。

设置画面分辨率的具体操作如下：

（1）单击菜单执行“视图”→“分辨率”→“完整”命令，按快捷键“Ctrl+J”键设置为“完整”

模式，如图 2.2.27 所示。

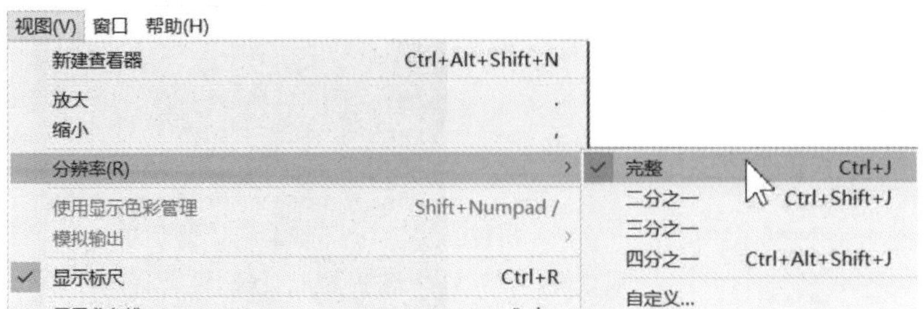

图 2.2.27　通过菜单栏设置分辨率

（2）在合成视窗工具栏单击分辨率选项按钮，在选项栏中选择“完整”选项，如图 2.2.28 所示。

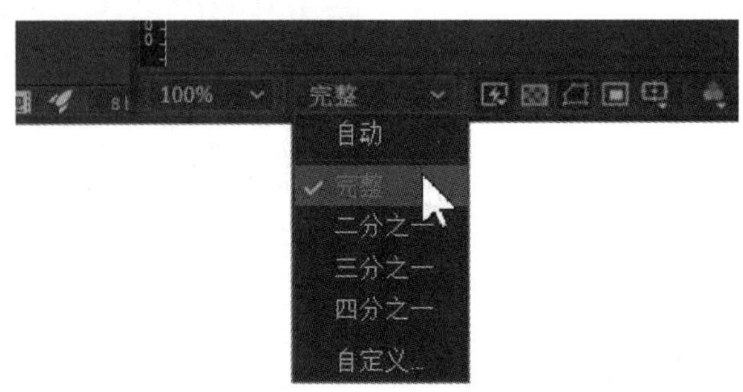

图 2.2.28　通过选项设置分辨率

在合成视窗工具栏单击透明栅格按钮，可以对带有“Alpha”透明通道的素材进行透明显示，如图 2.2.29 所示。

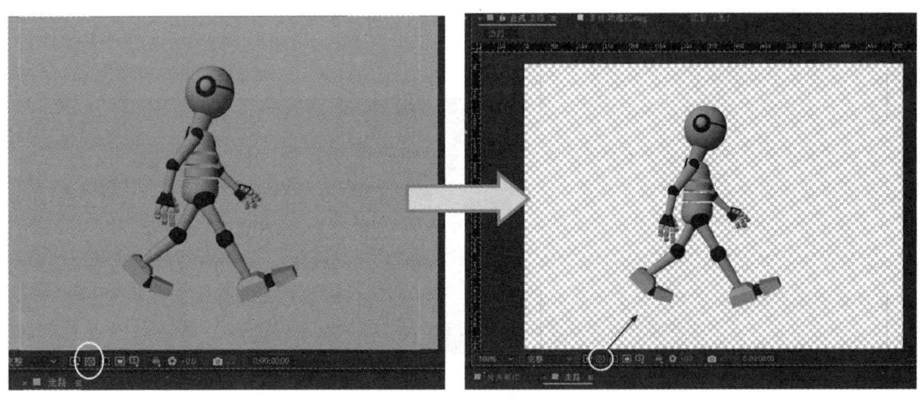

图 2.2.29　通过按钮设置分辨率

单击菜单执行“合成”→“合成设置”命令，在弹出的“合成设置”对话框里可以根据用户的需要设置合成的背景色，如图 2.2.30 所示。

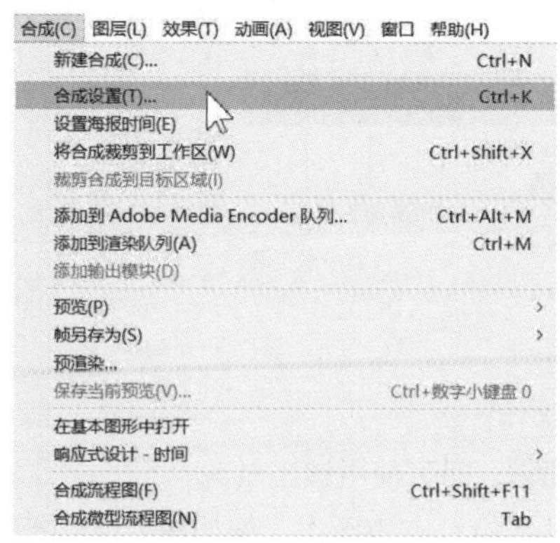

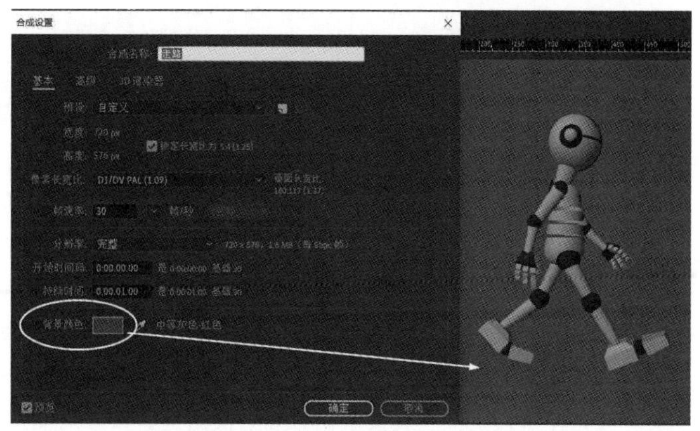

图 2.2.30　设置合成背景色

2.3　其他面板的介绍

除了上述的项目面板和合成视窗以外，After Effects 2022 还有其他一些面板，比如播放控制面板、效果预置面板、效果控制面板、音频面板、信息面板和工具箱等。

2.3.1　工具箱、预览控制台

在默认情况下，工具箱位于菜单栏的下面，可以通过鼠标单击菜单执行“窗口”→“工具”命令，按快捷键“Ctrl+1”键显示/隐藏工具箱，如图 2.3.1 所示。

打开工具箱后，发现 After Effects 软件和 Photoshop 软件工具箱里的工具几乎相同，包括常用的各种工具按钮，使用这些工具按钮可以进行选择、绘画、编辑和移动等各种操作，如图 2.3.2 所示。

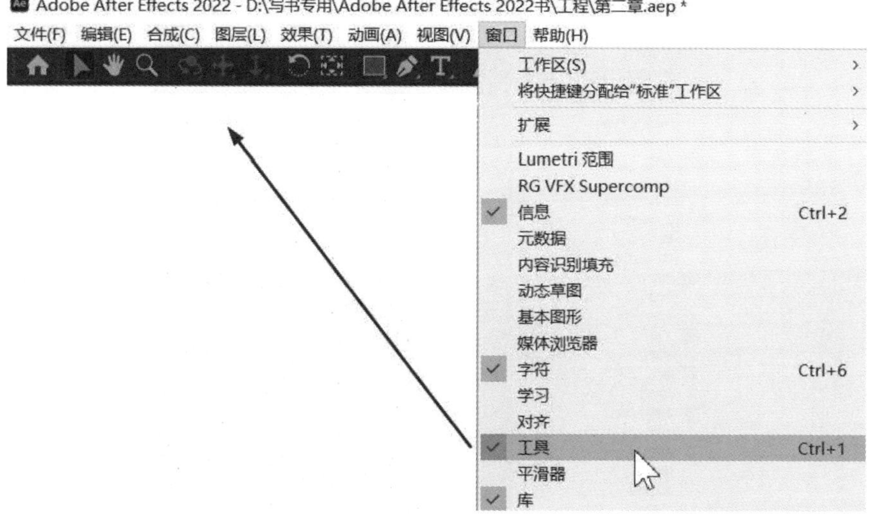

图 2.3.1　显示工具箱

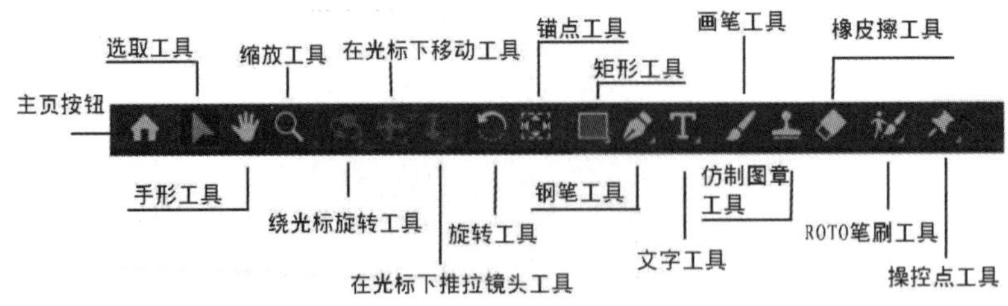

图 2.3.2　软件工具箱

如果要使用一般的工具按钮，可以按以下任意一种方法来操作。

（1）单击所需的按钮，例如单击工具箱中的钢笔工具按钮，即可使用该工具。

（2）在键盘上按工具按钮相对应的快捷键，可以对图像进行相对应的操作，例如按“G”键可以转换为钢笔工具。

在工具箱中有许多工具按钮的右下角都有一个小三角，这个小三角表示这是一个按钮组，其中包含多个类同的工具按钮。如果用户要使用按钮组中的其他按钮，可以按以下两种操作方法来实现。

（1）将鼠标移至工具按钮上，按住鼠标左键等待大约两秒，即可出现下拉工具列表，用户可以在列表中选择需要的工具，如图 2.3.3 所示。

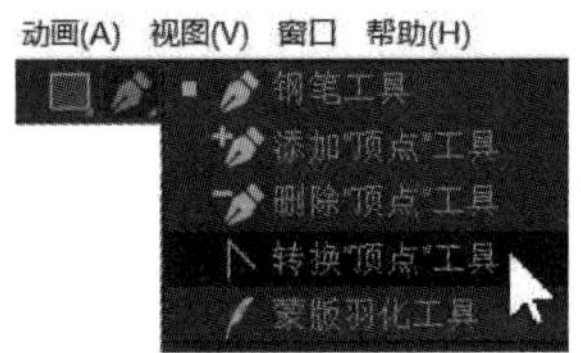

图 2.3.3　选择工具箱工具按钮

（2）将鼠标移至工具按钮上，单击鼠标右键即可弹出下拉工具列表。

用鼠标单击执行菜单“窗口”→“预览”命令，或者按快捷键“Ctrl+3”键，可以显示/隐藏“预览”面板，如图 2.3.4 所示。

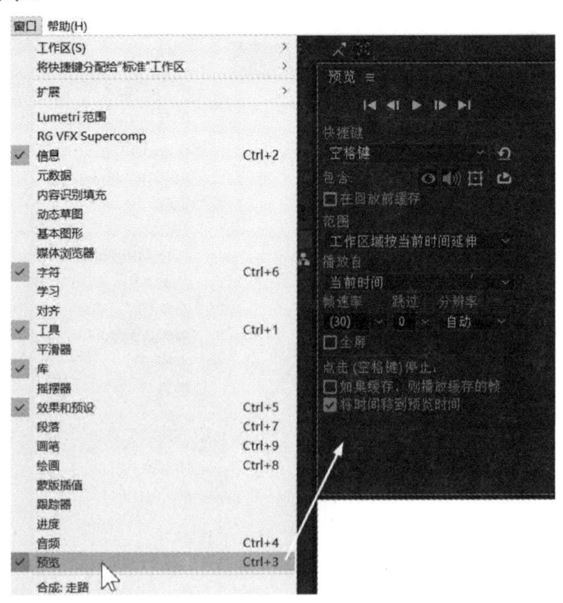

图 2.3.4　显示预览

预览主要是对编辑完的视频合成进行效果预览，面板上的许多播放控制按钮和剪辑软件几乎相同，如图 2.3.5 所示。

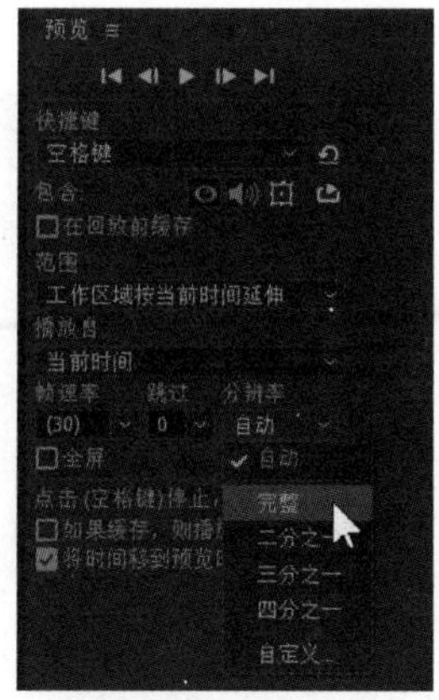

图 2.3.5　预览面板

播放/暂停按钮：单击播放按钮▶，可以播放合成时间线画面的内容，再次单击按钮▶暂停播放，快捷键为空格键。

前一帧按钮：单击前一帧按钮◀I，合成时间线播放头退后一帧，或者按“Page Up”键即可。

下一帧按钮：单击下一帧按钮I▶，合成时间线播放头前进一帧，或者按“Page Down”键即可。

第一帧按钮：单击第一帧按钮I◀，时间线播放头将返回到第一帧的位置，快捷键为 Home 键。

结束帧按钮：单击结束帧按钮▶I，时间线播放头将返回到时间线的结束位置，快捷键为 End 键。

静音按钮：单击静音按钮🔊，合成素材时将以静音模式预览动画。

循环按钮：单击按钮为循环播放，再次单击转换为单次播放按钮，再次单击转换为来回播放按钮。

在预演中显示按钮：单击按钮，可以在预览时显示叠加和图层控件。

2.3.2　效果和预置面板、效果控件面板

效果和预置面板主要存放了 After Effects 软件上百种特效预置，新增了特效查找功能，令用户使用起来更加快捷。效果和预置面板的显示/隐藏方式和前面的预览控制台方式完全相同，如图 2.3.6 所示。

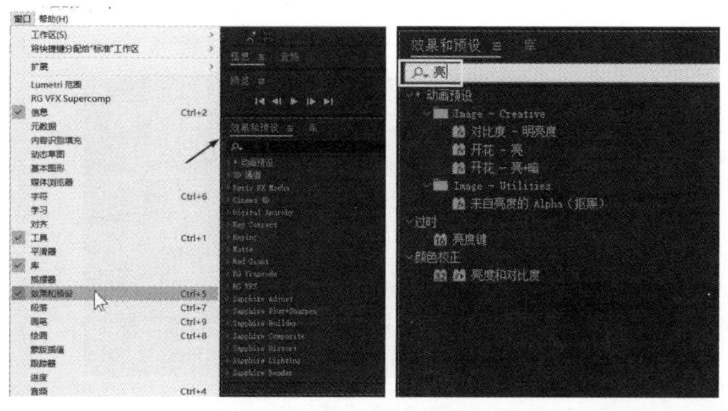

图 2.3.6　效果和预置面板的显示

效果控件面板主要是对添加的特效进行参数设置，具体操作如下：

（1）在效果和预设控制面板里找到需要添加的“亮度与对比度”特效，用鼠标拖拽至素材，在效果控件面板中就会显示该特效的相关参数，如图 2.3.7 所示。

图 2.3.7　效果和预设

（2）将鼠标放至“亮度”的数值上，单击左键拖拽，还可以直接单击输入数值，即可改变该素材的画面亮度，如图 2.3.8 所示。

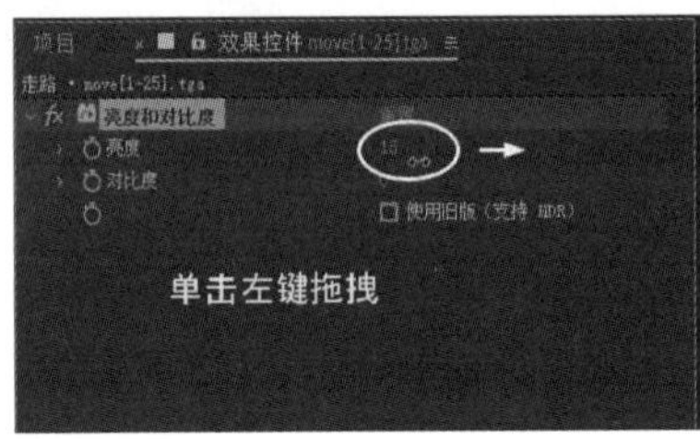

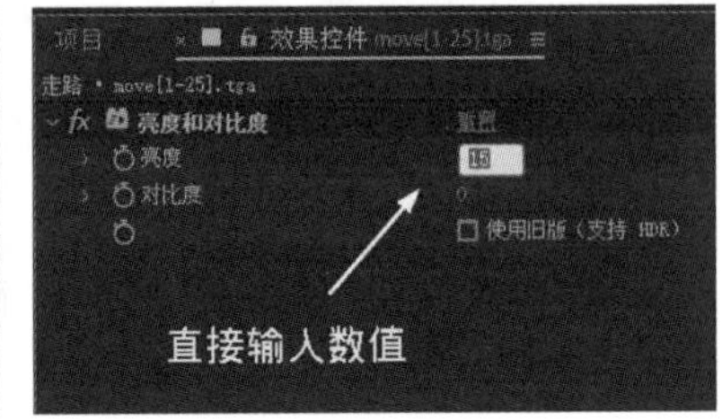

图 2.3.8　更改效果相关参数

注意：在调整特效数值时单击“亮度”前面的三角图标▶，可以通过拖动数值滑杆来调整数值，如图 2.3.9 所示。

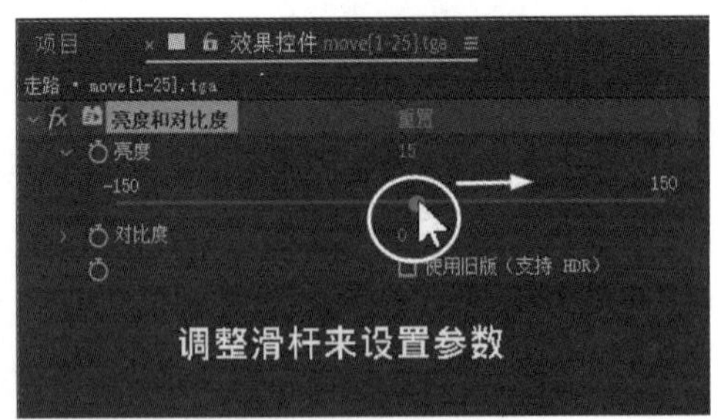

图 2.3.9　更改特效相关参数

提示：当设置特效数值时，在该数值文字上单击鼠标右键，在弹出的右键菜单里选择“重置”命令，可以重置该数值。单击文字右边的“重置”文字，可以重置该特效所有的参数，如图 2.3.10 所示。

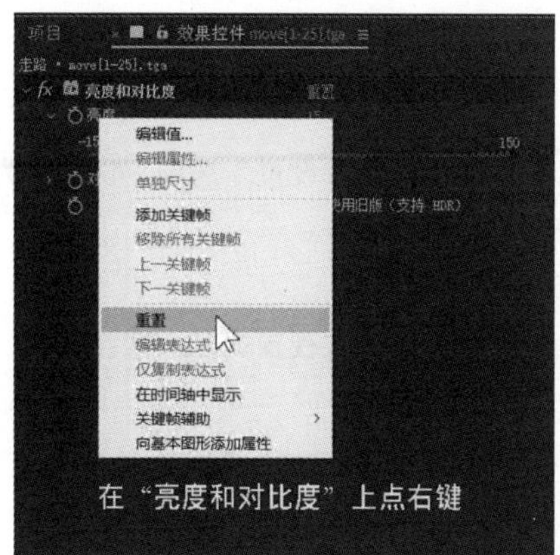

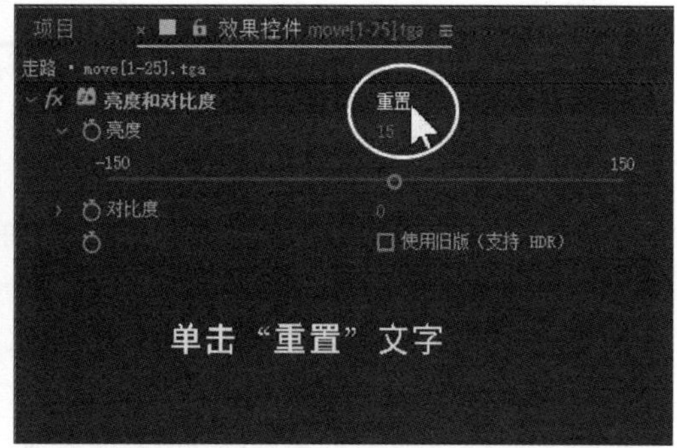

图 2.3.10　重置特效参数

单击效果控件面板上的关闭按钮可以关闭该面板，或者单击菜单执行“效果”→“效果控件”命令，按快捷键 F3 键来打开/关闭效果控件面板，如图 2.3.11 所示。

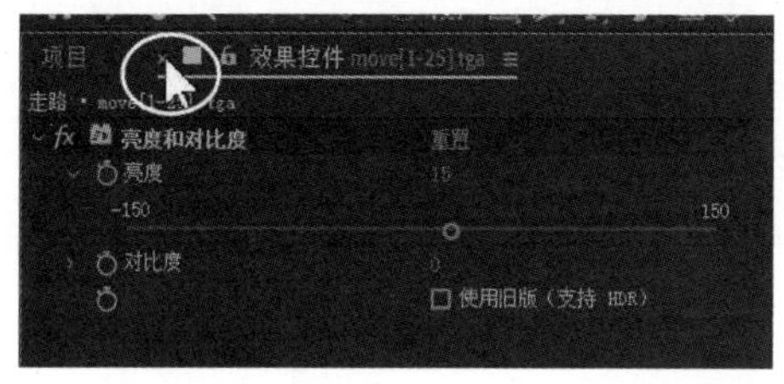

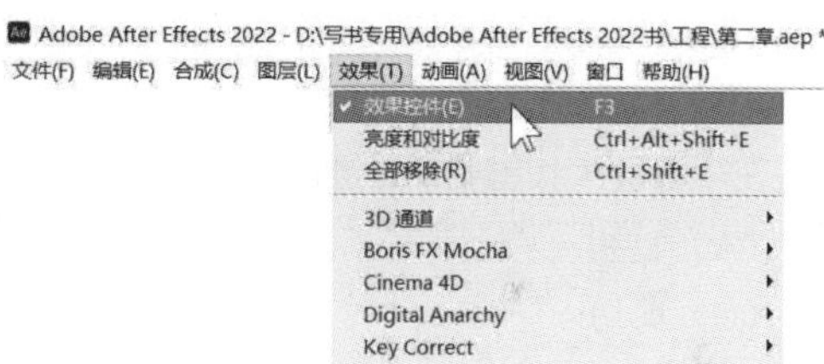

图 2.3.11　打开/关闭效果控件面板

本 章 小 结

本章主要介绍了 After Effects 2022 的基础操作，进一步讲解软件的项目面板、合成视窗、工具箱和文件的基本操作等知识。通过对本章的学习，读者应对 After Effects 2022 软件有更进一步的了解。要求在此基础上完全掌握本章节的知识，并且能够熟练操作。

思考与练习

一、填空题

1．项目面板的主要作用是________、________、存放和管理素材，相当于一个强大的_______。

2．项目面板中包含了素材的信息栏、_________和_________。

3．在项目面板选择一段素材，可在信息栏里预览素材，显示素材的_________、_________、

________、音频采样率等一些相关信息。

4．After Effects 2022 可以导入的素材分为视频素材、________、________、________、动画序列素材、________、固态层等。

5．图像合成设置主要是对________、合成图像尺寸大小、________、________、________和________等信息进行设置。

二、选择题

1．在项目面板选择“片头制作”合成，单击鼠标右键选择“合成设置”选项，快捷键为（　）。

（A）Ctrl+R　　（B）Ctrl+K

（C）Ctrl+G　　（D）Q

2．在工具栏单击放大镜工具，在合成视窗上单击鼠标左键放大视窗显示，在按住（　）键的同时单击鼠标将缩小视窗显示。

（A）Ctrl　　（B）Shift

（C）Alt　　（D）Ctrl+ Shift

3．标尺主要具有作图时参考辅助和测量等作用，按快捷键（　）键可以显示/隐藏标尺。

（A）Ctrl+R　　（B）Ctrl+ Shift+R

（C）Shift+R　　（D）R

4．在素材上单击鼠标右键菜单执行“替换素材”→“文件”命令，或按快捷键（　）键。

（A）H　　（B）Alt+H

（C）Shift+H　　（D）Ctrl+H

5. 在项目面板按键盘 Alt 键的同时单击鼠标拖动 A 素材到 B 素材上，那么 B 素材被（　）。

（A）复制　　（B）替换

（C）剪切　　（D）删除

三、简答题

1．简述 After Effects 2022 素材离线的原因。

2．如何替换素材？如何解释素材？

3．预览控制台的主要作用是什么？

4．如何设置合成？如何设置合成背景颜色？

四、上机操作题

1．进行新建、打开和保存项目文件练习。

2．反复练习在 After Effects 2022 项目面板中导入各种素材，解释素材并替换素材。

3．新建合成组，对合成进行设置。

4．显示和隐藏合成视窗的标尺、安全区域框、参考线和栅格，并能熟练缩放合成视窗。

第 3 章　时间线的介绍

合成时间线窗口是 After Effects 2022 软件的动画核心部分，视频合成的大量工作都是在合成时间线上来完成的。只有在使用该软件之前先了解时间线的各个工具的用途、功能和自定义时间线，在以后的剪辑工作中才能达到事半功倍的效果。

知识要点

- 合成时间线的介绍
- 时间线的嵌套
- 时间线的设置
- 编辑素材
- 图层的显示、隐藏和锁定

3.1　合成时间线的介绍

在合成时间线窗口中，可以调整素材层在合成图像窗口中的时间位置、素材长度、叠加方式及合成图像的渲染范围长度等诸多方面的工具控制，它几乎包含了 After Effects 软件中的一切操作。合成时间线窗口包括三大部分：时间线区域、控制面板区域及图层区域，如图 3.1.1 所示。

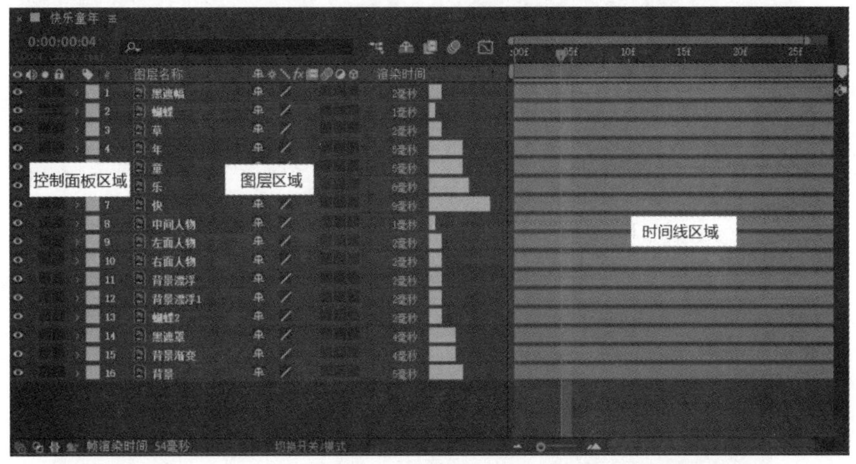

图 3.1.1　合成时间线窗口

3.1.1　控制面板区域

控制面板区域主要是对合成时间线各图层之间进行显示/隐藏、锁定、单独显示和静音的控制。在面板的空白处单击鼠标右键，可选择隐藏或显示控制面板区域，如图 3.1.2 所示。

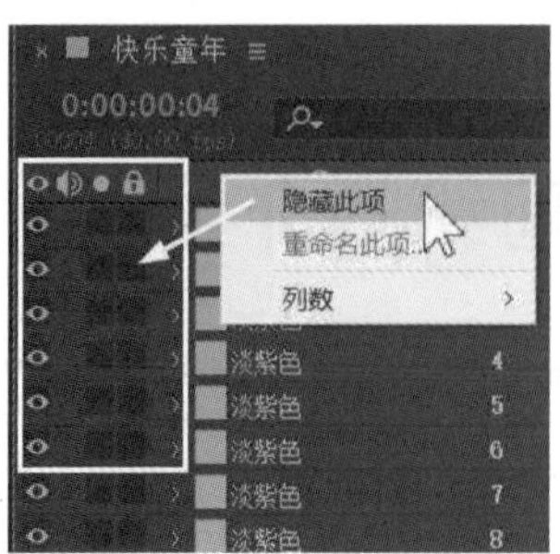

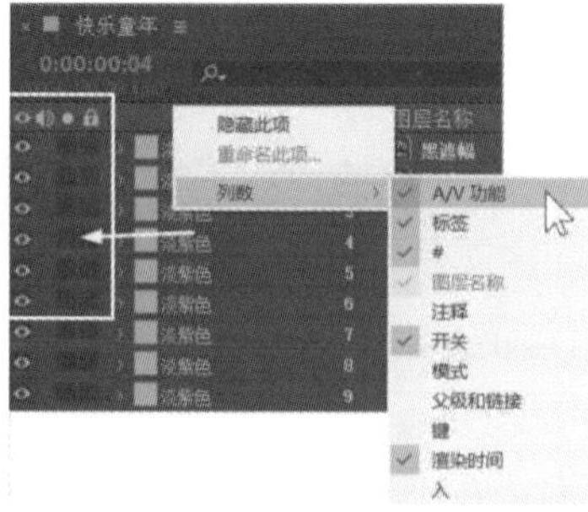

图 3.1.2　控制面板的隐藏和显示

通过导入一段视频到合成时间线来具体解释控制面板区域，具体方法如下：

（1）在项目面板选择“西安素材”拖拽至合成时间线窗口，如图 3.1.3 所示。

图 3.1.3　添加素材到合成时间线

提示：在项目面板单击选择要导入的素材，按“Ctrl+/”键也可以将素材导入合成时间线，如图 3.1.4 所示。

图 3.1.4　使用快捷键添加素材到合成时间线

（2）在控制面板区域单击“西安素材”前面的显示/隐藏按钮，可以对该图层进行显示和隐藏操作，如图 3.1.5 所示。

（a）显示图层

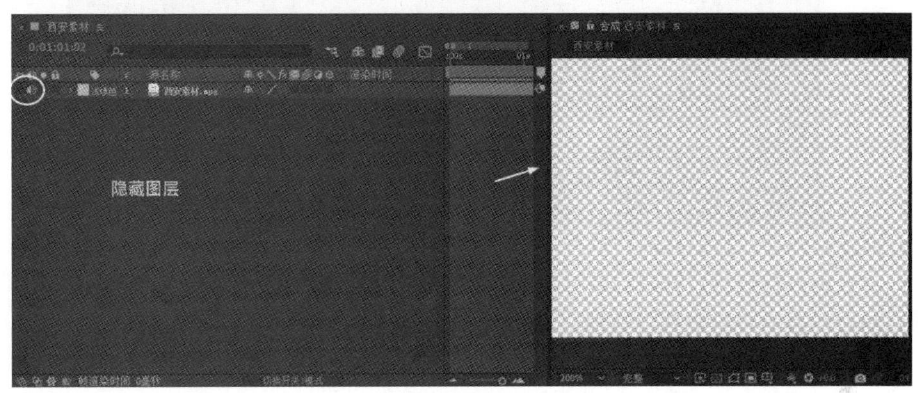

（b）隐藏图层

图 3.1.5　显示与隐藏图层

（3）在控制面板区域单击音频/静音按钮，可以在音频和静音模式下切换素材，如图 3.1.6 所示。

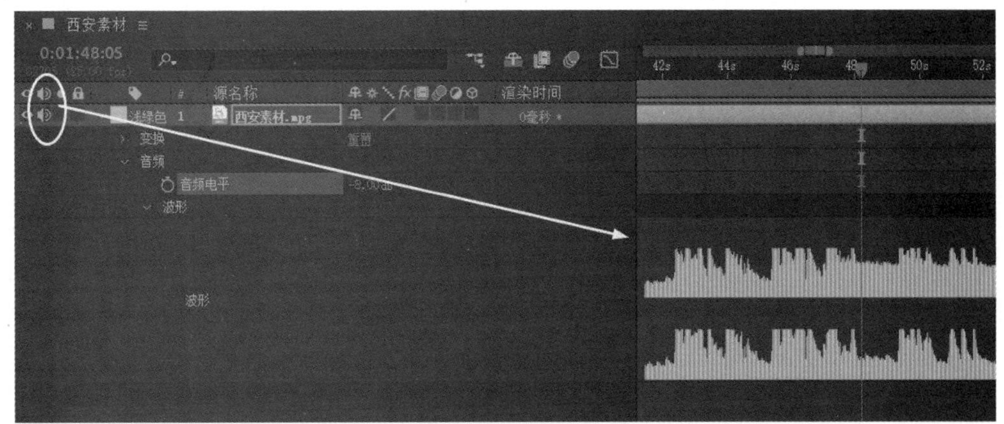

图 3.1.6　音频波形的显示

（4）在控制面板区域单击图层前面的单独显示按钮，可以单独显示该图层，再次单击按钮取消单独显示，如图 3.1.7 所示。

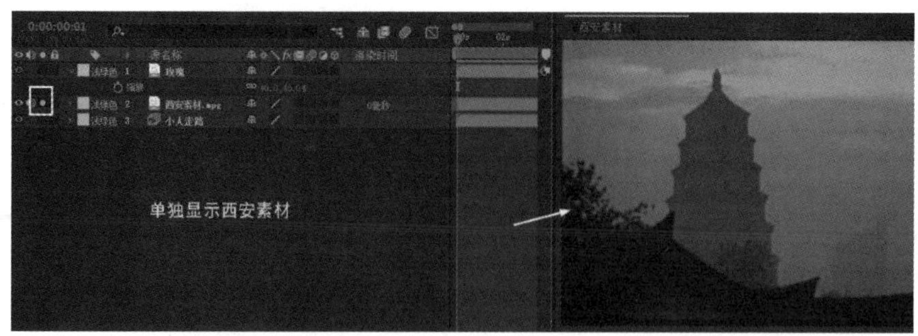

图 3.1.7　单独显示图层

（5）在控制面板区域单击图层前面的锁定按钮🔒可以锁定该图层，图层锁定后不能参加任何编辑操作，再次单击🔒按钮解锁，如图 3.1.8 所示。

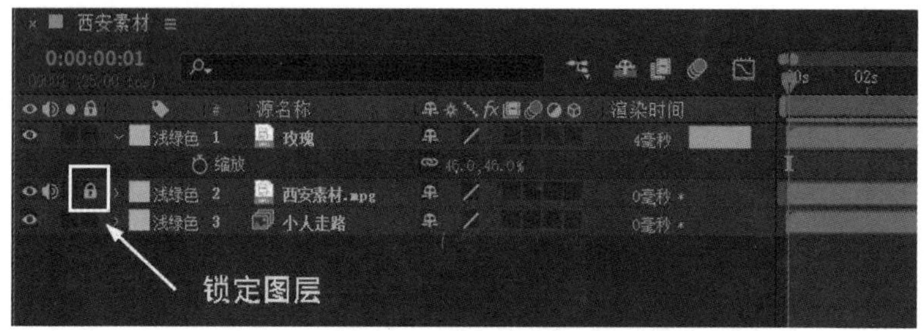

图 3.1.8　锁定图层

提示：选择图层单击菜单执行“图层”→“开关”→“锁定”命令，按快捷键“Ctrl+L”同样也可以锁定选定图层，如图 3.1.9 所示。

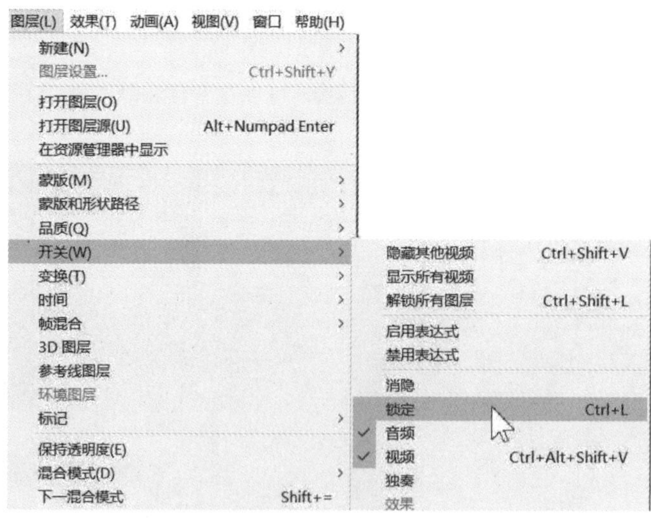

图 3.1.9　锁定图层

3.1.2　图层区域

图层的名称显示方式分为素材名称显示和图层名称显示两种，用鼠标在面板的源名称处单击可以相互切换，如图 3.1.10 所示。

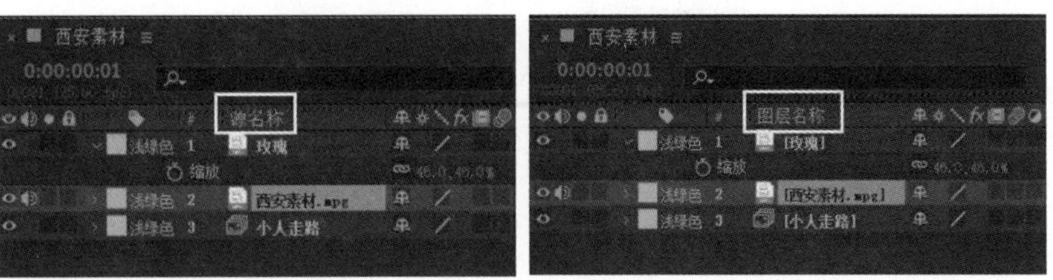

图 3.1.10　源名称的显示

提示：通过源名称面板的文字来区别图层区域是以素材名称显示还是以图层名称显示的。还可以从名称上区别，在名称中有中括号的为图层名称显示，没有中括号的为素材名称显示，如图 3.1.11 所示。

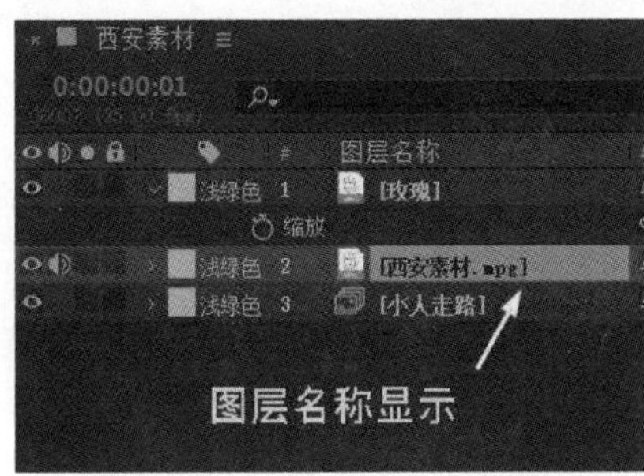

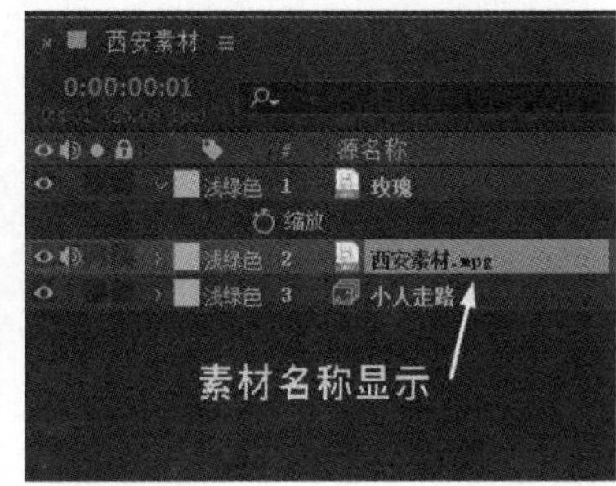

图 3.1.11　素材名称和图层名称的区别

注意：在素材名称显示下重新命名，系统会自动转换为图层名称。例如，在素材名称显示下单击文字层按“Enter”键重新命名该素材，显示方式会自动改为图层名称显示方式，如图 3.1.12 所示。

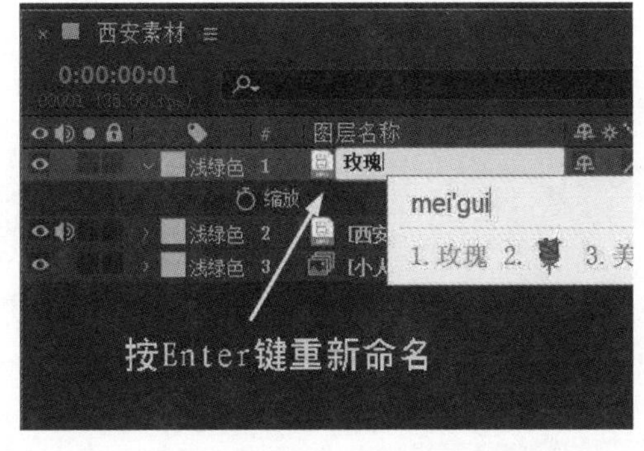

图 3.1.12　素材重新命名

在图层区域单击鼠标右键菜单“列数”→“标签”选项，可以显示图层的标签颜色，如图 3.1.13 所示。

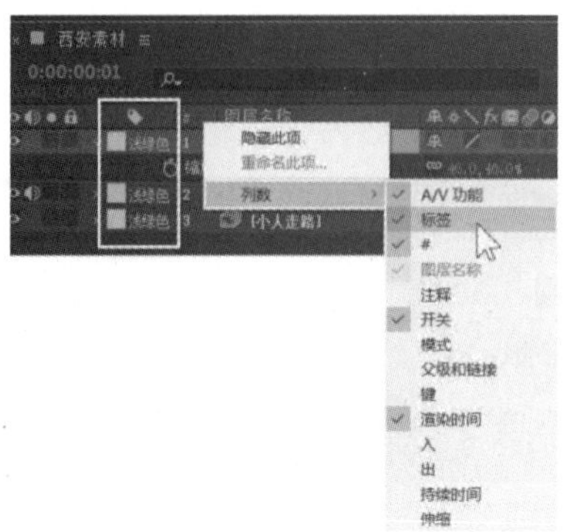

图 3.1.13 素材的标签列数显示

标签颜色主要用于区分不同类型的合成素材和图像。在标签颜色处单击鼠标左键，在弹出的下拉颜色选项菜单里选择需要更改的颜色，如图 3.1.14 所示。

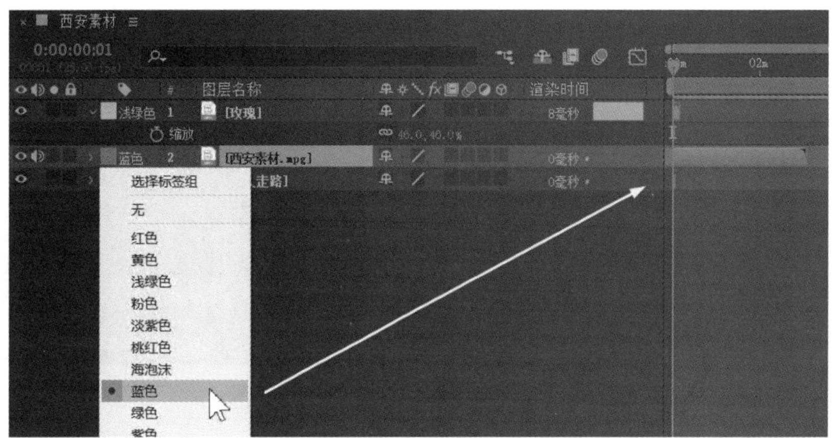

图 3.1.14 更改颜色标签

用鼠标单击标签颜色前面的三角图标■，可以展开图层的变换和音频等各项属性，如图 3.1.15 所示。

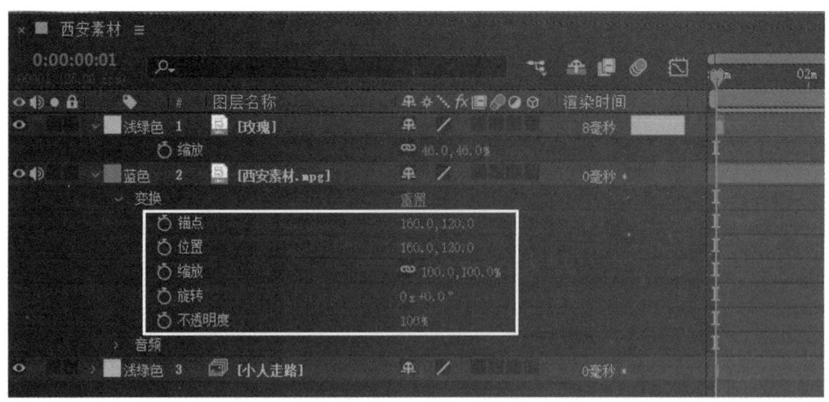

图 3.1.15 展开图层的各项属性

在合成时间线窗口左下角单击图标可以展开或者折叠图层开关框，如图 3.1.16 所示。

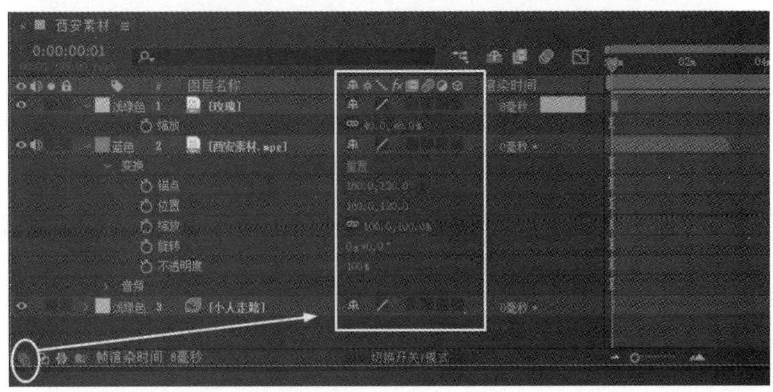

图 3.1.16　展开图层开关框

在合成时间线窗口左下角单击图标可以展开或者折叠转换图层模式控制框，如图 3.1.17 所示。

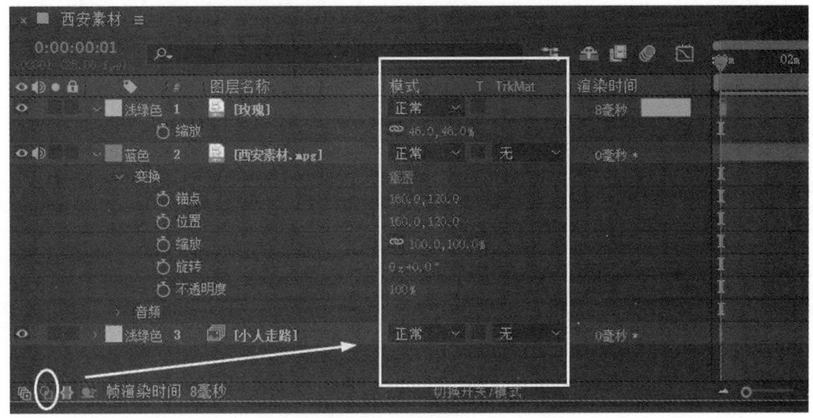

图 3.1.17　展开转换图层模式控制框

提示：用鼠标单击合成时间线窗口下方的“切换开关/模式”按钮可以在图层开关框和转换框之间相互切换，如图 3.1.18 所示。

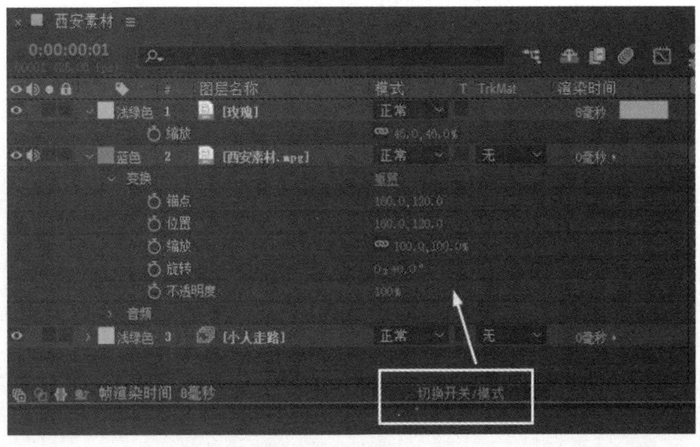

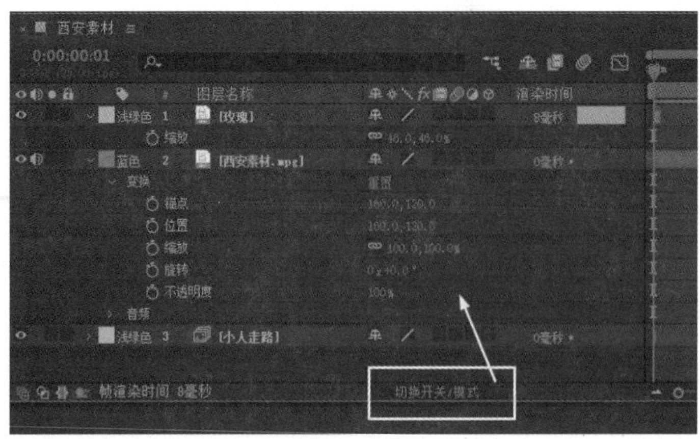

图 3.1.18　转换控制框与图层开关框的互换

在合成时间线窗口左下角单击图标可以展开或者折叠出入点和持续时间框，如图 3.1.19 所示。

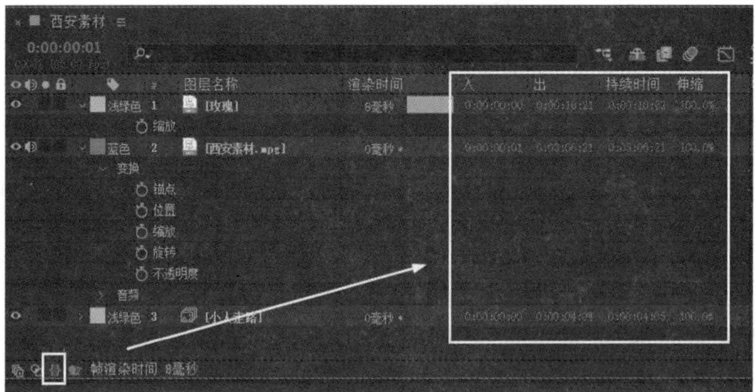

图 3.1.19　入点、出点和持续时间框

提示：将鼠标放在图层列表框和图层模式列表框的中间时，鼠标变成左右双向箭头，向左右拖拽鼠标可以更改图层列表框的大小，如图 3.1.20 所示。

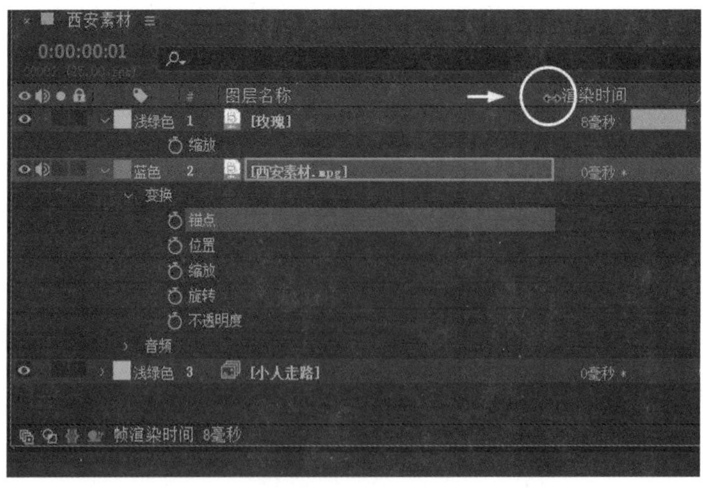

图 3.1.20　更改图层列表框的大小

3.1.3　时间线区域

时间线区域包括时间线标尺、当前时间指示器、工作区域以及时间线标记等，如图 3.1.21 所示。

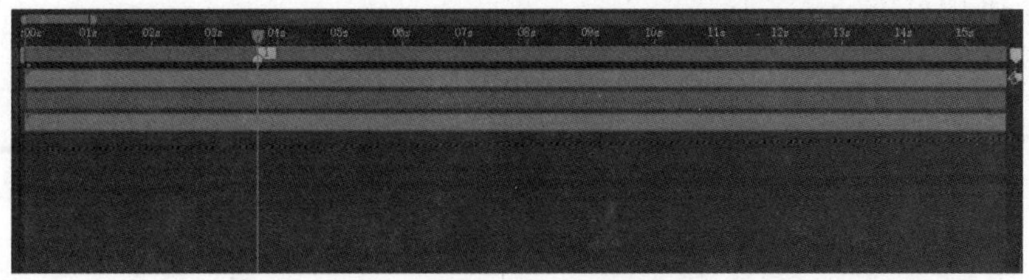

图 3.1.21　时间线区域框

时间线标尺主要显示时间信息，默认情况下由零开始，用户可以在“合成设置对话框”里设置，每个合成时间线的持续时间就是该合成的长度，如图 3.1.22 所示。

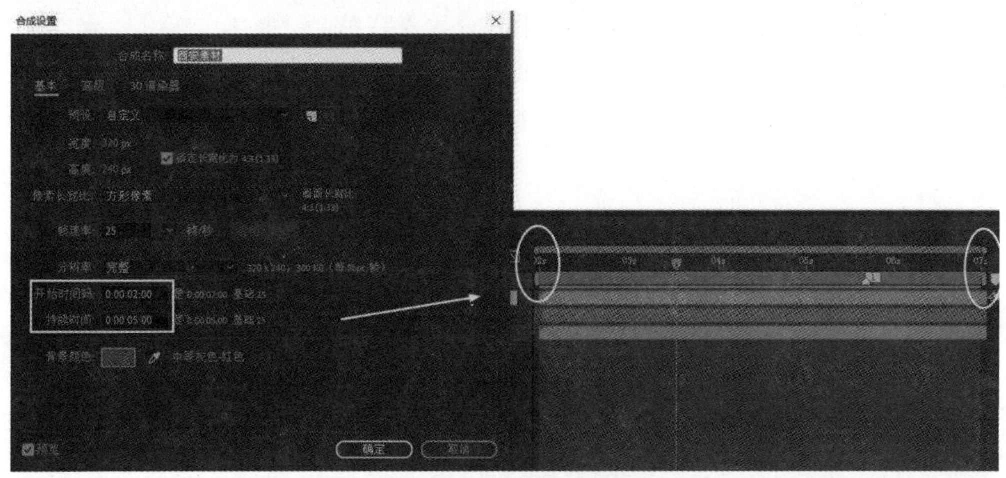

图 3.1.22　设置时间线区域的起始时间和持续时间

时间线标尺可以根据用户的需要放大或者缩小，具体操作方式有以下几种：

（1）在合成时间线窗口下方单击缩小图标，则可以缩小时间线标尺，单击放大图标，则可以放大时间线标尺，如图 3.1.23 所示。

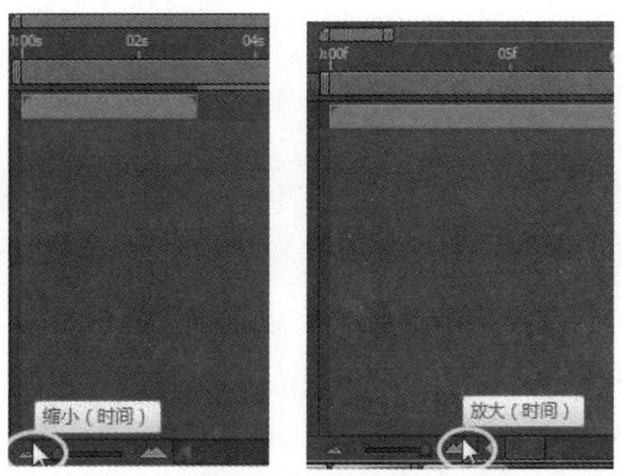

图 3.1.23　时间线标尺的缩放（用图标）

（2）将鼠标移至合成时间线窗口时间导航栏处，当鼠标变成左右双向箭头时，向右拖动鼠标为缩小时间线标尺，向左拖动鼠标为放大时间线标尺，如图 3.1.24 所示。

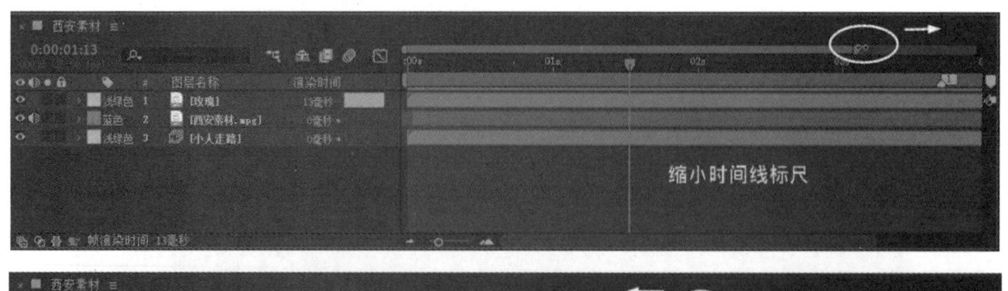

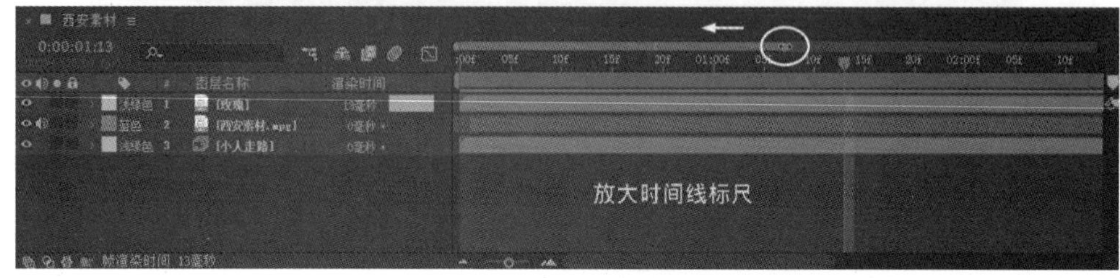

图 3.1.24　时间线标尺的缩放（用拖动）

（3）在软件默认情况下，按大键盘“+”键为放大时间线标尺，按大键盘“－”键为缩小时间线标尺。

注意：单击菜单执行“文件”→“项目设置”命令，在弹出的“项目设置”对话框里，可以设置时间线标尺的显示风格，如图 3.1.25 所示。

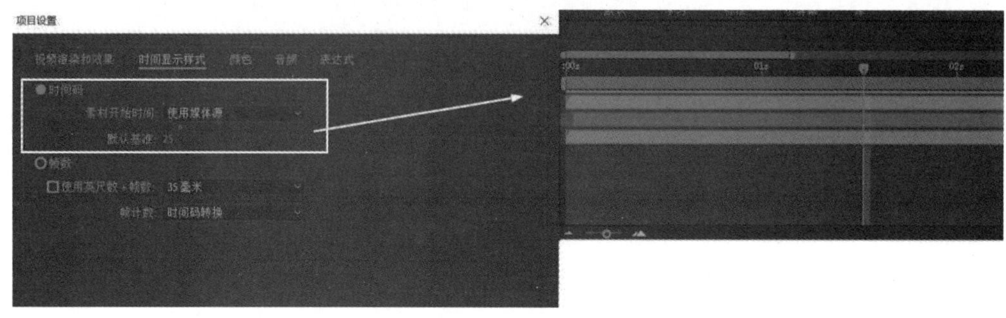

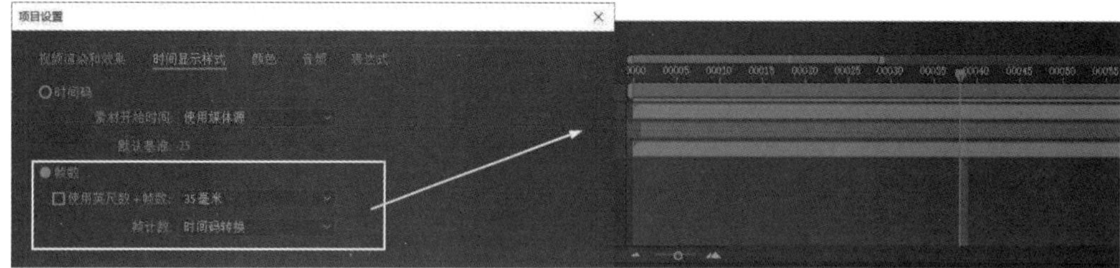

图 3.1.25　时间线标尺的显示风格

当前时间指示器相当于剪辑软件中的时间线播放头，拖动当前时间指示器可以在合成视窗预览动画效果。合成时间线窗口的时间码所显示的时间就是当前时间指示器所处的位置，如图 3.1.26 所示。

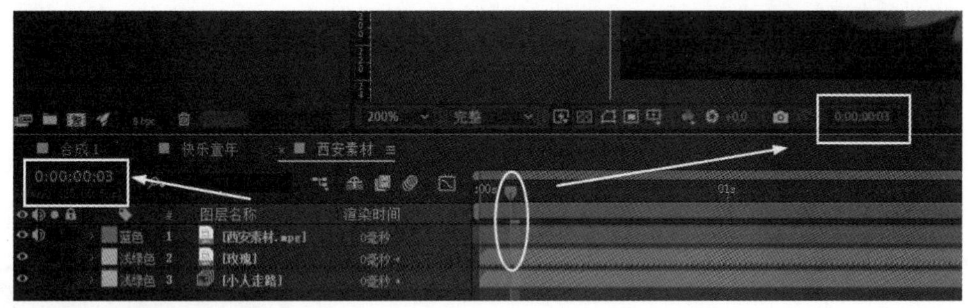

图 3.1.26　当前时间指示器和时间码的联系

在时间码位置可以更改当前时间指示器在时间线的位置，有以下几种方式：

（1）将鼠标移至合成时间线窗口左上角的时间码处时左右拖动，可以改变当前时间，如图 3.1.27 所示。

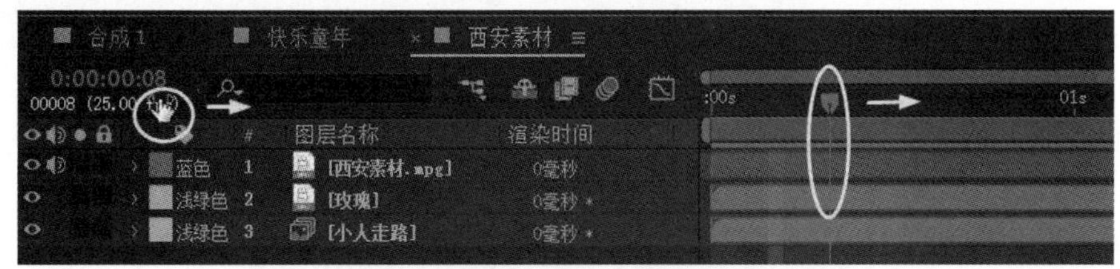

图 3.1.27　用鼠标在时间码处拖动改变当前时间

（2）用鼠标单击合成时间线窗口左上角的时间码，直接输入相对应的数值，如图 3.1.28 所示。

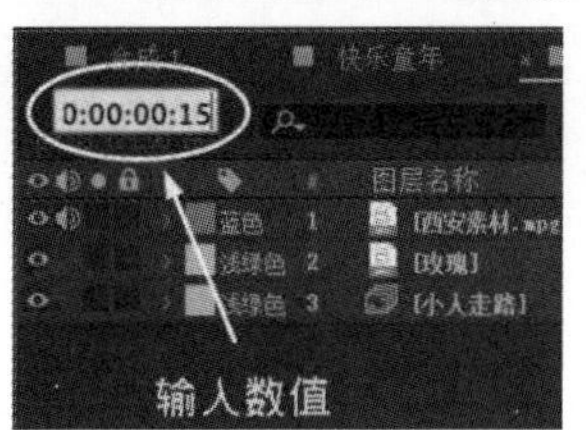

图 3.1.28　用鼠标在时间码上单击改变当前时间

提示：在“时间码”对话框里输入数值有两种快捷方式，例如让当前时间指示器跳转至 2 秒处，第一种方式是在“时间码”对话框里输入数值“200”后按回车键；第二种方式是在“时间码”对话框里输入数值“2.”（2 点）后按回车键，如图 3.1.29 所示。

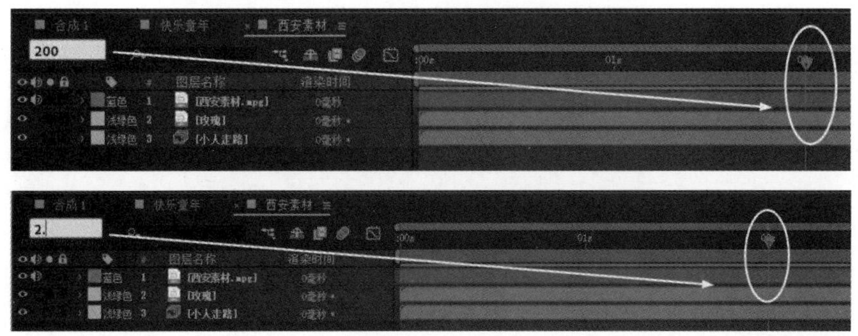

图 3.1.29　时间码

（3）单击菜单执行“视图”→“转到时间”命令，或者按“Alt+Shift+J”键，在弹出的“转到时间”对话框里输入相对应的数值即可，如图 3.1.30 所示。

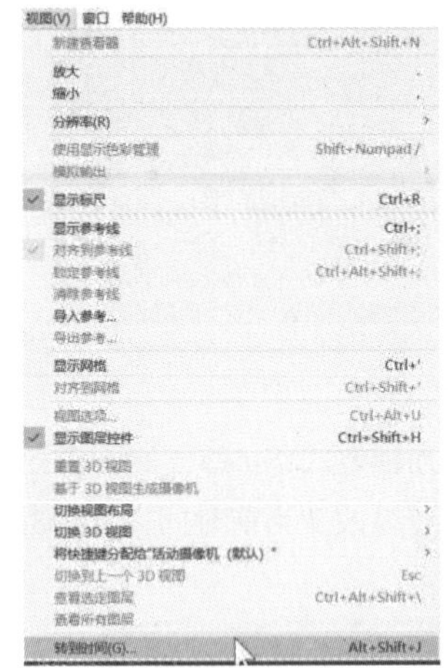

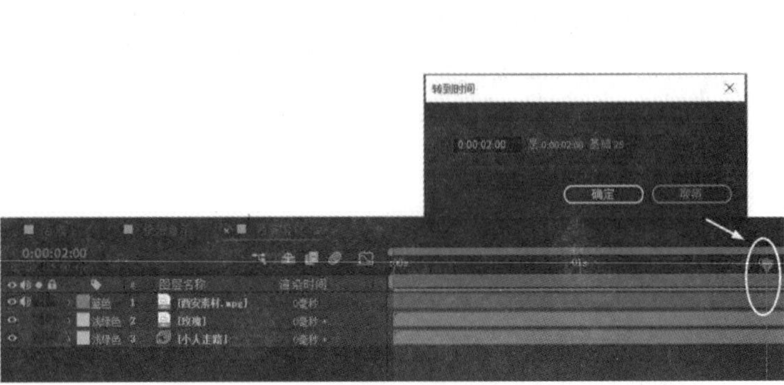

图 3.1.30　在“转到时间”对话框中更改当前时间

（4）在合成时间线刻度位置单击鼠标即可改变当前时间指示器的位置，如图 3.1.31 所示。

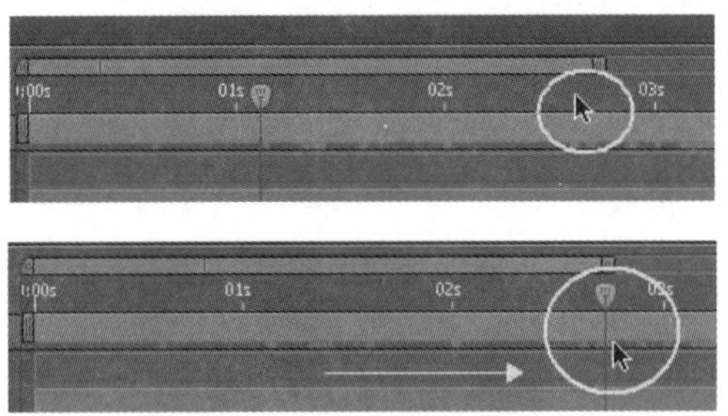

图 3.1.31　更改当前时间指示器的位置

提示：选择素材按键盘 I 键，当前时间指示器会自动跳转到素材的起始位置；按键盘 O 键，当前时间指示器会自动跳转到素材的结束位置，如图 3.1.32 所示。

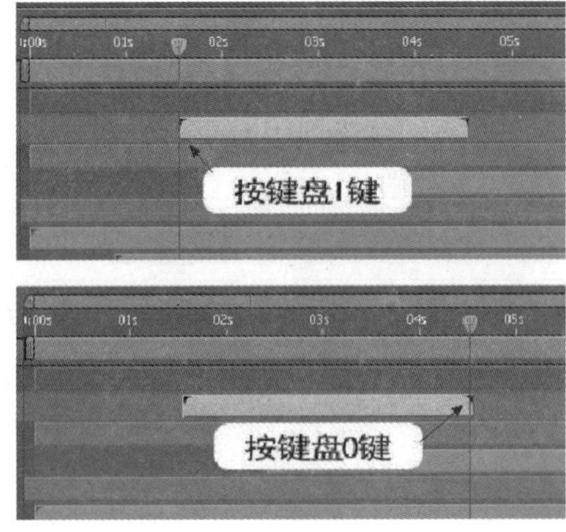

图 3.1.32　用 I/O 键更改当前时间

在时间线工作区域放大后，可以使用以下两种方式对工作区域进行平移。

（1）单击时间线窗口下面的移动滑块可以对工作区域进行平移，如图 3.1.33 所示。

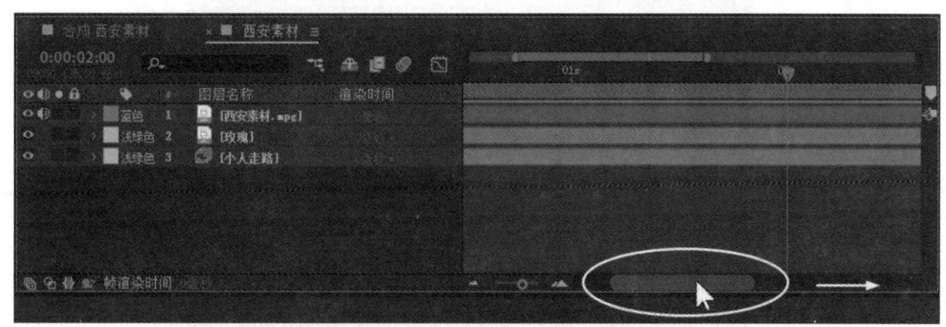

图 3.1.33　利用移动滑块平移工作区域

（2）在工具面板单击手形工具，或者按键盘空格键，鼠标变成手形以后在工作区单击左右移动，如图 3.1.34 所示。

图 3.1.34　利用手形工具平移工作区域

3.1.4　添加标记

在合成时间线区域添加标记的方式有以下两种。

（1）单击菜单执行“图层”→“添加标记”命令，或者按小键盘“*”（星号）键，即可在合成时间线当前时间指示器位置添加一个标记，如图 3.1.35 所示。

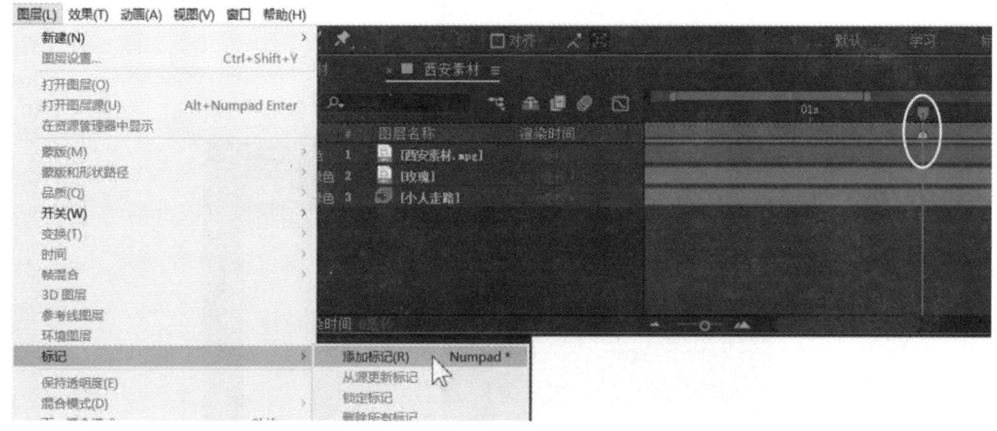

图 3.1.35　添加标记

（2）在合成时间线窗口右边单击合成标记按钮并拖至需要添加标记的位置，如图 3.1.36 所示。

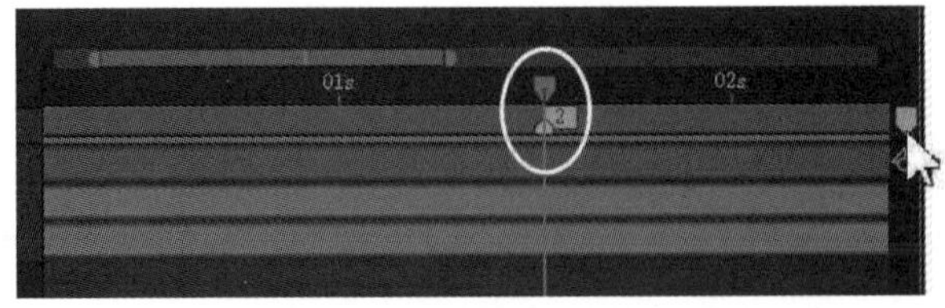

图 3.1.36　利用合成标记按钮添加标记

提示：按大键盘数字键 2，当前时间指示器会自动跳转到标记 2 的位置，如图 3.1.37 所示。

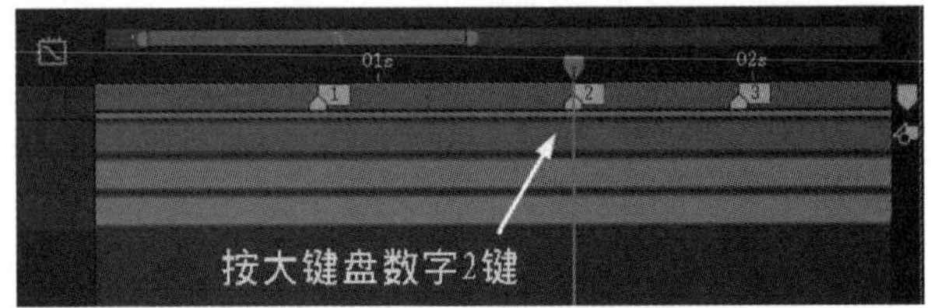

图 3.1.37　跳转时间线标记

在标记上双击鼠标左键，可以对合成标记进行设置，如图 3.1.38 所示。

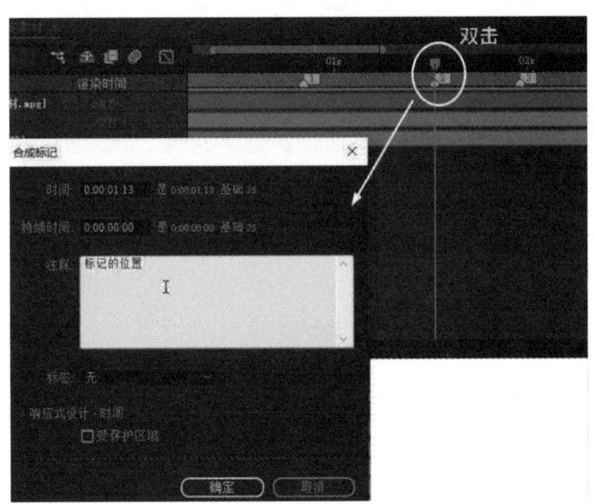

图 3.1.38　设置合成标记

在合成标记上单击鼠标右键，选择“删除此标记”选项，可以删除合成标记，如图 3.1.39 所示。

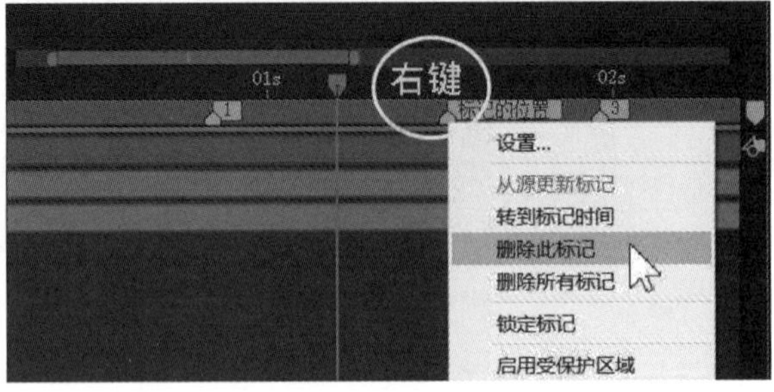

图 3.1.39　删除合成标记

3.2　编 辑 素 材

3.2.1　素材的选择和移动

将素材导入合成时间线以后，可以通过以下方式进行选择。

（1）用鼠标单击选择，可以选择一个素材，在按键盘 Ctrl 键的同时单击加选素材，如图 3.2.1 所示。

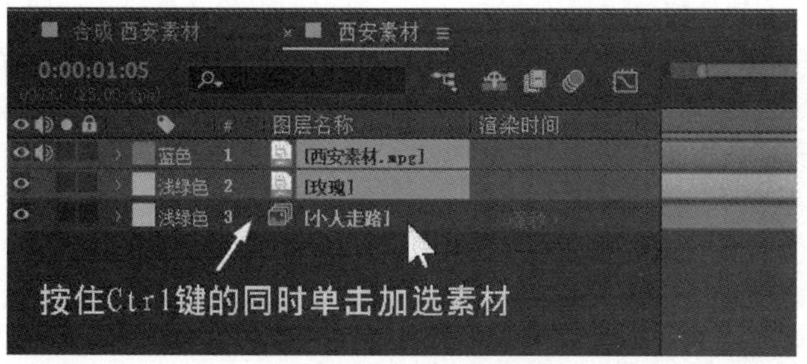

图 3.2.1　用 Ctrl 键选择素材

提示：根据素材前面的数字序列，可以在小键盘上按相对应的数字键选择单个素材。例如，“西安素材”前面的数字序列是 4，在小键盘按数字键 4 就可以选择“西安素材”了，如图 3.2.2 所示。

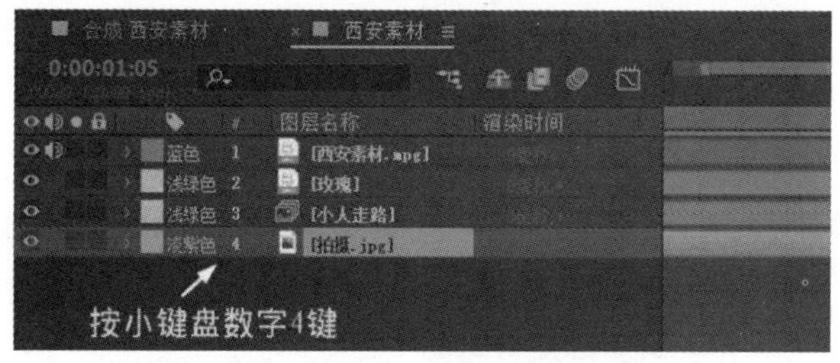

图 3.2.2　按小键盘上相对应的数字来选择素材

（2）用鼠标在图层区域框选素材，如图 3.2.3 所示。

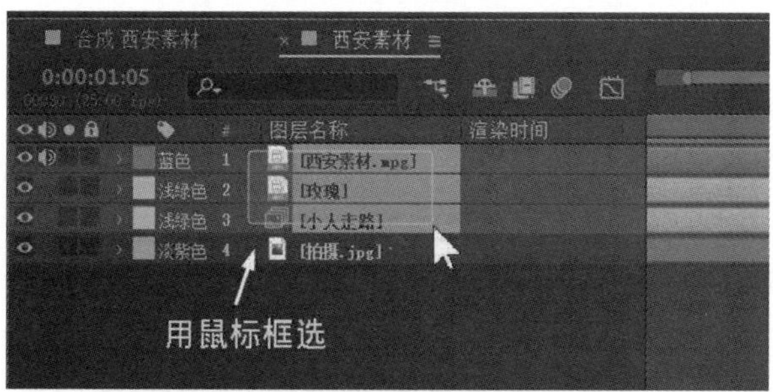

图 3.2.3　用鼠标框选来选择素材

（3）用鼠标单击选择起始素材层，按键盘 Shift 键并单击结束素材层，可以选择两个素材之间的全部素材，如图 3.2.4 所示。

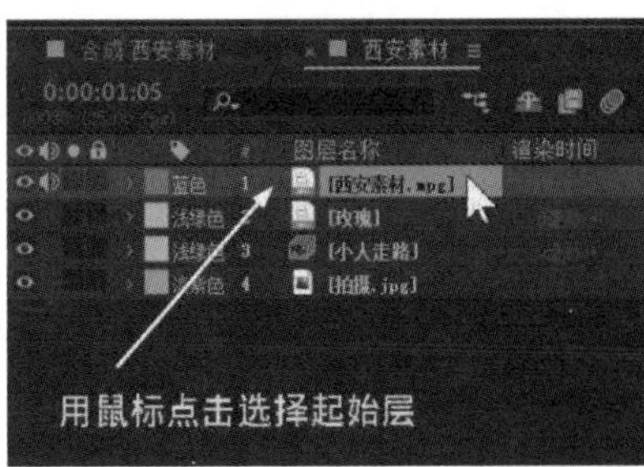

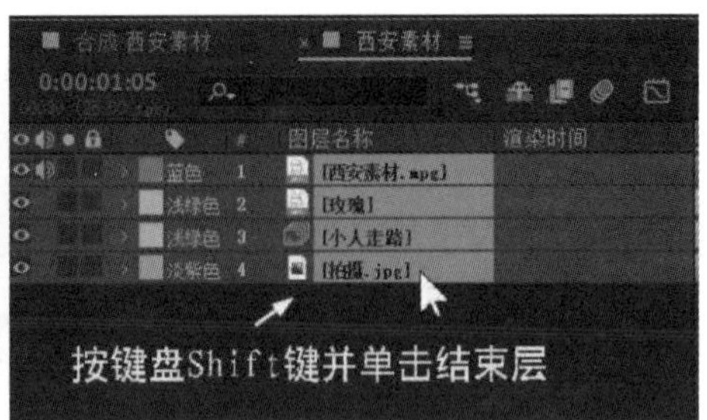

图 3.2.4　选择两个素材

将鼠标移至素材中间位置单击鼠标向右移动，可以向右移动素材，如图 3.2.5 所示。

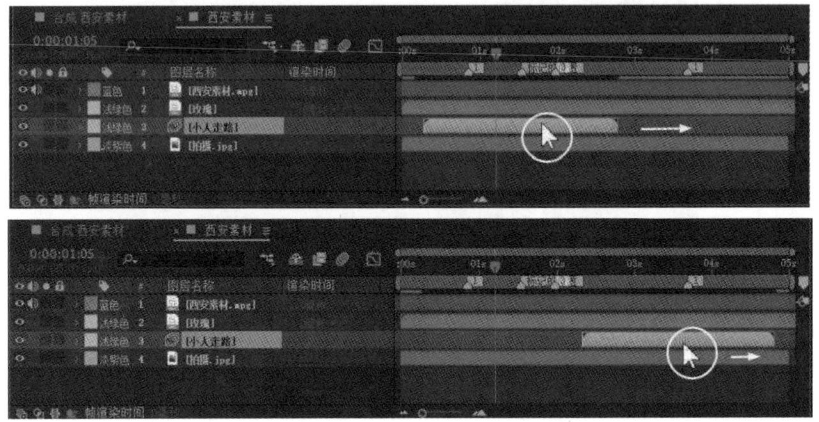

图 3.2.5　用鼠标移动素材

提示：选择素材后按键盘“[”键，素材的入点处会自动跳转到当前时间指示器位置；选择素材按键盘“]”键，素材的出点处会自动跳转到当前时间指示器位置，如图 3.2.6 所示。

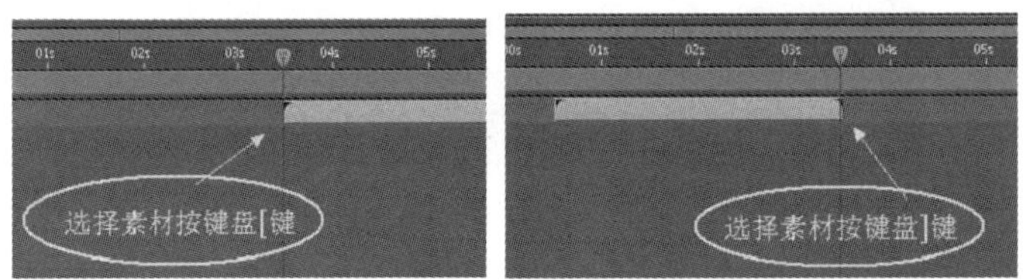

图 3.2.6　使用键盘快捷键来移动素材

通过单击“小人走路”素材并向下拖动到“拍摄”素材的下面，可以将素材向下移动一层，如图 3.2.7 所示。

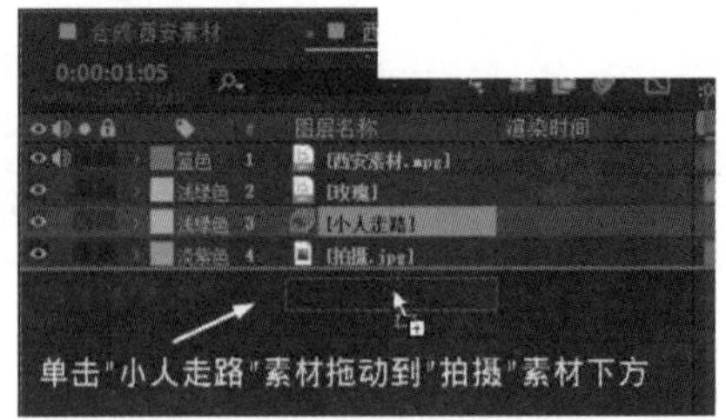

图 3.2.7　利用鼠标调整素材的顺序

提示： 选择素材后单击菜单，执行“图层”→“排列”→“图层后移”命令，或者按键盘“Ctrl+[”键可以将素材后移一层，如图 3.2.8 所示。

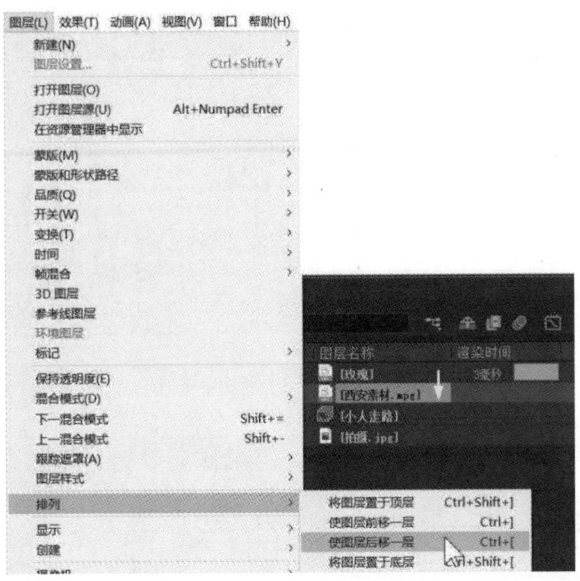

图 3.2.8　使用快捷键调整素材的顺序

3.2.2　素材的编辑

选择素材并单击执行菜单“编辑”→“重复”命令，或者按键盘“Ctrl+D”键重复素材，如图 3.2.9 所示。

图 3.2.9　复制素材

选择素材并单击执行菜单“编辑”→“拆分图层”命令，或者按键盘“Ctrl+Shift+D”键拆分图层，如图 3.2.10 所示。

图 3.2.10 拆分图层

双击“走路动画”素材，在合成视窗工具栏单击设置入点到当前时间按钮，可以将当前时间指示器的位置设置为素材的入点；单击设置出点到当前时间按钮，可以将当前时间指示器的位置设置为素材的出点，如图 3.2.11 所示。

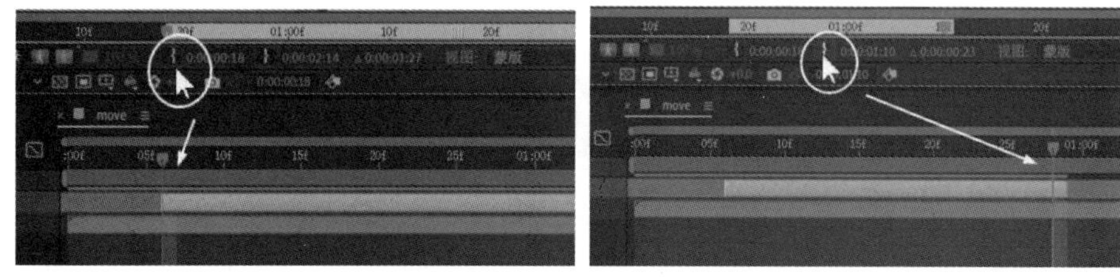

图 3.2.11 用按钮设置素材的入点与出点

将鼠标移至素材的入点或者出点处，当鼠标变成双向箭头时左右拖动，可以改变素材的入点和出点的位置，如图 3.2.12 所示。

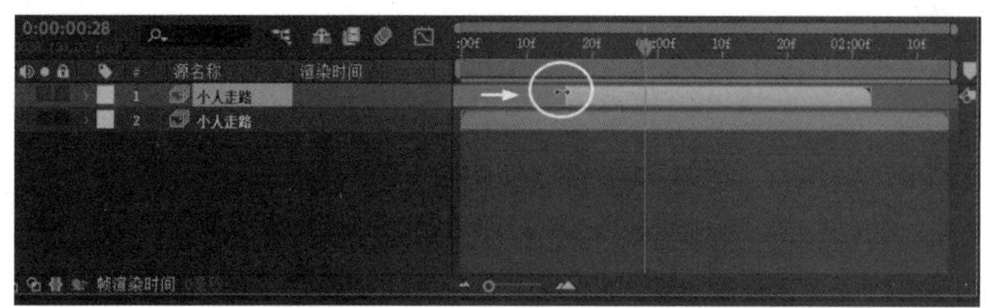

图 3.2.12 用拖动设置素材的入点与出点

注意：将鼠标放在素材的尾部向左或者向右拖动，可以改变素材的出、入点的位置，拖到一定的程度就拖不动了。因为导入的素材是一段动画素材，动画素材有固定的动画持续时间，当拖到它本身的动画长度时就再也拖不动了。在素材起始位置的左上角和结束位置的右上角有一个小黑三角，表示素材已经被拖拽到头了，如图 3.2.13 所示。

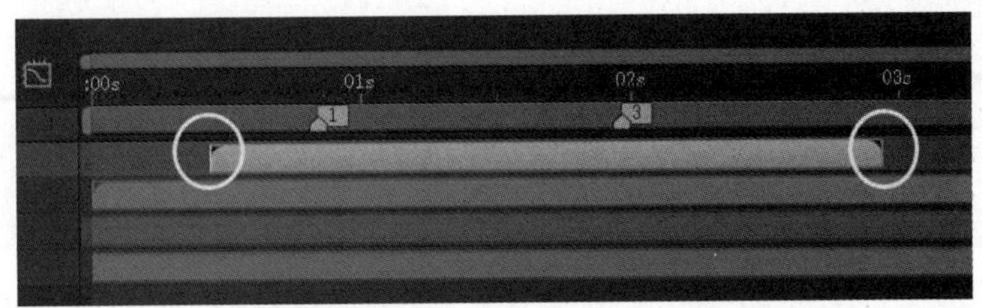

图 3.2.13　素材的入点和出点位置的黑三角符号

提示：选择素材并在按键盘 Alt 键的同时再按“[”键，可以将当前时间指示器的位置设定为素材的入点位置；按键盘 Alt 键的同时再按“]”键，可以将当前时间指示器的位置设定为素材的出点位置，如图 3.2.14 所示。

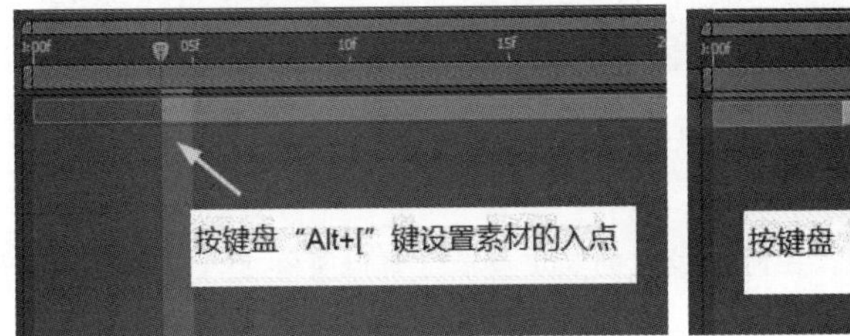

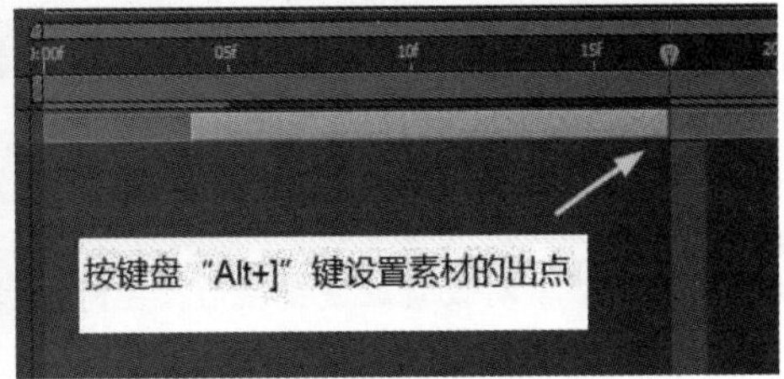

图 3.2.14　用 Alt+]/[键设置素材的入点和出点

3.2.3　素材的时间变速设置

素材的时间变速设置和剪辑软件基本相同，可以将素材设置为快镜头、慢镜头和倒放素材等，在 After Effects 软件里设置素材的时间变速有以下三种方式。

第一种方式的具体操作步骤如下：

（1）将“车”的素材添加到合成时间线，单击展开或折叠出入点、持续时间和伸缩框按钮，如图 3.2.15 所示。

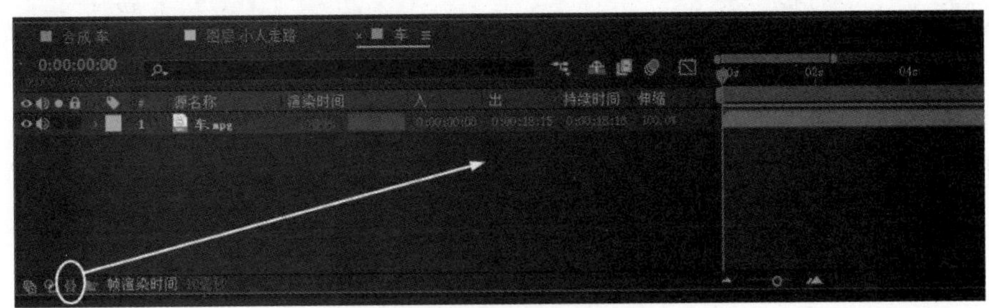

图 3.2.15　设置素材的入点和出点

（2）根据用户的需要可以设置素材的入点、出点和持续时间，将伸缩的数值大于 100%时，素材为慢镜头素材；将伸缩的数值小于 100%时，素材为快镜头素材；将伸缩的数值等于 100%时，素材为正常播放速度；将伸缩的数值等于−100%时为倒放素材，如图 3.2.16 所示。

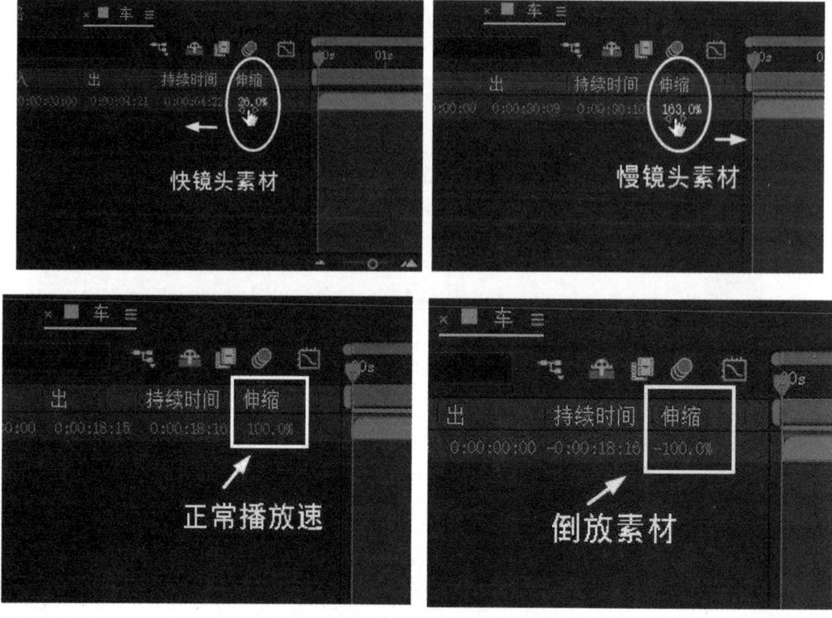

图 3.2.16　设置素材的变速和倒放

注意：素材设置成慢镜头后，在时间线上的长度变长了，但实际上入点和出点间的长度没有发生变化，素材打慢后像皮筋一样被拉长了。设置成慢镜头素材后，播放时画面会闪动，这是由于素材的场序被打乱了。在合成时间线工具栏单击帧融合开关按钮，并在素材上启用帧融合模式即可，如图 3.2.17 所示。

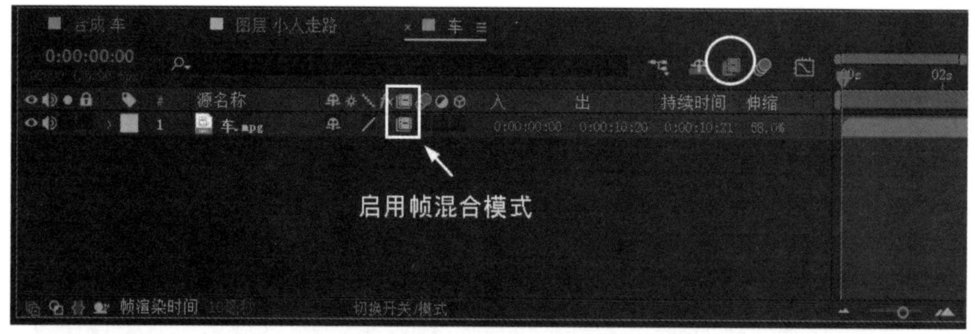

图 3.2.17　启用帧融合模式

第二种方式具体操作如下：

（1）将“车”的素材添加到合成时间线，单击菜单执行“图层”→“时间”→“时间伸缩”命令，如图 3.2.18 所示。

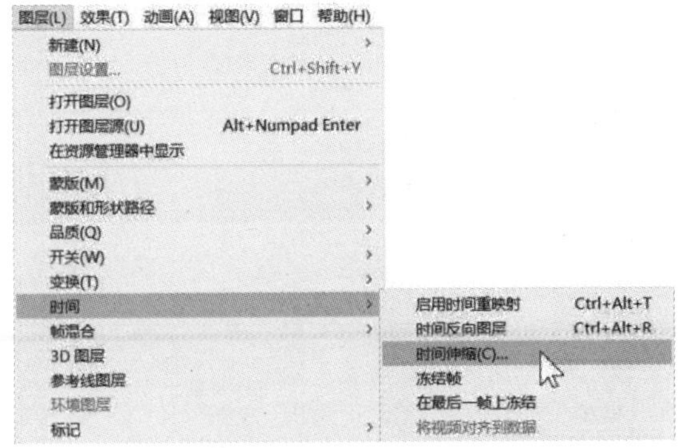

图 3.2.18　设置素材的时间伸缩

（2）在弹出的“时间伸缩”对话框里输入数值，如图 3.2.19 所示。

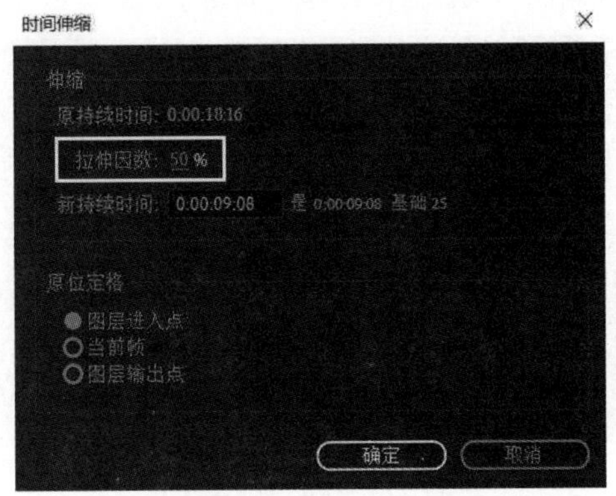

图 3.2.19　“时间伸缩”对话框

提示：单击菜单执行“图层”→“时间”→“时间反向图层”命令，按快捷键“Ctrl+Alt+R”可以倒放素材，如图 3.2.20 所示。

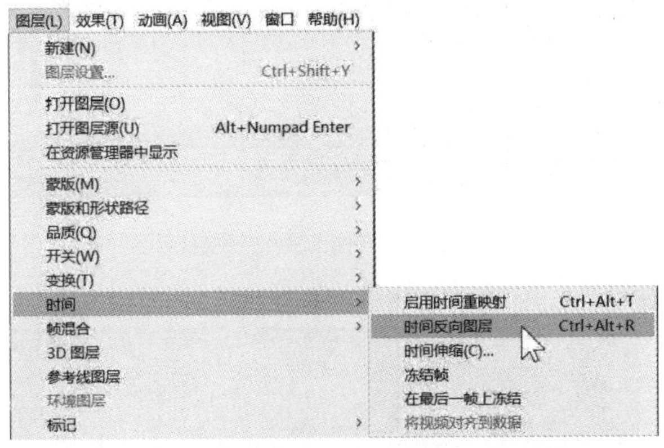

图 3.2.20　时间反向图层

第三种方式具体操作如下：

（1）将“车”的素材添加到合成时间线，单击菜单执行“图层”→“时间”→“启用时间重映射”命令，或者按键盘“Ctrl+Alt+T”键，如图 3.2.21 所示。

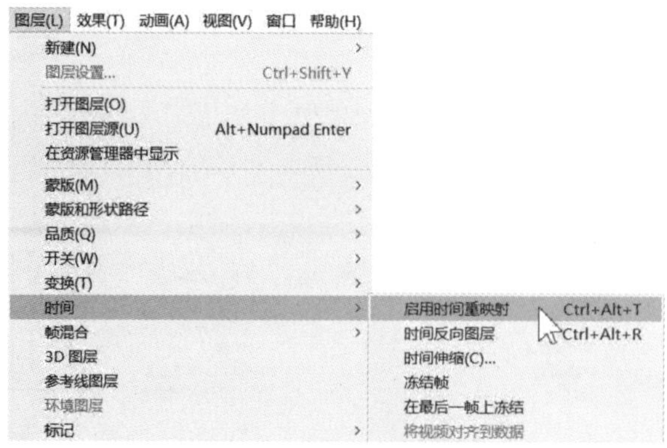

图 3.2.21　启用时间重映射（一）

（2）选择素材，单击动画图形编辑器按钮，如图 3.2.22 所示。

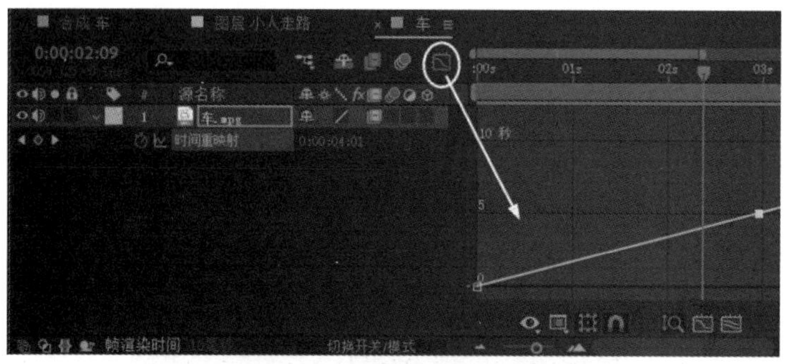

图 3.2.22　启用时间重映射（二）

（3）单击“时间重映射”前面的添加关键帧图标，添加动画关键帧，如图 3.2.23 所示。

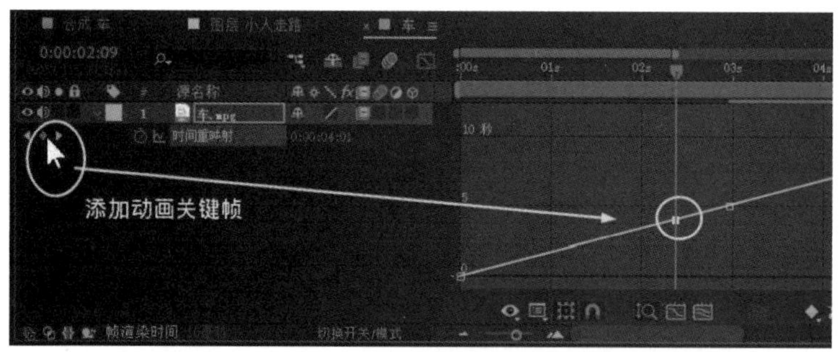

图 3.2.23　用图标添加动画关键帧

（4）在动画图形编辑器上单击移动关键点，如图 3.2.24 所示。

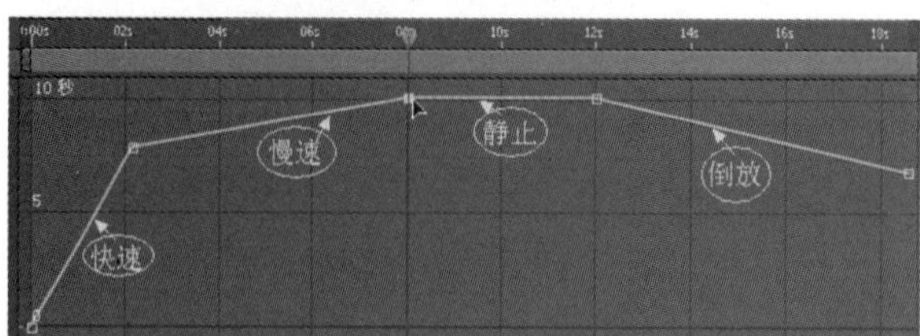

图 3.2.24　移动关键点

（5）在动画图形编辑器中选择要编辑的动画关键点，单击工具栏曲线入点按钮，用鼠标调整曲线手柄即可，如图 3.2.25 所示。

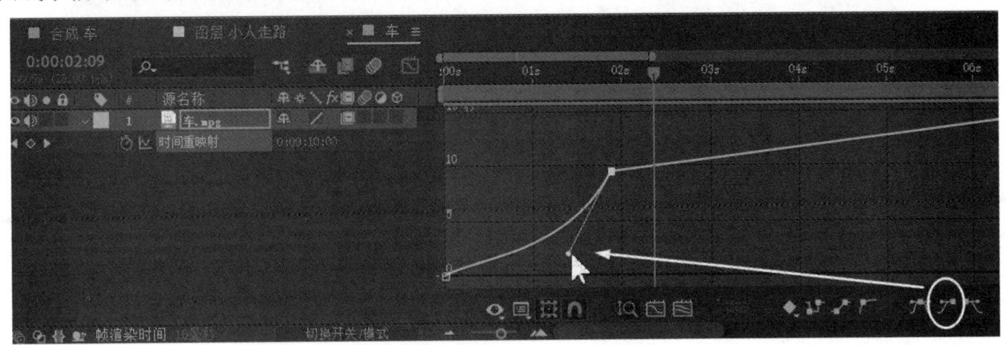

图 3.2.25　用按钮添加动画关键帧

3.2.4　素材的预合成

素材的预合成是将选择的素材组成一个整体并放入新建的合成中，具体操作如下：

（1）在时间线上选择“车.mpg”和“西安素材.mpg”素材，单击菜单执行“图层”→“预合成”命令，或者按键盘“Ctrl+Shift+C”键，如图 3.2.26 所示。

图 3.2.26　预合成素材

（2）在弹出的“预合成”对话框里单击“确定”按钮，将“车”和“西安素材”预设到“新合成”，如图 3.2.27 所示。

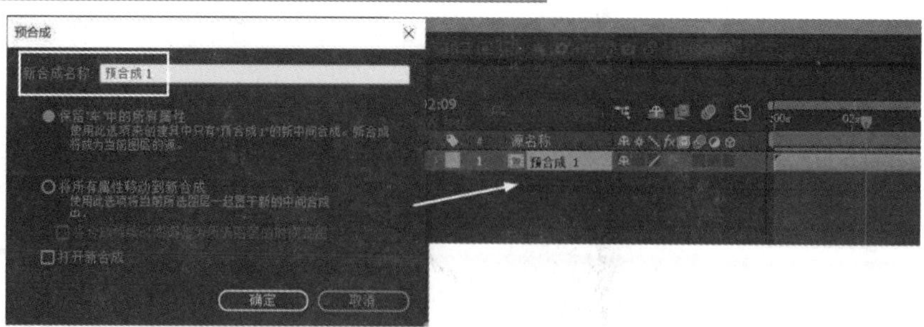

图 3.2.27　“预合成”对话框

提示：在“新合成”的合成上双击鼠标左键可以进入该合成，如图 3.2.28 所示。单击合成流程图按钮，在“合成流程图”选项卡里选择“车”选项，可以进入“车”的合成，如图 3.2.29 所示。

图 3.2.28　双击鼠标进入合成

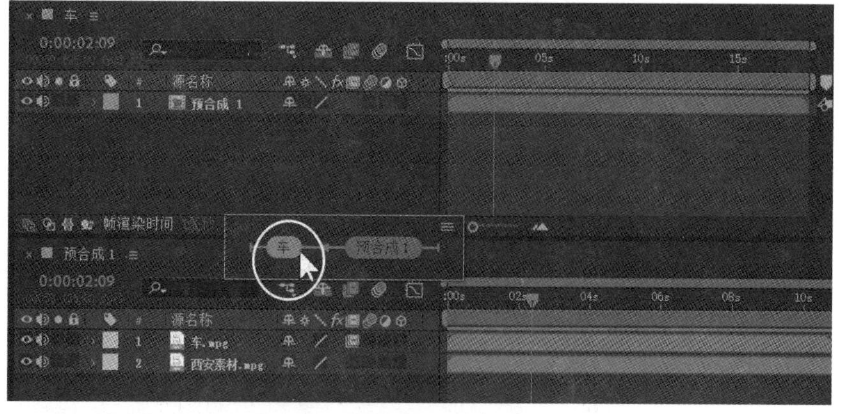

图 3.2.29　利用“合成流程图”选择合成

注意：在“预合成”对话框里，选择“保留‘车’中的所有属性”选项时，如图 3.2.30 所示；选择“将所有属性移动到新合成”选项时，合成无原素材的特效，而素材被预合成后仍带有特效，如图 3.2.31 所示。

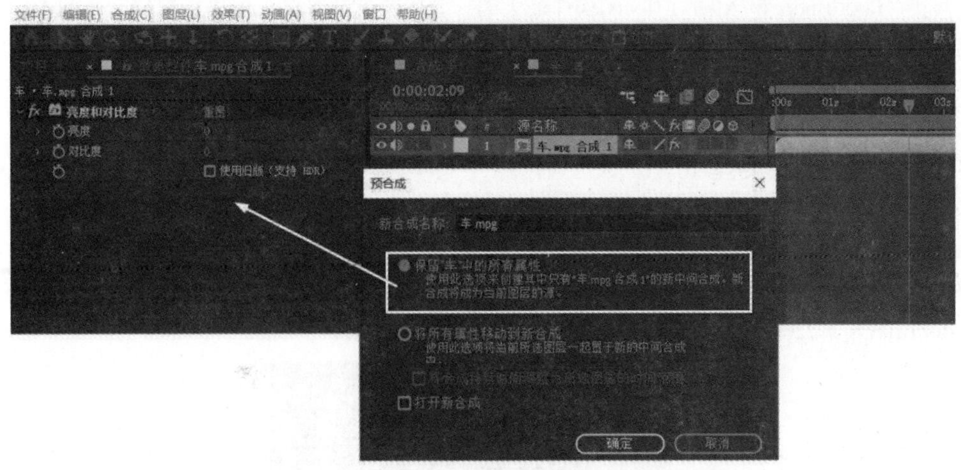

图 3.2.30　预合成的设置

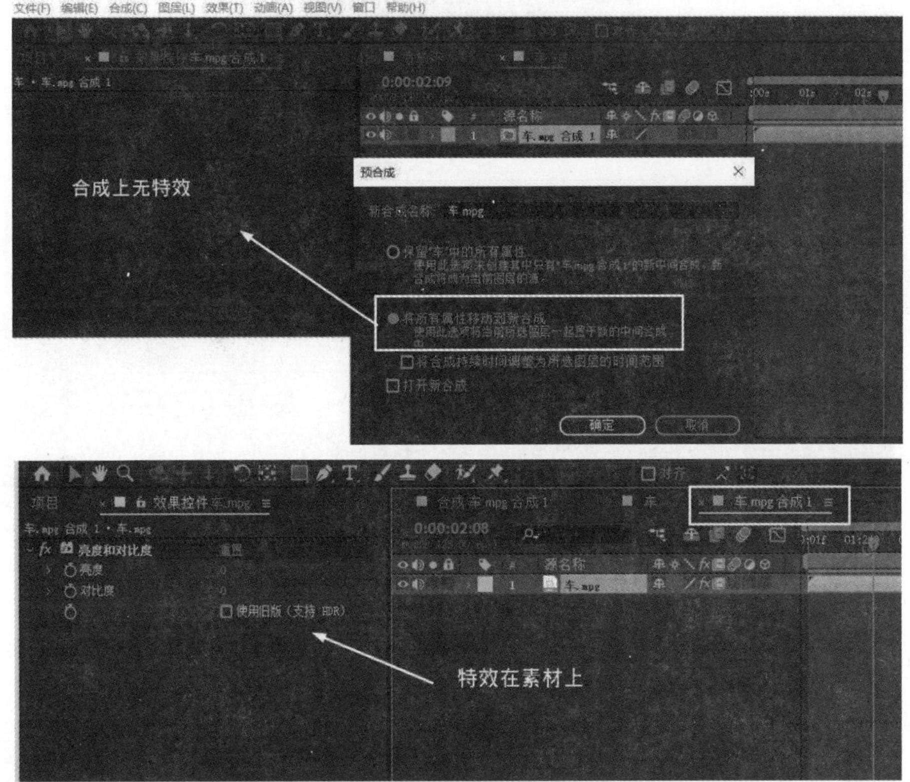

图 3.2.31　预合成的设置选项

3.3　图层的应用

图层的实质就是将画面的各个组成部分分别画在不同的透明纸上，而每一张透明纸可以视为一个图层，一幅完整的画面就是由许多个图层叠放组合起来的。

其实，Photoshop 和 After Effects 软件最大的一个优势就是可以分层进行编辑，画面中的每个图层都是相互独立的，可以对其中的某一层进行单独的编辑、绘制、添加特效等操作，而不会影响其他图层。

3.3.1 图层的类型

在 After Effects 软件当中图层的类型不同，其属性与功能也随之不同，一般可将图层分为普通图层、纯色层、文本层、灯光层、摄像机层、空图层、形状图层和调整图层，如图 3.3.1 所示。另外，在 After Effects 2022 软件中还新增了新建 Adobe Photoshop 文件的功能。

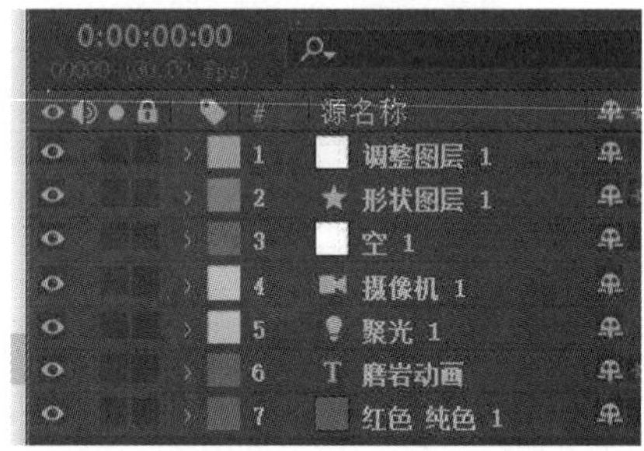

图 3.3.1 图层的类型

1. 普通图层

普通图层也是一般最常用的图层，将素材从项目面板添加到合成时间线就会自动产生一个普通层，如图 3.3.2 所示。

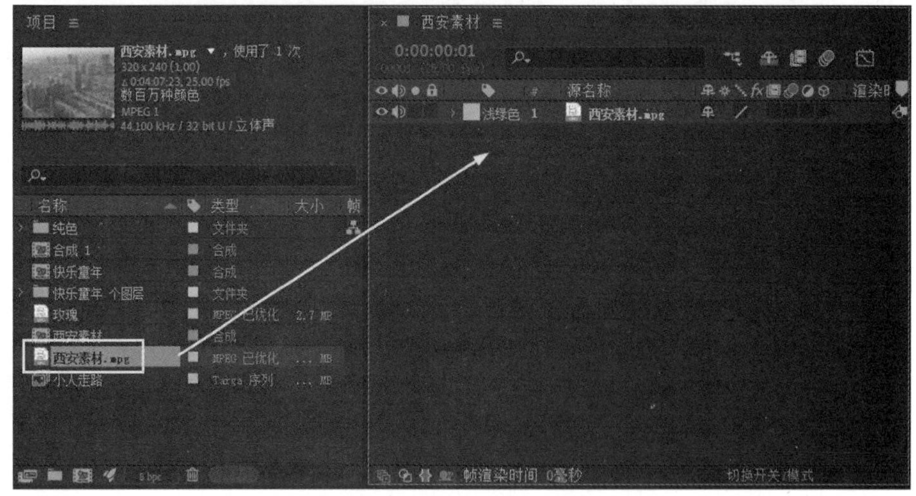

图 3.3.2 添加素材到合成时间线

注意：位于上面图层的画面会把下面图层的画面“盖住”，因此在制作时要注意各图层的叠放顺序，如图 3.3.3 所示。

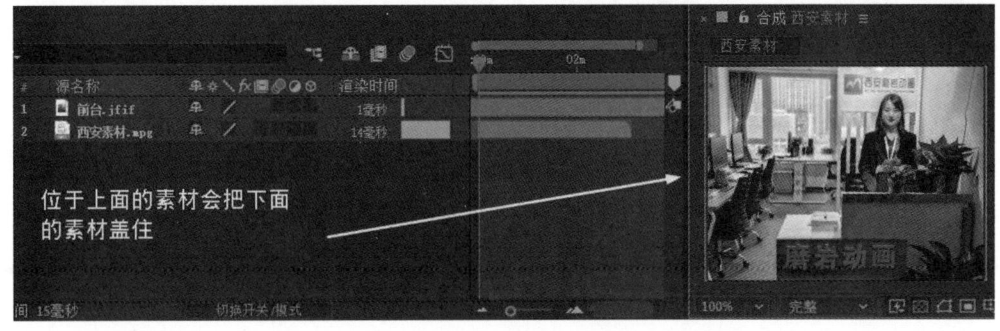

图 3.3.3　两个图层的叠放顺序

2. 文字图层

文字图层的创建方式有以下两种：

（1）在工具箱单击文字工具按钮T，在合成视窗单击并输入文字，就会自动产生一个文字图层，如图 3.3.4 所示。

图 3.3.4　利用文字工具创建文字图层

（2）在合成时间线单击鼠标右键，在右键菜单里单击“新建”→“文本”选项，也可以创建文字图层，如图 3.3.5 所示。

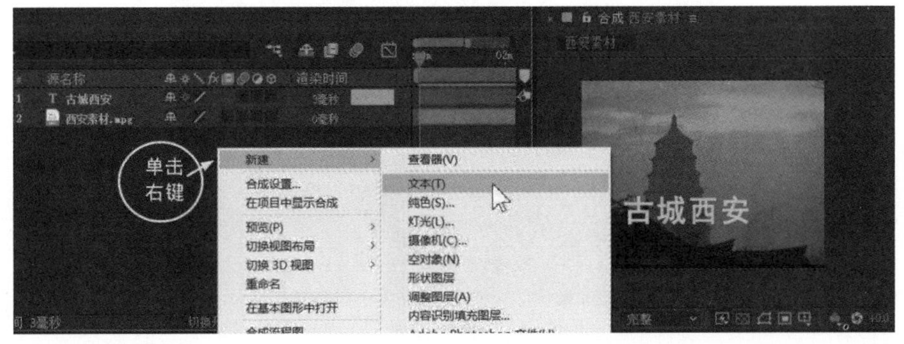

图 3.3.5　通过选项创建文字图层

3. 纯色层

纯色层的实质就是一种单一颜色的层，在纯色层可以添加特效，填入一种纯色、渐变色和图案等。新建纯色层的具体操作步骤如下：

（1）单击菜单执行“图层”→“新建”→“纯色”命令，或者按键盘“Ctrl+Y”键，如图 3.3.6 所示。

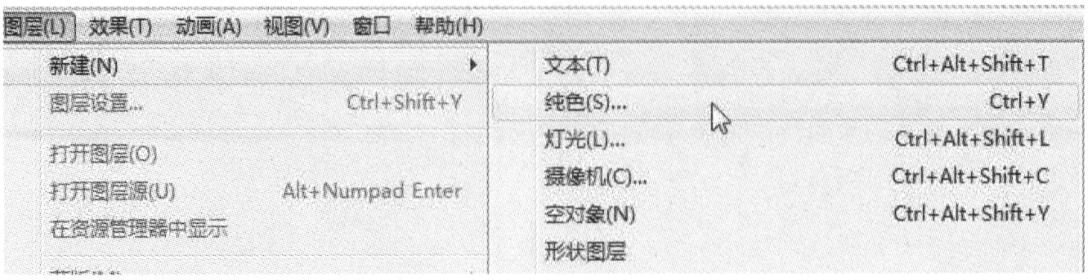

图层(L) 效果(T) 动画(A) 视图(V) 窗口 帮助(H)
新建(N)
图层设置... Ctrl+Shift+Y
打开图层(O)
打开图层源(U) Alt+Numpad Enter
在资源管理器中显示
文本(T) Ctrl+Alt+Shift+T
纯色(S)... Ctrl+Y
灯光(L)... Ctrl+Alt+Shift+L
摄像机(C)... Ctrl+Alt+Shift+C
空对象(N) Ctrl+Alt+Shift+Y
形状图层

图 3.3.6　新建纯色

提示：在合成时间线单击鼠标右键，在右键菜单里单击“新建”→“纯色”选项，也可以新建纯色图层，如图 3.3.7 所示。

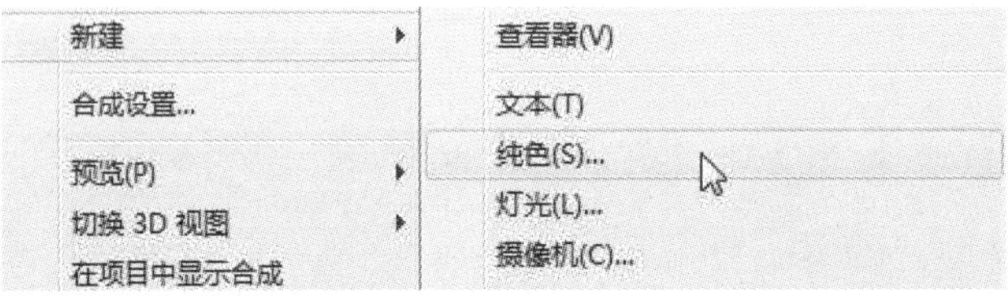

新建
合成设置...
预览(P)
切换 3D 视图
在项目中显示合成
查看器(V)
文本(T)
纯色(S)...
灯光(L)...
摄像机(C)...

图 3.3.7　新建纯色图层

（2）在弹出的“纯色设置”对话框里输入纯色的名称，并设置纯色的大小，如图 3.3.8 所示。

纯色设置
名称：红色 纯色 1
大小
宽度：720 像素
高度：576 像素
将长宽比锁定为 5:4 (1.25)
单位：像素
像素长宽比：D1/DV PAL (1.09)
宽度：合成的 100.0%
高度：合成的 100.0%
画面长宽比：160:117 (1.37)
制作合成大小
颜色
预览
确定
取消

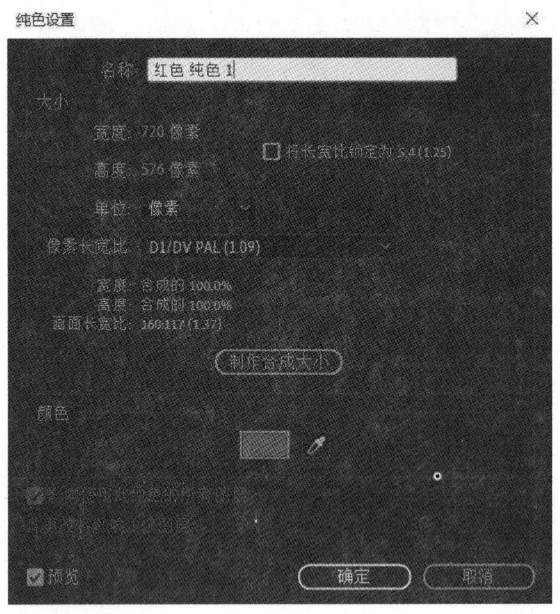

图 3.3.8　“纯色设置”对话框

提示：在“纯色设置”对话框单击“制作合成大小”按钮，创建的纯色图层的画面大小为合成的大小，如图 3.3.9 所示。

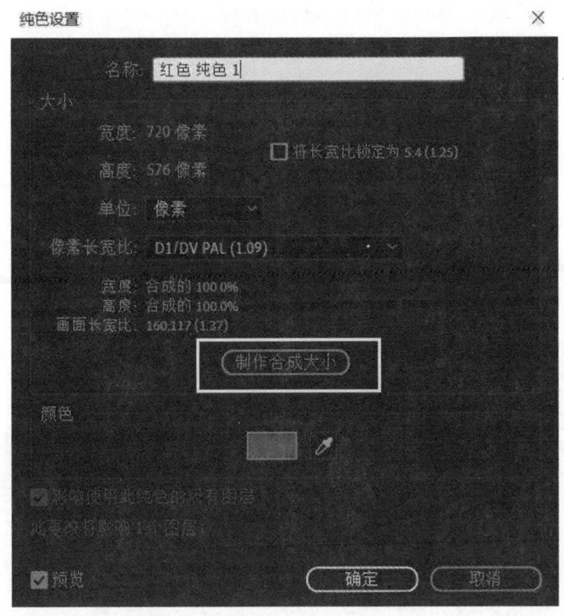

图 3.3.9　制作纯色为合成的大小

（3）根据用户的需要设置好纯色的大小以后，单击“确定”按钮完成纯色层的创建，如图 3.3.10 所示。

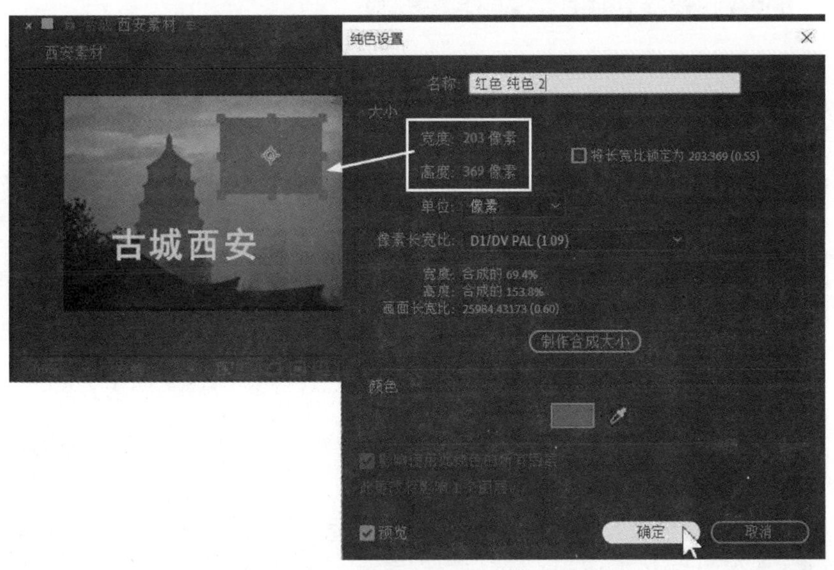

图 3.3.10　创建纯色

可以对已经创建的纯色层进行设置，具体操作如下：

（1）单击菜单执行“图层”→“纯色设置”命令，或者按键盘“Ctrl+Shift+Y”键，如图 3.3.11 所示。

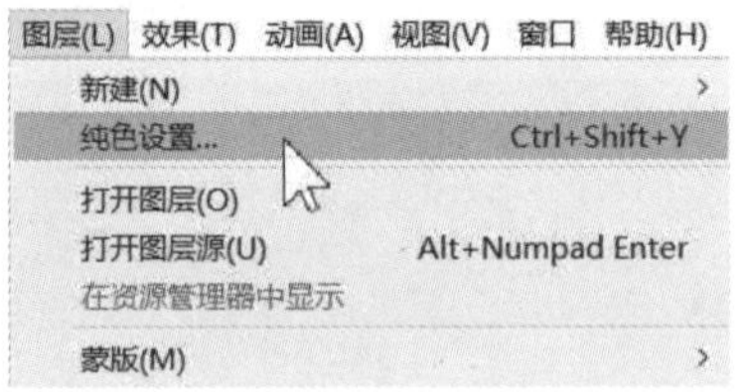

图 3.3.11　纯色的设置

（2）在弹出的“纯色设置”对话框里设置纯色的颜色，如图 3.3.12 所示。

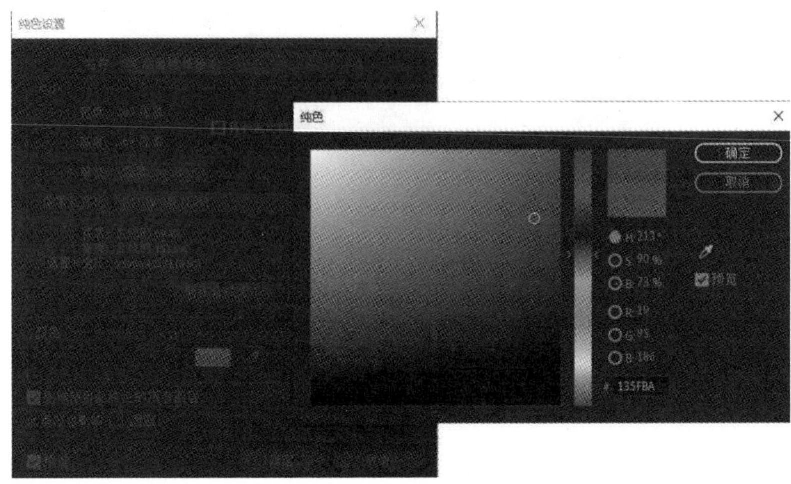

图 3.3.12　设置纯色的颜色

（3）单击“确定”按钮完成纯色的设置，如图 3.3.13 所示。

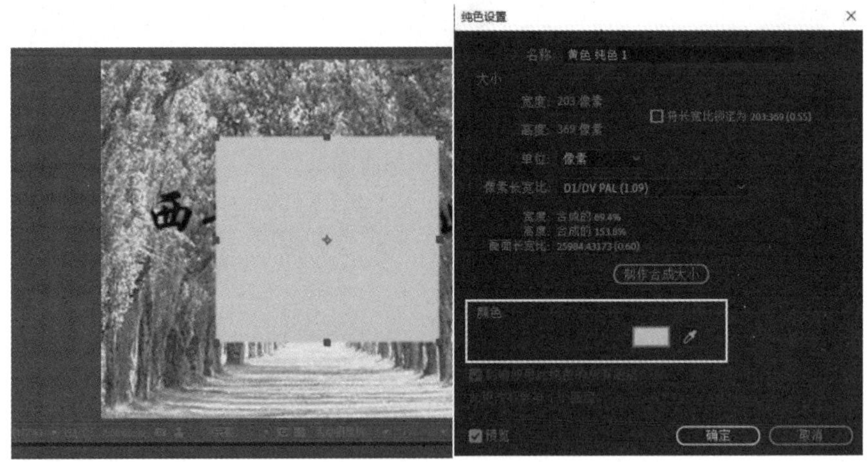

图 3.3.13　完成纯色的设置

4．灯光层

灯光层即灯光图层，就是通过添加灯光来照亮场景。灯光层的创建方式基本和前面介绍的纯色层的创建方式相同，具体操作步骤如下：

（1）在合成时间线单击鼠标右键，在右键菜单里单击“新建”→“灯光”选项，如图 3.3.14 所示。

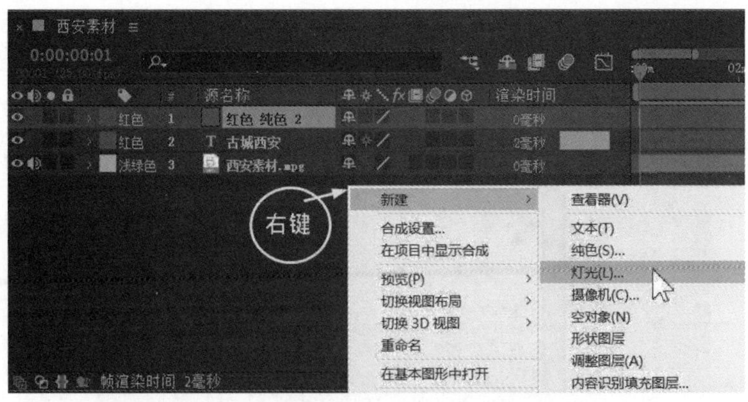

图 3.3.14　创建灯光图层

（2）在弹出的“灯光设置”对话框里设置灯光的名称、灯光类型、颜色、强度、锥形角度和锥形羽化，如图 3.3.15 所示。

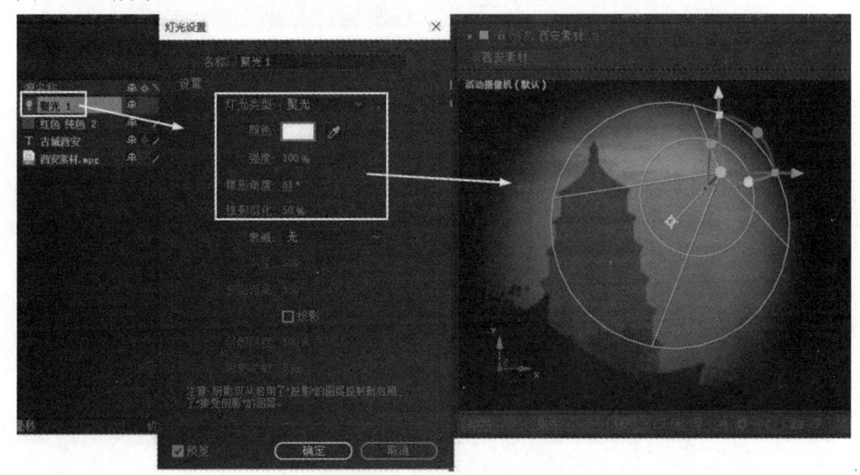

图 3.3.15　灯光层的设置

5．摄像机层

摄像机层就是在场景里创建一个摄像机，通过移动摄像机来查看整个场景。摄像机层的创建方式和前面介绍的纯色层、灯光层的创建方式完全相同，在这里就不详细阐述了，如图 3.3.16 所示。

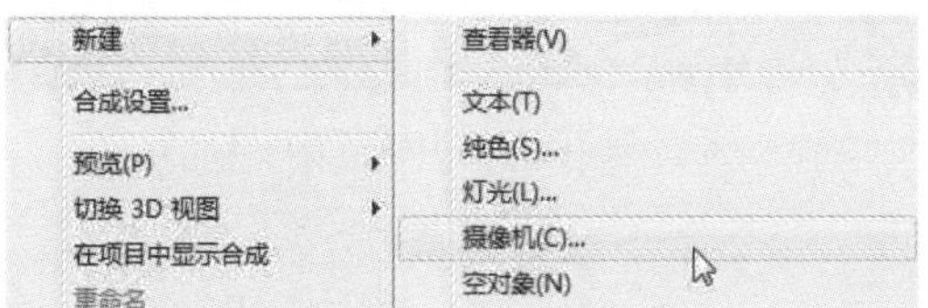

图 3.3.16　创建摄像机层

注意： 创建的灯光层在图层上会有一个照明图标，摄像机层上会有一个相机图标，可以通过这些图标来区分图层，如图 3.3.17 所示。灯光层和摄像机层必须建立在 3D 图层上才能启用，如图 3.3.18 所示。

图 3.3.17　灯光层和摄像机层的区分

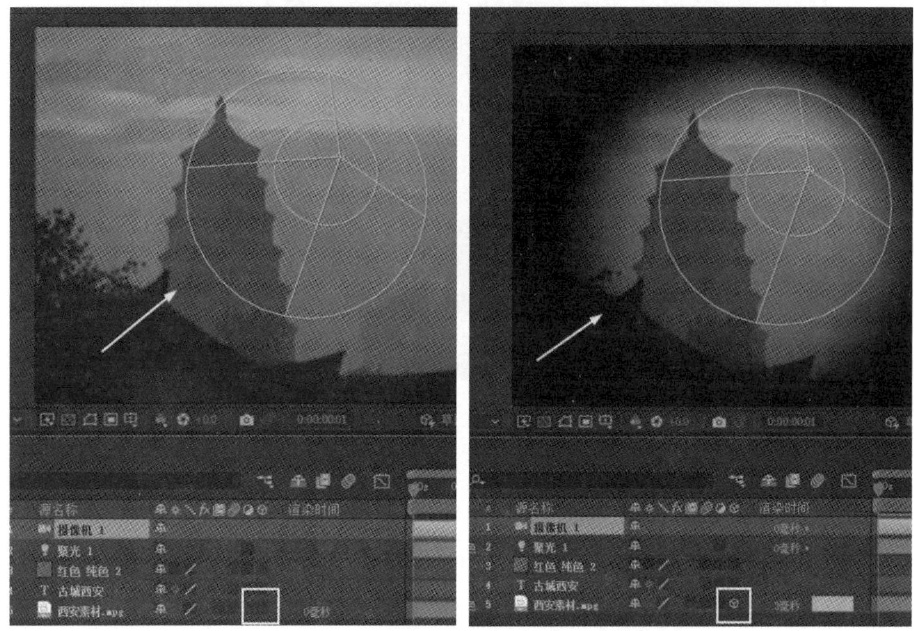

图 3.3.18　3D 图层的启用

6．空白对象层

空白对象层实质上就是一个虚拟图层，空白对象层在场景里主要起辅助作用，本身不参与渲染。

7．形状图层

用钢笔工具在合成视窗绘制的形状系统会自动产生一个形状图层，如图 3.3.19 所示。

图 3.3.19　创建形状图层

8．调整图层

调整图层是一种特殊的图层，主要起调节各个图层的作用。在合成时间线单击鼠标右键菜单选择“新建”→“调整图层”选项可以创建调整图层，如图 3.3.20 所示。

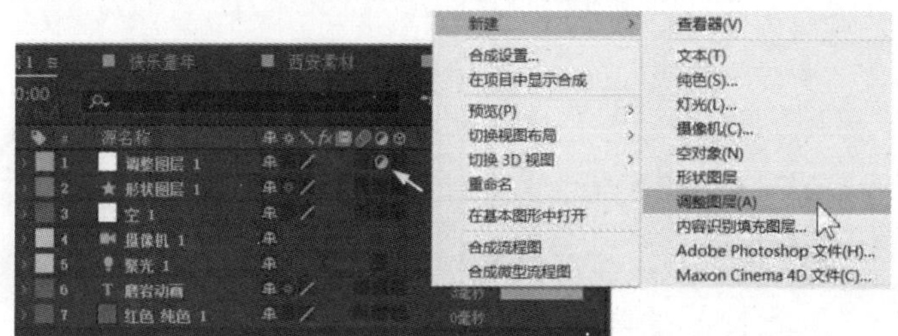

图 3.3.20　创建调整图层

提示: 只通过调节调整图层的参数就会影响其他图层，而用不着分别对各个图层进行设置。给调整图层添加“快速模糊”特效，调整图层下面的图层都被调整图层的“快速模糊”特效所调节，如图 3.3.21 所示。

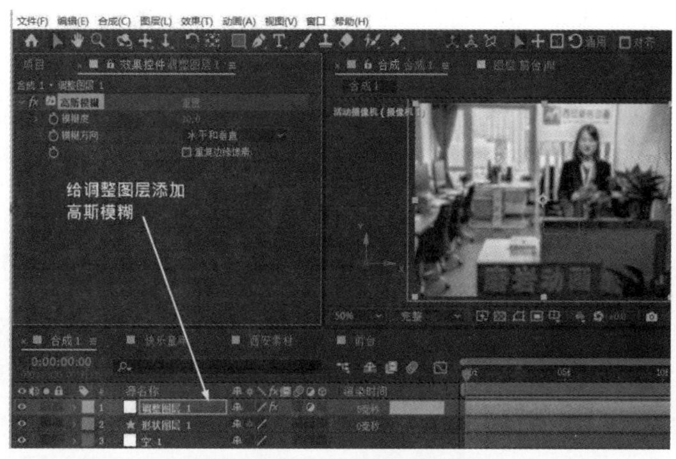

图 3.3.21　给调整图层添加特效

3.3.2 变换图层

在图层面板单击图标展开图层的属性，继续单击“变换”前面的图标展开图层的变换属性，如图 3.3.22 所示。

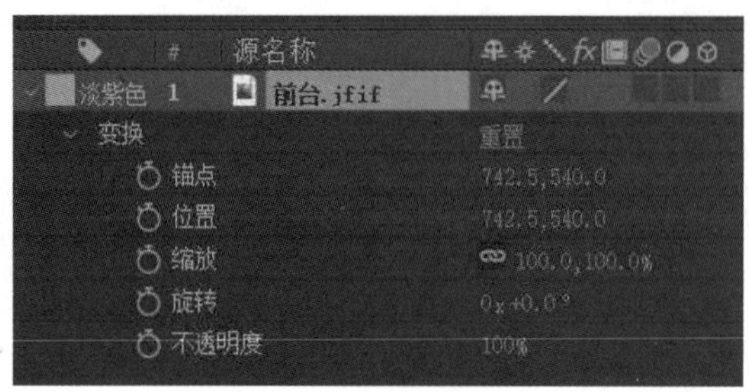

图 3.3.22 图层的变换属性

图层的变换属性包括锚点、位置、缩放、旋转和不透明度，通过设置“锚点”的数值可以改变图层的中心锚点，如图 3.3.23 所示。

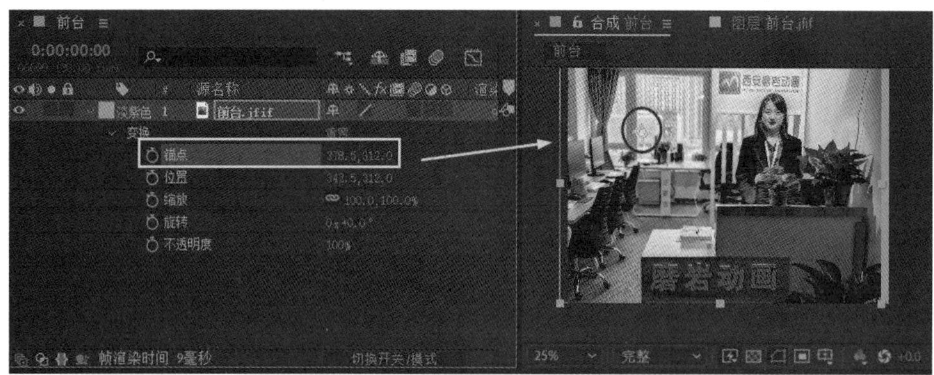

图 3.3.23 设置锚点参数

提示：在项目合成设置面板里单击“高级”选项，用鼠标单击可以设置锚点的位置，如图 3.3.24 所示。在工具栏单击锚点工具按钮可以直接移动锚点的位置，如图 3.3.25 所示。

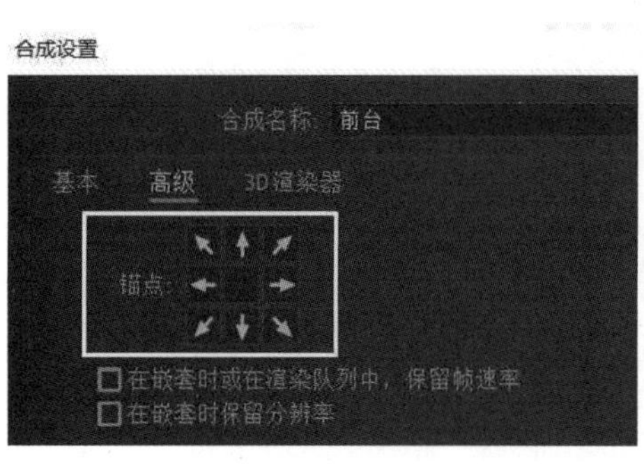

图 3.3.24 设置锚点位置

图 3.3.25 移动锚点位置

用鼠标单击设置“位置”的数值可以改变图层的位置，如图 3.3.26 所示。

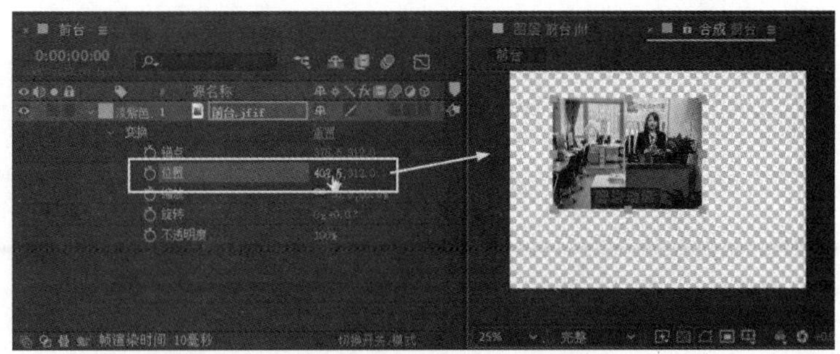

图 3.3.26　设置图层的位置参数

注意：在未开启 3D 图层的情况下，锚点、位置和缩放的数值都为 X、Y 两个数值，X 为水平方向，Y 为垂直方向，如图 3.3.27 所示。

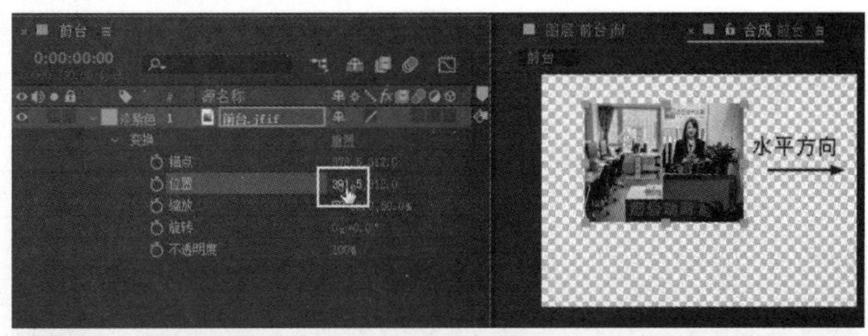

图 3.3.27　设置图层的方向

另外，用鼠标单击菜单执行“图层”→“变换”→“位置”命令，在弹出的“位置”对话框里设置参数也可以改变图层的位置，如图 3.3.28 所示。

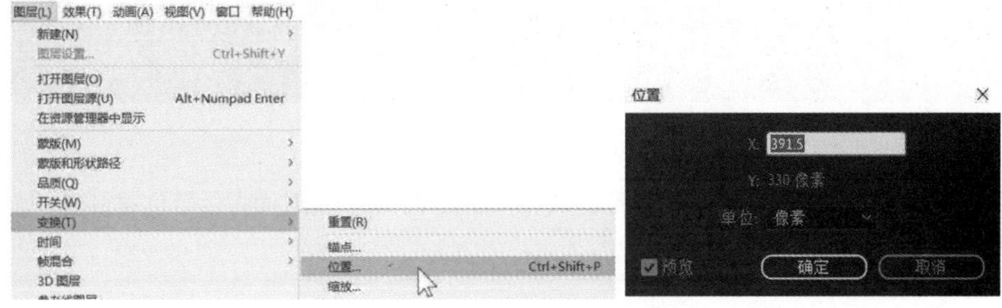

图 3.3.28　设置图层变换的位置参数

用鼠标单击动画码表可以为图层位置设置动画，具体操作方法如下：

（1）单击动画码表将在时间线自动记录动画关键帧，如图 3.3.29 所示。

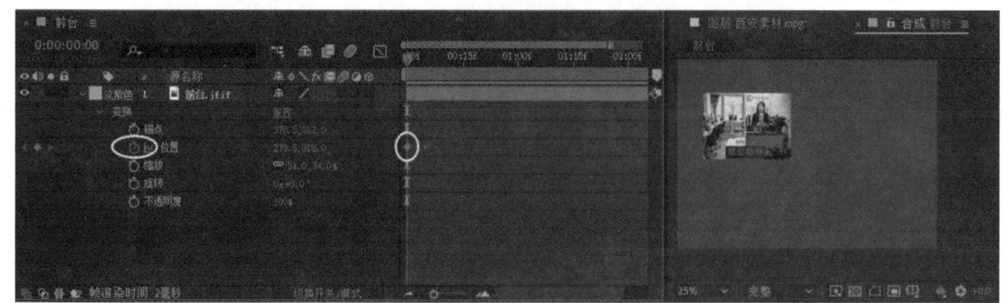

图 3.3.29　设置图层的位置关键帧动画

（2）用鼠标移动当前时间指示器，设置“位置”参数，系统将自动记录动画关键帧，如图 3.3.30 所示。

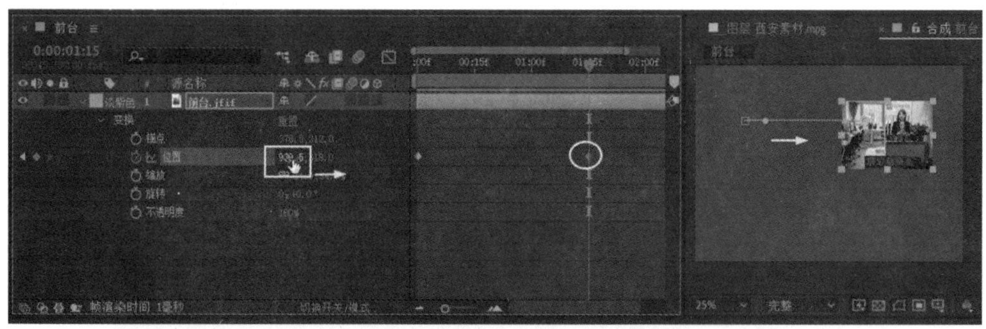

图 3.3.30　设置图层的位置参数自动记录动画关键帧

注意：在用 After Effects 2022 软件设置关键帧动画时，按下动画码表图标将设置一个动画关键帧，改变相对应的参数，系统会自动记录动画，无须每次按动画码表图标。由起始帧和结束帧的两个动画关键帧确定一段动画，两个关键帧的中间部分电脑会自动计算，如图 3.3.31 所示。

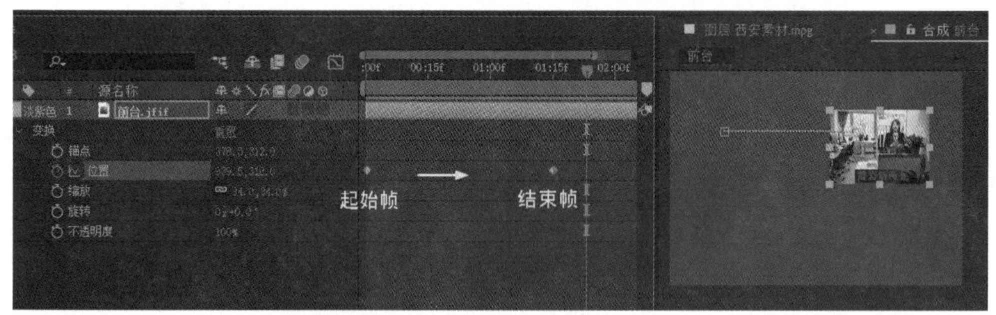

图 3.3.31　设置图层的关键帧动画

（3）用鼠标单击在当前时间添加/删除关键帧图标，在当前时间指示器位置自动添加一个关键帧，如图 3.3.32 所示。

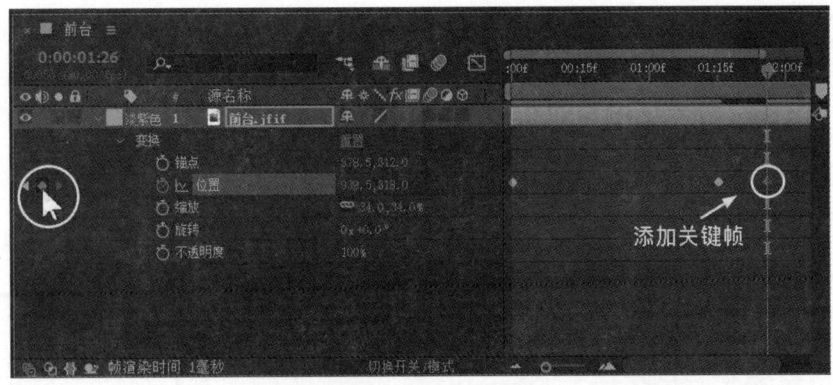

图 3.3.32　添加动画关键帧

（4）用鼠标单击转到上一关键帧按钮◀，在图层“位置”处单击鼠标右键菜单选择“编辑值”选项，在弹出的“位置”对话框里设置参数即可改变动画，如图 3.3.33 所示。

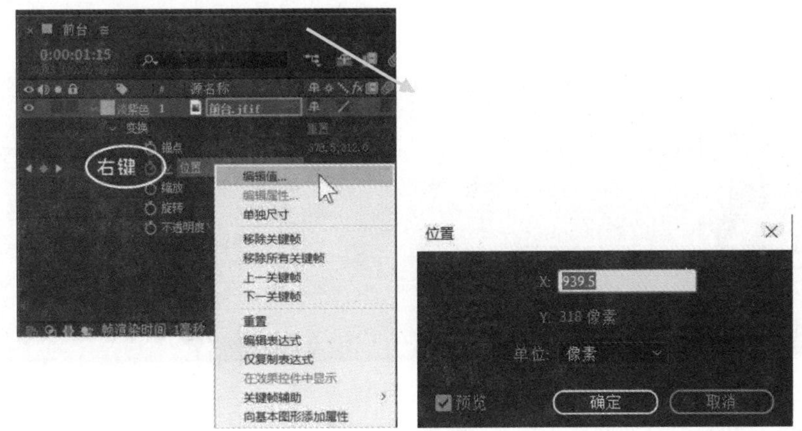

图 3.3.33　设置动画参数

提示：在“位置”处单击鼠标右键菜单选择“单独尺寸”选项，可以将图层的“位置”X、Y 的尺寸分割，如图 3.3.34 所示。

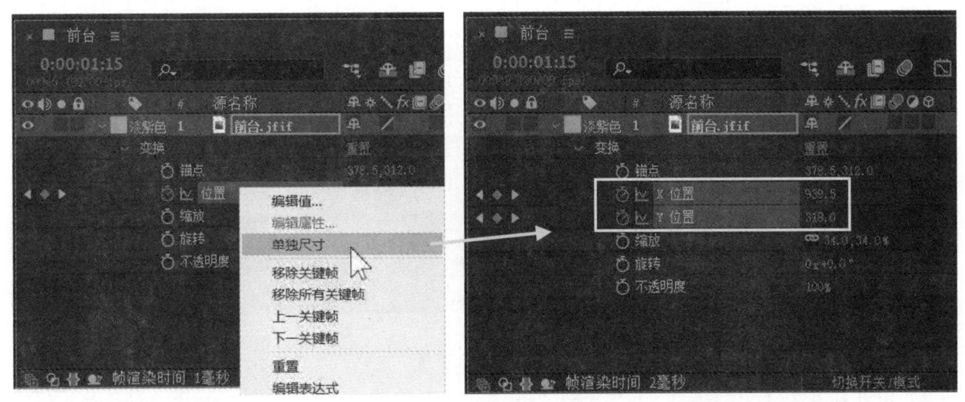

图 3.3.34　单独尺寸

用鼠标单击设置图层“缩放”参数，可以设置图层的大小缩放，如图 3.3.35 所示。

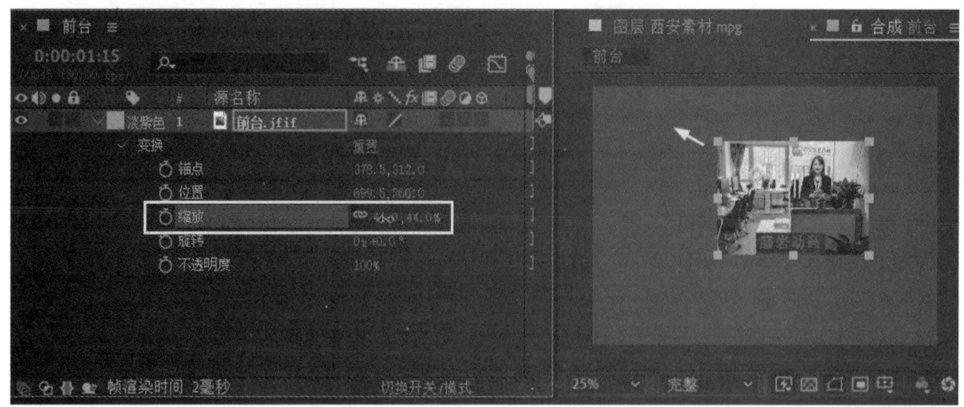

图 3.3.35 设置图层的大小缩放

提示：用鼠标单击去掉图层“缩放”数值前面的约束缩放按钮，可以断开图层“长度”和“宽度”的锁定，如图 3.3.36 所示。

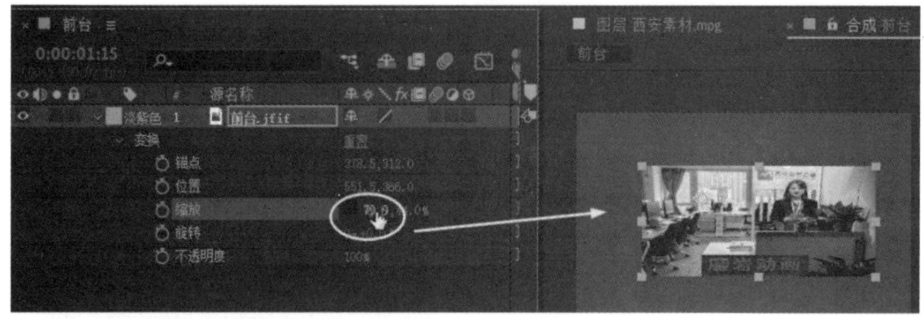

图 3.3.36 断开约束缩放

After Effects 2022 软件在图层变换上又增加了几项新功能，让用户操作起来更加方便，其具体演示如下：

（1）导入图片素材以后，素材的大小很明显比合成视窗要大得多，如图 3.3.37 所示。

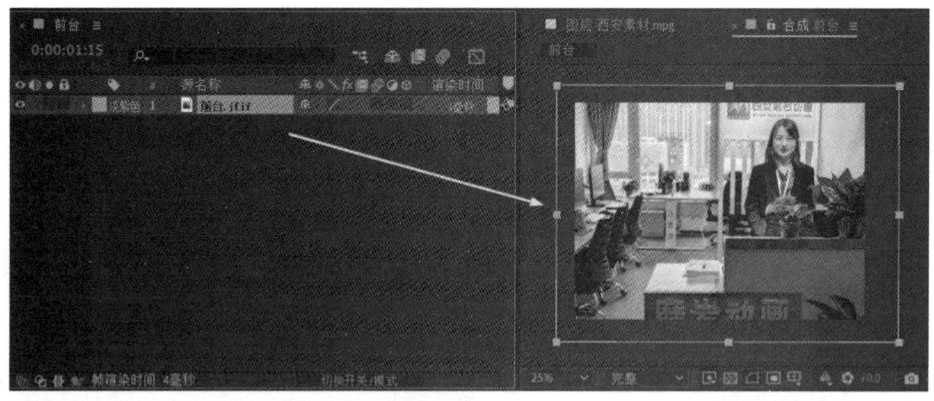

图 3.3.37 图片素材的显示

（2）单击菜单执行“图层”→“变换”→“适合复合”命令，或者按键盘“Ctrl+Alt+F”键，将素材自动适配到复合大小，如图 3.3.38 所示。

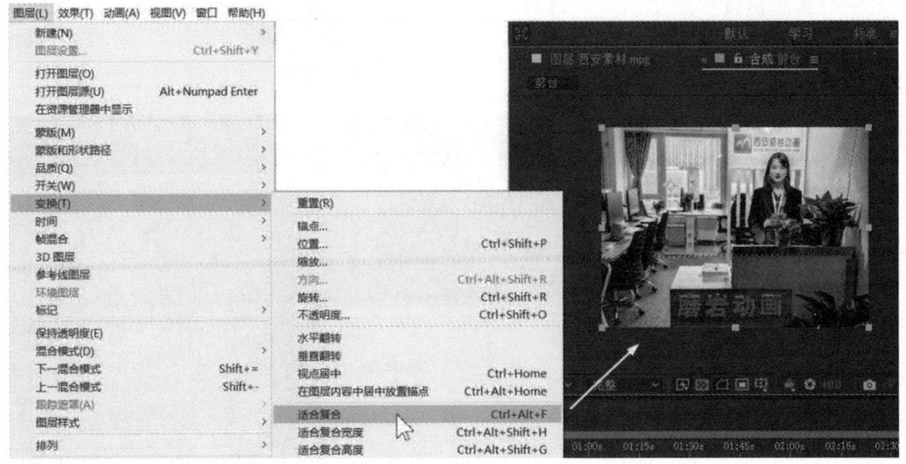

图 3.3.38　适配到复合大小

（3）单击菜单执行“图层”→“变换” →“水平翻转”命令，可将素材沿水平方向翻转，如图 3.3.39 所示。

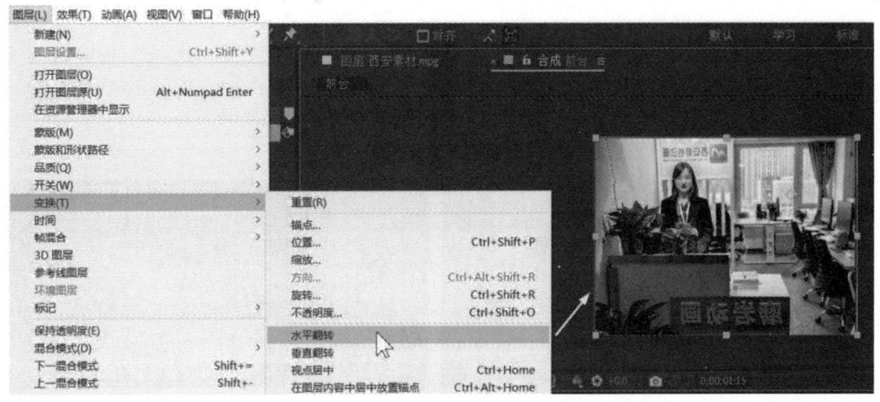

图 3.3.39　沿水平方向翻转素材

（4）单击菜单执行“图层”→“变换”→“垂直翻转”命令，可将素材沿垂直方向翻转，如图 3.3.40 所示。

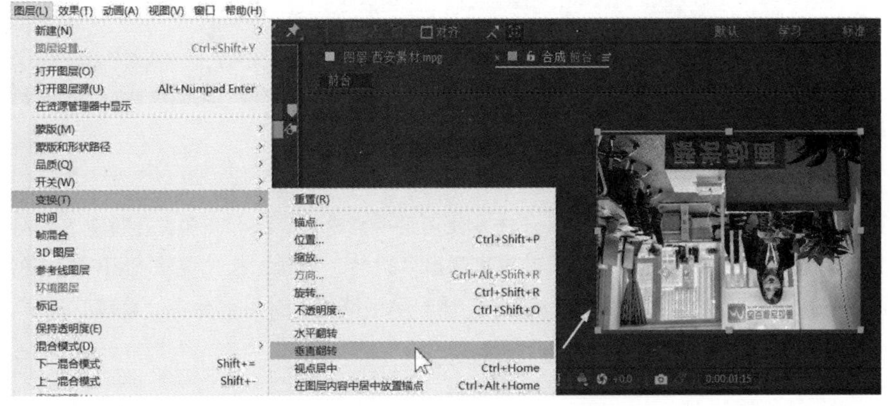

图 3.3.40　沿垂直方向翻转素材

（5）单击菜单执行“图层”→“变换”→“视点居中”命令，可将素材自动跳转到合成的视图中心，如图 3.3.41 所示。

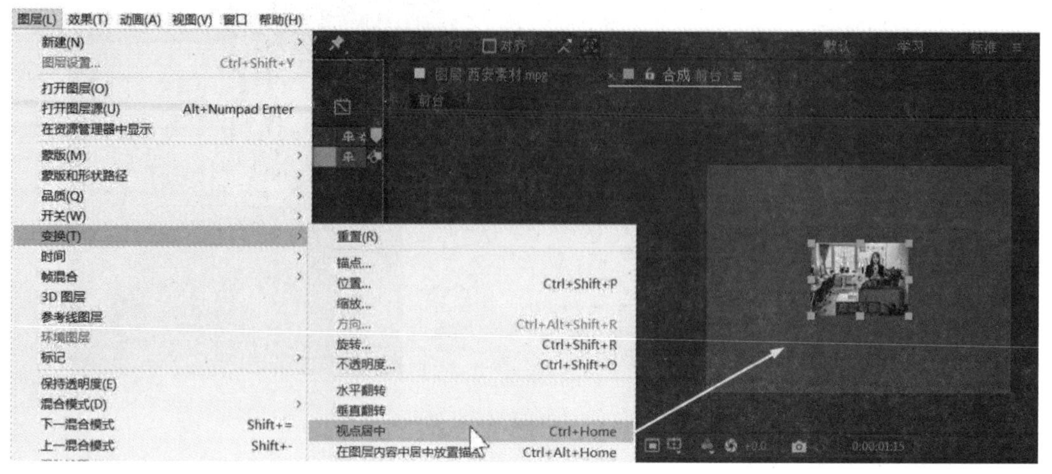

图 3.3.41　自动跳转到合成的视图中心

提示：选择图层按键盘 P 键，可以快速调出图层的“位置”选项；按键盘 S 键，可以快速调出图层的“缩放”选项；按键盘 R 键，可以快速调出图层的“旋转”选项；按键盘 T 键，可以快速调出图层的“不透明度”选项，如图 3.3.42 所示。

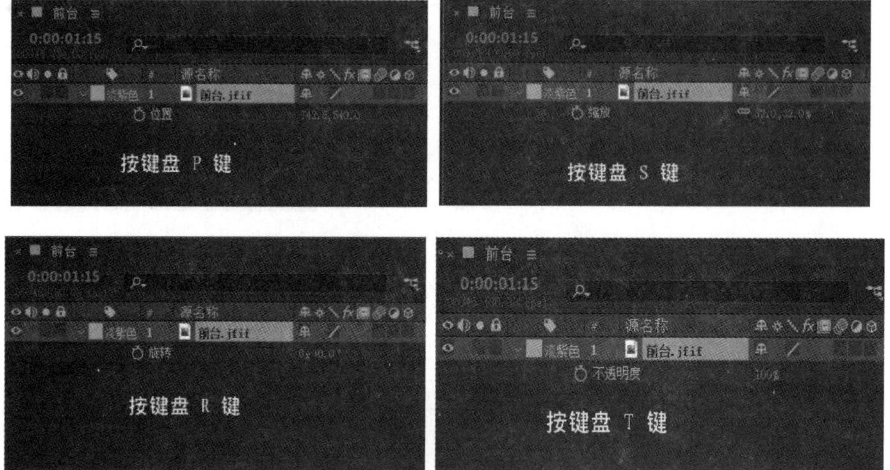

图 3.3.42　快速变换图层的方式

注意：按住键盘 Shift 键可以加选其他图层变换选项，例如：在按住键盘 Shift 键的同时再按键盘 R 键，在保留“不透明度”的同时再次调出“旋转”选项。按住键盘 Shift 键和 Alt 键可以减选其他图层变换选项，例如：在按住键盘 Shift 键和 Alt 键的同时用鼠标在“旋转”选项上单击，即可取消“旋转”选项，如图 3.3.43 所示。

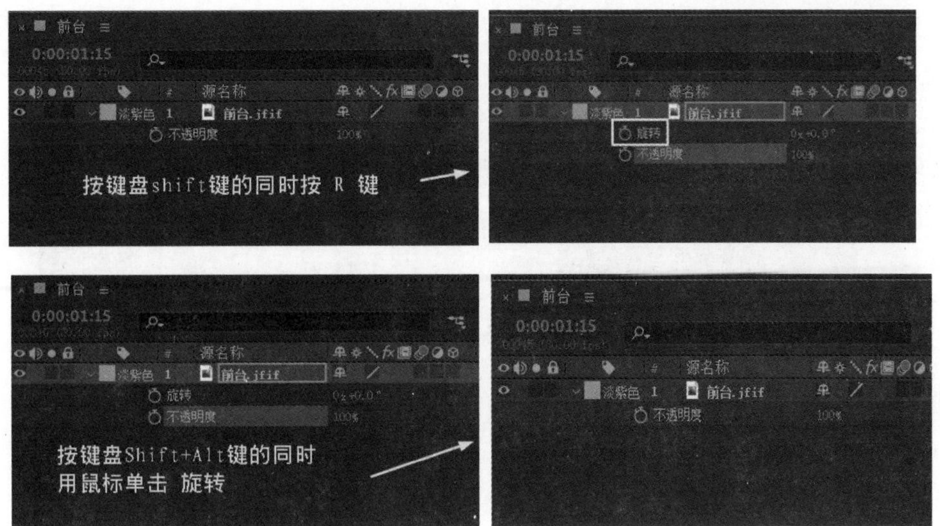

图 3.3.43　变换图层的加、减选择

3.3.3　图层模式

图层模式取决于当前图层中的画面与下面其他图层中的画面以哪种方式进行混合和溶图。打开图层叠加模式的方式有以下几种：

（1）单击菜单执行“图层”→“混合模式”命令，在“混合模式”的下拉列表中选择所需要的图层模式，如图 3.3.44 所示。

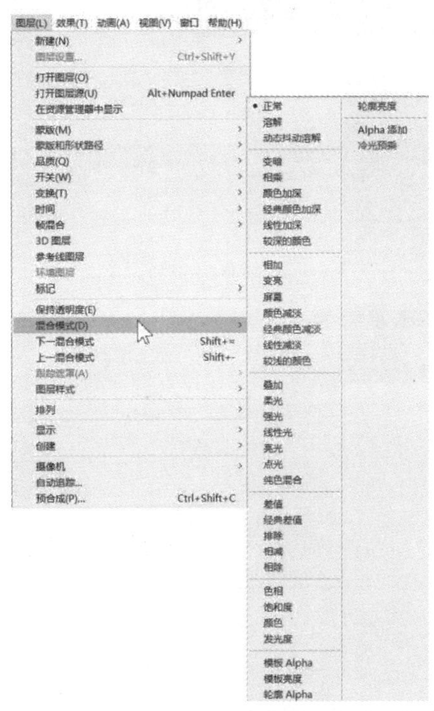

图 3.3.44　通过图层菜单弹出图层模式列表

（2）在图层面板中单击“混合模式”右边的三角图标，即可弹出混合模式的下拉列表，如图 3.3.45 所示。

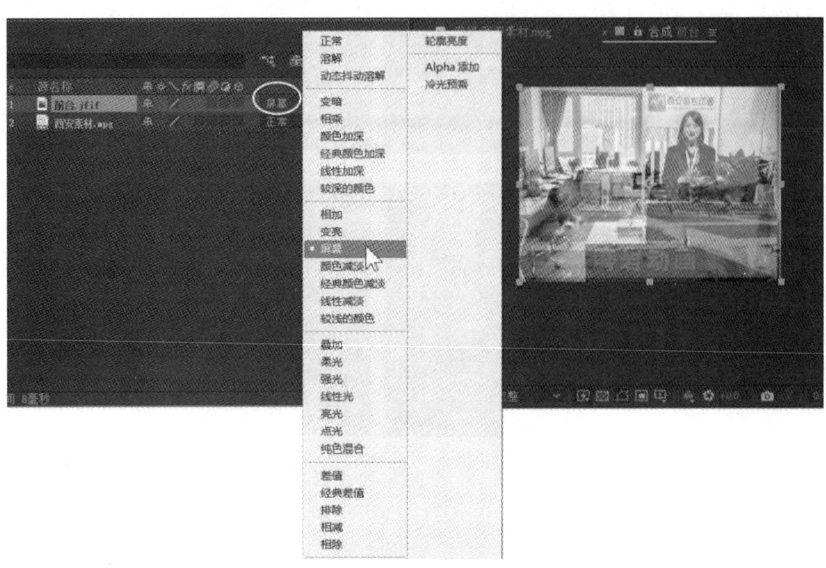

图 3.3.45　通过图层面板选择混合模式下拉列表

（3）在图层面板中选择图层，单击鼠标右键菜单选择“混合模式”选项，即可弹出混合模式的下拉列表，如图 3.3.46 所示。

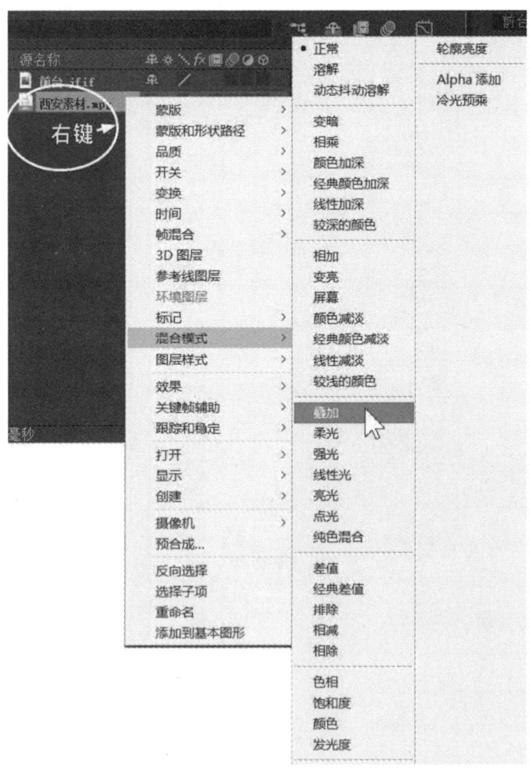

图 3.3.46　通过图层右键菜单弹出图层模式列表

1. 正常模式

正常模式是图层的默认模式，也是最常用的模式。在这种模式下，将两个图层进行简单覆盖叠加，通过透明度控制溶图效果。图 3.3.47 上面图层画面为长颈鹿素材，下面图层画面为风景素材，当透明度为 50%时，两个图层为融入效果。

图 3.3.47　使用正常模式效果对比

2. 溶解模式

溶解模式是以当前图层的颜色与其下面图层颜色进行融合，按照透明度将当前层溶入底层图像中，多余的部分将扔掉，透明度的数值越小，融合效果越明显，如图 3.3.48 所示。

3. 变暗模式

变暗模式是依据两个图层像素，用暗的像素取代亮的像素。变暗模式分别包括变暗、相乘、颜色加深、线性加深和较深的颜色等 5 种变暗程度各不相同的模式，如图 3.3.49 所示。

透明度为 80%

透明度为 10%

图 3.3.48　使用溶解模式效果对比

正常模式

变暗模式

相乘模式

颜色加深模式

线性加深模式

较深的颜色模式

图 3.3.49　使用变暗模式效果对比

4．变亮模式

变亮模式是依据两个图层像素，在画面亮的部分进行加运算变亮，在暗的部分不变。结果是两个图层亮的部分更亮，暗的部分或黑色部分不变。变亮模式和变暗模式正好相反，变亮模式分别包括相加、变亮、屏幕、颜色减淡、线性减淡和较浅的颜色模式等 6 种变亮程度各不相同的模式，如图 3.3.50 所示。

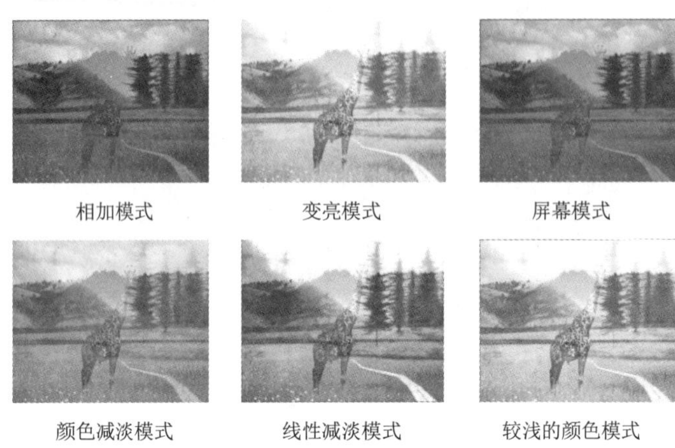

图 3.3.50　使用变亮模式效果对比

5．叠加模式

叠加模式是综合了“屏幕”和“正片叠底”两种模式对当前层进行分析，大于 50%灰度的地方用叠加方法进行处理，小于 50%灰度的地方用正片叠底方式处理，呈现变暗，如图 3.3.51 所示。

图 3.3.51　各种不同叠加模式效果对比

6．差值和排除模式

差值模式是将当前层颜色进行反向处理与底层图像融合，排除模式正好和差值模式相反，如图 3.3.52 所示。

差值模式

排除模式

图 3.3.52　差值和排除模式效果对比

7．其他模式

其他模式还有色相模式、饱和度模式、颜色模式和发光度模式，各种模式效果对比如图 3.3.53 所示。

色相模式

饱和度模式

颜色模式

发光度模式

图 3.3.53　其他各种模式效果对比

3.3.4　应用轨道遮罩

应用轨道遮罩其实相当于 Photoshop 软件中的图层遮罩，主要用于显示或者屏蔽的区域图像，并将部分图像处理成透明或半透明的效果。

应用轨道遮罩的具体操作步骤如下：

（1）导入已经做好的一张“白色拼图”文件添加到合成时间线，再导入“风景”素材放到拼图素材的下层，如图 3.3.54 所示。

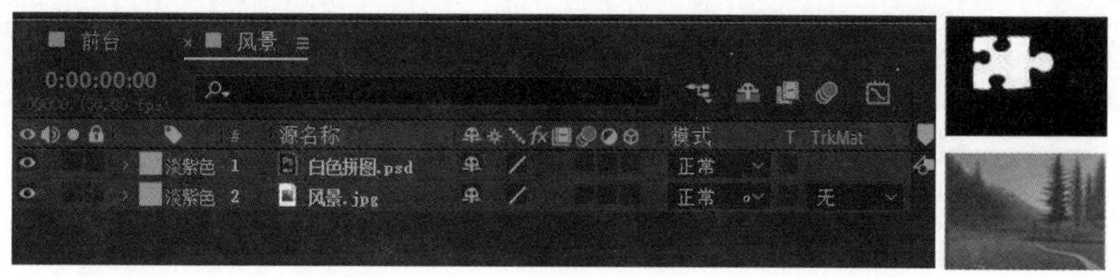

图 3.3.54　添加素材到合成时间线

（2）在轨道遮罩面板单击下拉图标，在弹出的下拉列表中选择“Alpha 遮罩‘白色拼图.psd’”选项，如图 3.3.55 所示。

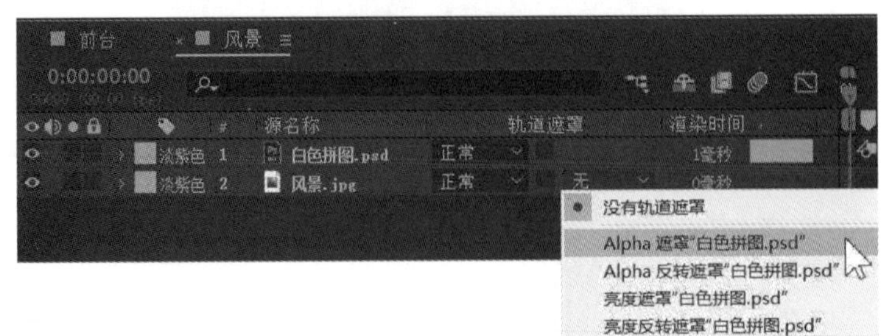

图 3.3.55　应用轨道遮罩

（3）“白色拼图”图层自动隐藏变成遮罩图层，拼图的白色区域被选择，黑色区域透明显示，如图 3.3.56 所示。

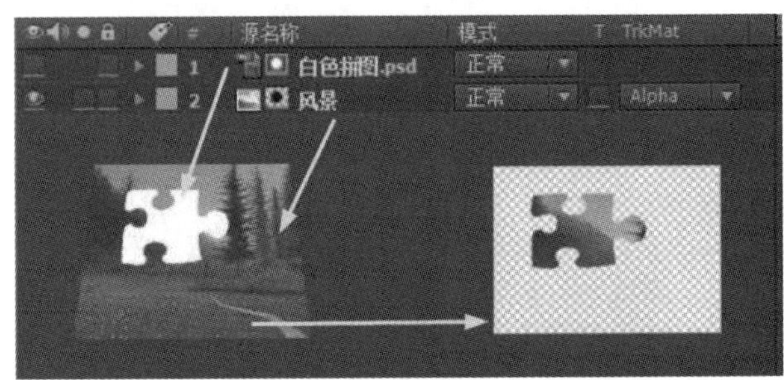

图 3.3.56　最终效果显示

（4）在轨道遮罩面板单击下拉图标，在弹出的下拉列表中选择“Alpha 反转遮罩‘白色拼图.psd’”选项，如图 3.3.57 所示。

提示：当导入“灰色拼图”添加轨道遮罩时，黑色的区域完全透明，灰色区域半透明显示下面图层素材，如图 3.3.58 所示。

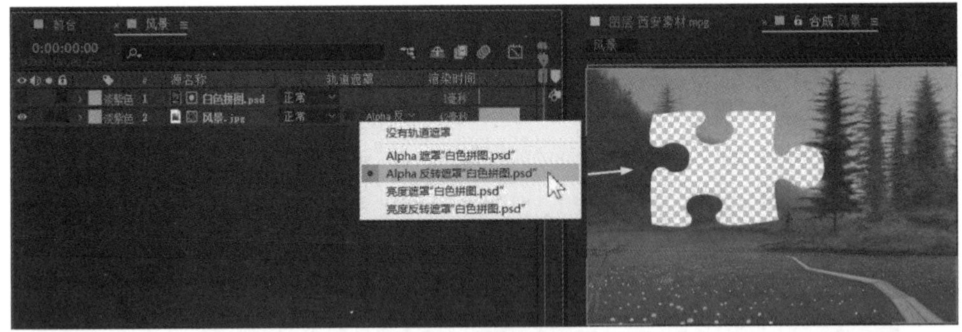

图 3.3.57　反转轨道遮罩显示

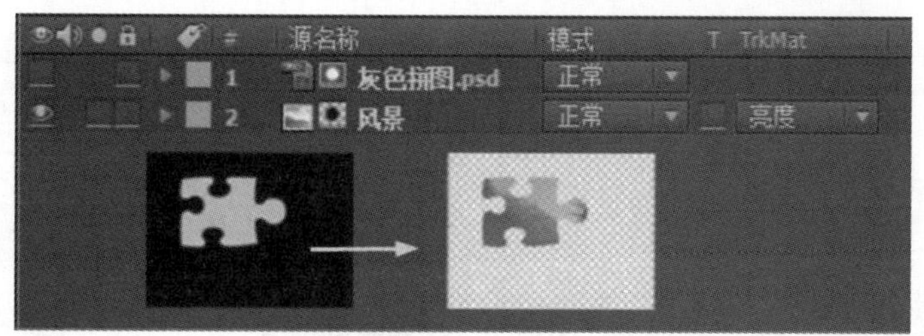

图 3.3.58　灰色轨道遮罩效果显示

3.3.5　父子链接图层

父子链接是指把某个层的某个属性链接到其他层上，通过其他层的变化来相应地变化，子物体处于从属地位。父子链接图层的具体操作步骤如下：

（1）在合成时间线随意创建圆、三角形和方块素材，如图 3.3.59 所示。

图 3.3.59　在合成时间线创建素材

（2）在合成时间线面板单击鼠标右键并在下拉列表里选择“列数”→“父级”选项，调出时间线“父级”面板，如图 3.3.60 所示。

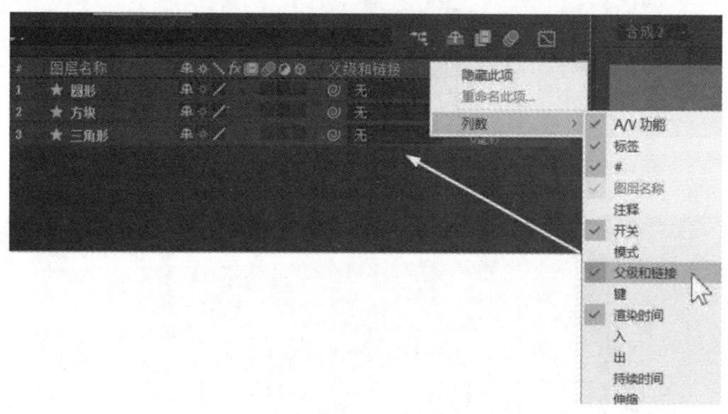

图 3.3.60　调出时间线父级面板

（3）在合成时间线的父级面板单击下拉图标，再在下拉列表中选择“圆”图层，如图 3.3.61 所示；或者单击“三角形”图层父级面板上的橡皮筋图标，用橡皮筋绑定到“圆”的图层上，如图 3.3.62 所示。

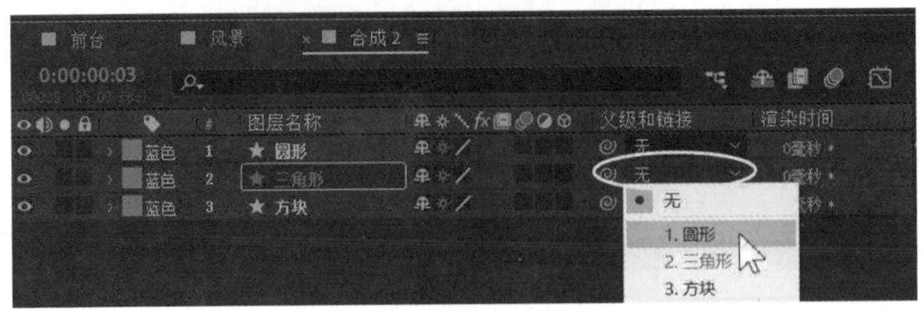

图 3.3.61　在父级面板中绑定图层

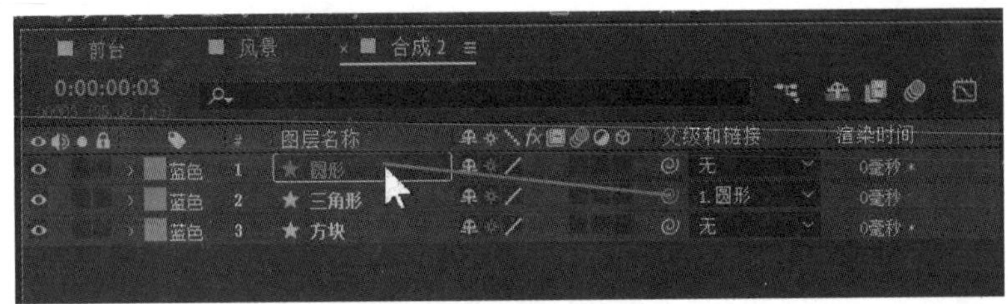

图 3.3.62　通过橡皮筋绑定图层

注意：将“三角形”图层绑定到“圆”的图层上，两个图层的父子关系成立，圆的图层相当于三角形图层的“父亲”，三角形图层相当于圆图层的“儿子”。改变“父”图层中圆的位置，“子”图层中的三角形也跟着改变，如图 3.3.63 所示。但是改变“子”图层中三角形的位置，“父”图层中圆的位置不变，如图 3.3.64 所示。

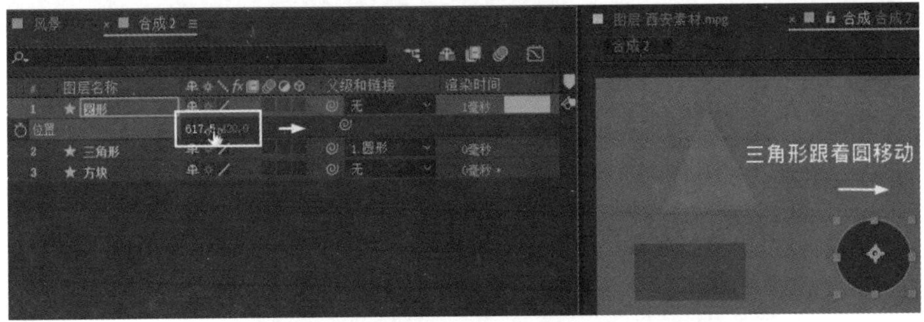

图 3.3.63　三角形图层跟着圆图层移动

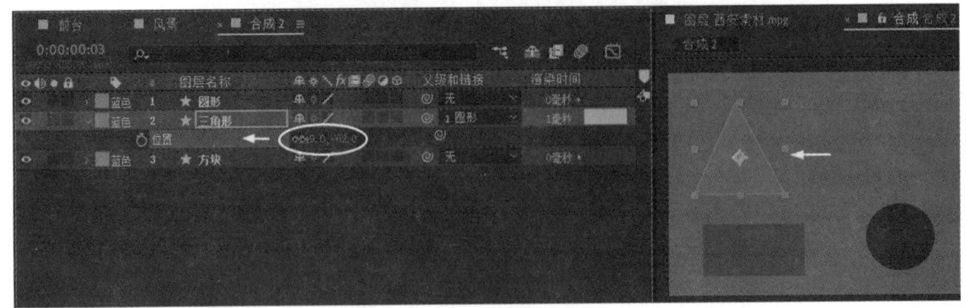

图 3.3.64　三角形图层移动，圆图层不动

（4）单击“方块”图层父级面板上的橡皮筋图标，用橡皮筋绑定到“圆”的图层上，同样“方块”图层成为“圆”图层的“子”图层，如图 3.3.65 所示。

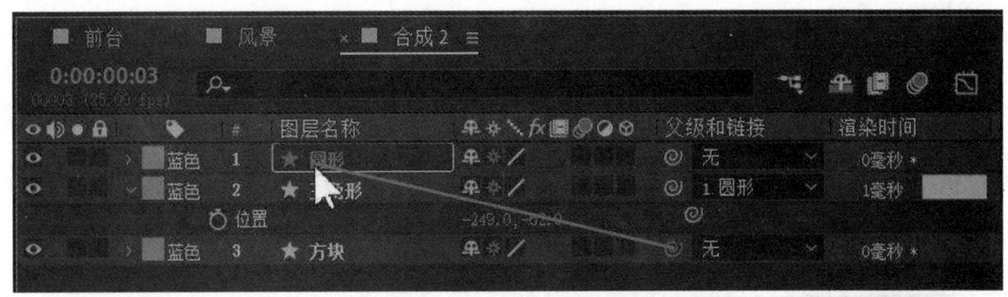

图 3.3.65　通过橡皮筋绑定子图层

提示：在“三角形”图层的父级面板单击下拉图标选择“无”选项，可以断开“父子”链接，如图 3.3.66 所示。

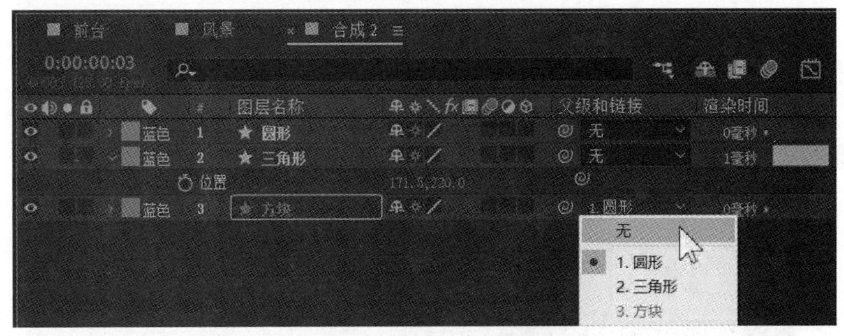

图 3.3.66　断开“父子”链接

3.3.6　图层属性开关

在合成时间线面板中，单击鼠标右键菜单选择“列数”→“开关”选项，可以显示图层属性开关面板，如图 3.3.67 所示。

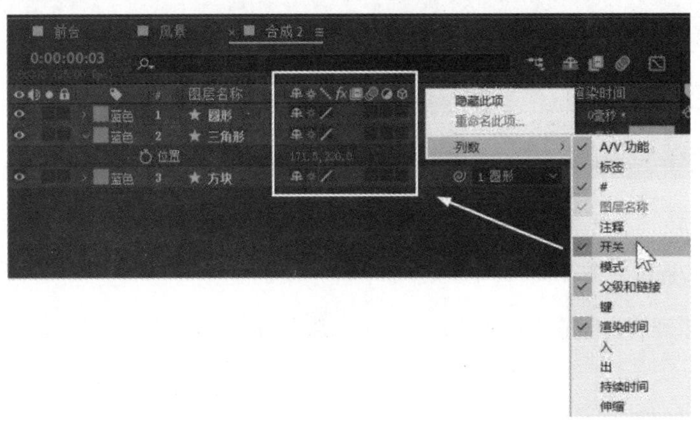

图 3.3.67　显示图层属性开关面板

图层属性开关面板包括图层隐藏开关、卷展变化/连续光栅开关、画质设定、特效启用开关、帧融合开关、运动模糊开关、调整图层开关和 3D 图层开关。

1. 图层隐藏开关

为了操作方便、节约时间线的位置大小，经常需要将某个图层暂时隐藏起来，而被隐藏的图层仍然对合成画面起作用。用鼠标单击“好绸缎”图层的隐藏图层按钮，再单击总开关按钮，“好绸缎”素材就被隐藏起来了，在合成视窗依然显示“好绸缎”素材，如图 3.3.68 所示。

图 3.3.68 隐藏图层

注意： 单击图层显示/隐藏图标，它只是该图层在合成视窗的显示和隐藏的显示方式；而单击隐藏图层图标，图层虽然被隐藏但依然在合成视窗显示，如图 3.3.69 所示。

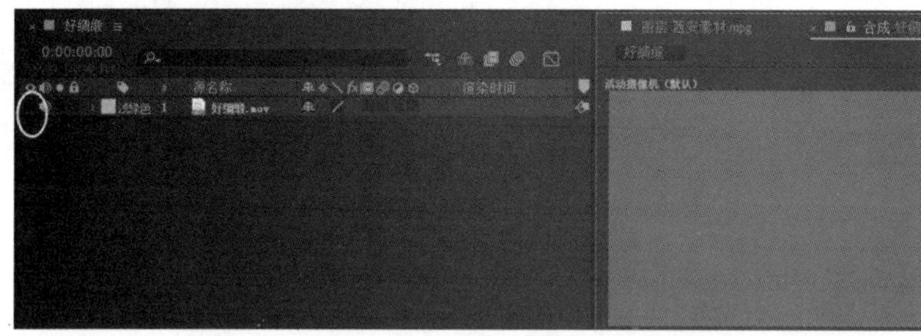

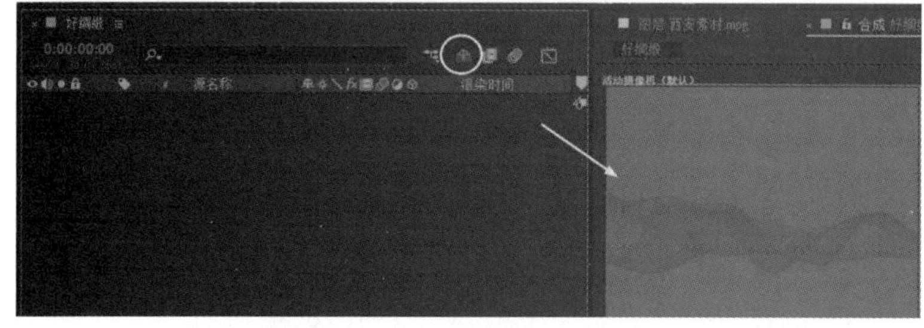

图 3.3.69 隐藏图层的对比效果

2. 卷展变化/连续光栅开关

此开关也可以理解为还原素材属性开关，单击按钮启用源素材属性，如图 3.3.70 和图 3.3.71 所示。

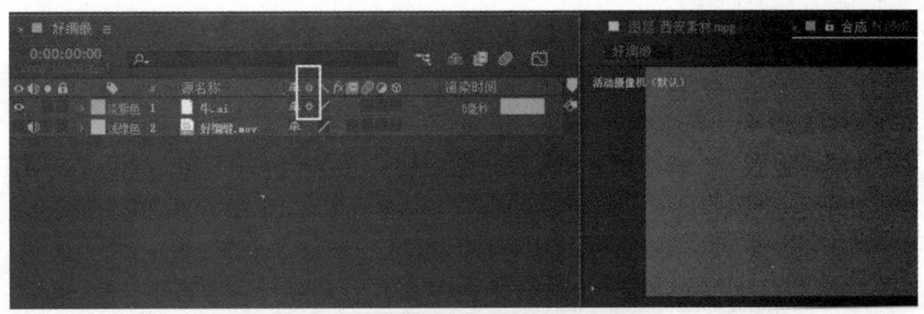

图 3.3.70　启用源素材属性开关

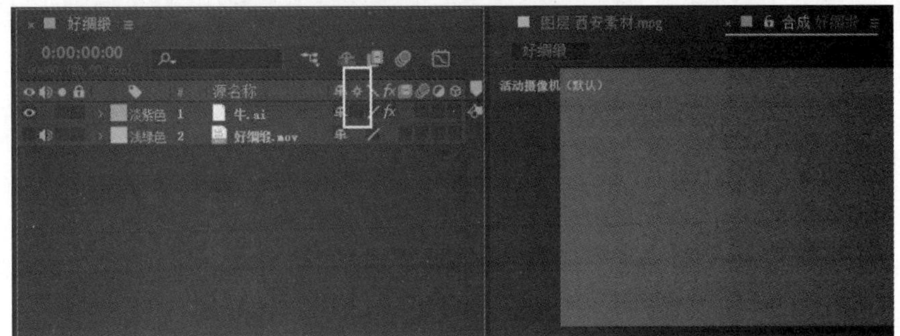

图 3.3.71　关闭源素材属性开关

3．画质设定

单击最高质量图标，采用了反锯齿和子像素技术，画质最好；单击草图质量图标，渲染速度快，如图 3.3.72 所示。

图 3.3.72　最高质量和草图质量效果对比

4．特效启用开关

激活特效按钮将启用对此图层添加的所有特效，如果关闭此按钮将会隐藏特效，如图 3.3.73 所示。

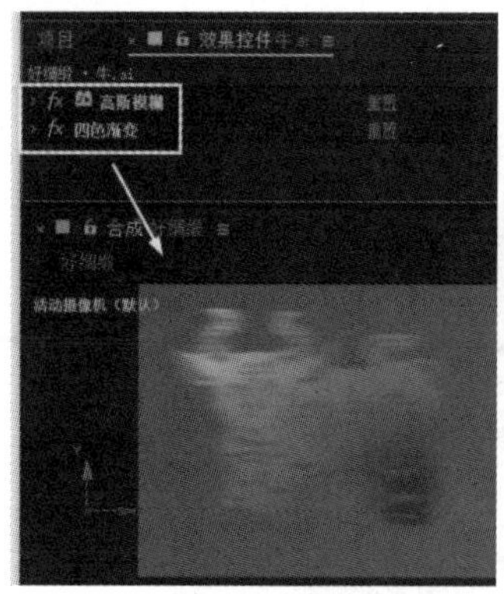

（a）打开特效启用开关

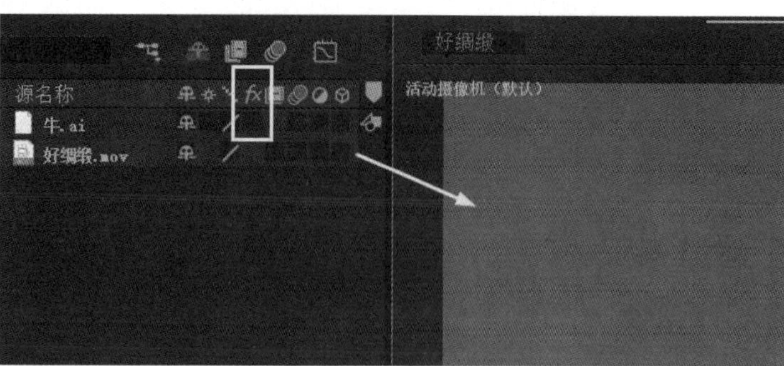

（b）关闭特效启用开关

图 3.3.73　特效启用开关的打开/关闭效果对比

5．帧融合开关

帧融合开关的作用是为动态素材添加帧融合，启用此功能将会在连续的帧画面之间添加过渡帧，使画面效果更柔和。帧融合开关在前面素材的变速设置里已经做了很详细的介绍，在这里就不赘述了。

6．运动模糊开关

单击运动模糊开关，可以利用运动模糊使运动效果更真实，如图 3.3.74 所示。它只对在 After Effects 里创建的运动才有效，对于素材本身的动态画面则无效。

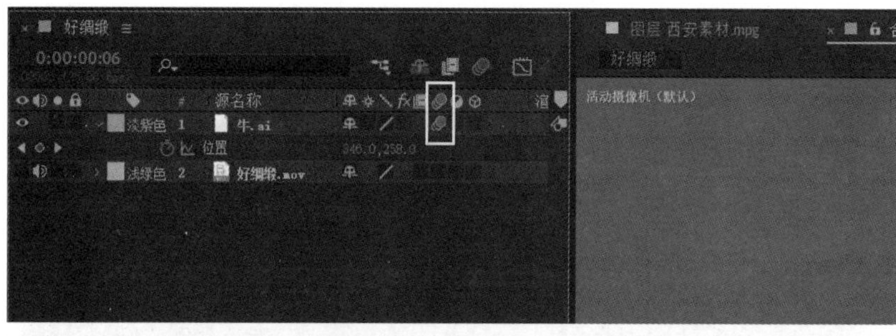

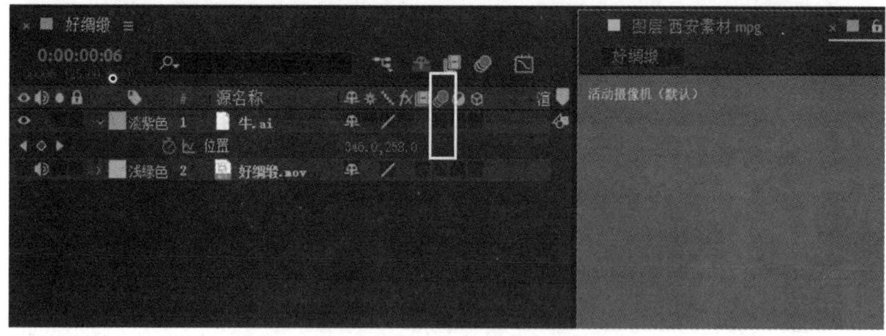

图 3.3.74　运动模糊效果对比

7．调节图层开关

激活调节图层开关可以将相应的图层制作成调整图层，可一次性控制位于它下面的所有层。

8．3D 图层开关

把图层转换成 3D 图层，在进行 Z 轴操作时必须打开此开关，如图 3.3.75 所示。

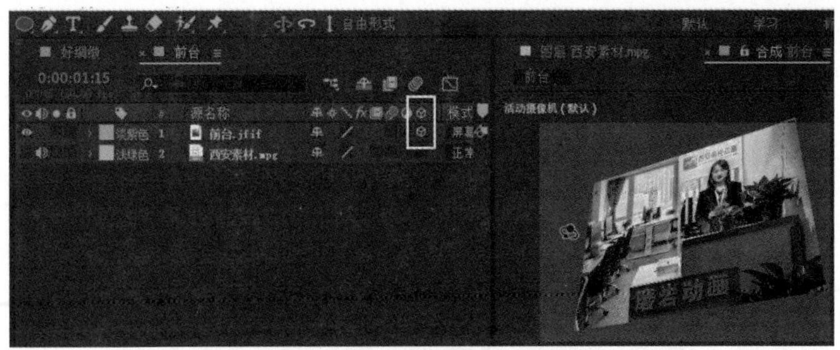

图 3.3.75　打开 3D 图层开关效果

3.4　课 堂 实 战

3.4.1　运动的汽车

本例将制作一段道路上运动的汽车动画，主要用到合成的创建、素材的导入以及添加到合成、素材的缩放和位移动画的设置等命令，最终效果如图 3.4.1 所示。

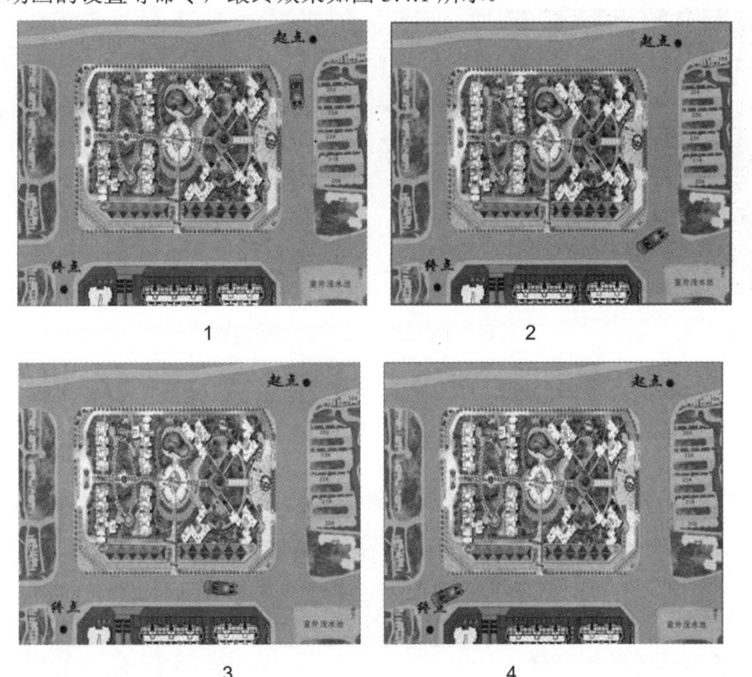

图 3.4.1　最终效果图

操作步骤：

（1）单击菜单执行“合成”→“新建合成”命令，在弹出的“合成设置”对话框里命名合成名称为“运动的汽车”，详细参数设置如图 3.4.2 所示。

（2）在项目面板中导入“城市平面图”和“红色汽车”素材，并将“城市平面图”素材添加到合成时间线，如图 3.4.3 所示。

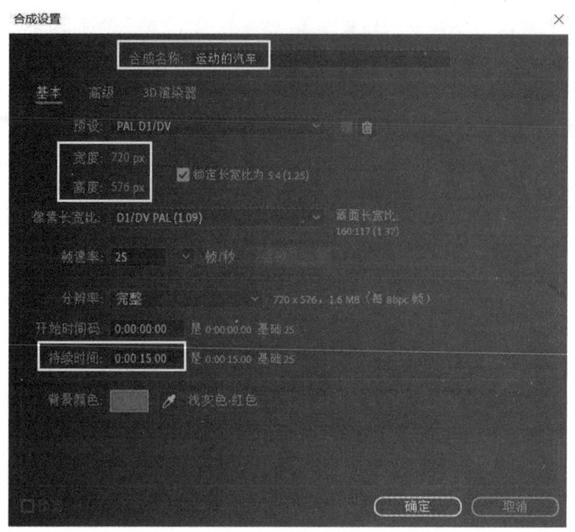

图 3.4.2 “合成设置”对话框中的参数设置

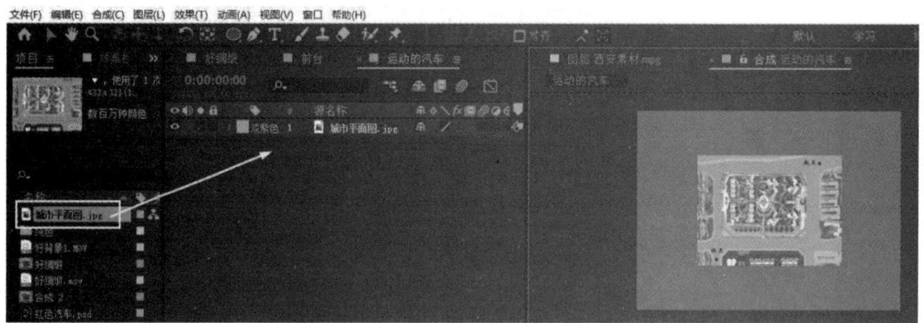

图 3.4.3 添加素材到合成时间线

（3）选择“城市平面图”素材，单击菜单执行“图层”→“变换”→“适合复合”命令，或者按键盘“Ctrl+Alt+F”键，如图 3.4.4 所示。

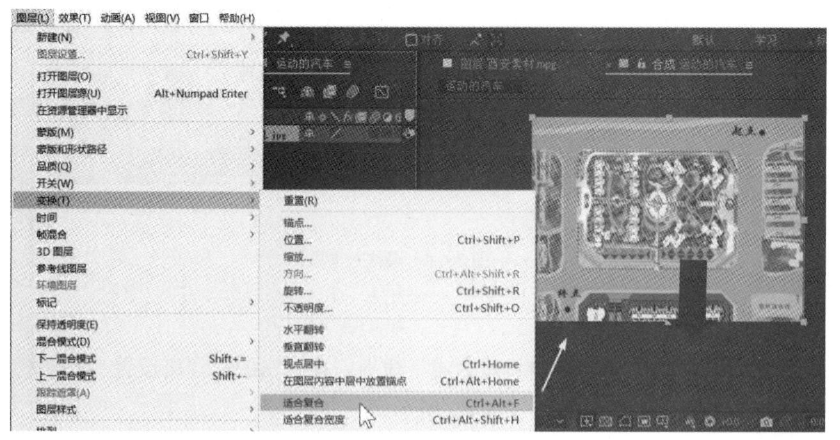

图 3.4.4 图层的适合复合

（4）将“红色汽车”素材添加到合成时间线，按键盘 S 键设置调整素材的缩放大小，如图 3.4.5 所示。

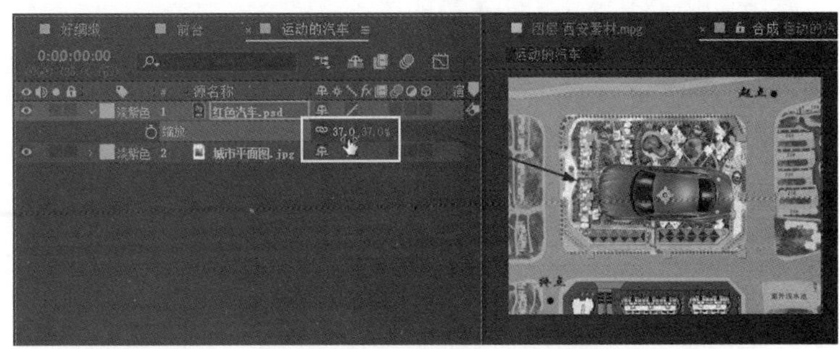

图 3.4.5　调整素材的缩放大小

（5）按键盘 Shift 键的同时按 P 键，调整“红色汽车”素材在图上的位置，如图 3.4.6 所示。

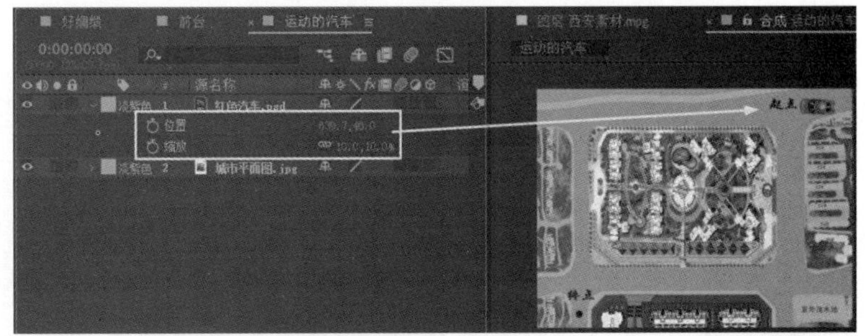

图 3.4.6　调整素材的位置

（6）单击位置前面的动画图标记录动画关键帧，再将当前时间指示器移至 1 秒处，调整“红色汽车”在图上的位置，如图 3.4.7 所示。

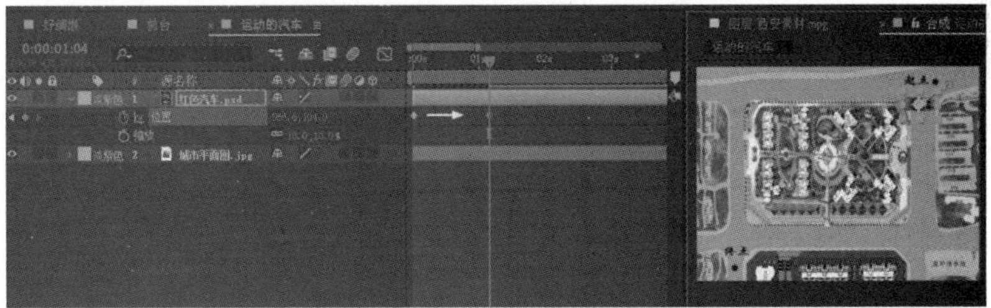

图 3.4.7　记录位移动画

（7）依次设置“红色汽车”的位置来记录汽车在图上的位移路径，如图 3.4.8 所示。

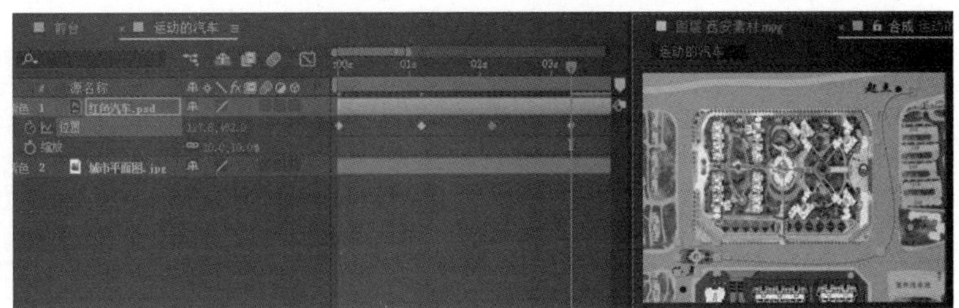

图 3.4.8　汽车的位移路径

（8）用鼠标单击动画关键帧的节点手柄调整位移路径，如图 3.4.9 所示。

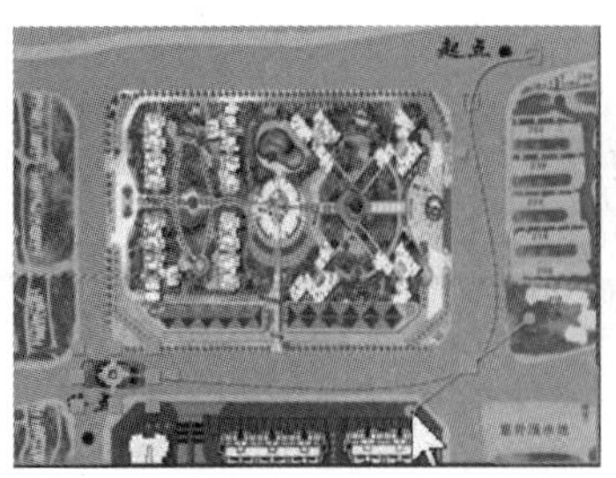

图 3.4.9　调整汽车位移路径的前后对比

提示：选择动画关键帧并单击鼠标右键，在右键菜单里选择“关键帧插值”选项，在弹出的“关键帧插值”对话框里更改关键帧的“空间插值”为“贝塞尔曲线”，如图 3.4.10 所示。

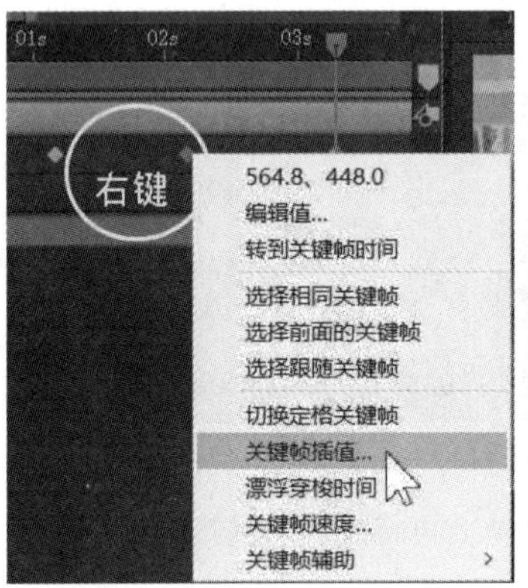

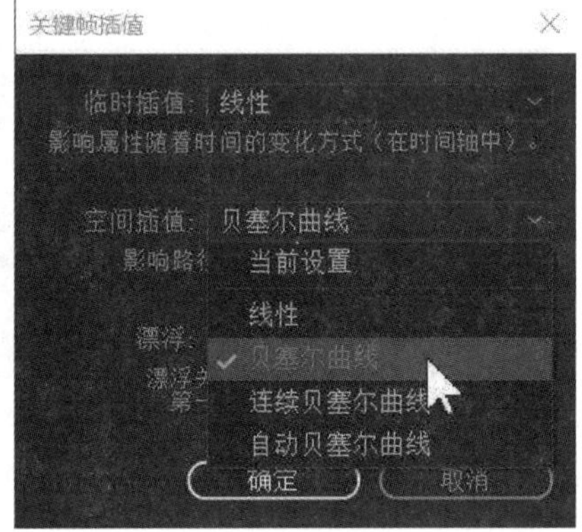

图 3.4.10　更改动画关键帧插值

（9）单击菜单执行“图层”→“变换”→“自动定向”命令，或者按键盘“Ctrl+Alt+O”键让汽车沿着路径方向移动，如图 3.4.11 所示。

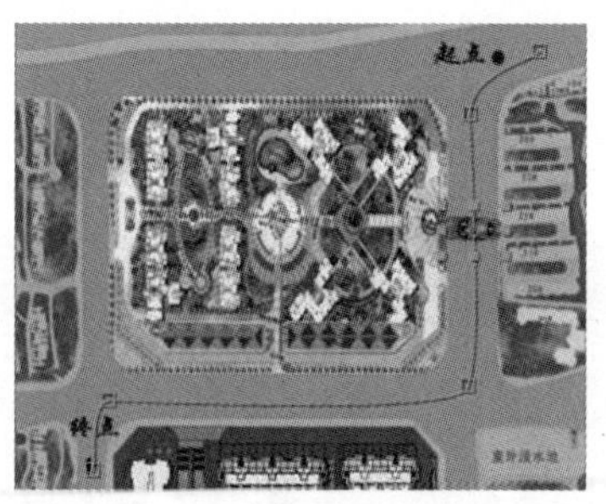

自动定向以前　　　　自动定向以后

图 3.4.11　添加素材自动定向

（10）用鼠标拖动当前时间指示器查看整个动画效果，如图 3.4.12 所示。

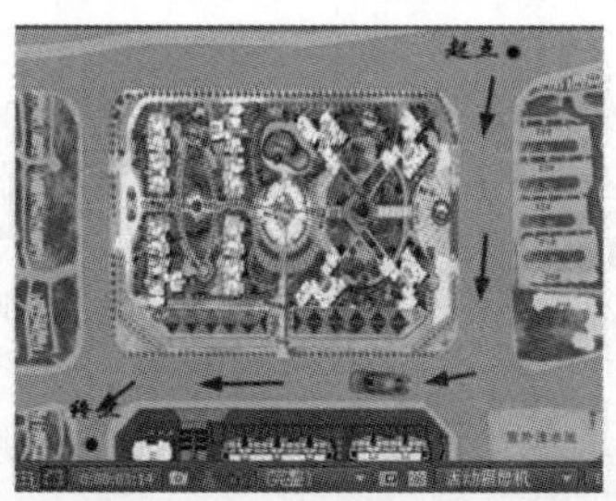

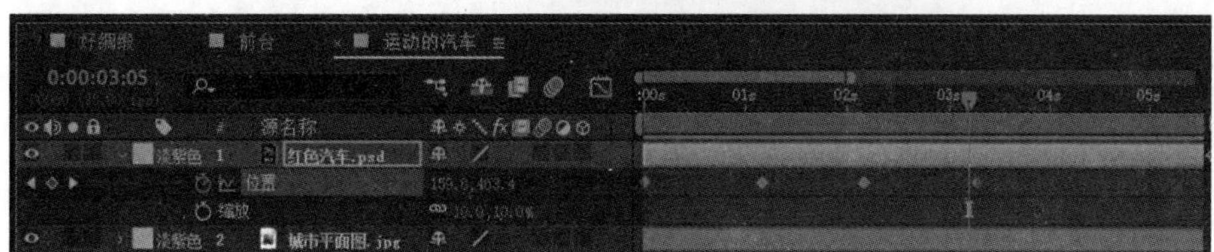

图 3.4.12　查看整个动画效果

3.4.2　火焰文字

本例将制作一个火焰文字效果，主要用到应用轨道遮罩、创建填充文字和描边文字以及添加动态背景素材等命令，最终效果如图 3.4.13 所示。

图 3.4.13　最终效果图

操作步骤：

（1）单击菜单执行“合成”→“新建合成”命令，创建“火焰文字”合成，在工具面板选择横

排文字工具 在合成视图上单击并输入文字“火焰”，如图 3.4.14 所示。

（2）在文字面板去掉文字描边的颜色，如图 3.4.15 所示。

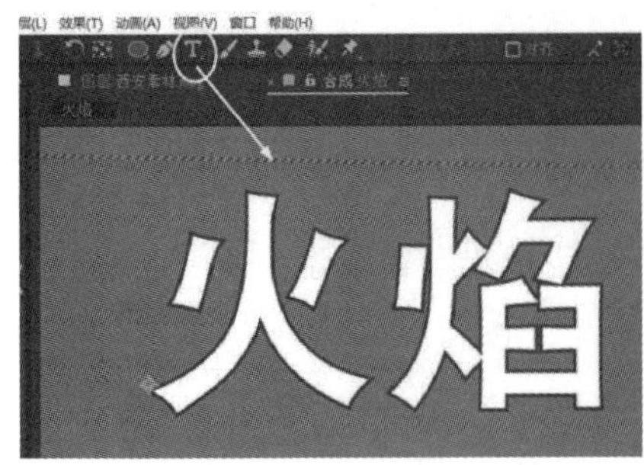

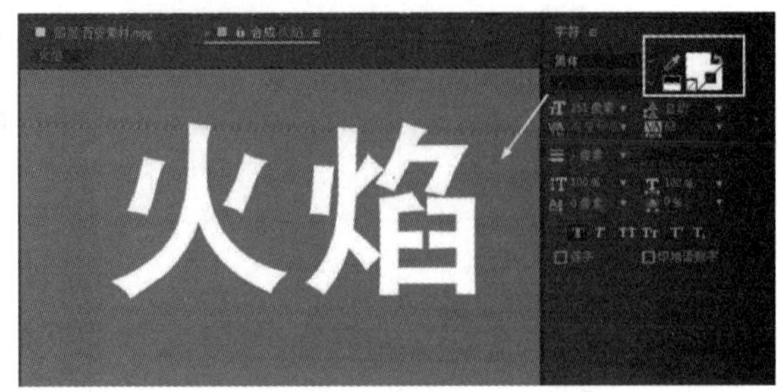

图 3.4.14　输入文字　　　　图 3.4.15　去掉文字描边的颜色

（3）在文字图层下方添加“火焰”动画素材，如图 3.4.16 所示。

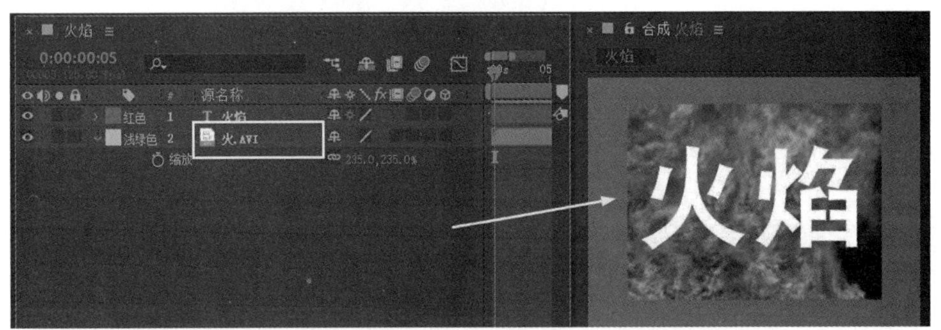

图 3.4.16　添加火焰动画素材

（4）将文字图层复制一层并重命名为“描边”文字，如图 3.4.17 所示。

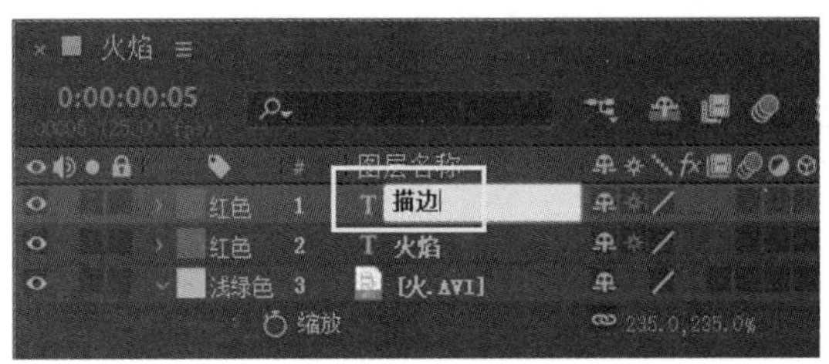

图 3.4.17　重命名文字图层

（5）单独显示“描边”图层以后在文字面板去掉填充颜色，如图 3.4.18 所示。

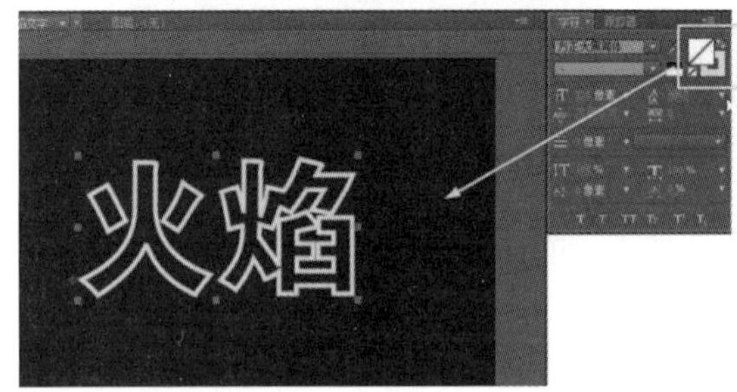

图 3.4.18　去掉文字的填充颜色

（6）将“描边”图层放置在最底层，选择“火焰”图层，在轨道遮罩里选择“亮度遮罩‘火焰’”选项，如图 3.4.19 所示。

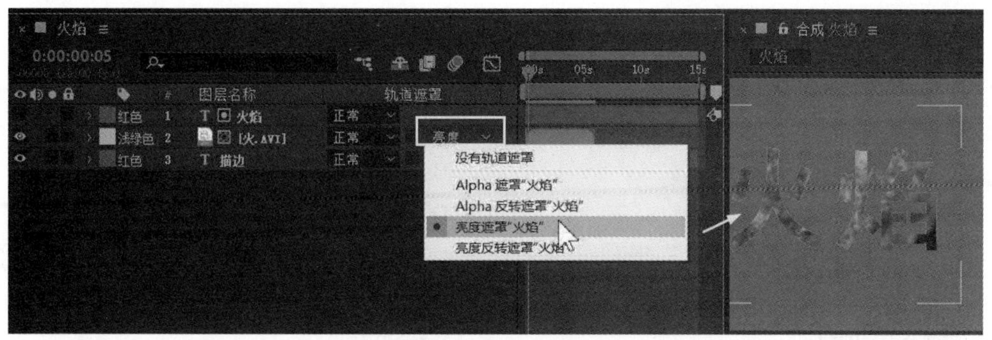

图 3.4.19　在轨道遮罩里选择“亮度遮罩‘火焰’”

（7）导入“动态背景”素材添加到合成时间线，放置到最底层完成整个制作，如图 3.4.20 所示。

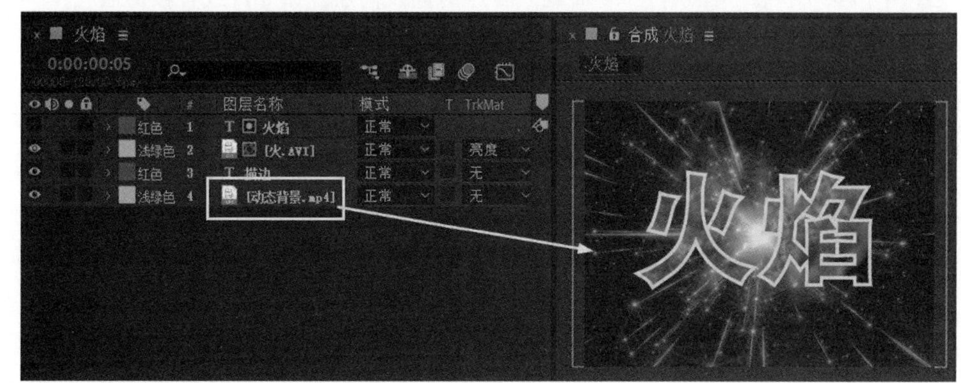

图 3.4.20　预览最终效果

本 章 小 结

本章系统地介绍了 After Effects 2022 的合成时间线，详细介绍了合成时间线的控制面板、图层区域、时间线区域、添加标记以及针对素材的各种编辑操作。通过对本章的学习，读者应能够完全了解合成时间线，并且熟练编辑素材，掌握图层的类型、图层模式、应用轨道遮罩和父子链接图层等内容。

思考与练习

一、填空题

1．控制面板区域主要是对合成时间线各图层之间进行______、_____、______和静音的控制。

2．合成时间线窗口包括_________、_________和_________三大部分。

3．图层的名称显示方式分为_________和_________显示两种，用鼠标在面板处的源名称处_________可以相互切换。

4．选择素材按键盘 I 键，当前时间指示器会自动跳转到素材的_______位置；按键盘 O 键，当前时间指示器会自动跳转到素材的________位置。

5. 用鼠标单击选择起始素材层，按键盘________键并单击结束素材层，可以选择两个素材间的全部素材。

二、选择题

1. 在项目面板单击选择要导入的素材，按键盘（　）键也可以将素材导入合成时间线。

（A）Ctrl+R　　（B）Ctrl+K

（C）Ctrl+/　　（D）Q

2. 选择图层单击菜单执行“图层”→“切换”→“锁定”命令，或者按键盘（　）键同样也可以锁定选定图层。

（A）Ctrl+L　　（B）Shift

（C）Alt　　（D）Ctrl+ Shift

3. 单击菜单执行“图层”→“时间”→“时间反向层”命令，或者按键盘（　）键可以倒放素材。

（A）Ctrl+R　　（B）Ctrl+ Shift+R

（C）Shift+R　　（D）Ctrl+Alt+R

4. 将“车”的素材添加到合成时间线，单击菜单执行“图层”→“时间”→“启用时间重映射”命令，或者按键盘（　）键。

（A）Alt+T　　（B）Alt+H

（C）Ctrl+Alt+T　　（D）Ctrl +T

5. 单击菜单执行“图层”→“预合成”命令，或者按键盘（　）键。

（A）C　　（B）Ctrl +C

（C）Shift+C　　（D）Ctrl+Shift+C

三、简答题

1. 图层的类型都有哪些？
2. 图层都包括哪些变换属性？
3. 如何使用图层轨道遮罩？
4. 合成时间线标尺放大、缩小的方式有哪几种？

四、上机操作题

1. 反复练习素材的选择、移动、复制和时间变速等操作。
2. 练习时间线轨道遮罩的应用。
3. 熟练操作课堂作业“运动的汽车”和“火焰文字”两个实例。

第 4 章　蒙版和图形的绘制

蒙版在 After Effects 软件中起着非常重要的作用，主要应用在众多的影视广告作品当中。只有不断反复地操作才能真正领悟蒙版的强大功能，制作出精美的视频作品。本章主要介绍蒙版的应用、图形的绘制以及修饰的方法和技巧。

知识要点

- 蒙版的介绍
- 编辑蒙版
- 形状图形的创建
- 使用画笔工具
- 使用图章工具和橡皮擦工具

4.1　蒙版的介绍

蒙版是图像中由用户选定的一个特定的区域，在创建蒙版以后，蒙版选框以内的图像显示，蒙版选框以外的图像会被蒙版所裁切，如图 4.1.1 所示。

图 4.1.1　创建蒙版效果对比

4.1.1　创建蒙版

蒙版工具包括矩形工具、圆角矩形工具、椭圆工具、多边形工具和星形工具等，如图 4.1.2 所示。

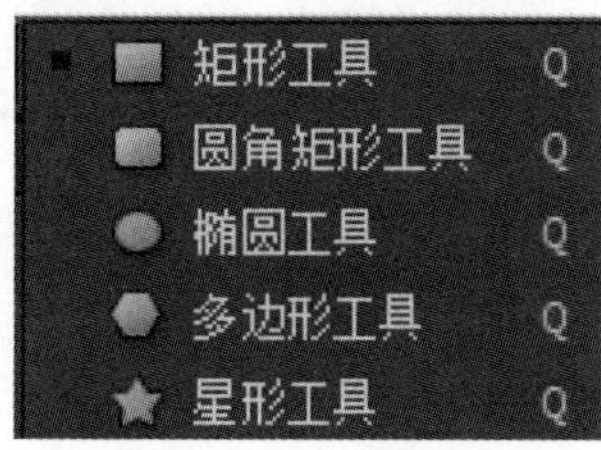

图 4.1.2　蒙版工具组

蒙版的绘制方式有以下几种，具体操作方法如下：

（1）选择要绘制蒙版的图层，然后在工具面板选择矩形蒙版工具▣，在合成视图上单击鼠标左键拖拽，即可绘制出一个矩形蒙版，如图 4.1.3 所示。

（2）选择图层单击菜单执行“图层”→“蒙版” →“新建蒙版”命令，或者按键盘“Ctrl+Shift+N”键新建蒙版，如图 4.1.4 所示。

图 4.1.3　利用矩形工具绘制蒙版

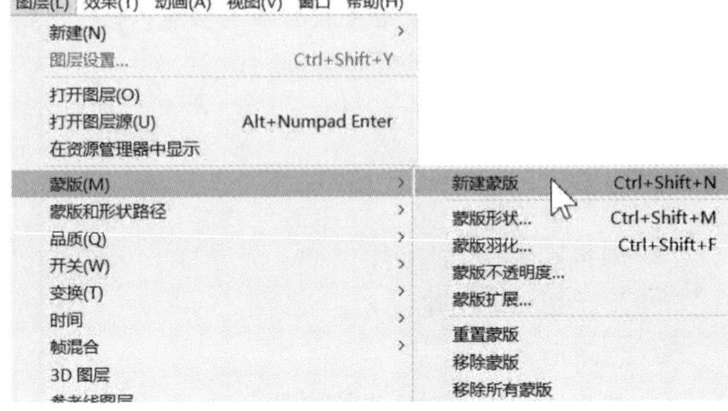

图 4.1.4　新建蒙版菜单

（3）选择图层以后，在工具面板双击矩形蒙版工具▣可以新建一个矩形蒙版，如图 4.1.5 所示。

图 4.1.5　双击矩形工具创建蒙版

提示：选择矩形蒙版工具▣绘制蒙版时，在合成视图上直接单击拖拽绘制长方形蒙版，按键盘 Shift 键的同时单击拖拽可以绘制正方形蒙版，如图 4.1.6 所示。

绘制长方形蒙版

绘制正方形蒙版

图 4.1.6　绘制矩形蒙版

利用圆角矩形工具、椭圆工具、多边形工具和星形工具创建蒙版的方法和矩形工具完全相同，在这里就不一一阐述了。

除了上面介绍的五种蒙版工具以外，利用钢笔工具也可以绘制出不规则形状的蒙版，包括直线、曲线以及闭合蒙版等，如图 4.1.7 所示。

图 4.1.7　利用钢笔工具绘制蒙版

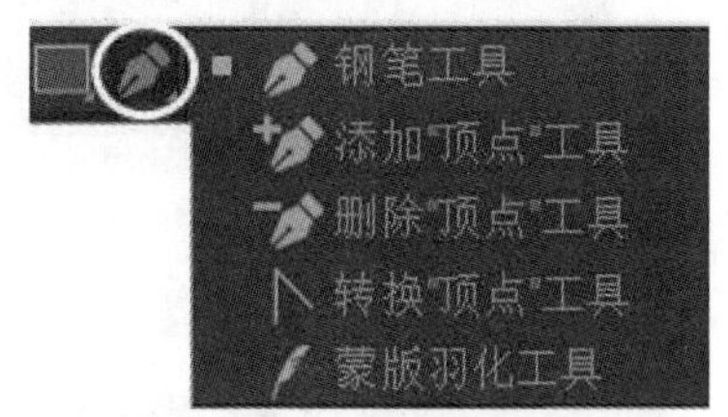

图 4.1.8　钢笔工具组

用鼠标在工具面板单击钢笔工具，弹出钢笔工具组，包括钢笔工具、添加“顶点”工具、删除“顶点”工具、转换“顶点”工具、蒙版羽化工具，如图 4.1.8 所示。利用钢笔工具绘制蒙版的具体操作如下：

（1）选择图层单击工具面板的钢笔工具，在合成图像上单击绘制直线点，单击拖拽绘制曲线点，如图 4.1.9 所示。

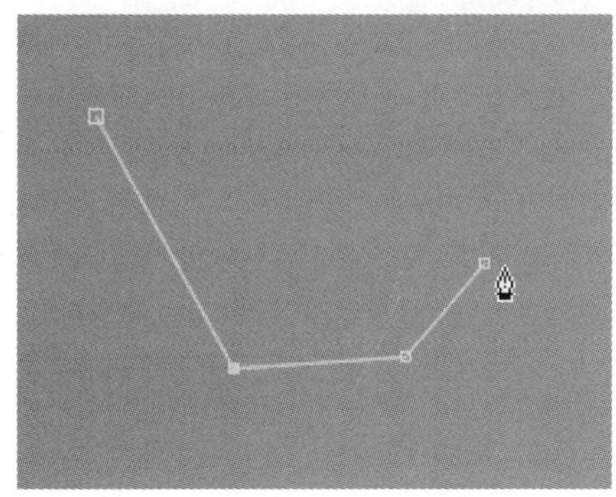

单击鼠标绘制直线点

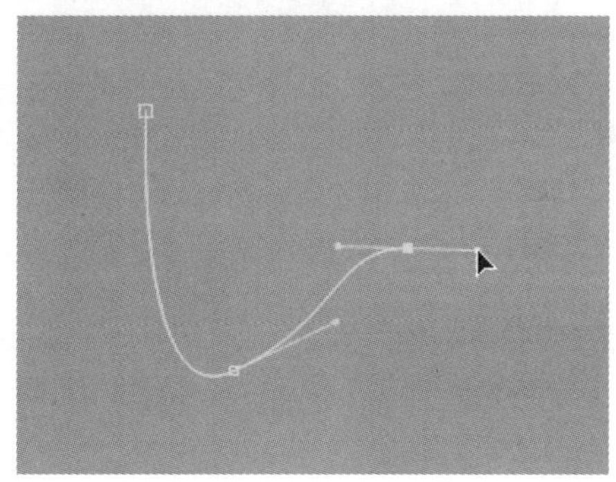

单击并拖拽绘制曲线点

图 4.1.9　利用钢笔工具绘制直线点和曲线点

（2）选择添加“顶点”工具，在蒙版上单击添加顶点，如图 4.1.10 所示。

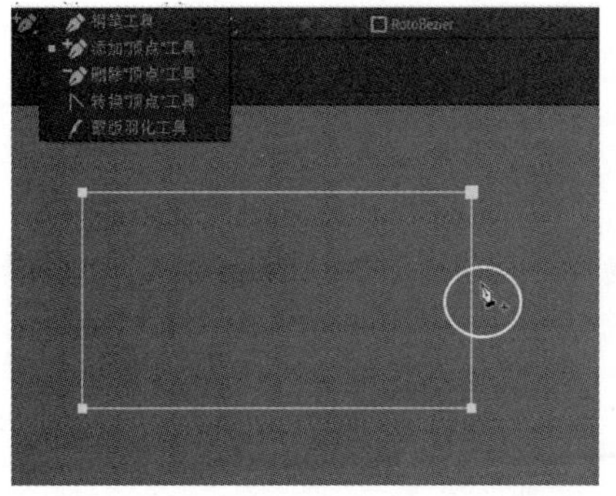

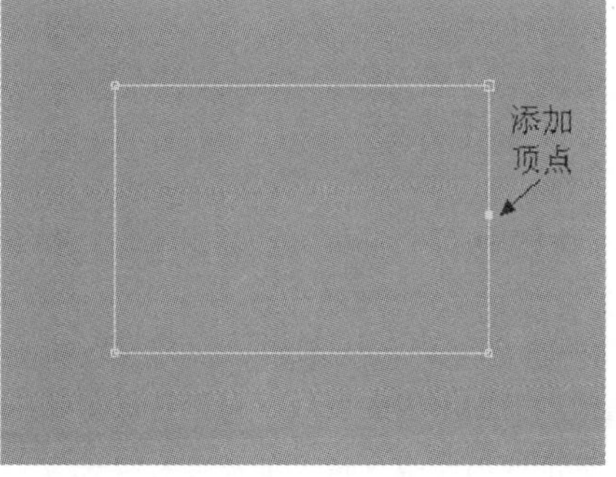

图 4.1.10　添加顶点

（3）选择删除“顶点”工具，在顶点上单击可以删除顶点，如图 4.1.11 所示。

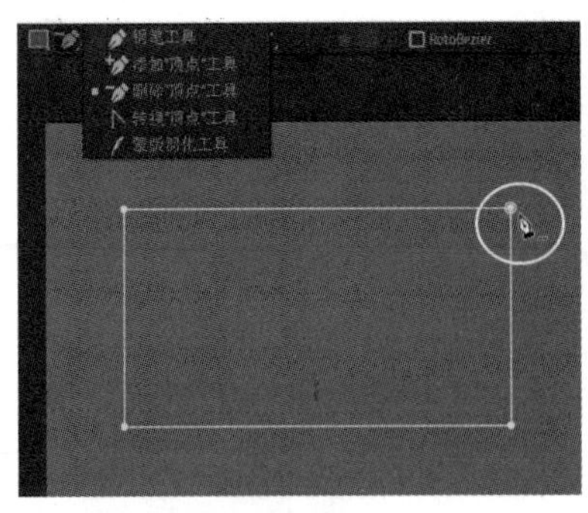

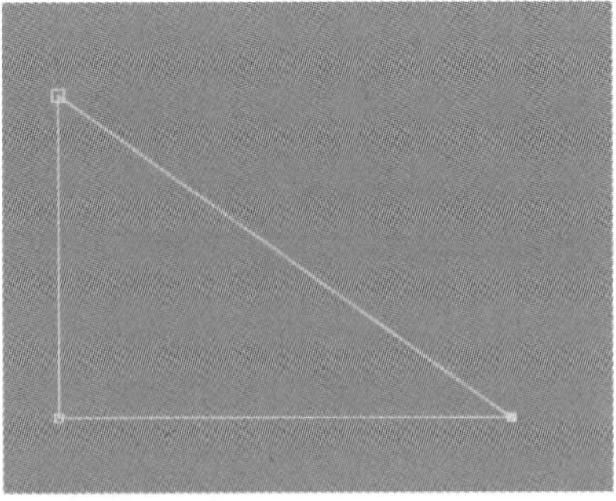

图 4.1.11　删除顶点

（4）选择转换“顶点”工具，在顶点上单击可以转换顶点的类型，如图 4.1.12 所示。

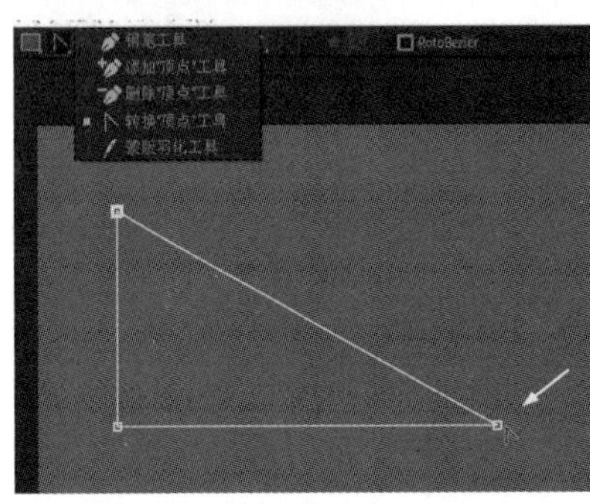

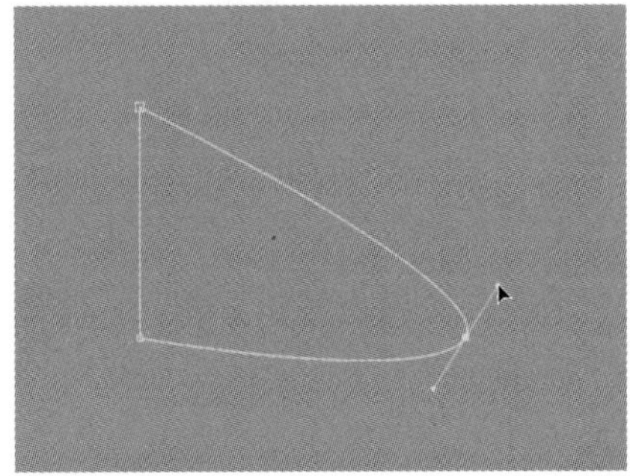

图 4.1.12　转换顶点的类型

提示：单击工具面板的钢笔工具，按键盘 Ctrl 键可以删除顶点，将鼠标直接放在顶点上可以移动顶点，按键盘 Alt 键可以转换顶点的类型，如图 4.1.13 所示。

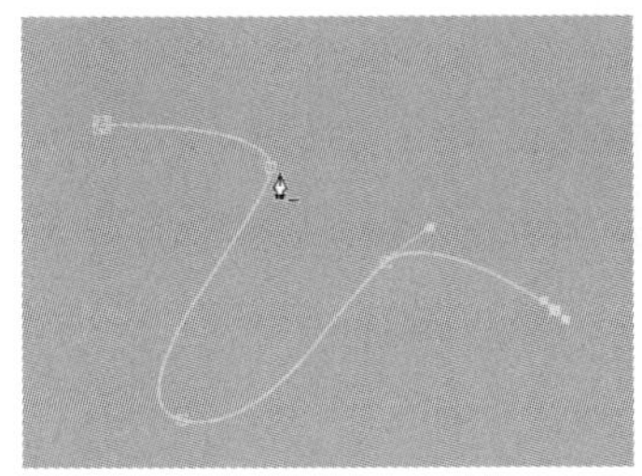

（a）删除顶点

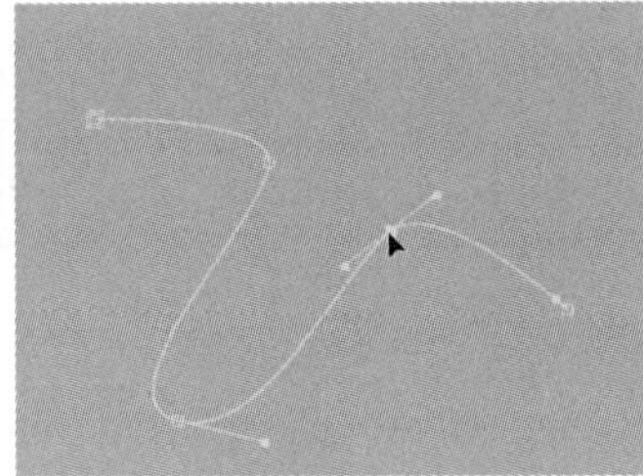

（b）移动顶点

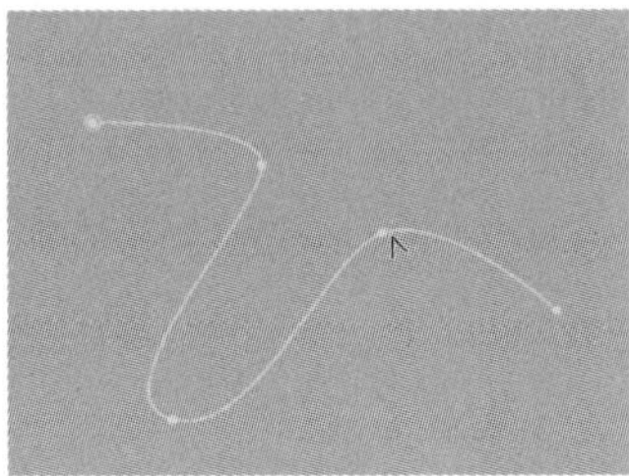

（c）转换顶点

图 4.1.13　编辑顶点

4.1.2　编辑蒙版

用户创建蒙版以后，可以对蒙版进行选择、复制、重命名、删除、设定模式等编辑操作和修改。

1. 选择蒙版

要选择当前图层中的蒙版，可以在图层属性栏单击“蒙版 1”的名称即可选择蒙版，在图层属性栏空白处单击取消蒙版选择，如图 4.1.14 所示。

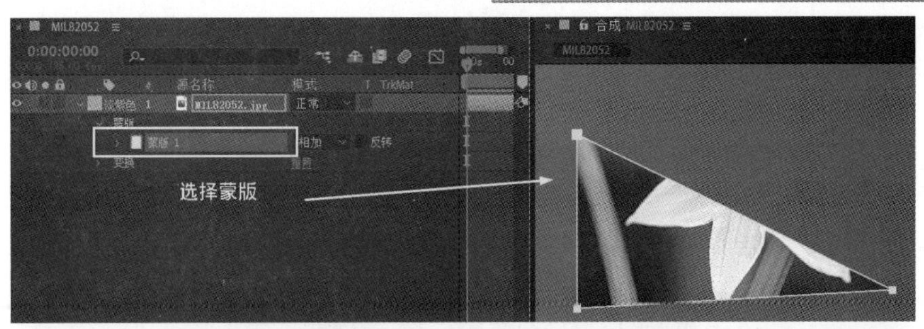

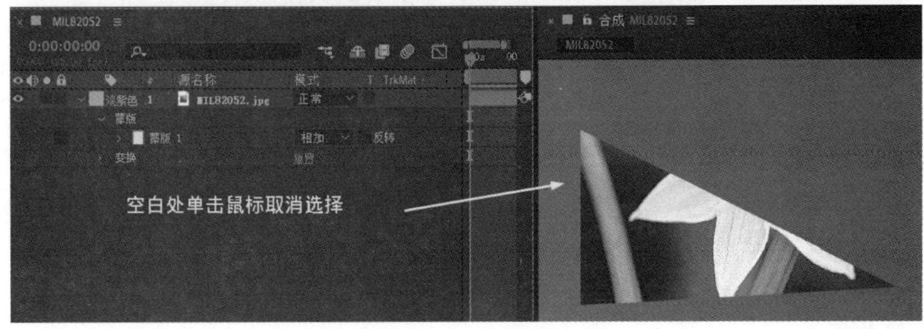

图 4.1.14　选择蒙版

注意：在合成视窗工具栏单击显示蒙版开关可以显示和隐藏蒙版边框，如图 4.1.15 所示。

图 4.1.15　显示和隐藏蒙版边框

在图层合成图像中用鼠标单击蒙版上的顶点可以选择顶点，在合成图像上单击鼠标左键框选顶点可以选择多个顶点，如图 4.1.16 所示。

图 4.1.16　选择蒙版顶点

提示：用鼠标框选蒙版顶点时，实心点的顶点为选择状态，空心点的顶点为未选择状态，如图 4.1.17 所示。

图 4.1.17 选择蒙版顶点时的空心点与实心点

2．删除蒙版

选择图层中要删除的蒙版，单击菜单执行“图层”→“蒙版”→“移除蒙版”命令可以删除蒙版，如图 4.1.18 所示。或者在图层面板属性栏选择蒙版名称后按键盘 Del 键，同样也可以删除蒙版，如图 4.1.19 所示。

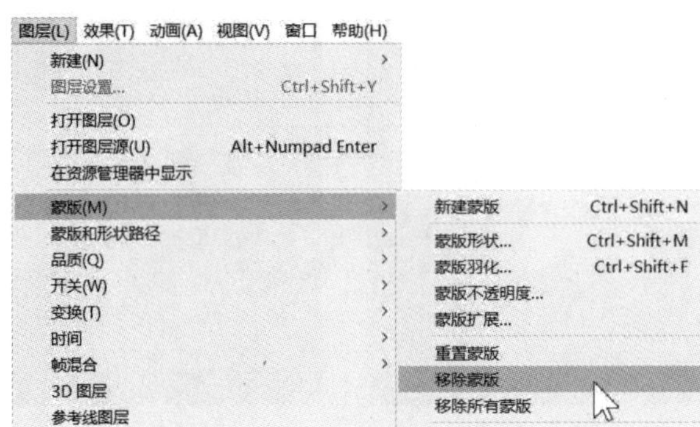

图 4.1.18 单击菜单移除蒙版

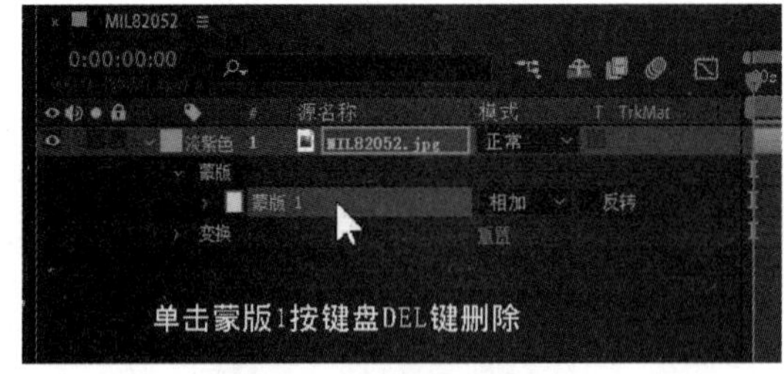

图 4.1.19 用 Del 键删除蒙版

3．重命名蒙版

在图层面板属性栏选择“蒙版 1”并单击鼠标右键，在弹出的右键列表中选择“重命名”选项，可以对蒙版进行重新命名，如图 4.1.20 所示。

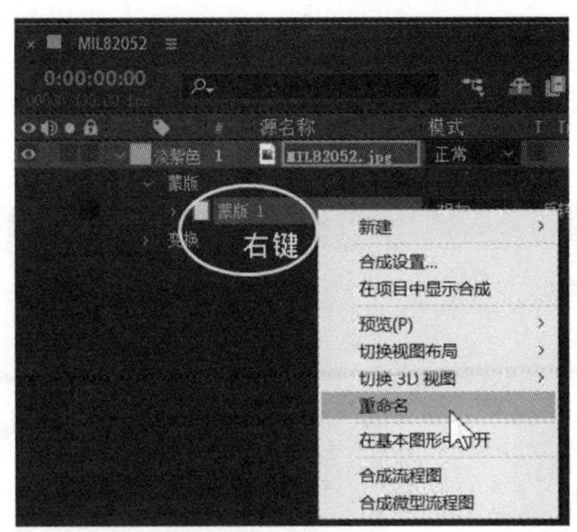

图 4.1.20　重命名蒙版

提示： 在图层面板属性栏选择“蒙版 1”按键盘 Enter 键，同样可以重新命名蒙版的名称。用鼠标单击蒙版色块图标■，在弹出的“蒙版颜色”面板里可以设置蒙版边框的颜色，如图 4.1.21 所示。

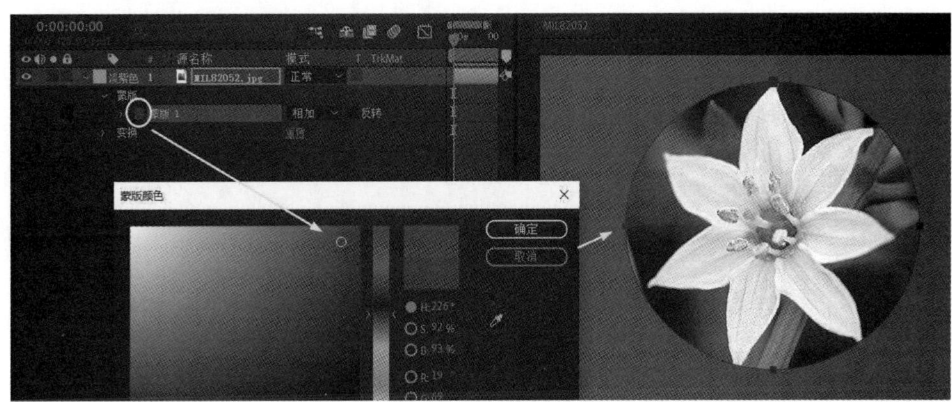

图 4.1.21　设置蒙版的颜色

4．重复蒙版

在图层面板属性栏选择蒙版名称，单击菜单执行“编辑”→“重复”命令，或者按键盘“Ctrl+D”键即可重复蒙版，如图 4.1.22 所示。

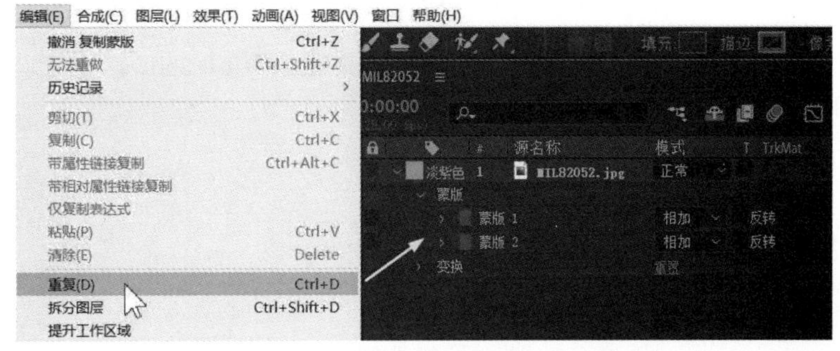

图 4.1.22　重复蒙版

5．蒙版的模式设定

在图层上绘制一个矩形蒙版和一个圆形蒙版，在“圆形”蒙版模式栏中单击下拉图标，在下拉列表里选择“相加”选项，如图 4.1.23 所示。

图 4.1.23　设置蒙版的模式

蒙版的模式分为相加、相减、交集、变亮、变暗和差值等 6 种，如图 4.1.24 所示。

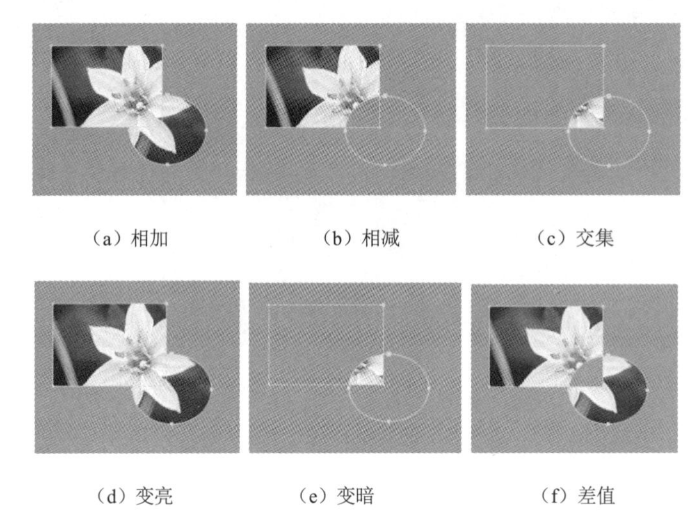

（a）相加　（b）相减　（c）交集

（d）变亮　（e）变暗　（f）差值

图 4.1.24　蒙版的 6 种模式效果对比

提示： 在模式面板勾选“反转”选项，或者按键盘“Ctrl+Shift+I”键可以将当前选择的蒙版反转，如图 4.1.25 所示。

图 4.1.25　反转蒙版效果对比

4.1.3　蒙版的属性

在图层面板属性栏单击“蒙版 1”的属性展开图标，即可设置蒙版的属性。蒙版的属性包括蒙版路径、蒙版羽化、蒙版不透明度和蒙版扩展，如图 4.1.26 所示。

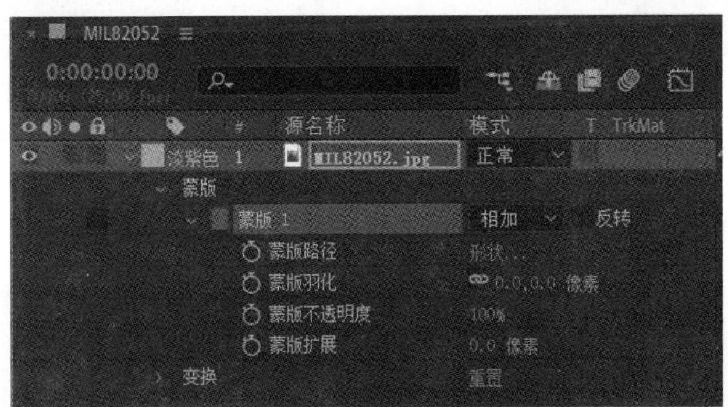

图 4.1.26　蒙版属性

1．蒙版路径

单击“蒙版路径”的“形状”文字即可弹出“蒙版形状”对话框，如图 4.1.27 所示。

图 4.1.27　调出“蒙版形状”对话框

在“蒙版形状”对话框中的“定界框”栏里可以设置蒙版大小的约束范围数值，在“形状”栏里可以重设蒙版的形状，如图 4.1.28 所示。

图 4.1.28　设置蒙版的形状

在蒙版边框双击鼠标左键，在蒙版框上自动形成蒙版控制框，利用鼠标调整控制框可以自由编辑蒙版的缩放、旋转和设置蒙版范围的大小，如图 4.1.29 所示。确定设置编辑以后按 Enter 键或者双击鼠标，即可确认编辑设置自动取消控制框。

缩放蒙版　　旋转蒙版　　蒙版大小

图 4.1.29　缩放、旋转蒙版并设置蒙版的大小

提示：利用鼠标在蒙版顶点上单击移动可以移动蒙版顶点，按键盘 Alt 键可以转换蒙版顶

点的类型，按键盘 Ctrl 键单击鼠标左键可以删除顶点，如图 4.1.30 所示。

移动蒙版顶点

转换顶点类型

删除顶点

图 4.1.30　对蒙版顶点的操作

注意：在不改变蒙版位置的情况下，利用定位点工具可以平移蒙版框内的图像，如图 4.1.31 所示。

图 4.1.31　平移蒙版内的图像

2. 蒙版羽化

蒙版羽化可使蒙版边缘产生更柔和的模糊虚化效果。选择“蒙版”图层后单击菜单执行“图层”→“蒙版”→“蒙版羽化”命令，或者按键盘“Ctrl+Shift+F”键，在弹出的“蒙版羽化”对话框里输入所羽化的数值即可，如图 4.1.32 所示。

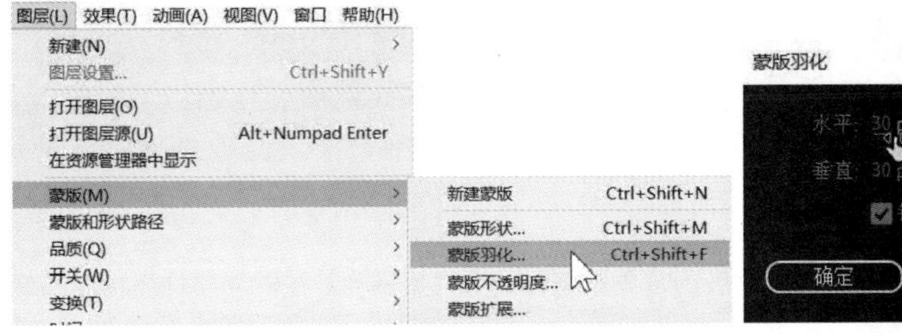

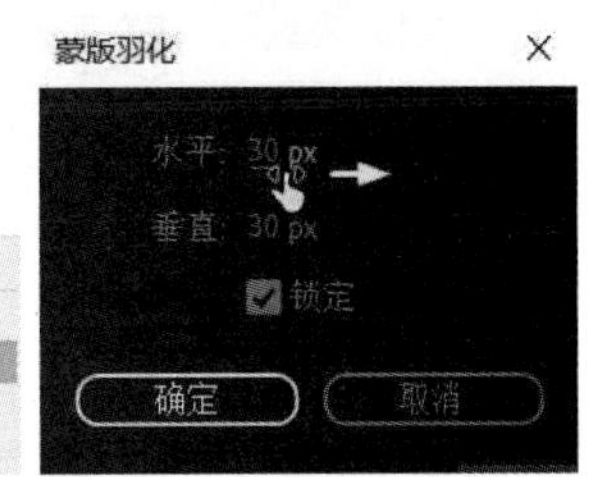

图 4.1.32　设置蒙版羽化

提示：在图层属性面板的“蒙版羽化”选项中设置羽化的数值，同样可以设置蒙版羽化，如图 4.1.33 所示。

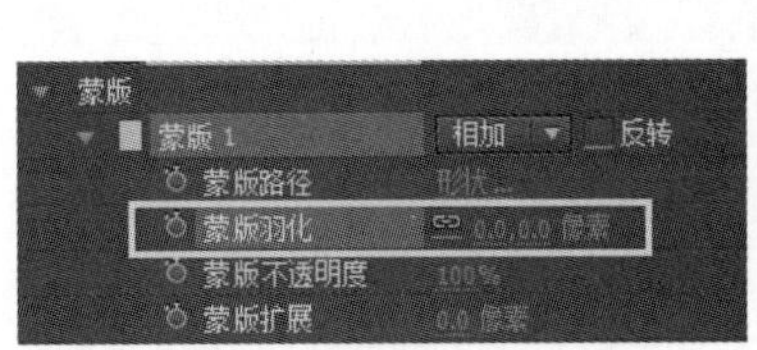

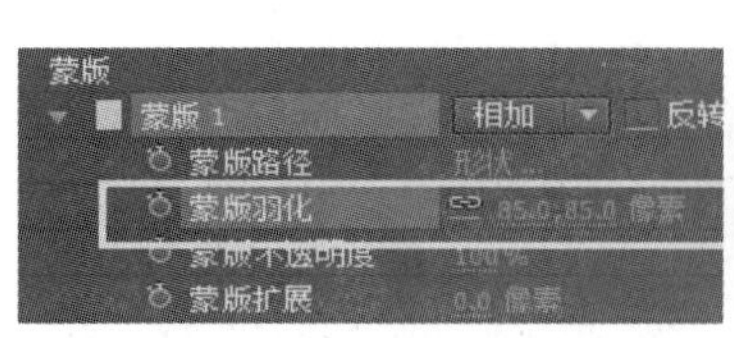

图 4.1.33　设置蒙版羽化的效果对比

3．蒙版不透明度

选择“蒙版”图层后单击菜单执行“图层”→“蒙版”→“蒙版不透明度”命令，或者在图层属性面板的“蒙版不透明度”选项中设置蒙版的不透明度数值，可以设置蒙版的不透明度，如图 4.1.34 所示。

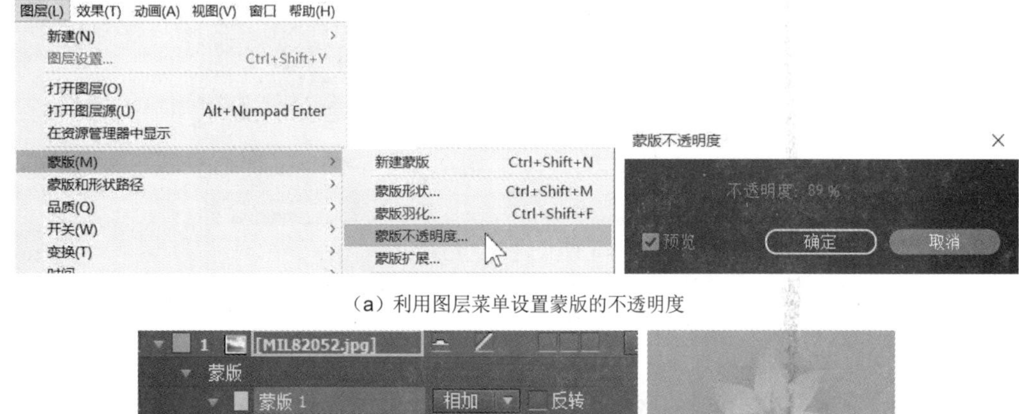

（a）利用图层菜单设置蒙版的不透明度

（b）在图层属性面板设置蒙版的不透明度

图 4.1.34　设置蒙版的不透明度

4．蒙版扩展

利用蒙版扩展命令可以在原蒙版的基础上延伸或者扩展图像。在图层属性面板的“蒙版扩展”选项中设置蒙版的扩展数值，可以改变蒙版框内图像的扩展，如图 4.1.35 所示。

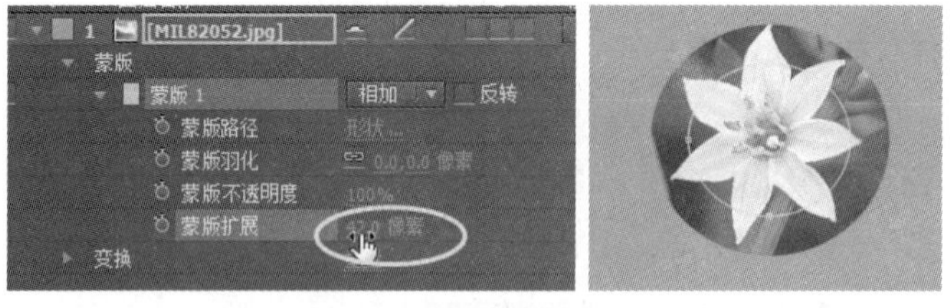

图 4.1.35　设置蒙版的扩展

提示: 选择图层并按键盘 M 键，可以快速调出“蒙版路径”选项；按键盘 F 键，可以快速调出“蒙版羽化”选项；连续按键盘 T 键两次，可以快速调出蒙版的“不透明度”选项，如图 4.1.36 所示。

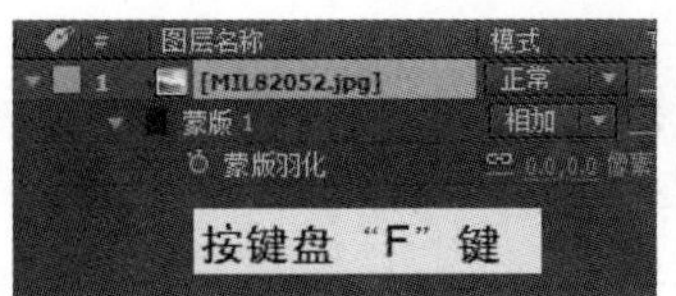

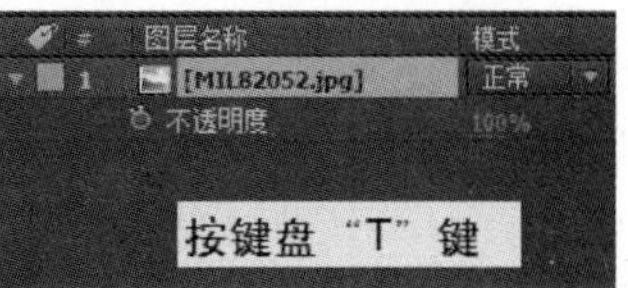

图 4.1.36　快速设置蒙版的方式

注意：按住键盘 Shift 键可以加选或者减选其他蒙版属性选项，例如：按住键盘 Shift 键的同时再按键盘 F 键，在保留“蒙版路径”选项的同时再次调出“蒙版羽化”选项；按住键盘 Shift 键的同时再次按键盘 M 键，即可取消“蒙版路径”选项，如图 4.1.37 所示。

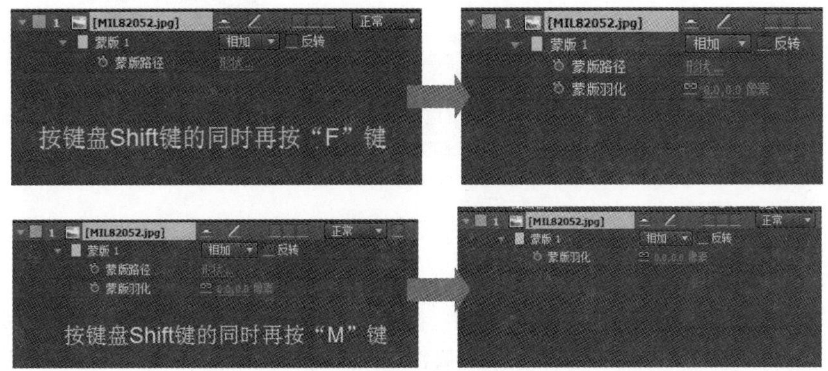

图 4.1.37　蒙版属性选项的加、减选择

4.2　图形的绘制

在 After Effects CC 软件中，形状工具是一种特殊的绘制工具，使用形状工具不但可以绘制图像的蒙版，还能绘制简单的几何图形，并且能够对绘制的图形进行编辑等操作。

4.2.1　形状图形的创建

单击工具栏中的形状工具组，选择多边形工具在合成视窗上单击绘制多边形，或者单击工具栏中的钢笔工具，在合成视窗上单击绘制自定义形状，如图 4.2.1 所示。

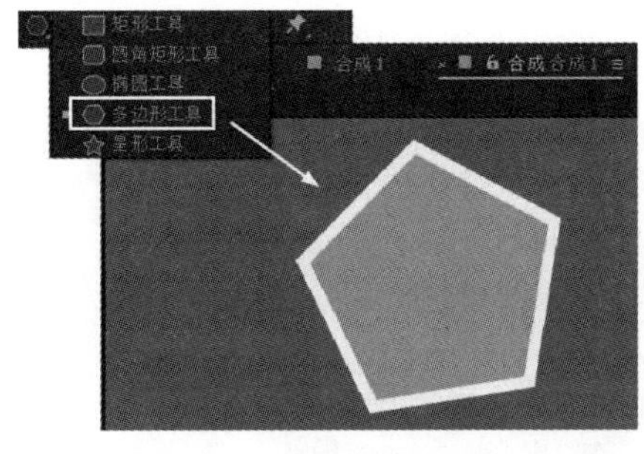

（a）绘制多边形

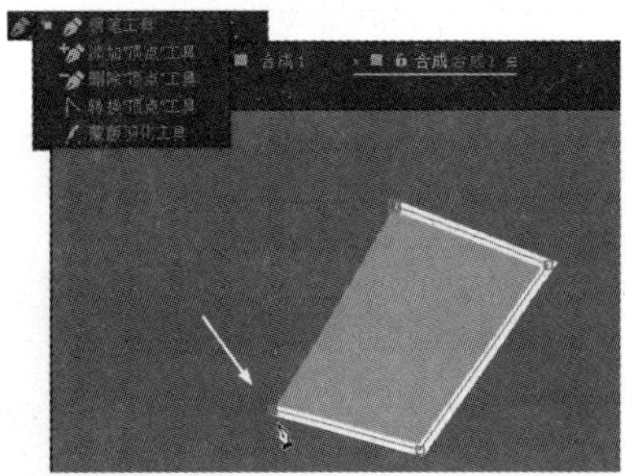

（b）绘制自定义图形

图 4.2.1　创建形状图形

注意：选择多边形工具在图层上绘制为图像蒙版，不选择任何图层在合成视窗上绘制为多边形图形，并在合成时间线上自动创建“形状图层”，如图 4.2.2 所示。

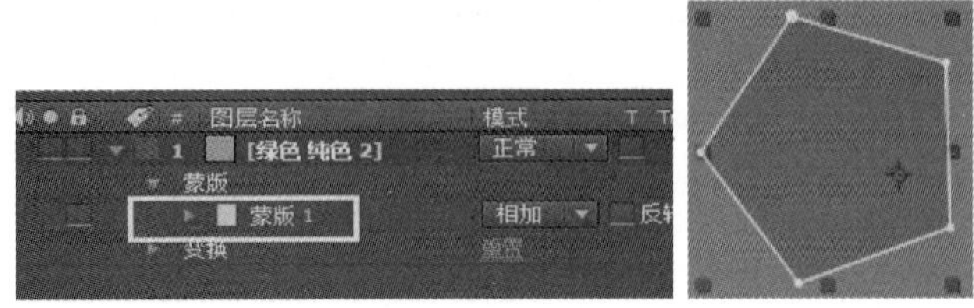

选择纯色绘制图像蒙版

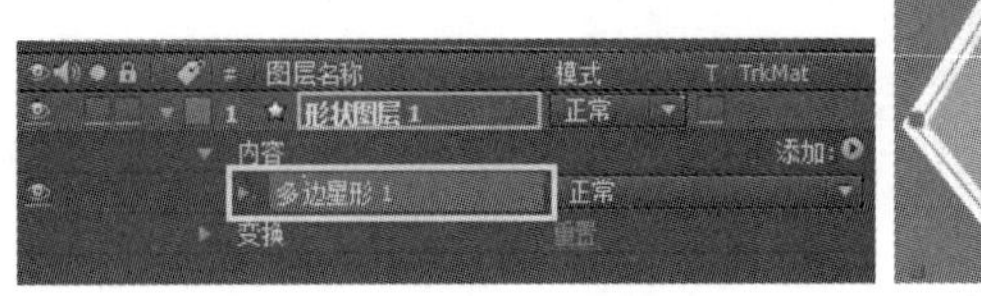

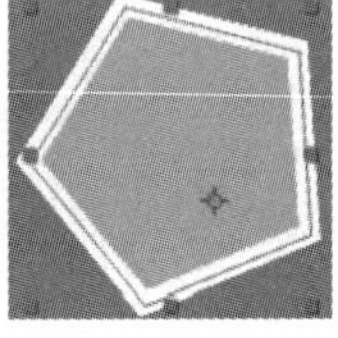

创建多边形

图 4.2.2　创建图像蒙版和形状图形

提示：单击工具栏中的钢笔工具，在合成视窗配合键盘 Shift 键可以绘制水平或者垂直的直线；按键盘 Alt 键可以移动顶点的位置和调整顶点控制手柄来改变图形的形状，如图 4.2.3 所示。

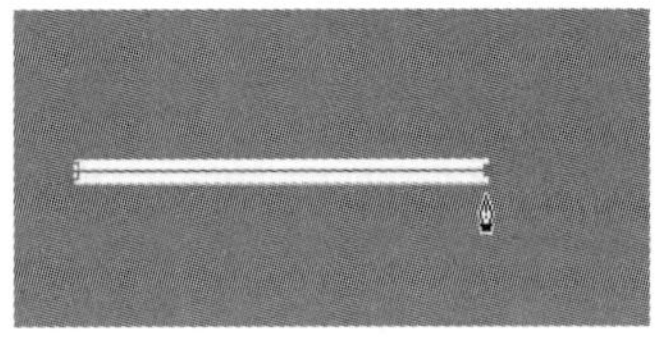
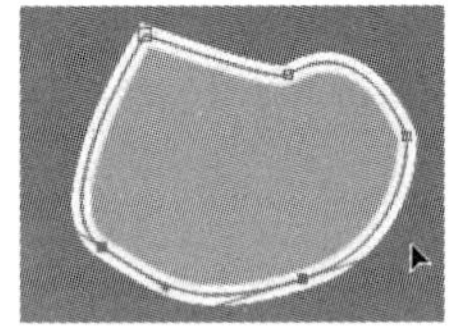

利用钢笔工具绘制直线　　调整图形的形状

图 4.2.3　绘制直线和调整图形的形状

4.2.2　编辑形状图形

形状图形是由几何的点、线、面构成的矢量图形，图形的形状完全由点的位置及曲率方向决定，颜色由填充色与描边色所决定，改变点的位置或填充色即改变图形。编辑形状图形实质上是编辑形状图形的路径、边、填充和图形变换等。

编辑形状图形的具体操作方法如下：

（1）单击工具栏中的形状工具组，选择多边形工具，在合成视窗上单击绘制多边形，如图 4.2.4 所示。

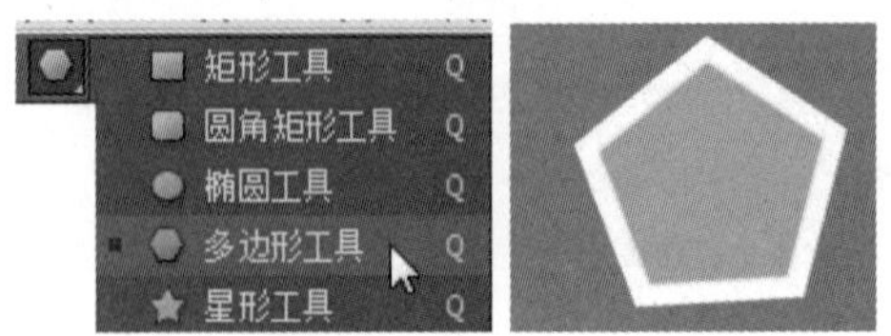

图 4.2.4　绘制多边形

（2）在合成时间线上自动创建“形状图层”，在形状图层上单击展开图标，单击“内容”→“多边星形路径 1”→“类型”选项，更改形状类型为“星形”，如图 4.2.5 所示。

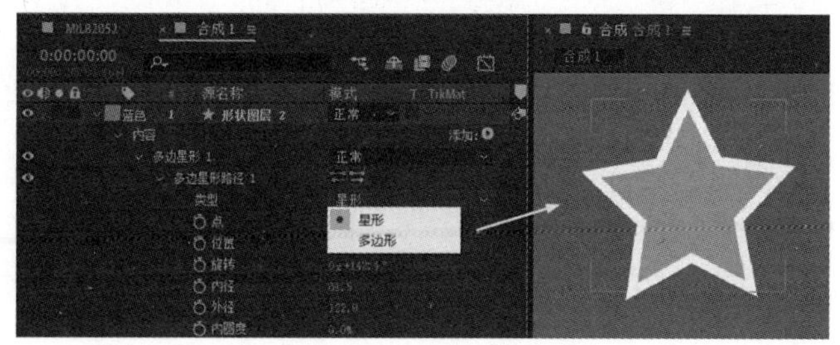

图 4.2.5　更改多边形为星形

（3）在“多边形路径 1”里设置图形的点、内径、外径和内圆度参数，如图 4.2.6 所示。

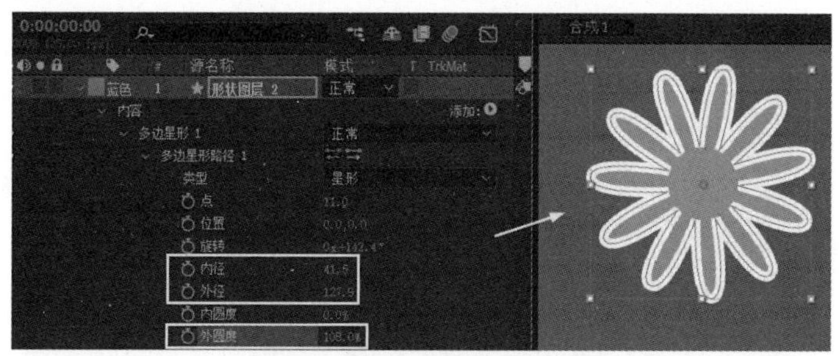

图 4.2.6　设置图形的路径参数

（4）在“描边 1”选项里单击“颜色”色块，在弹出的“颜色”面板里设置描边颜色，如图 4.2.7 所示。

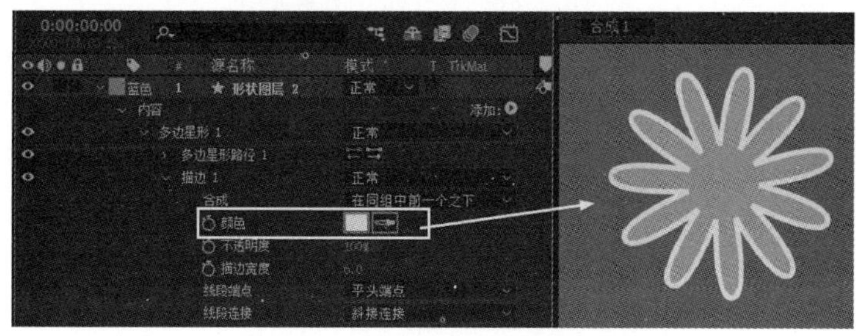

图 4.2.7　设置图形的描边颜色

（5）在“描边 1”选项里单击拖拽设置图形的“描边宽度”数值，即可设置图形的描边，如图 4.2.8 所示。

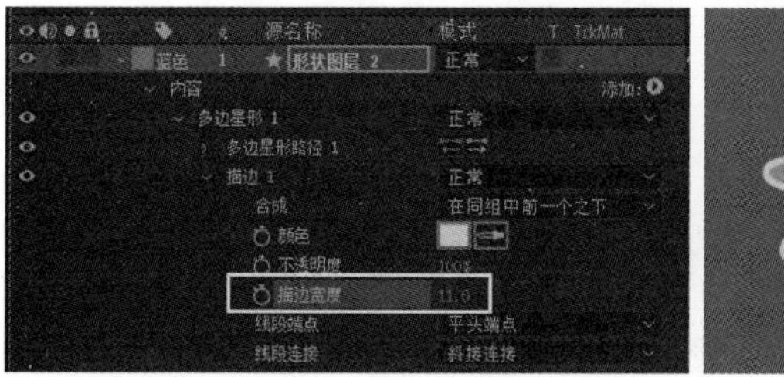

图 4.2.8　设置图形的描边宽度

（6）在“填充 1”选项里单击“颜色”色块，在弹出的“颜色”面板里设置图形的填充颜色，如图 4.2.9 所示。

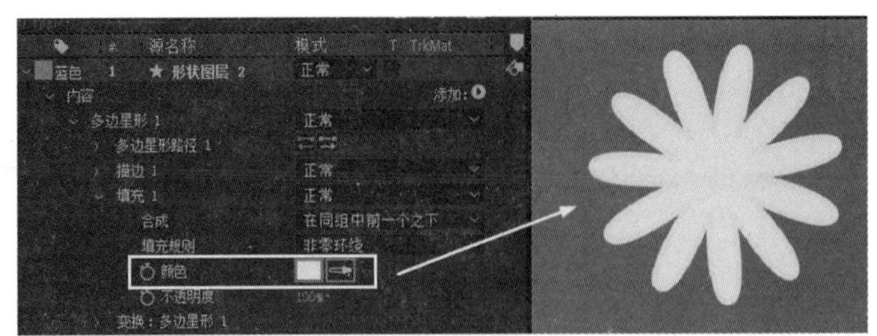

图 4.2.9　设置图形的填充颜色

（7）单击“变换：多边星形 1”选项设置图形的内圆度、位置、比例、倾斜轴和旋转等参数，如图 4.2.10 所示。

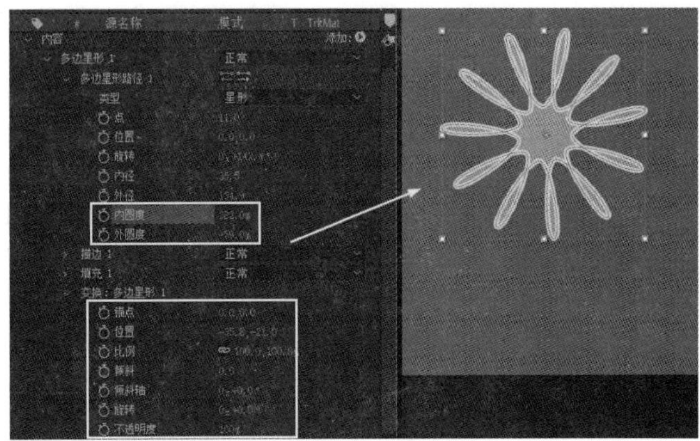

图 4.2.10　设置图形的变换参数

（8）单击工具栏“填充”文字，在弹出的“填充选项”选项卡中单击选择“径向渐变”填充的类型，如图 4.2.11 所示。

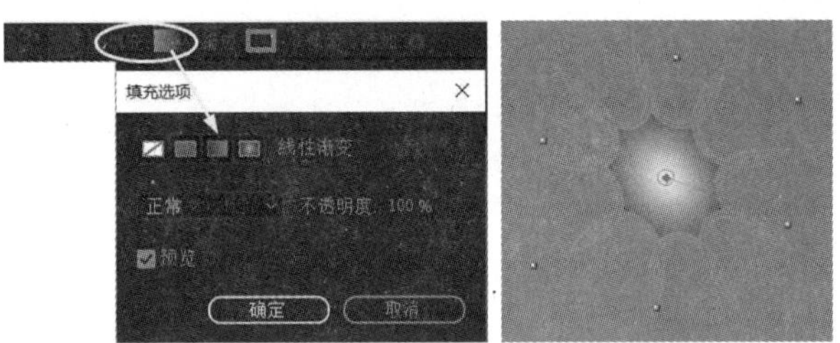

图 4.2.11　设置图形的填充类型

提示: 图形的填充类型分为无、纯色、线性渐变和径向渐变 4 种，按住键盘 Alt 键的同时在工具栏填充色块上单击鼠标左键，可以转换图形的填充类型，如图 4.2.12 所示。

（a）按住键盘 Alt 键在工具栏填充色块上单击

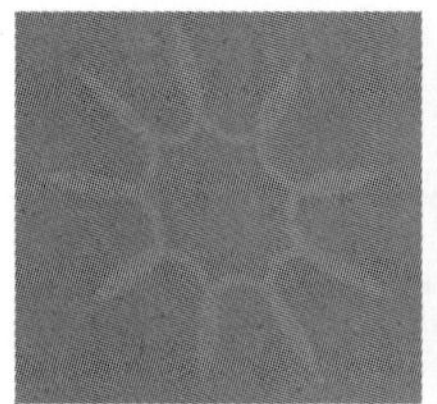
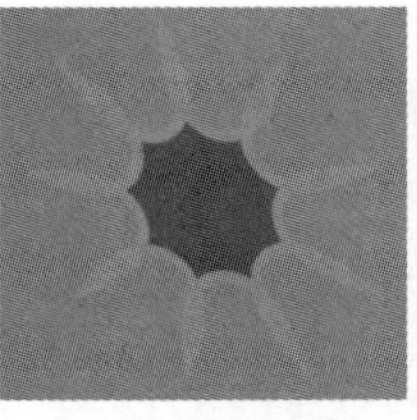
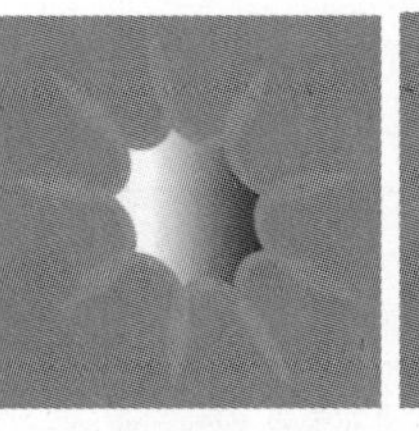

（b）无填充　（c）纯色填充　（d）线性渐变填充　（e）径向渐变填充

图 4.2.12　设置图形的填充类型的快捷方式

（9）单击工具栏“填充”色块，在弹出“渐变编辑器”的面板里设置梯度渐变的颜色，如图 4.2.13 所示。

图 4.2.13　设置图形填充的梯度渐变颜色

（10）在“渐变编辑器”面板上用鼠标单击移动颜色滑块可以改变颜色梯度渐变的位置，还可以用鼠标在合成视窗上单击并拖拽梯度渐变控制手柄来改变颜色梯度渐变的位置，如图 4.2.14 所示。

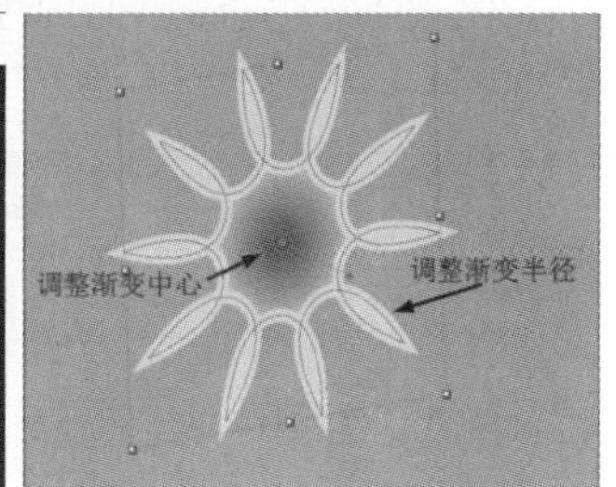

图 4.2.14　设置梯度渐变填充的颜色梯度渐变位置

（11）在工具栏设置图形的描边宽度数值，如图 4.2.15 所示。

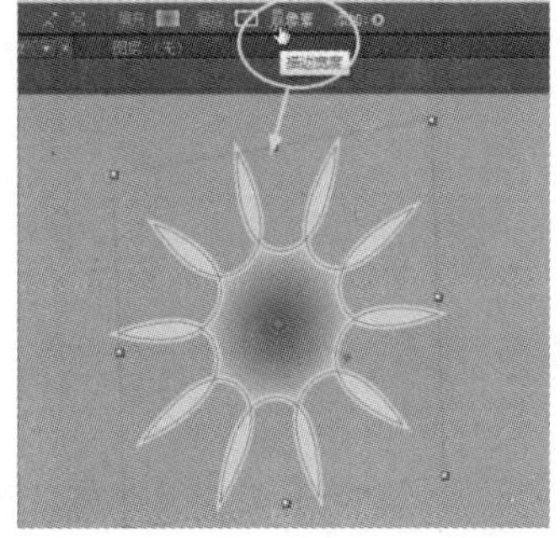

图 4.2.15　在工具栏设置图形的描边宽度

注意： 在形状图层上单击展开图标，单击“描边 1”→“线段端点”选项，在下拉列表中根据用户的需要选择线段端点的显示方式。线段端点的显示方式分为平头端点、圆头端点和矩形端点三种，如图 4.2.16 所示。在“线段连接”的下拉列表中选择线段连接的显示方式，如图 4.2.17 所示。

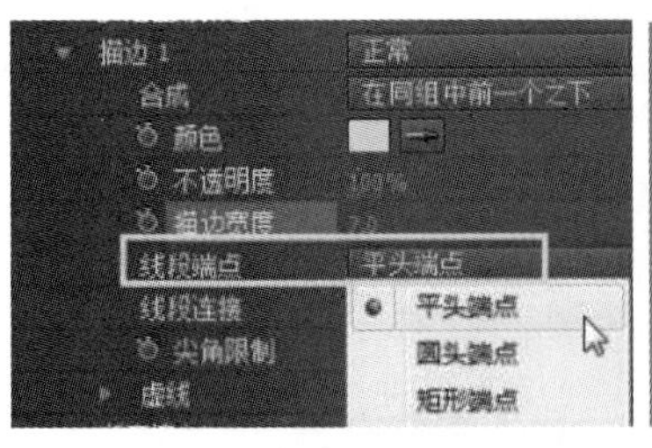

（a）“线段端点”的下拉列表

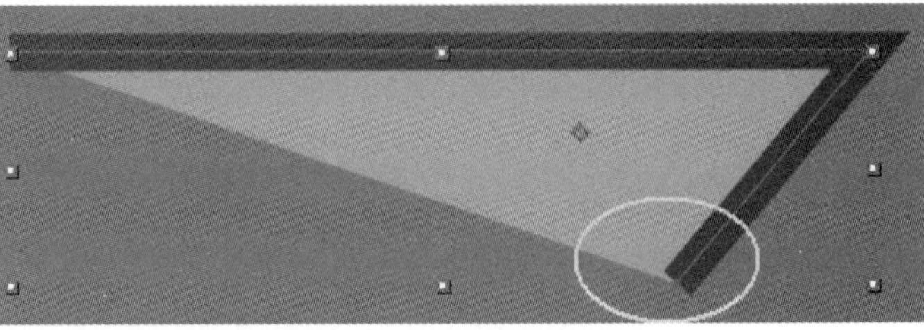

（b）平头端点显示

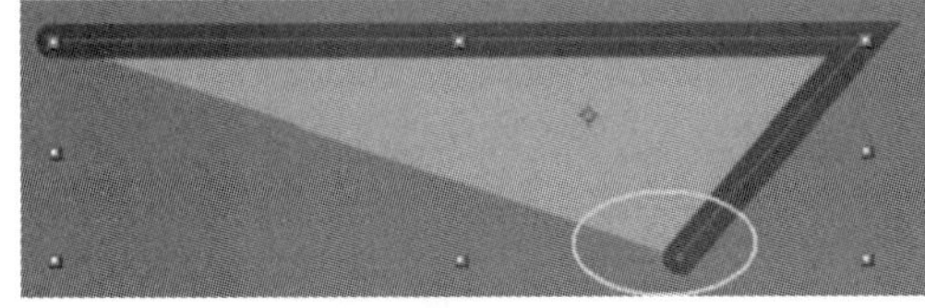

（c）圆头端点显示

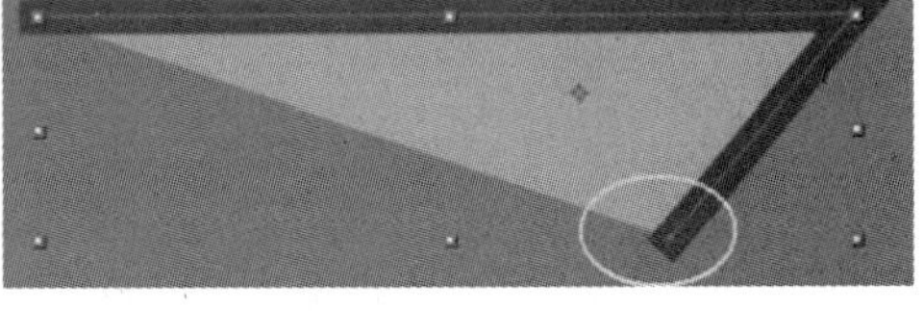

（d）矩形端点显示

图 4.2.16　图形描边的线段端点显示方式

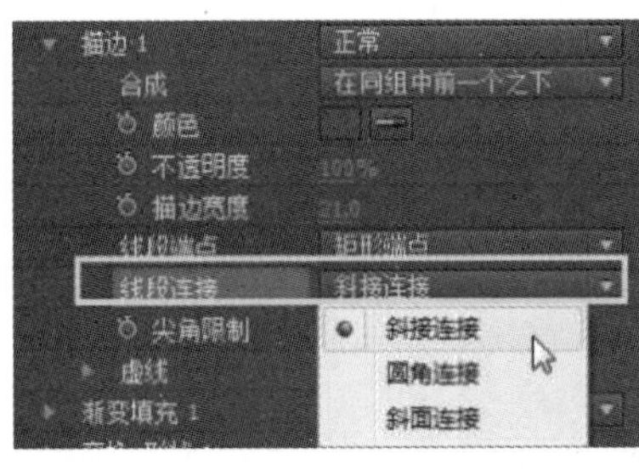

（a）“线段连接”的下拉列表

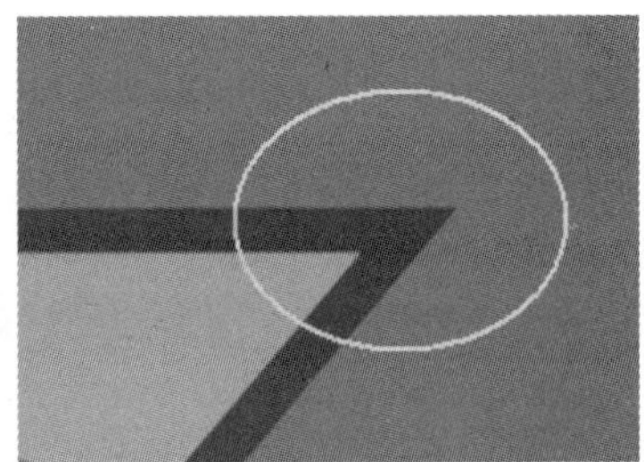

（b）斜接连接

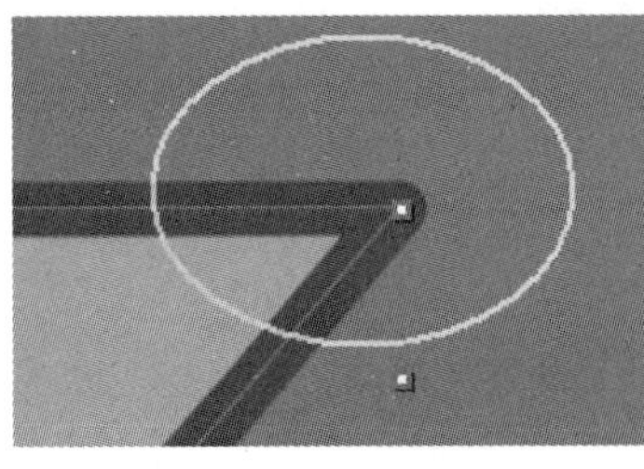

（c）圆角连接

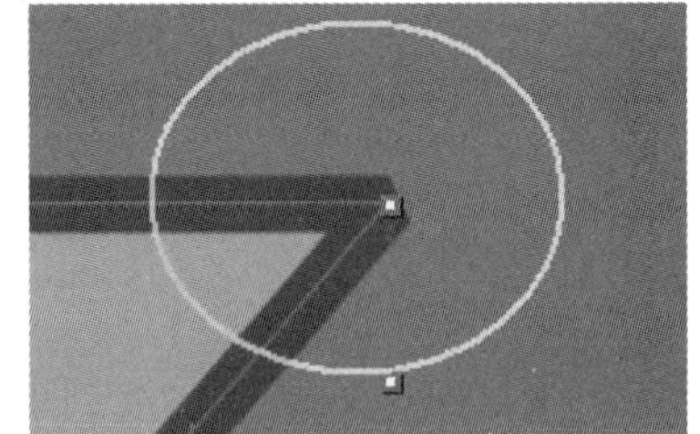

（d）斜面连接

图 4.2.17　图形描边的线段连接显示方式

4.2.3　绘画和修饰工具的使用

在 After Effects CC 中处理视频的时候，经常需要在图像上绘制一些绘画元素或者对图像进行适当的编辑和修饰等操作，以使画面达到完美的效果。

1. 画笔工具

画笔工具是软件中最基本的绘图工具，根据用户需要可以绘制出柔和的色彩线条。软件中自带了各种画笔笔尖样式，也可以对这些画笔进行设置和修改。

画笔工具使用方法的具体步骤如下：

（1）导入“天空”素材并添加到合成时间线，在“天空”图层上双击鼠标左键进入编辑模式，如图 4.2.18 所示。

图 4.2.18　进入编辑模式

（2）在工具栏单击画笔工具，然后单击执行“窗口”→“画笔”命令，或者按键盘“Ctrl+9”键打开“画笔”设置面板，如图 4.2.19 所示。

图 4.2.19　打开“画笔”设置面板

（3）在“画笔”设置面板中单击选择一种画笔笔尖形状，并设置画笔笔尖直径的数值，可以在预览窗口查看画笔的笔尖大小，如图 4.2.20 所示。

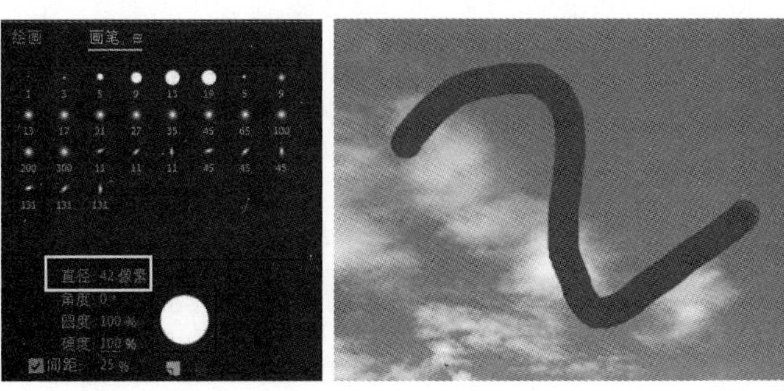

图 4.2.20　设置笔尖直径

（4）在图层属性面板单击“绘制”的展开图标▪，在“描边选项”里设置画笔描边的“起始”动画，移动当前时间线指示器预览描边动画，如图 4.2.21 所示。

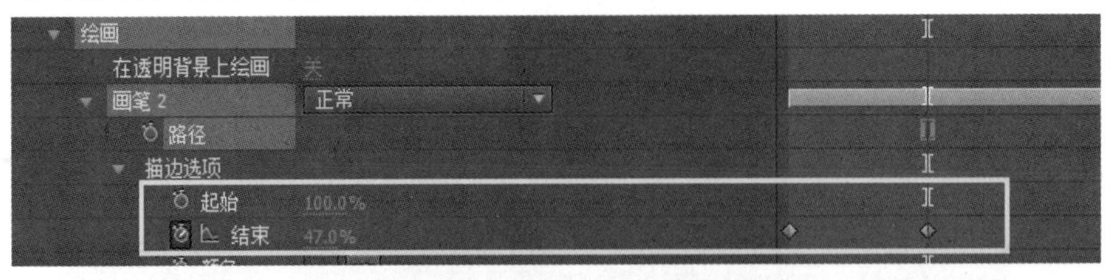

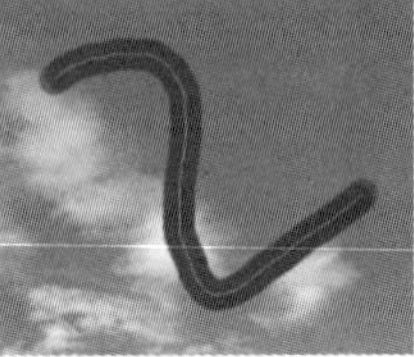

图 4.2.21　设置画笔的描边动画

（5）在“描边选项”里设置画笔的“颜色”和“间距”数值，如图 4.2.22 所示。

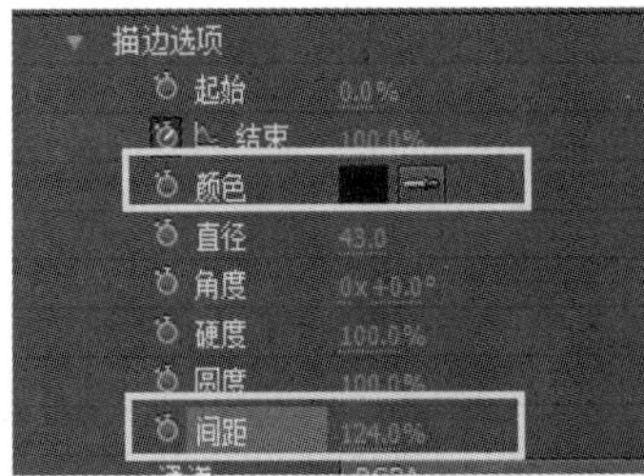

图 4.2.22　设置画笔的“颜色”和“间距”

提示：在“描边选项”里，根据用户需要可以设置画笔的“直径”“硬度”“圆度”和“角度”，如图 4.2.23 所示。

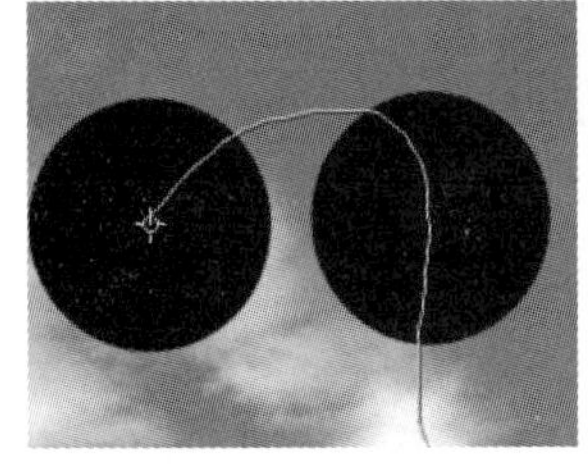

（a）设置画笔的直径

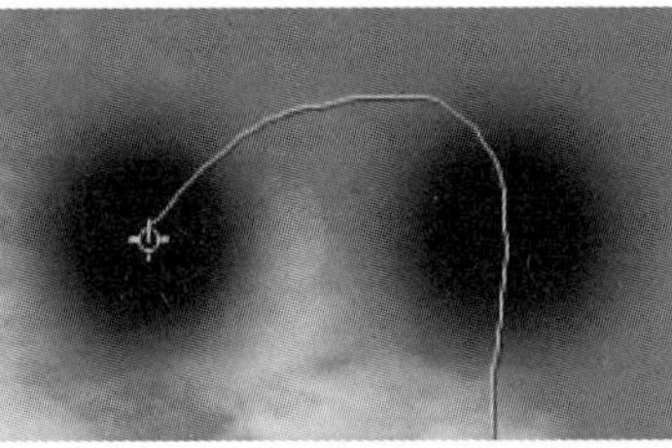

（b）设置画笔的硬度

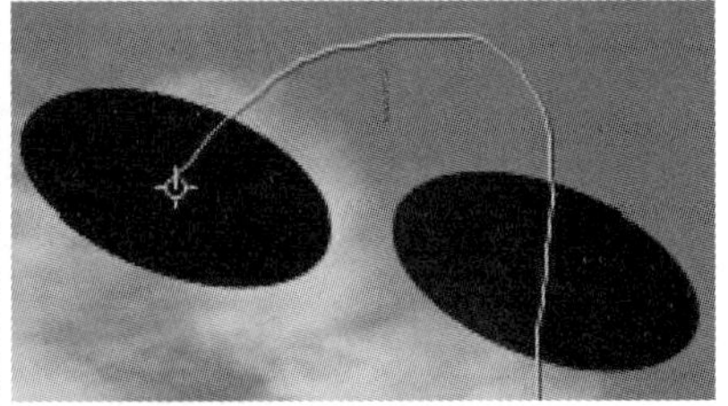

（c）设置画笔的圆度和角度

图 4.2.23　设置画笔的其他描边选项

注意：在使用画笔工具绘制以前，切记在“绘图”设置面板里设置画笔的“持续时间”，如图 4.2.24 所示。

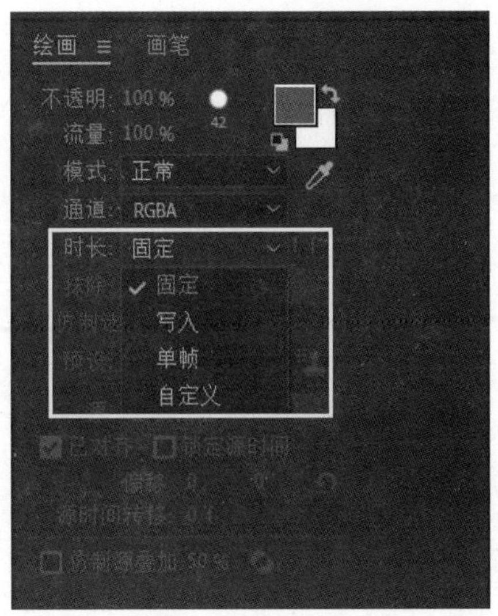

图 4.2.24　设置画笔的持续时间

2. 橡皮擦工具

橡皮擦工具根据需要可以擦除图层的图像和填充色，使用方法基本上和画笔工具相同。将“绘图”面板的“抹除”选项设置为“图层源和绘画”选项，用橡皮擦工具在“天空”图层上擦除，擦除以后的地方可以透出下面透明网格，如图 4.2.25 所示。

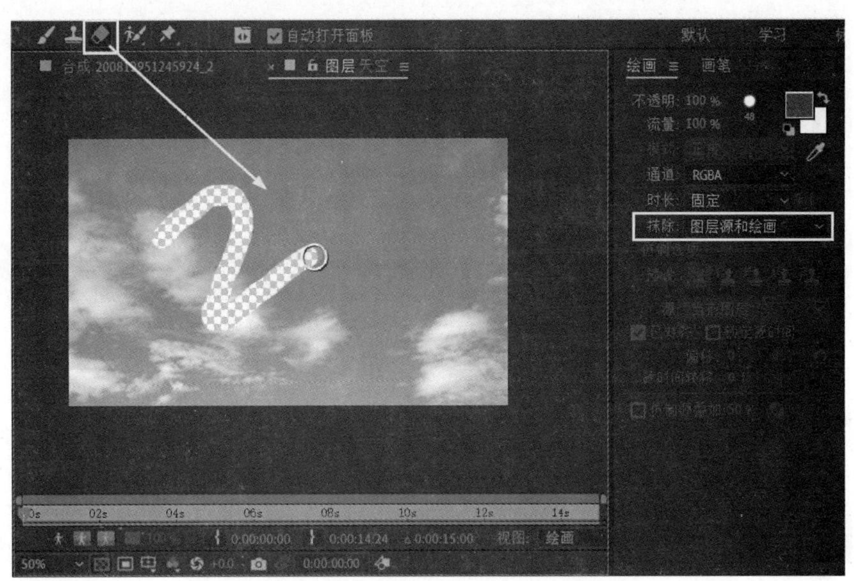

图 4.2.25　抹除类型为“图层源和绘画”选项

将“绘图”面板的“抹除”选项设置为“仅绘画”选项，用橡皮擦工具可以将刚才已经擦除的图像恢复，如图 4.2.26 所示。

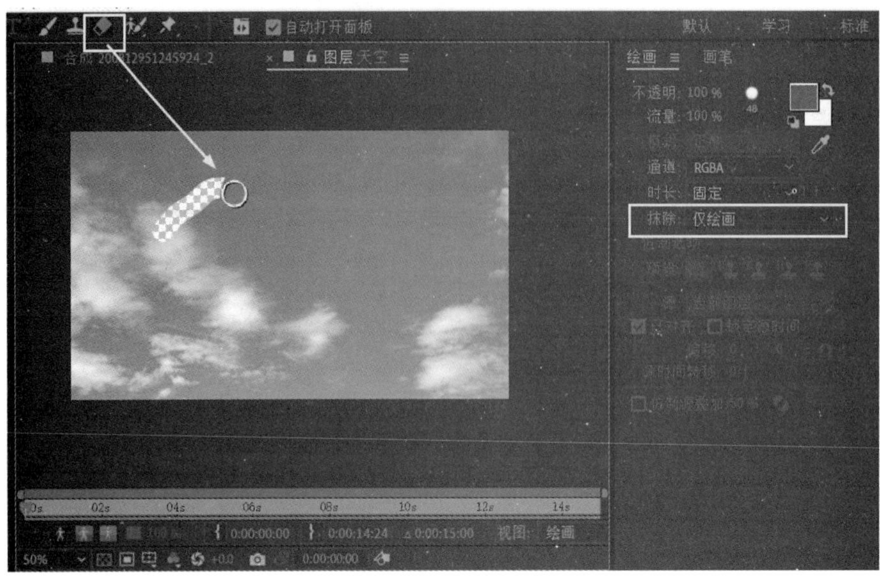

图 4.2.26　抹除类型为“仅绘画”选项

提示：将“绘图”面板中的“抹除”选项设置为“仅绘画”选项，橡皮擦工具还可以擦除画笔工具绘制的线条，如图 4.2.27 所示。

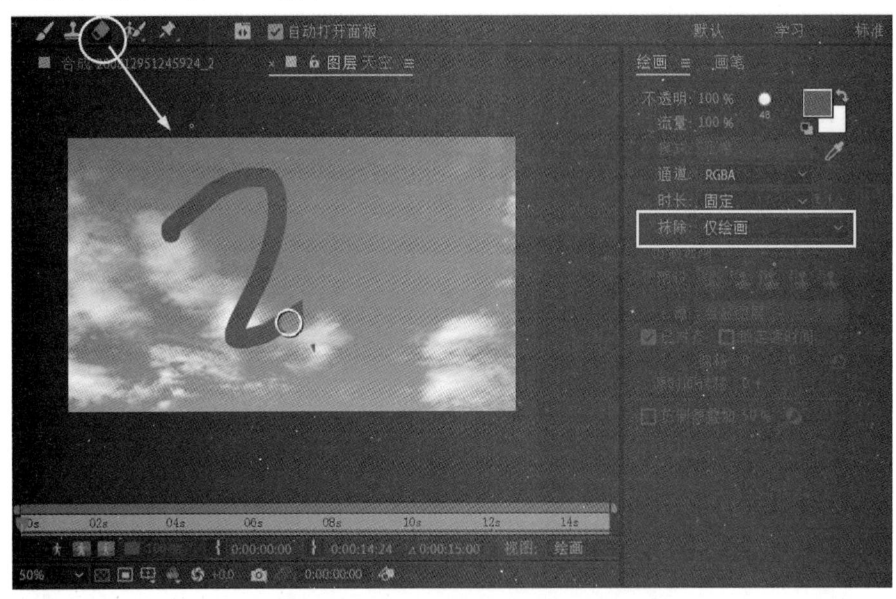

图 4.2.27　橡皮擦工具擦除画笔绘制的线条

3. 图章工具

图章工具可以将图像中的某一区域复制到同一图像或者其他图像中。图章工具的使用方法和 Photoshop 软件中的仿图章工具类似，具体操作步骤如下：

（1）导入“长颈鹿”和“草地”素材并添加到合成时间线，双击素材进入编辑模式。

（2）单击工具栏中的图章工具，在“画笔”设置面板中设置图章工具直径的大小，将鼠标移

至“长颈鹿”图像中需要复制的区域，按住 Alt 键在图像中采样，如图 4.2.28 所示。

图 4.2.28　设置图章工具的笔尖大小并在图像中采样

（3）松开键盘 Alt 键以后，在图像中需要复制的区域按住鼠标左键来回拖动，即可将刚才采样的图像区域复制到新的位置，如图 4.2.29 所示。

图 4.2.29　使用图章工具复制图像

注意：在使用图章工具按住 Alt 键取样时，图像上会出现一个十字线标记，表示当前画面为采样源图像部分。

（4）在合成视窗选择“草地”图像，在图像中需要复制的区域按住鼠标左键来回拖动，还可以将刚才在“长颈鹿”图像中采样的图像区域复制到“草地”图像中，如图 4.2.30 所示。

图 4.2.30　将源图像复制到“草地”图像中

提示：选择橡皮擦工具，将“绘图”面板中的“抹除”选项设置为“仅绘画”选项，可以擦除新复制的图像区域，如图 4.2.31 所示。

图 4.2.31　利用橡皮擦工具擦除新复制的图像区域

4.3　课 堂 实 战

4.3.1　走势图的制作

本例综合利用前面所学的图形绘制等知识制作“我市历年房价走势图”效果，主要运用到图形的绘制、蒙版的运用和“描边”“网格”命令以及调整动态背景等技巧，最终效果如图 4.3.1 所示。

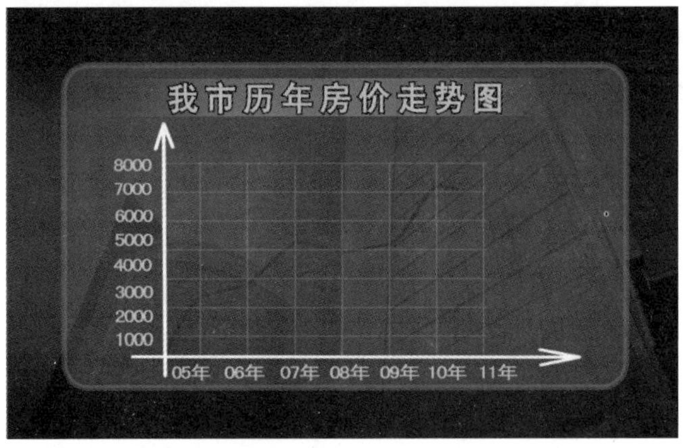

图 4.3.1　最终效果图

操作步骤：

（1）制作背景图像，单击菜单执行“图像合成”→“新建合成”命令，创建“背景”合成并导入“城市”素材，如图 4.3.2 所示。

（2）按键盘“Ctrl+Y”键创建纯色，在“纯色设置”面板里设置纯色的颜色为 R29、G48、B193，如图 4.3.3 所示。

图 4.3.2　导入"城市"素材

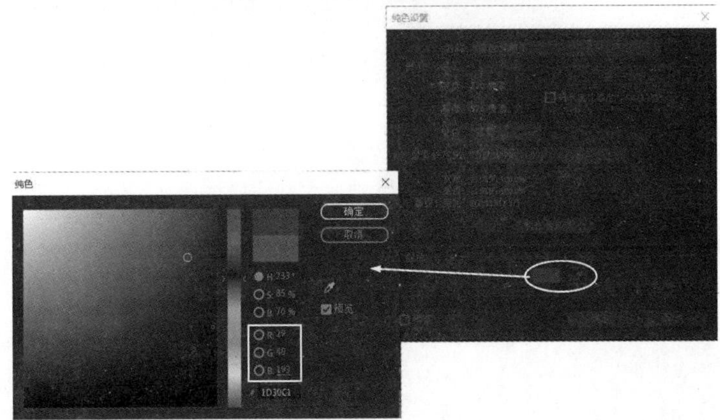

图 4.3.3　设置纯色

（3）创建"深蓝色"纯色并在中间位置绘制矩形蒙版，"反转"矩形蒙版，如图 4.3.4 所示。

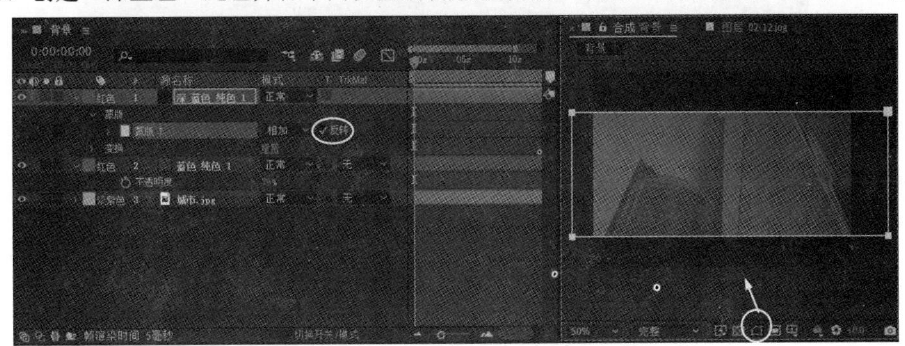

图 4.3.4　创建"深蓝色"纯色并绘制蒙版

（4）按键盘"Ctrl+N"键创建"比例图"合成组，并且设置合成组的宽为 720 像素、高为 576 像素，如图 4.3.5 所示。

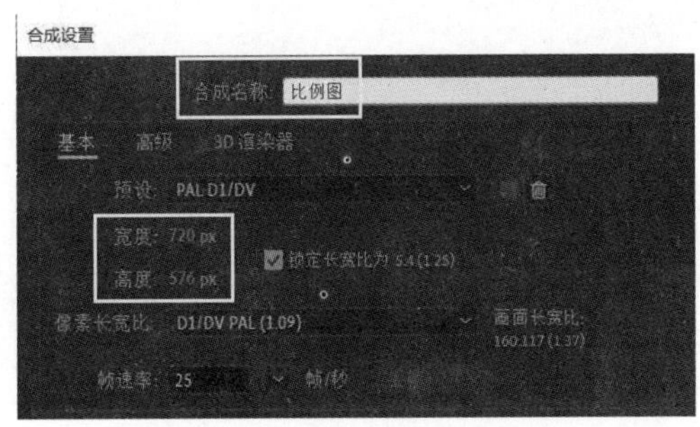

图 4.3.5　创建"比例图"合成组

（5）在“比例图”合成组里创建纯色，配合视图参考线利用钢笔工具绘制“箭头”，如图 4.3.6 所示。

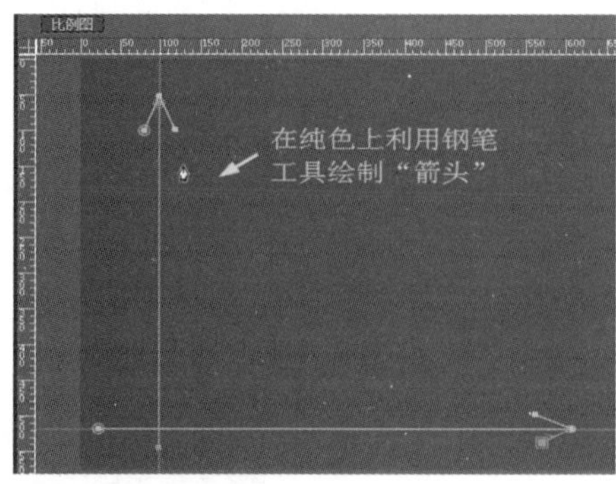

图 4.3.6　在纯色上绘制“箭头”

（6）选择纯色单击菜单添加“效果”→“生成”→“描边”特效，在“绘制风格”的下拉列表里选择“在透明背景上”选项，并设置描边的“颜色”和“画笔大小”等，如图 4.3.7 所示。

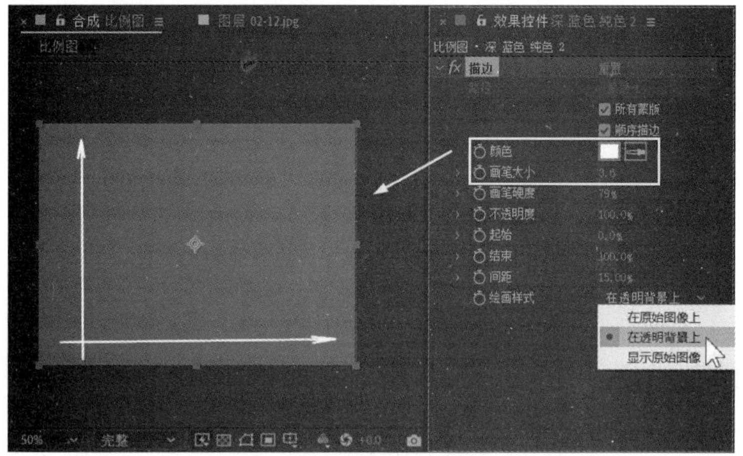

图 4.3.7　设置描边效果

（7）在绘制的“箭头”处输入文字，选择文字按键盘“Ctrl+D”键，然后将文字复制后修改文字内容，并配合键盘“←”“→”“↑”和“↓”方向键适当调整文字的位置和文字的属性，如图 4.3.8 所示。

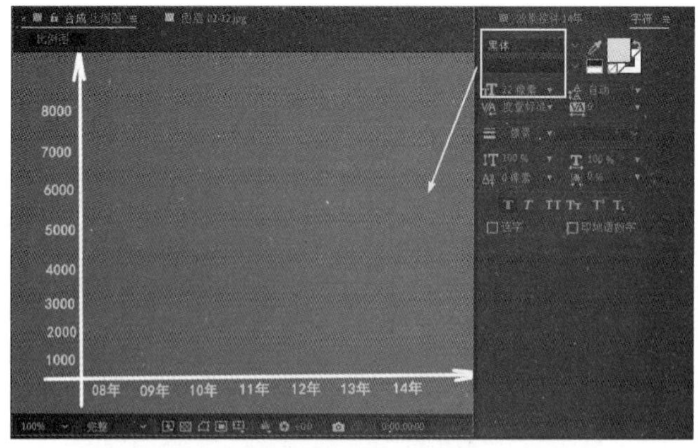

图 4.3.8　设置文字属性

（8）创建“网格”纯色以后，单击菜单添加“效果”→“生成”→“网格”特效，设置网格特效的“边角”“边界”和“不透明度”数值，如图 4.3.9 所示。

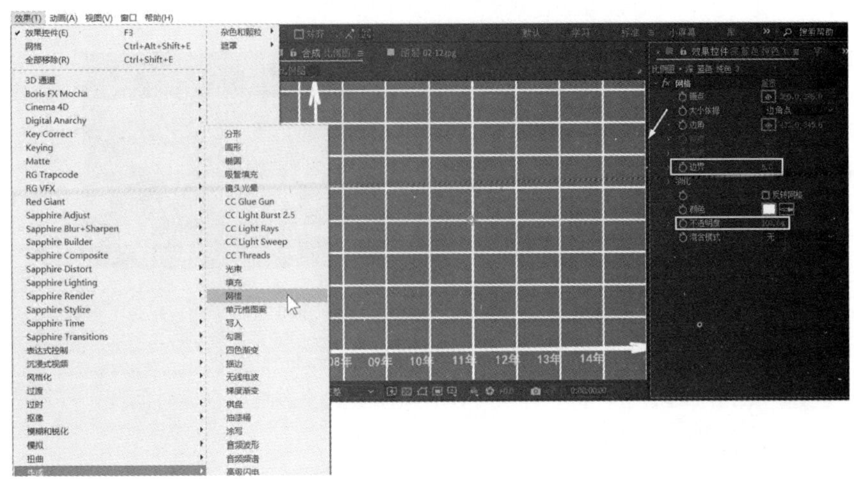

图 4.3.9　设置“网格”参数

（9）选择“网格”图层后单击菜单执行“图层”→“预合成”命令，或者按键盘“Ctrl+Shift+C”键，在弹出的“预合成”对话框里选择“将所有属性移动到新合成中”选项，如图 4.3.10 所示。

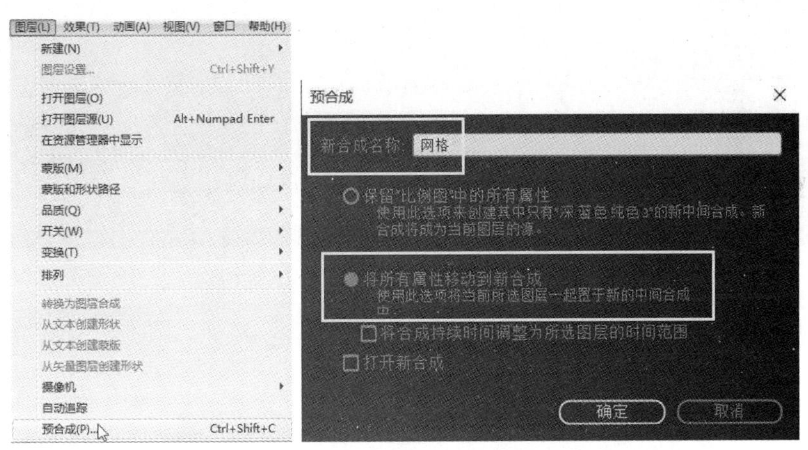

图 4.3.10　设置“网格”预合成选项

（10）在工具栏中，单击矩形工具在“网格”合成上将多余的网格裁掉，如图 4.3.11 所示。

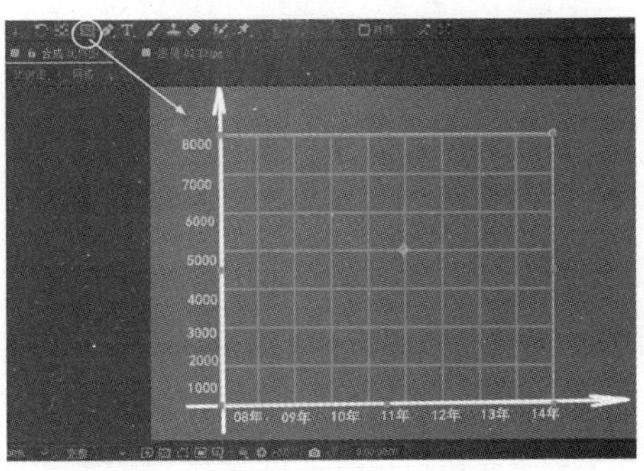

图 4.3.11　利用矩形蒙版将多余的网格裁掉

提示：要想在网格上绘制矩形蒙版将网格多余部分裁剪掉，必须先将网格合成按键盘“Ctrl+Shift+C”键“预合成”以后才能裁剪，如图 4.3.12 所示。

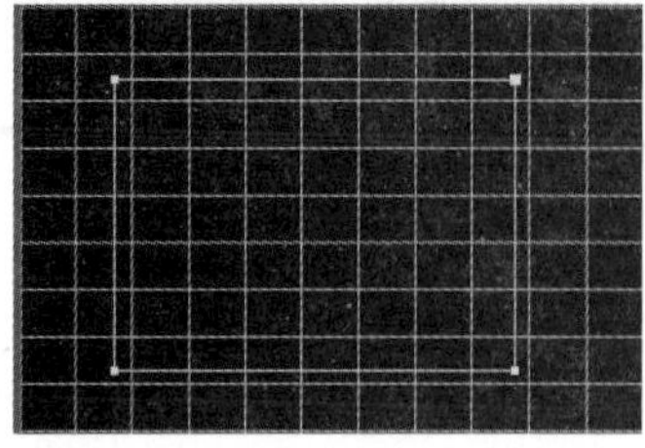
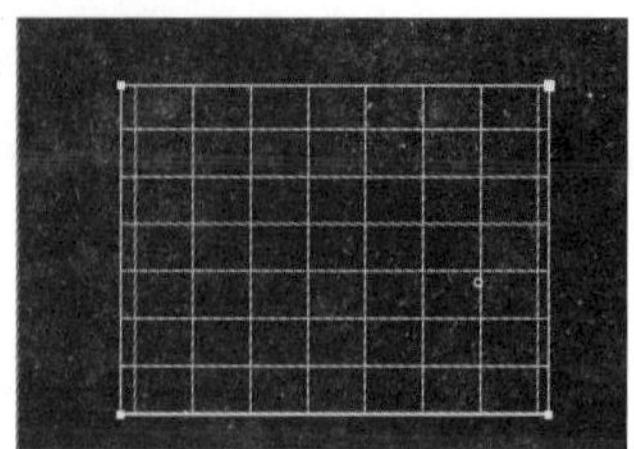

（a）在网格图层上绘制蒙版　　　（b）将网格图层预合成后绘制蒙版

图 4.3.12　在“网格”上绘制蒙版效果对比

（11）创建“最终”合成组，将“背景”合成组添加到“最终”合成时间线，利用圆角矩形工具绘制一个圆角矩形，如图 4.3.13 所示。

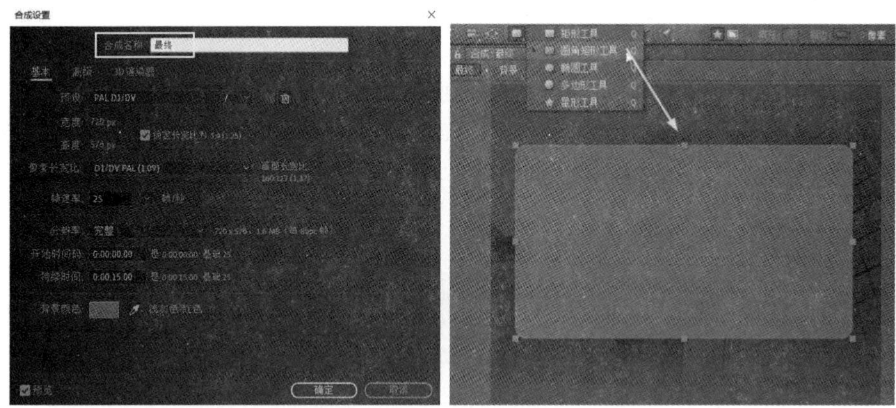

图 4.3.13　新建最终合成组并绘制圆角矩形

（12）在工具栏单击“填充”文字，在弹出的“填充选项”选项卡里设置填充类型和透明度，如图 4.3.14 所示。

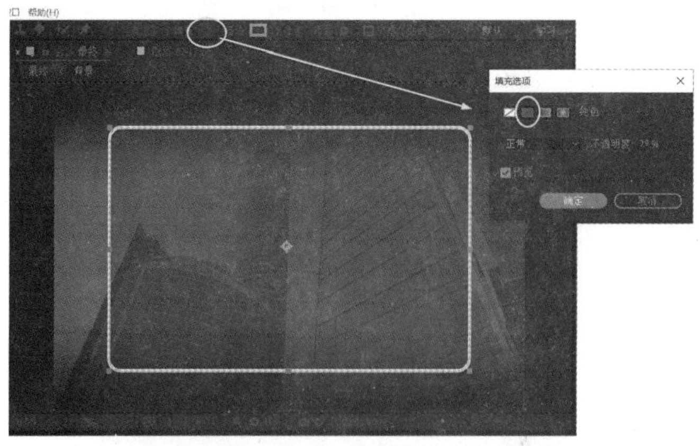

图 4.3.14　设置圆角矩形的填充选项

（13）在圆角矩形内输入文字“我市历年房价走势图”，如图 4.3.15 所示。

图 4.3.15　输入文字

（14）在文字下面新建“白色纯色”并设置为和文字高度相等，如图 4.3.16 所示。

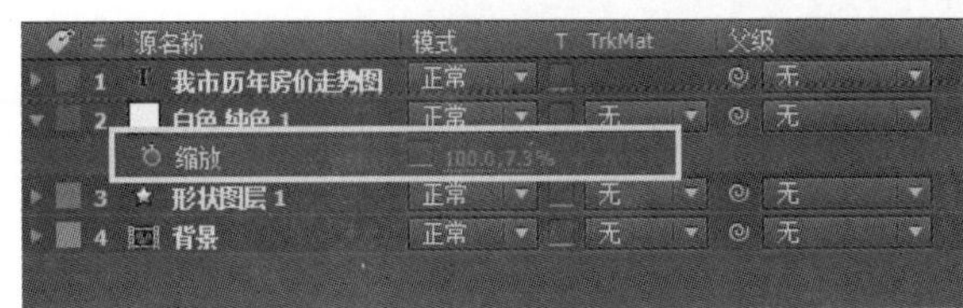

图 4.3.16　设置白色纯色及文字的缩放大小

（15）在工具栏中，单击矩形蒙版工具在“白色纯色”上绘制矩形蒙版，并设置蒙版水平方向的“羽化”和“不透明度”数值，如图 4.3.17 所示。

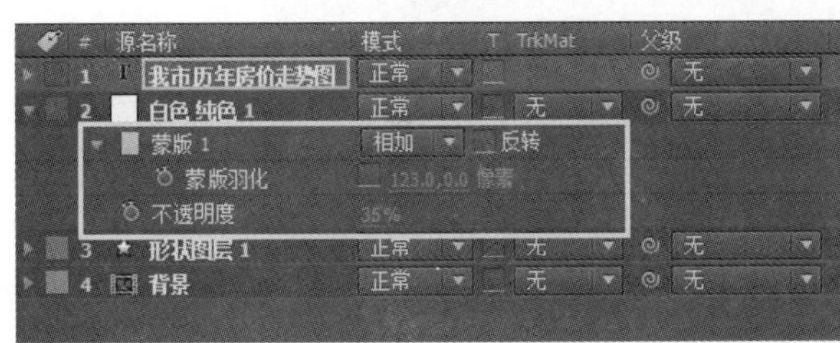

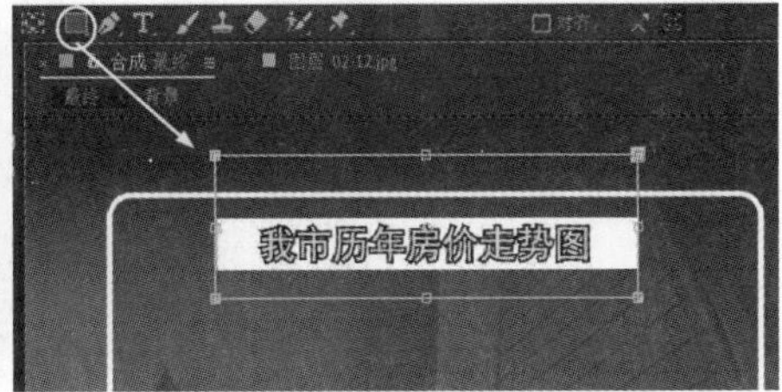

图 4.3.17　设置蒙版的羽化和不透明度

（16）在项目面板中将“比例图”合成组添加到“最终”合成里，适当调整其位置和大小，如图 4.3.18 所示。

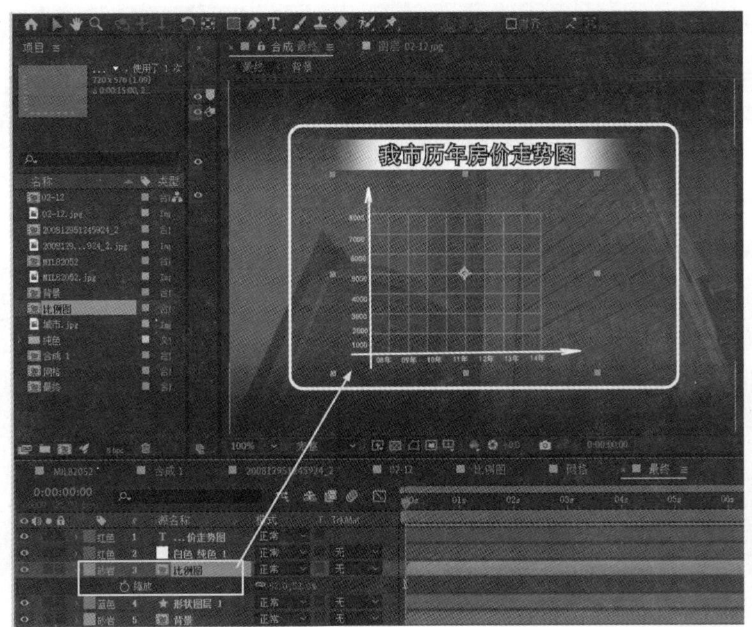

图 4.3.18　添加“比例图”合成组

（17）在“网格”合成组里新建纯色，利用钢笔工具绘制“走势箭头”路径并添加“描边”特效，设置“描边”的“颜色”和“画笔”大小，如图 4.3.19 所示。

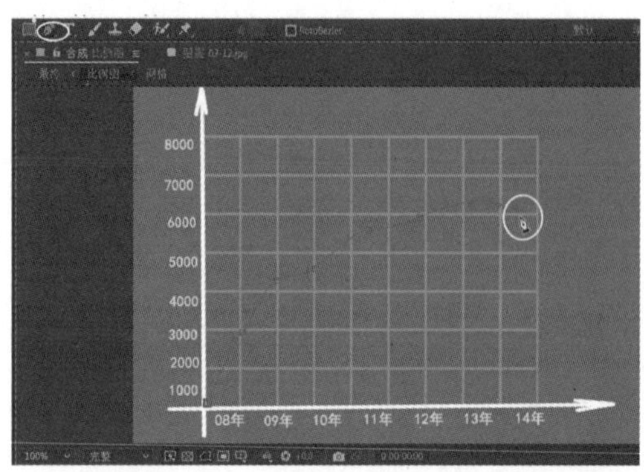

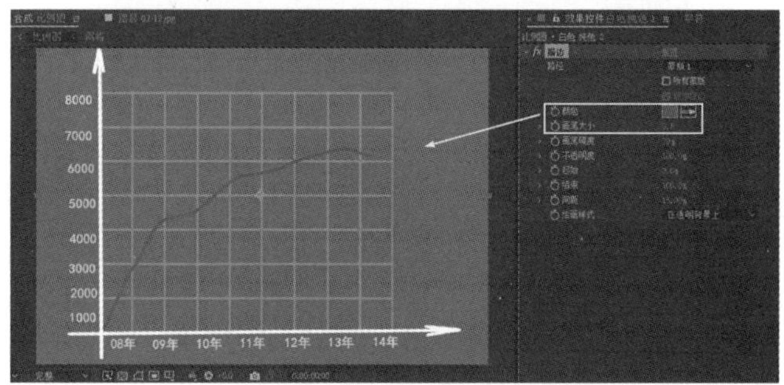

图 4.3.19　绘制并设置“走势箭头”

（18）为了让“走势箭头”运动起来，设置“描边”效果的“结束”动画，最终效果如图 4.3.20 所示。

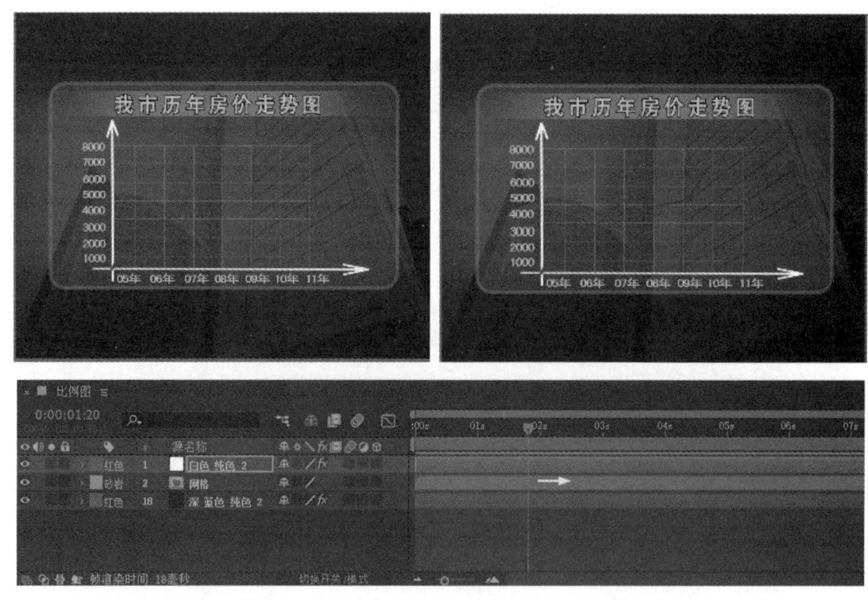

图 4.3.20　最终效果预览

4.3.2　动画宣传广告的制作

本例综合利用前面所学的蒙版的相关知识来制作一段动画宣传广告，最终效果如图 4.3.21 所示。

图 4.3.21　最终效果图

操作步骤：

（1）单击菜单执行“图像合成”→“新建合成”命令，在弹出的“合成设置”面板里设置合成的名称、持续时间等数值，在预置里选择为“PAL D1/DV”选项，如图 4.3.22 所示。

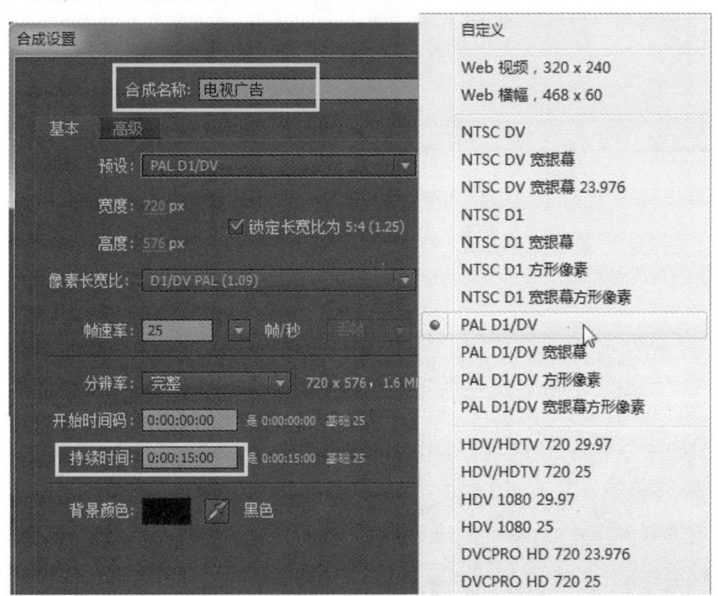

图 4.3.22　新建合成组

（2）按键盘“Ctrl+Y”键创建纯色，在“纯色设置”面板里设置名称为“遮幅”，纯色的颜色在“纯色”面板里设置为 R206、G210、B214，如图 4.3.23 所示。

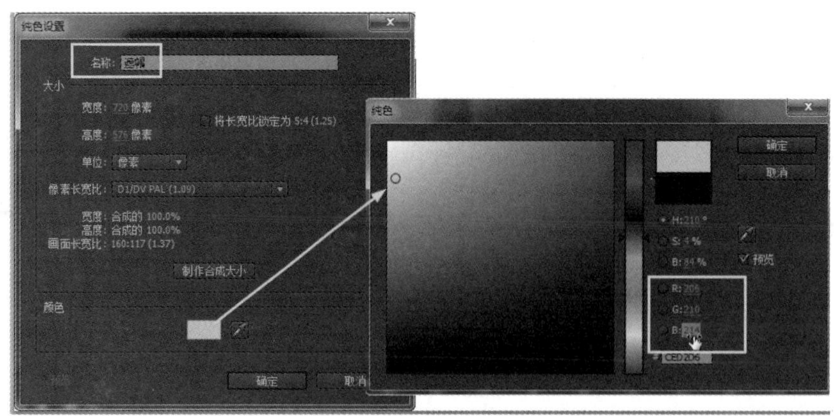

图 4.3.23　创建纯色

（3）按键盘“Ctrl+R”键显示标尺，在标尺刻度处单击鼠标左键拖拽出参考线。单击执行菜单“视图”→“锁定参考线”命令锁定参考线，如图 4.3.24 所示。

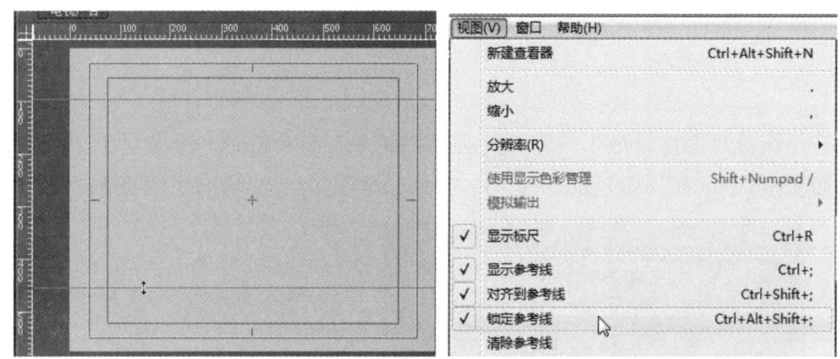

图 4.3.24　显示标尺并锁定参考线

（4）单击工具栏矩形蒙版工具，在“遮幅”图层上绘制矩形蒙版，在图层属性面板勾选“反转”选项，如图 4.3.25 所示。

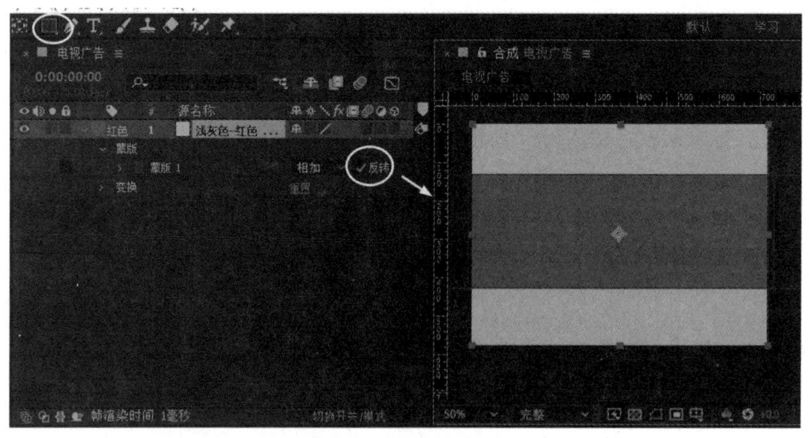

图 4.3.25　绘制矩形蒙版

（5）单击菜单执行“效果”→“生成”→“描边”命令，在“特效控制台”面板里设置描边的颜色、画笔大小和不透明度等参数，如图 4.3.26 所示。

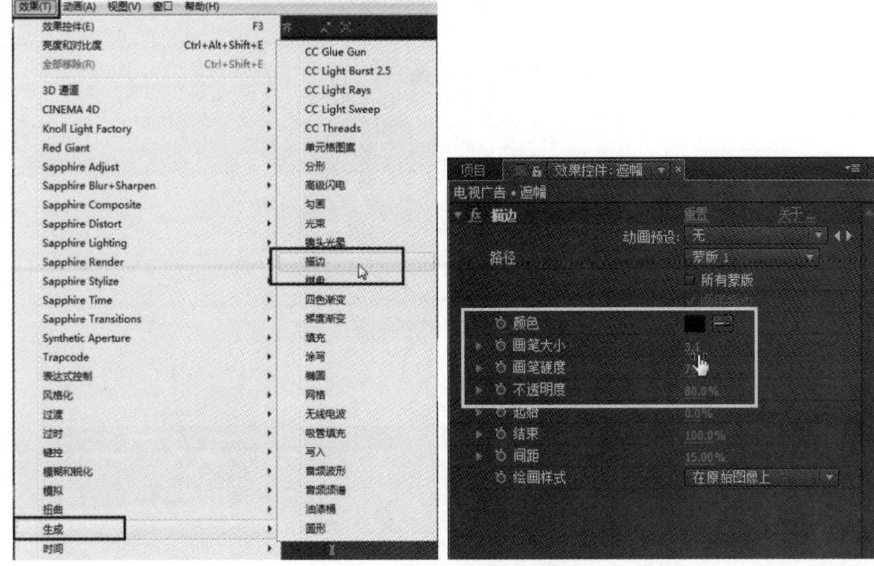

图 4.3.26　添加并设置描边特效

（6）在“遮幅”图层下面创建“背景”纯色，给背景纯色添加“梯度渐变”特效，梯度渐变的设置参数如图 4.3.27 所示。

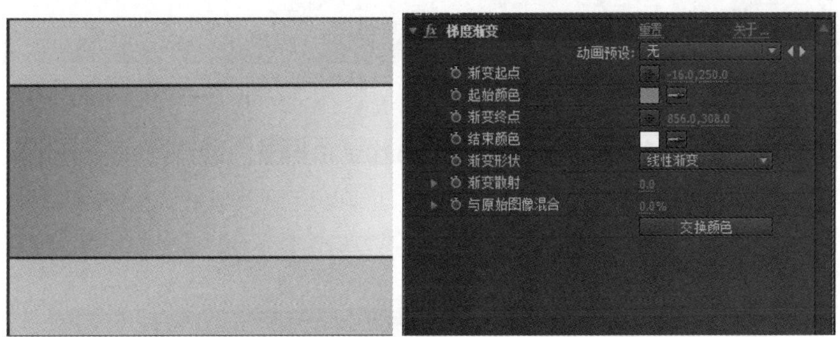

图 4.3.27　在“遮幅”图层下方创建梯度渐变背景

（7）导入“涟漪”素材添加到合成中，并设置素材的入点位置，如图 4.3.28 所示。

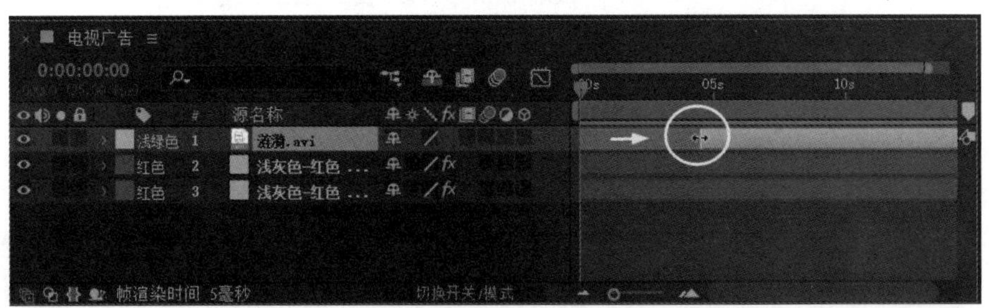

图 4.3.28　设置素材的入点位置

（8）利用椭圆工具在“涟漪”素材上将画面多余的部分裁剪，并设置蒙版羽化的数值，如图 4.3.29 所示。

（9）选择“涟漪”素材并在图层模式面板选择“叠加”模式，将图层的不透明度设置在 73%左右，如图 4.3.30 所示。

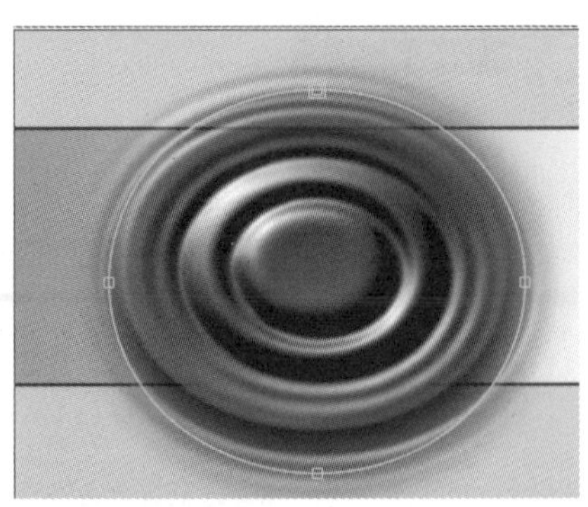

图 4.3.29　将画面多余的部分裁剪并羽化

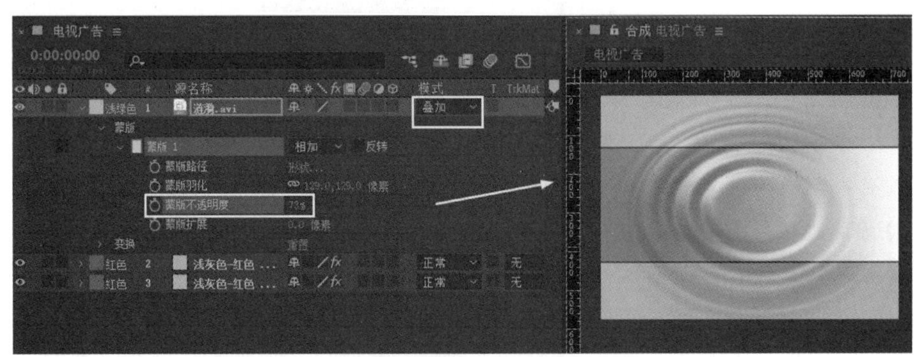

图 4.3.30　将素材和背景图层叠加并调整不透明度

（10）选择“涟漪”素材并在图层面板单击 3D 图层开关，设置图层的比例大小、X 轴向旋转数值，再在合成视图上调整素材使之居于画面上适当的位置，如图 4.3.31 所示。

（11）选择“涟漪”放在“遮幅”图层下面并复制，将两段素材“首尾相接”，并在两段素材相接部分设置透明度动画效果，如图 4.3.32 所示。

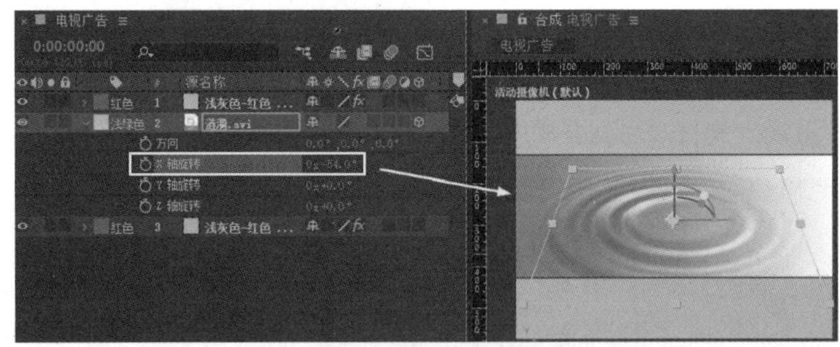

图 4.3.31　打开图层 3D 开关并设置素材的比例和旋转

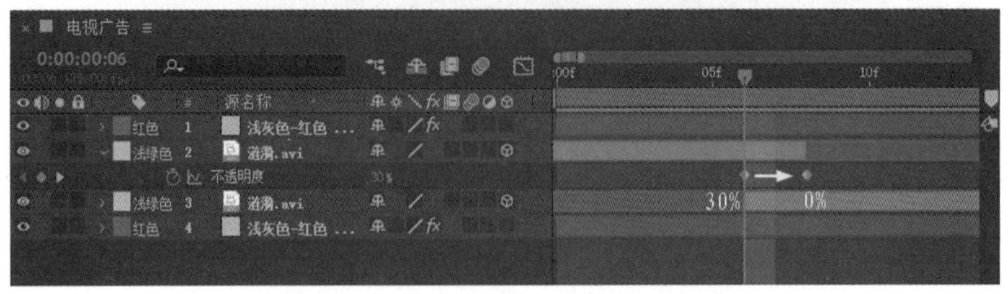

图 4.3.32　设置两段素材相接部分的透明度动画

（12）创建新纯色并命名为“右面背景”，在“右面背景”图层上绘制矩形蒙版将画面多余部分裁剪掉，添加“梯度渐变”特效并设置为橙色到白色的线性渐变方式，如图 4.3.33 所示。

图 4.3.33　设置右面背景梯度渐变效果

（13）添加“磨岩图标”素材到合成并调整它在画面中的适当位置。在公司图标下方位置输入“常年开设”等文字，将文字的不透明度设置为 73%，如图 4.3.34 所示。

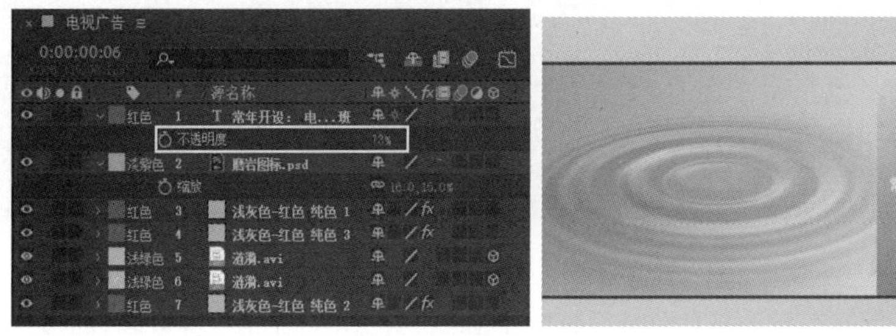

图 4.3.34　添加公司图标和输入文字

（14）创建白色纯色命名为“文字衬底”，利用新建的白色纯色制作一个“文字衬底”效果。文字衬底的制作方法在前面的课堂练习中已经做了详细的介绍，这里不再赘述，效果如图 4.3.35 所示。

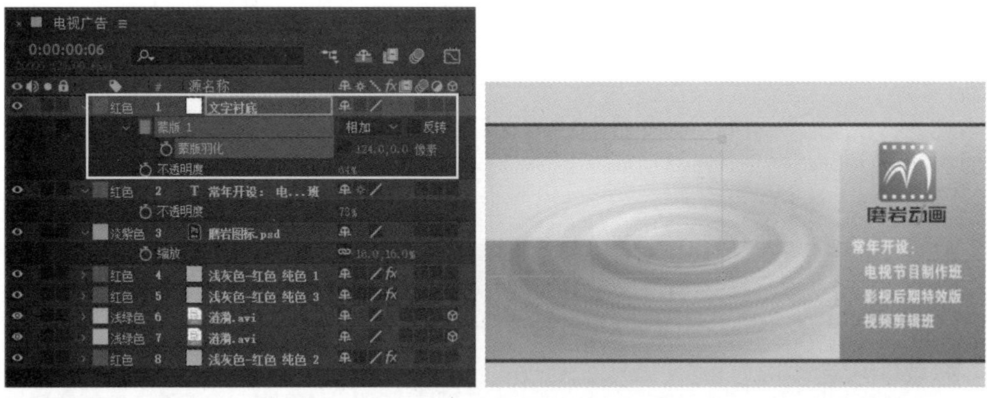

图 4.3.35　制作文字衬底效果

（15）输入“西安磨岩动画制作培训中心”“地址”“电话”等文字，在文字设置面板设置文字的字体、大小和颜色等属性，如图 4.3.36 所示。

图 4.3.36　设置文字的属性

（16）在合成时间线选择素材并按键盘“Ctrl+Shift+C”键，在弹出的“预合成”对话框中选择“移动全部属性到新建合成中”选项，将新建合成名称命名为“左面画面”，如图 4.3.37 所示。

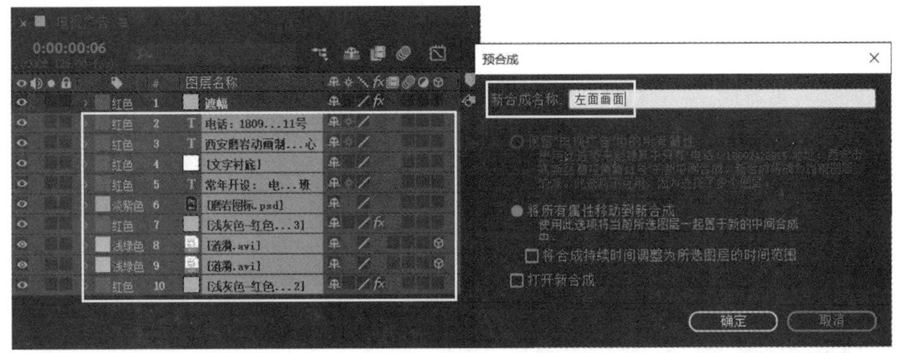

图 4.3.37　将选择素材“预合成”

（17）在合成时间线面板选择“左面画面”合成，按键盘“Ctrl+D”键复制合成，将复制的合成重新命名为“右面画面”，如图 4.3.38 所示。

提示：利用鼠标拖拽出一条参考线作为下一步绘制蒙版的辅助线，单击标题/动作安全框按钮显示视图的标题/动作安全框，通过视图的标题/动作安全框可以确定视图画面的中心位置，如图 4.3.39 所示。

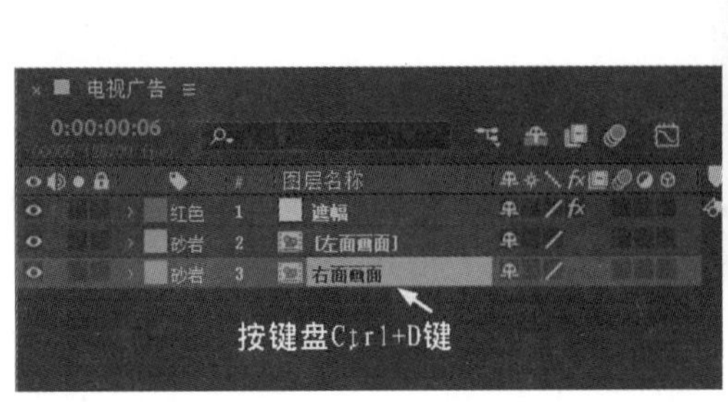

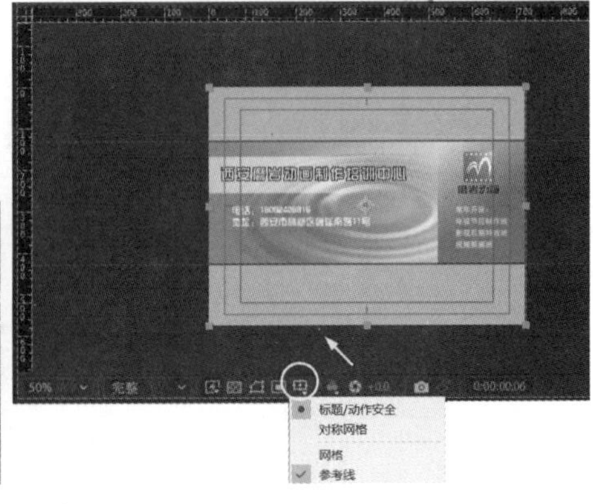

图 4.3.38　复制合成、重命名合成　　图 4.3.39　显示标题/动作安全框确定中心位置

（18）单独显示“左面画面”合成，配合“中心”参考线在画面左半部分绘制矩形蒙版，利用同样的方法在“右面画面”上绘制矩形蒙版，如图 4.3.40 所示。

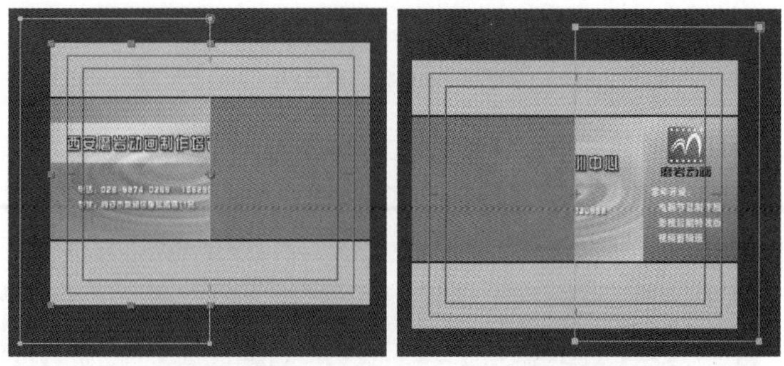

图 4.3.40　在左面画面、右面画面上分别绘制矩形蒙版

（19）选择“左面画面”合成按键盘 P 键调出图层的“位置”属性，在合成时间线 4 秒位置单击位置动画图标设置动画关键帧，按键盘“Shift+Page UP”键将当前时间指示器向前移动 10 帧，在图层的“位置”属性将左面画面向左移出视图部分，系统将自动添加动画关键帧，如图 4.3.41 所示。

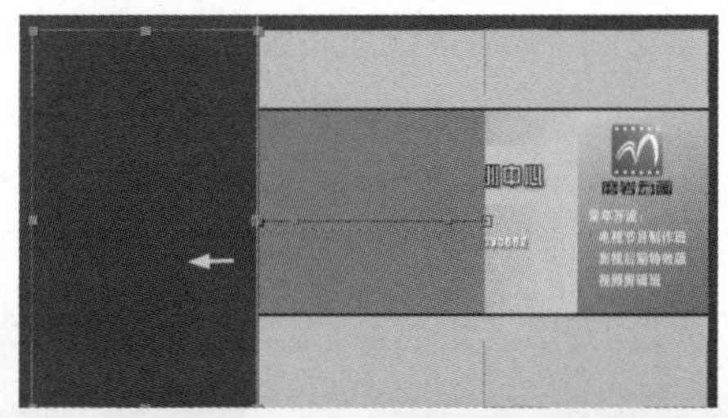

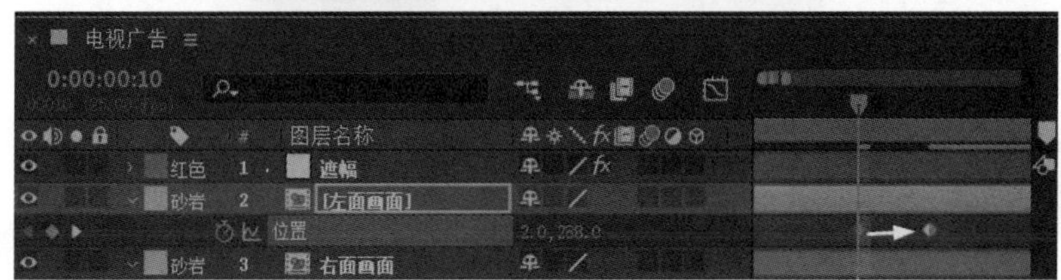

图 4.3.41　设置“左面画面”的位移动画

（20）利用同样的方法也将“右面画面”合成向右移出视图部分，如图 4.3.42 所示。

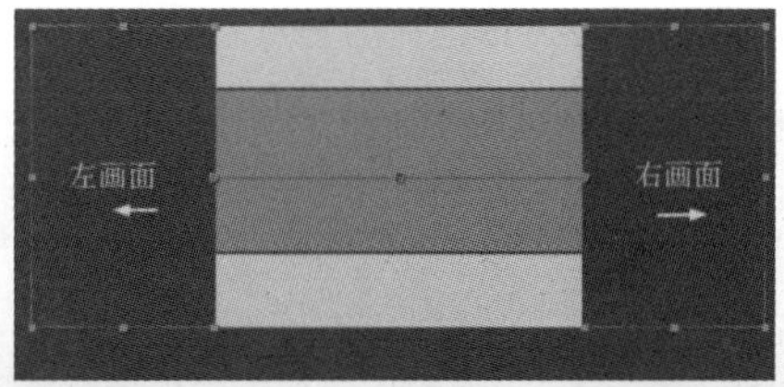

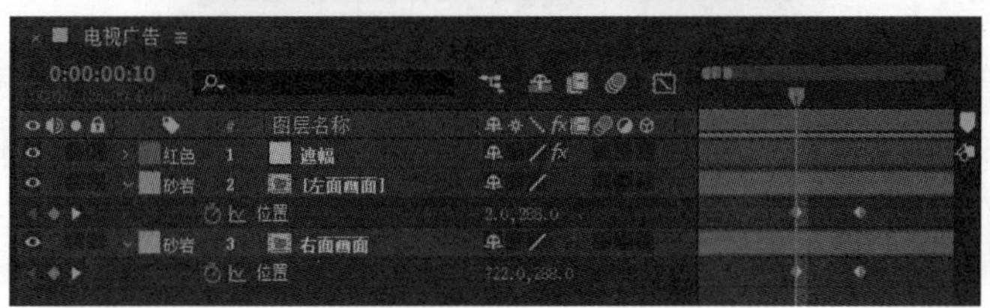

图 4.3.42　设置“右面画面”的位移动画

（21）拖动当前时间指示器查看动画效果，如图 4.3.43 所示。

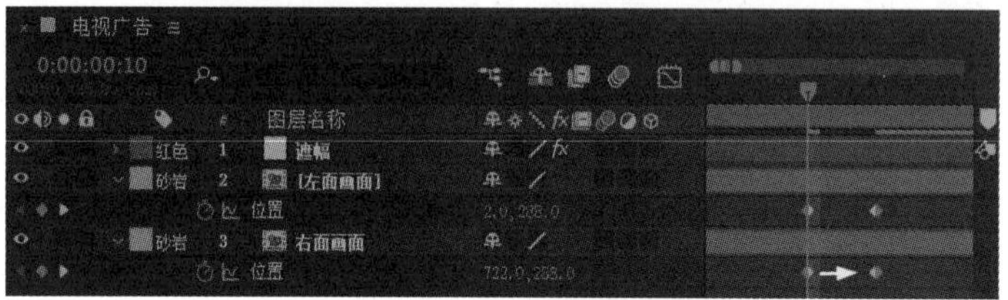

图 4.3.43　预览动画效果

（22）添加“磨岩形象”素材到合成时间线最底层，如图 4.3.44 所示。

提示： 在项目面板选择“蓝色背景”素材，单击鼠标右键菜单选择“解释素材”→“主要...”选项，通过设置“解释素材”面板里的素材的“循环”次数来延长素材的长度，如图 4.3.45 所示。

图 4.3.44　添加“磨岩形象”素材

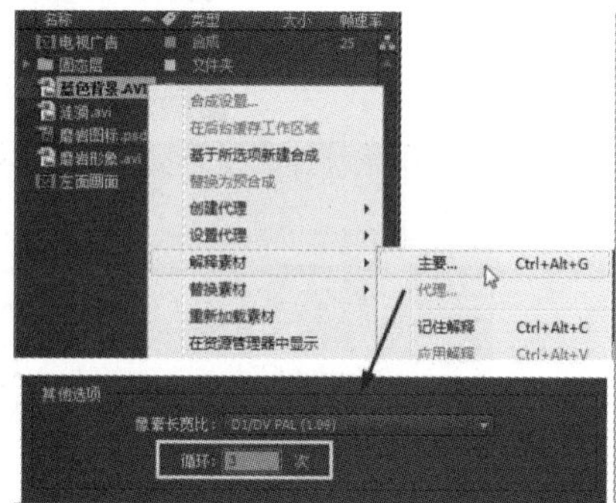

图 4.3.45　设置素材的循环次数

（23）添加“蓝色背景”素材到时间线并绘制椭圆形蒙版，设置蒙版羽化数值，如图 4.3.46 所示。

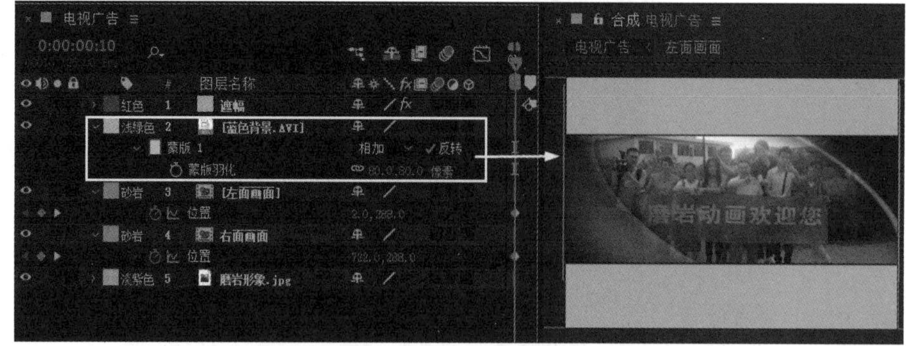

图 4.3.46　添加“蓝色背景”素材并绘制椭圆形蒙版

（24）选择“蓝色背景”素材并添加“色相/饱和度”特效，详细参数设置如图 4.3.47 所示。

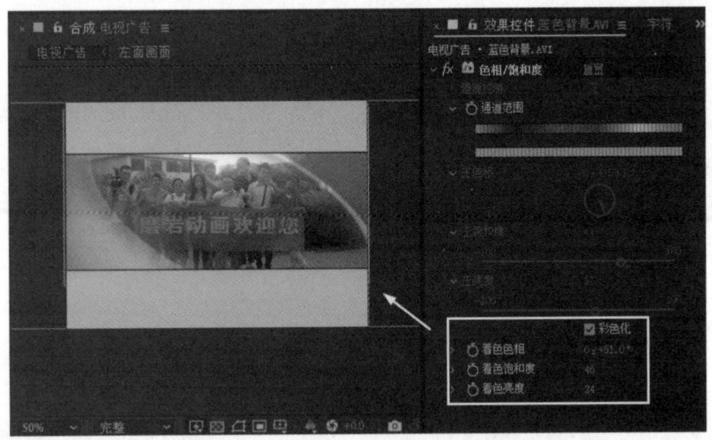

图 4.3.47　设置“蓝色背景”素材颜色

（25）创建“动画人才的摇篮”文字，并设置文字的字体、大小和字间距，如图 4.3.48 所示。

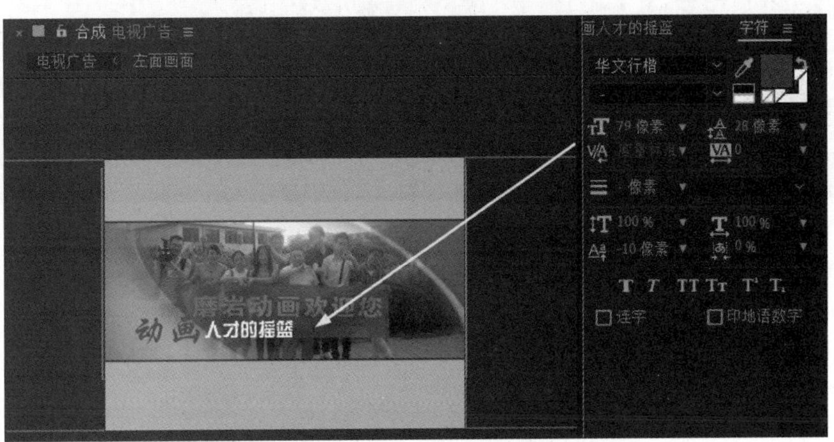

图 4.3.48　输入并设置文字

（26）添加“光效”素材并设置图层模式为“屏幕”叠加模式，如图 4.3.49 所示。

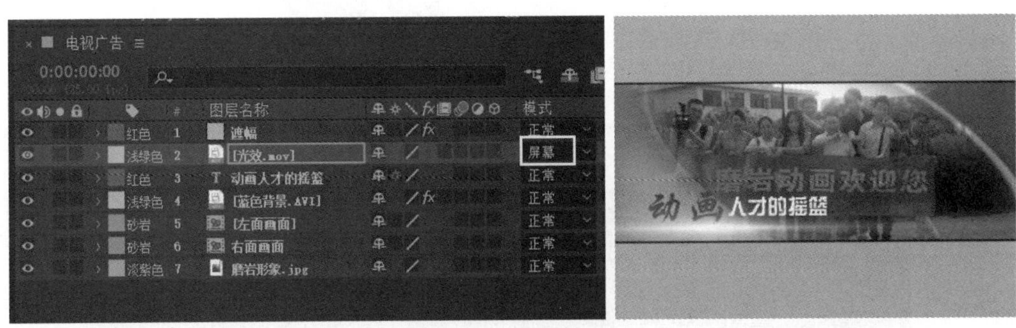

图 4.3.49　添加“光效”素材

（27）设置“动画人才的摇篮”文字从左向右微动的位移动画，如图 4.3.50 所示。

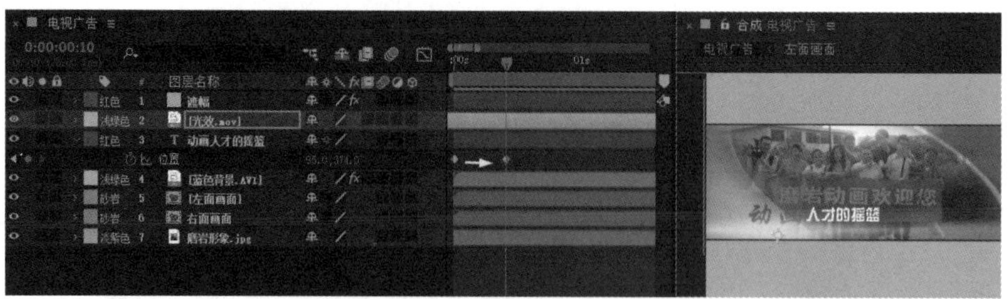

图 4.3.50　设置文字位移动画

提示： 在时间线面板选择“动画人才的摇篮”和“光效”素材，按键盘“Ctrl+D”键复制素材，不必重新输入文字，如图 4.3.51 所示。

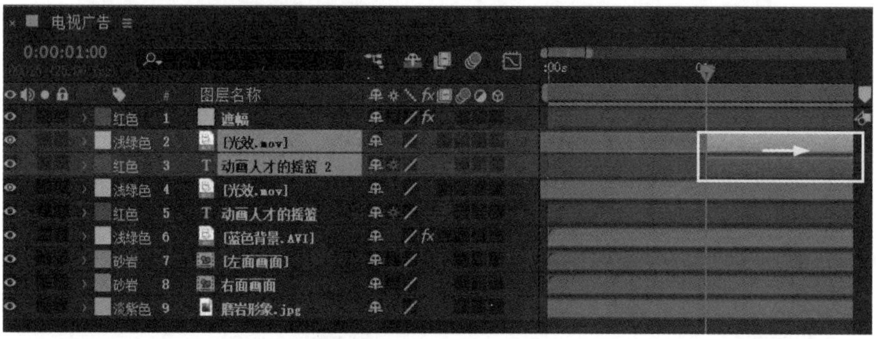

图 4.3.51　复制素材

（28）将“动画人才的摇篮”文字的内容改为“高薪就业的保证”，并且设置文字从左向右微动的位移动画，如图 4.3.52 所示。

图 4.3.52　更改文字内容并设置文字位移动画

（29）调整“动画人才的摇篮”和“高薪就业的保证”文字动画持续时间，如图 4.3.53 所示。

图 4.3.53　设置文字动画的持续时间

（30）在“西安磨岩动画制作培训中心”文字上创建蒙版动画，如图 4.3.54 所示。

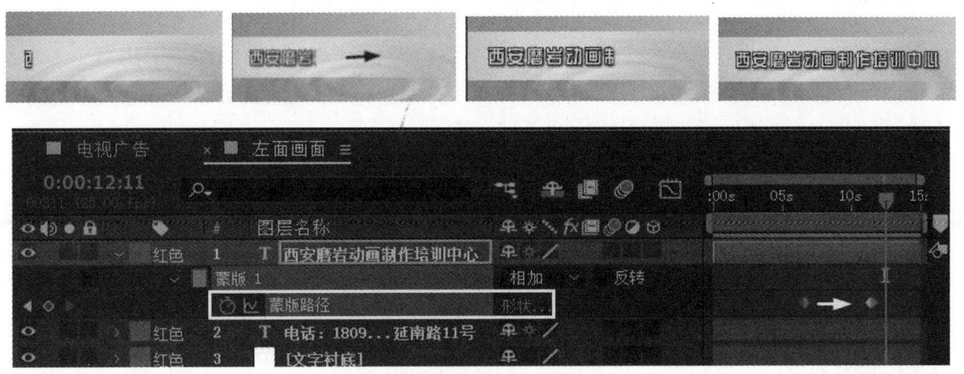

图 4.3.54　创建文字蒙版动画（一）

（31）利用同样的方法给“电话和地址”文字创建由上向下的蒙版动画，如图 4.3.55 所示。

图 4.3.55　创建文字蒙版动画（二）

（32）适当调整动画顺序和持续时间后完成整个制作，如图 4.3.21 所示。

本 章 小 结

本章主要介绍了蒙版和图形的绘制，以及画笔工具、橡皮擦工具和图章工具的应用和操作。通过对本章的学习，读者应熟练使用各种绘图工具，并且在反复操作练习中掌握图形绘制的技巧。

思考与练习

一、填空题

1. 单击工具栏的钢笔工具，按键盘_______键可以移动顶点的位置，按键盘_______键可以转换顶点的类型。

2. 蒙版工具包括矩形工具、_________、_________、多边形工具和星形工具等。

3. 在合成视窗工具栏单击显示蒙版开关可以_________蒙版边框。

4. 用鼠标框选蒙版顶点时，实心点的顶点为______状态，空心点的顶点为______状态。

5. 利用鼠标在蒙版顶点上单击移动可以改变蒙版的_____，按键盘________键可以转换蒙版顶点的类型，按键盘 Alt 键单击鼠标左键移动可以__________蒙版。

6. 在不改变蒙版位置的情况下，利用定位点工具可以_________的图像。

7. 利用蒙版羽化命令制作蒙版__________的模糊虚化效果，按键盘_________键，在弹出的“蒙版羽化”对话框里输入羽化的数值即可。

8．选择图层按键盘______键，可以快速调出蒙版的“形状”选项；按键盘_______键，可以快速调出蒙版的“羽化”选项；连续按键盘______键两次，可以快速调出蒙版的“不透明度”选项。

9．选择多边形工具在图层上绘制为_______，不选择任何图层在合成视窗上绘制为_______，并在合成时间线上自动创建“_______”。

10．单击工具栏中的钢笔工具，在合成视窗配合键盘 Shift 键可以绘制__________的直线；按键盘 Ctrl 键可以__________的位置和调整顶点控制手柄来改变图形的形状。

二、选择题

1．在工具栏单击画笔工具，然后单击执行“窗口”→“画笔”命令，或者按键盘（　）键打开“画笔”设置面板。

（A）Alt+6　　（B）Shift+8

（C）Ctrl+9　　（D）Q

2．当使用图章工具按住（　）键取样时，在图像上会出现一个十字线标记，表示当前画面为采样源图像部分。

（A）Alt　　（B）Shift

（C）Ctrl　　（D）Ctrl+ Alt

3．选择图层单击菜单执行“图层”→“蒙版”→“新建蒙版”命令，或者按键盘（　）键新建蒙版。

（A）Ctrl+N　　（B）Shift+N

（C）Ctrl+ Alt+N　　（D）Ctrl+Shift+N

4．单击工具面板的钢笔工具，按键盘 Ctrl 键可以移动顶点的位置，按键盘（　）键可以转换顶点的类型。

（A）Ctrl　　（B）Alt

（C）Shift　　（D）以上都不是

5．在图层面板属性栏选择“蒙版 1”按键盘（　）键，可以重新命名蒙版的名称。

（A）Ctrl+Enter　　（B）Alt+ Enter

（C）Ctrl+ Alt+ Enter　　（D）Enter

三、简答题

1．如何创建和编辑蒙版？

2．简述如何使用钢笔工具绘制蒙版。

3．如何绘制形状图形？如何编辑形状图形？

4．如何使用画笔工具、图章工具和橡皮擦工具？

四、上机操作题

1．能够熟练创建、编辑蒙版和形状图形。

2．反复练习“走势图的制作”和“动画宣传广告的制作”。

第 5 章　文字的应用

文字是画面的主要组成部分之一，在影视作品中文字不仅起到对画面的解释作用，还可以对画面进行美化和点缀。本章主要介绍 After Effects 2022 中针对基本文字、特效文字的一些处理方法和应用。

知识要点

- ⊙ 创建文字
- ⊙ 编辑文字
- ⊙ 动画文字的介绍
- ⊙ 路径文字

5.1　基 本 文 字

在 After Effects 2022 中，可以使用工具箱中的横排文字工具、竖排文字工具来创建基本文字，再在纯色上添加基本文字、路径文字和编号等创建特效文字。

5.1.1　创建文字

文字的创建方式有以下几种：

（1）使用工具箱面板单击横排文字工具T，在合成视窗上单击并且输入文字，如图 5.1.1 所示。

（2）在合成时间线面板单击鼠标右键菜单选择“新建”→“文本”选项，如图 5.1.2 所示。

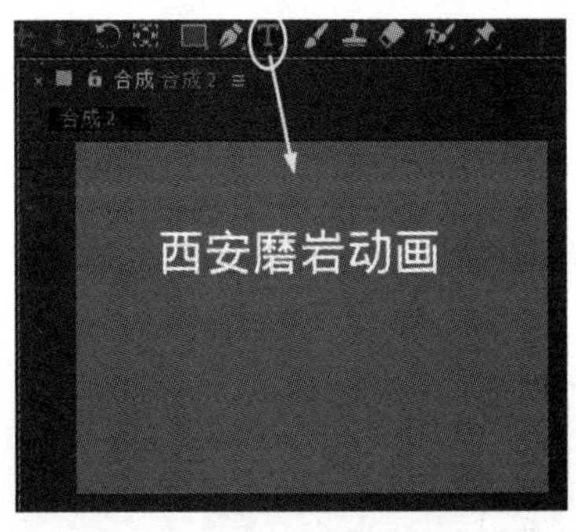

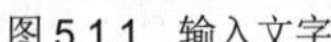
图 5.1.1　输入文字

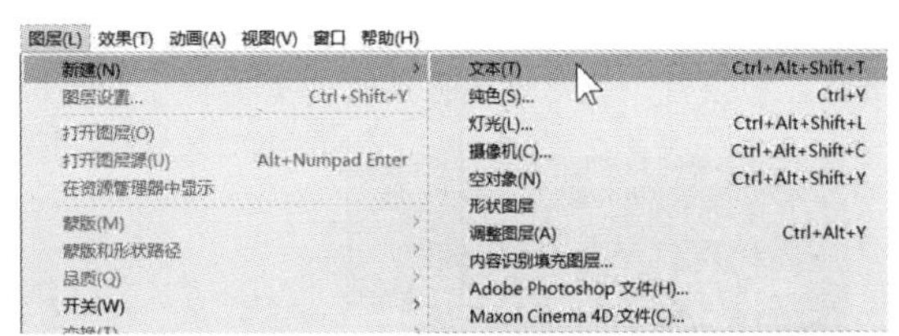

图 5.1.2　选择“文本”选项

提示：当创建文字时，系统自动会在合成时间线添加一个文字图层，用鼠标双击该层可以修改文字内容，如图 5.1.3 所示。输入文字以后，按住 Ctrl 键的同时拖动鼠标可以移动文字的位置，如图 5.1.4 所示。

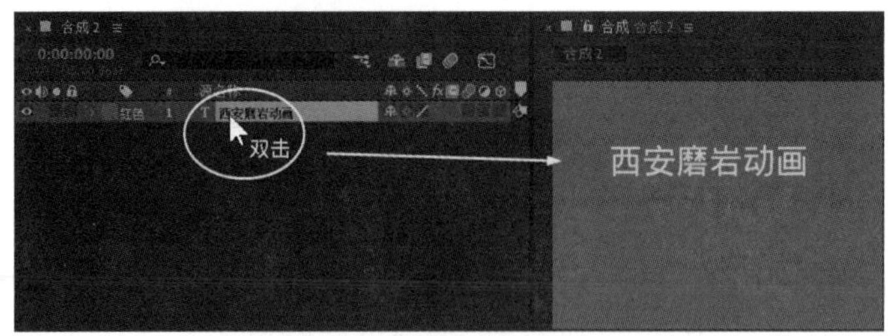

图 5.1.3　双击鼠标修改文字内容

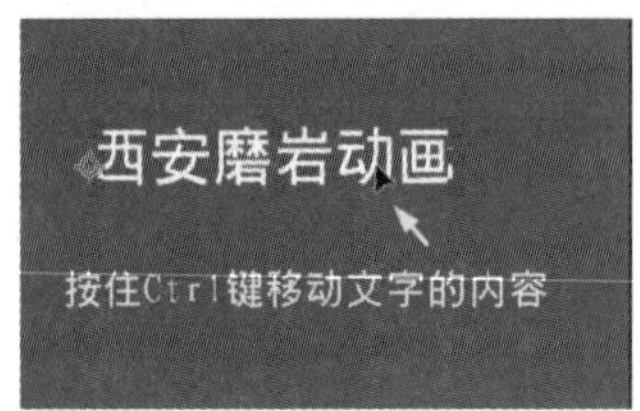

图 5.1.4　用鼠标移动文字

（3）如果需要输入大量的文字内容，可以单击横排文字工具在合成视窗单击框选，即可生成一个段落文本框并输入文字，如图 5.1.5 所示。

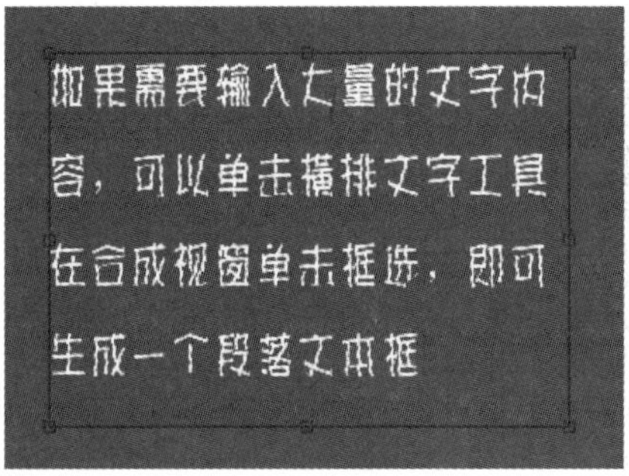

图 5.1.5　创建段落文字

注意：用横排文字工具在合成视窗上单击输入的文字为点文字，用横排文字工具在合成视窗上框选以后输入的文字为段落文字。选择点文字单击鼠标右键菜单选择“转换为段落文本”选项，可以将点文字转换为段落文字，如图 5.1.6 所示。当输入段落文字时，文字会基于段落边界框的尺寸进行自动换行，也可以根据用户的需要自由调整段落边界框的大小，如图 5.1.7 所示。

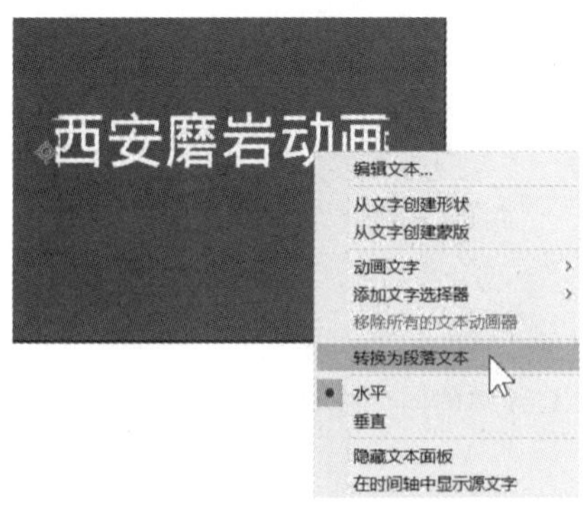

图 5.1.6　点文字转换为段落文字

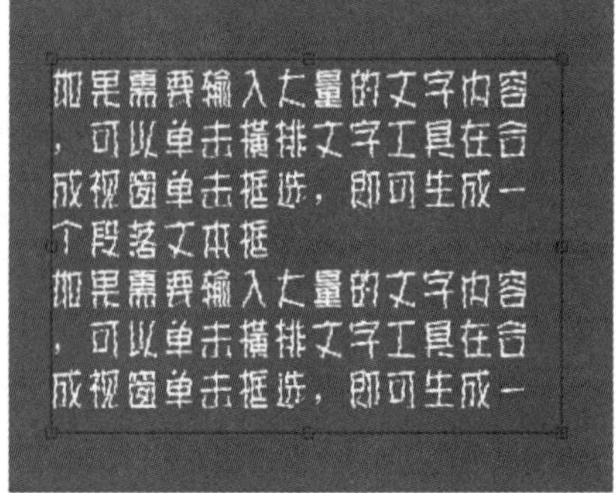

图 5.1.7　调整段落文字

（4）使用工具箱面板单击竖排文字工具，在合成视窗上单击并且输入文字即可创建“垂直”文字，如图 5.1.8 所示。

提示： 选择一段“水平”文字，单击鼠标右键菜单选择“水平”选项，可以把“垂直”文字转换成“水平”文字，如图 5.1.9 所示。

图 5.1.8　创建竖排文字

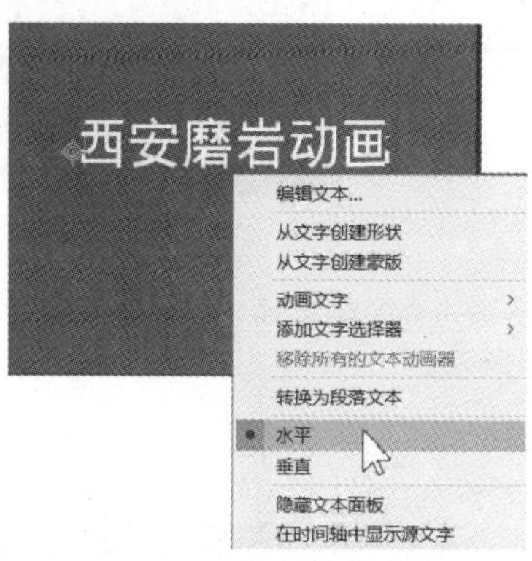

图 5.1.9　将垂直文字转换为水平文字

5.1.2　编辑文字格式

刚创建的文字都要对其字体、大小、颜色、粗细、字间距和行间距等文字格式进行设置，具体操作方法如下：

（1）单击菜单执行“窗口”→“文字”命令，或者按键盘“Ctrl+6”键可以打开“文字”面板，如图 5.1.10 所示。

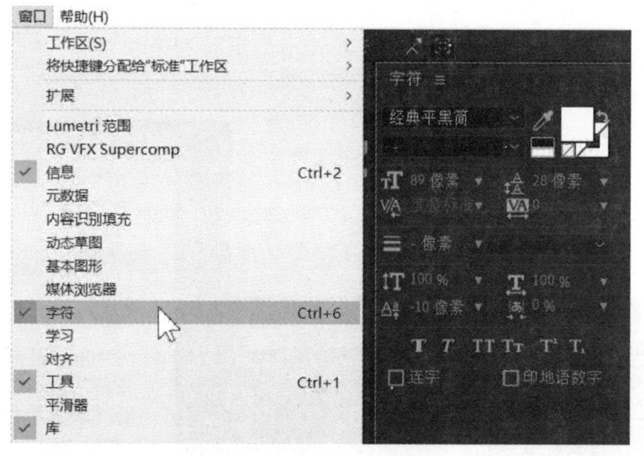

图 5.1.10　打开文字面板

提示： 单击文字面板按钮，可以切换段落面板。在按钮后面勾选“自动打开面板”选项，当用户每次选择文字工具时将自动打开文字面板，如图 5.1.11 所示。

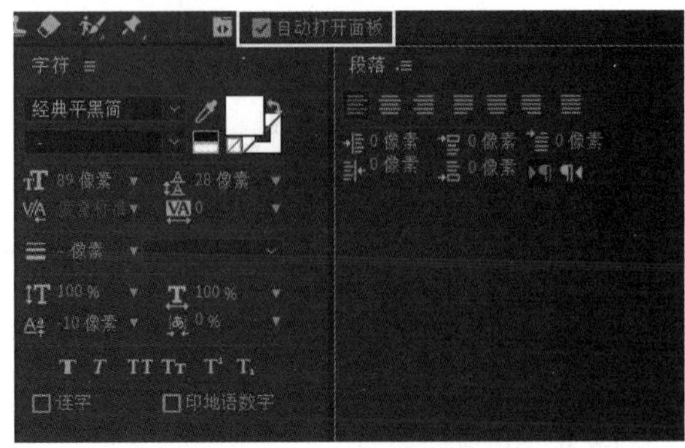

图 5.1.11　选择“自动打开面板”选项

（2）双击鼠标左键选择文字，单击文字面板字体选项下拉图标，在下拉列表里选择一种字体，如图 5.1.12 所示。

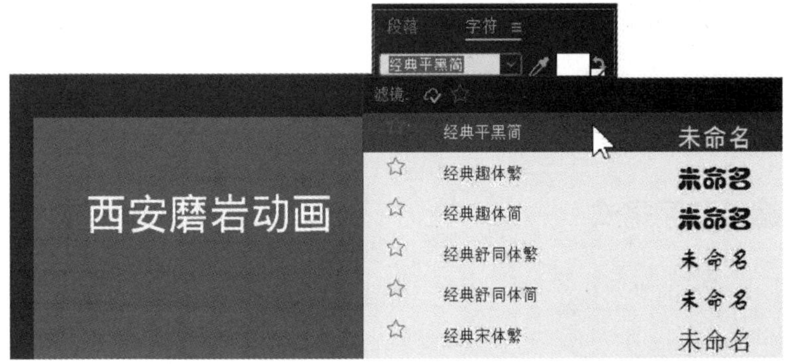

图 5.1.12　设置文字的字体

注意：单击文字面板选项图标，在弹出的下拉列表中取消“显示英文字体名称”选项，可以用中文显示字体名称，如图 5.1.13 所示。

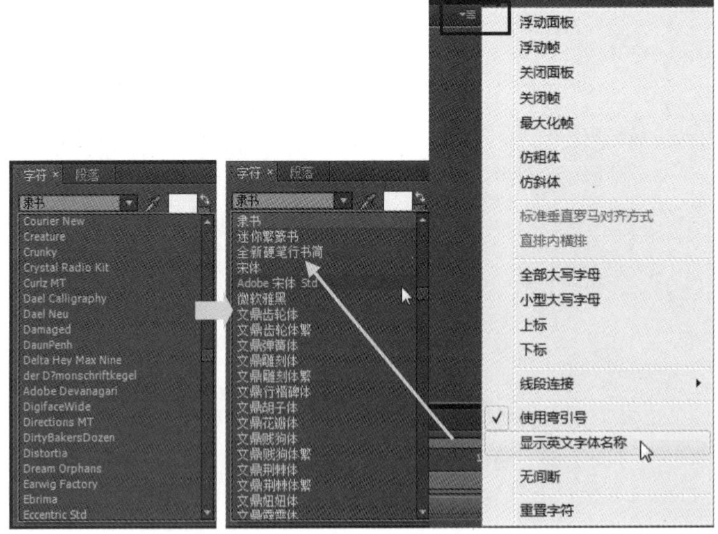

图 5.1.13　设置文字的中/英文显示

（3）在文字面板填充色色块上单击鼠标左键，在弹出的“文本颜色”面板上调整文字的填充颜色，如图 5.1.14 所示。

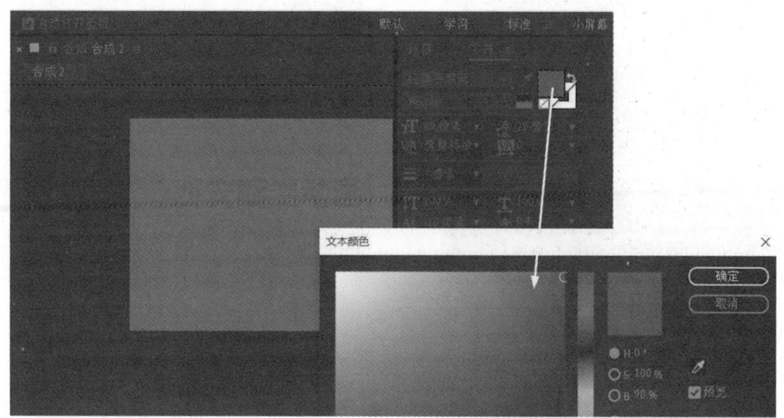

图 5.1.14　设置文字的填充颜色

（4）在文字面板描边色色块上单击鼠标左键，在弹出的“文本颜色”面板上调整文字的描边颜色，如图 5.1.15 所示。

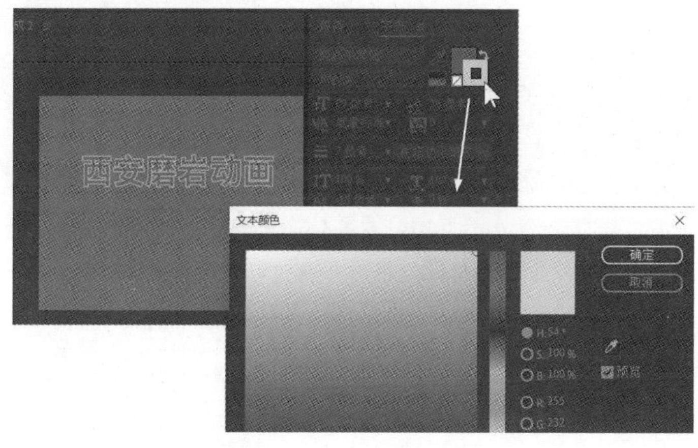

图 5.1.15　设置文字的描边颜色

提示：单击填充色色块可以设置文字的填充颜色，单击描边色色块可以设置文字的描边颜色，单击交换填充与描边图标可以调换填充和描边的颜色，如图 5.1.16 所示；单击无填充色图标可以取消填充和描边的颜色，单击黑白色图标可以将填充和描边的颜色重置为黑白颜色，如图 5.1.17 所示。

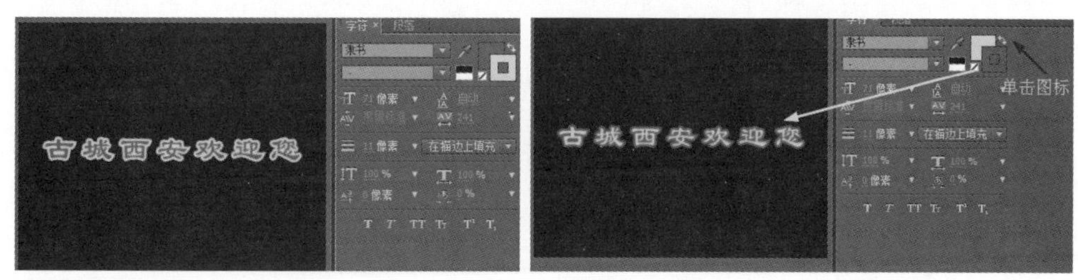

图 5.1.16　调换文字的描边和填充颜色

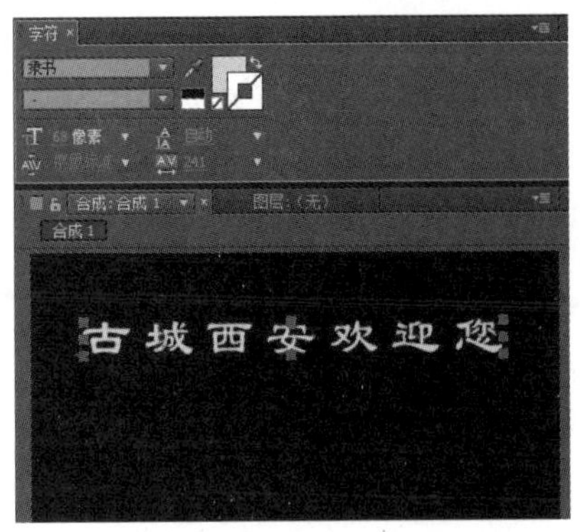

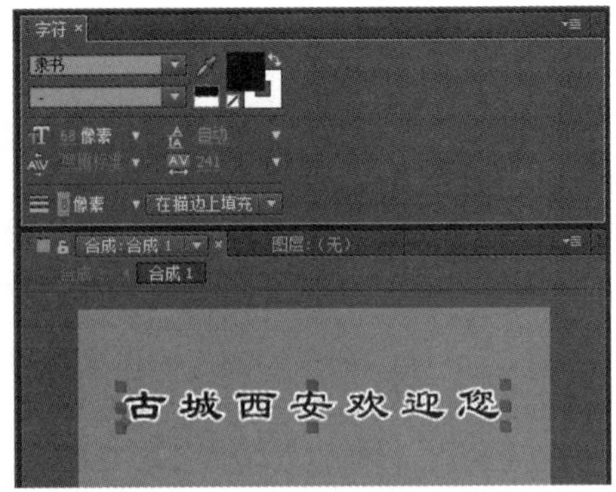

设置文字的颜色为仅为填充色

重置文字的填充和描边色为黑白色

图 5.1.17　设置文字的颜色

（5）将鼠标移至设置变宽图标处单击并拖拽可以设置文字描边宽度，如图 5.1.18 所示。

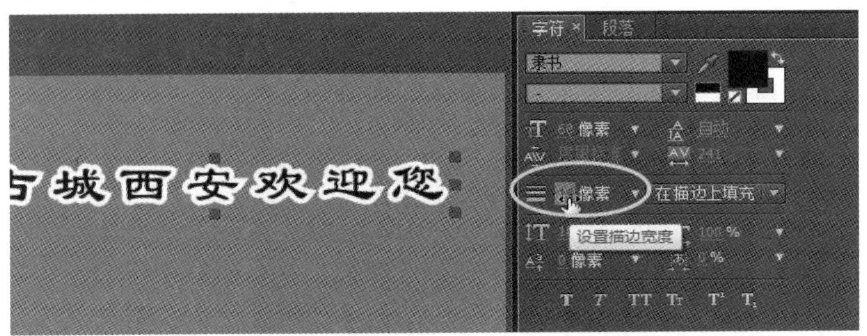

图 5.1.18　设置文字的描边宽度

（6）将鼠标移至设置文字间距图标处单击并拖拽可以设置文字的字间距，如图 5.1.19 所示。

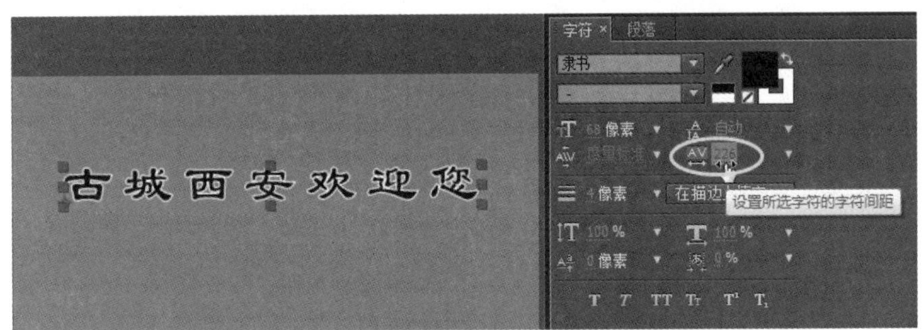

图 5.1.19　设置文字的字间距

（7）单击菜单执行“图层”→“从文本创建形状”命令，从文字创建一个文字形状图层，如图 5.1.20 所示。

（8）在合成视窗打开显示蒙版开关，单击钢笔工具调整形状文字，如图 5.1.21 所示。

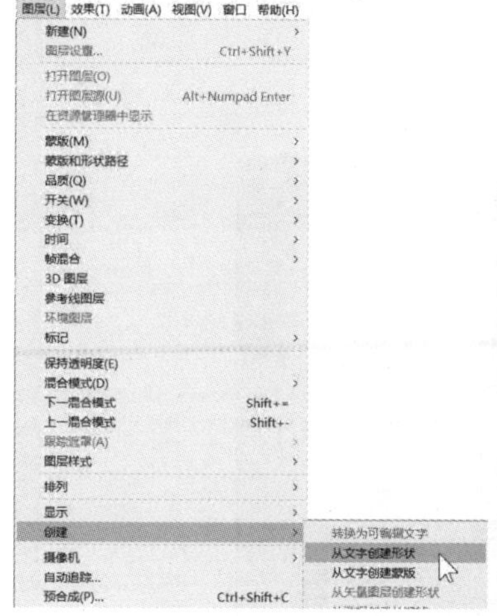

图 5.1.20　从文本创建形状

图 5.1.21　转换为形状文字

（9）在合成视窗单击并关闭显示蒙版开关，预览最终形状文字效果，如图 5.1.22 所示。

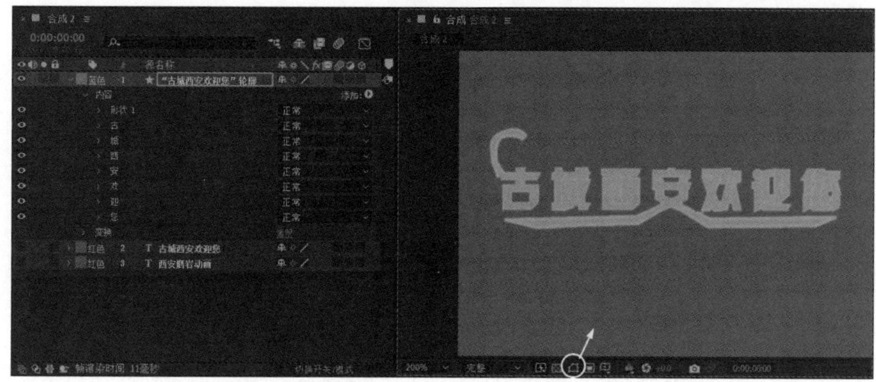

图 5.1.22　预览形状文字效果

5.1.3　动画文字的设置

在文字图层上单击“动画”展开图标，在展开的列表中选择动画选项，如图 5.1.23 所示。

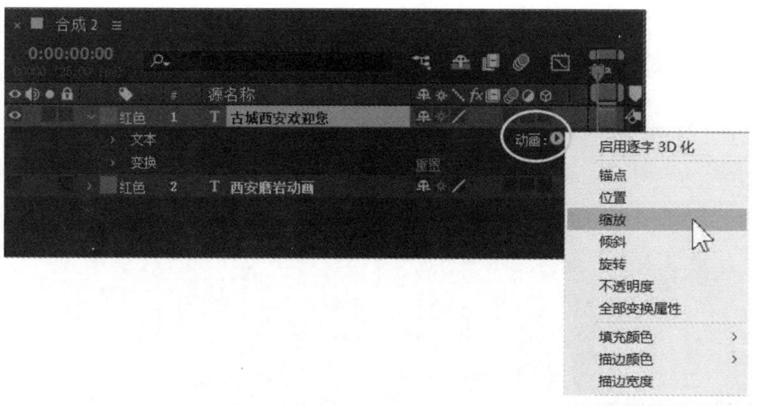

图 5.1.23　文字动画展开列表

下面制作一个文字绕路径的动画效果，具体操作步骤如下：

（1）利用钢笔工具在文字图层上绘制路径曲线，如图 5.1.24 所示。

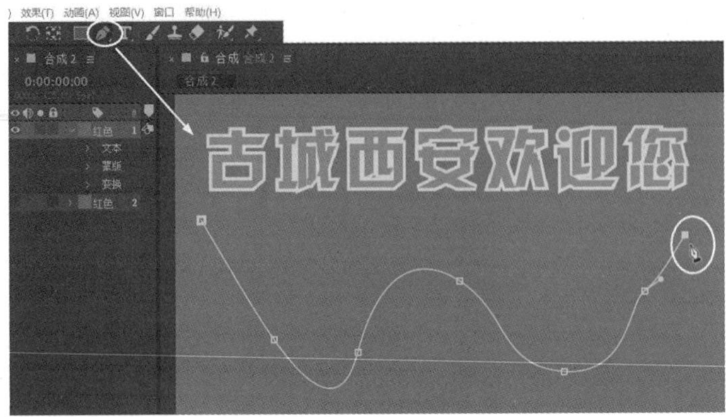

图 5.1.24　绘制路径曲线

（2）展开文字图层的“路径选项”，在“路径”选项里选择刚才利用钢笔工具绘制的“蒙版 1”选项，如图 5.1.25 所示，文字都自动放置在“蒙版 1”的路径上了。

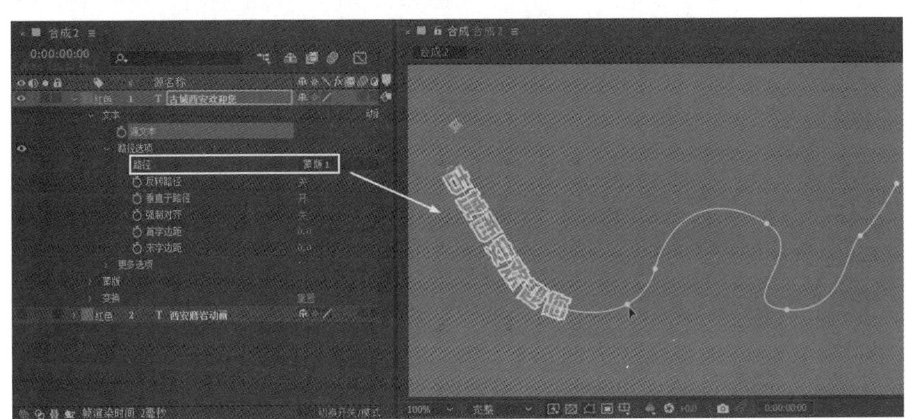

图 5.1.25　选择路径选项

（3）用鼠标单击“开始留白”选项的记录动画图标，调整“开始留白”参数，文字就会自动顺着以前绘制的路径移动，如图 5.1.26 所示。

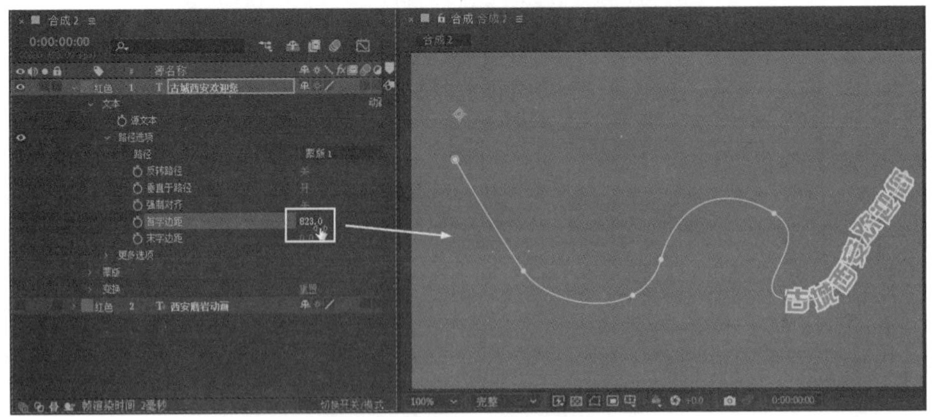

图 5.1.26　设置文字沿路径移动

（4）单击鼠标适当调整路径，文字也开始跟随路径进行改变，如图 5.1.27 所示。

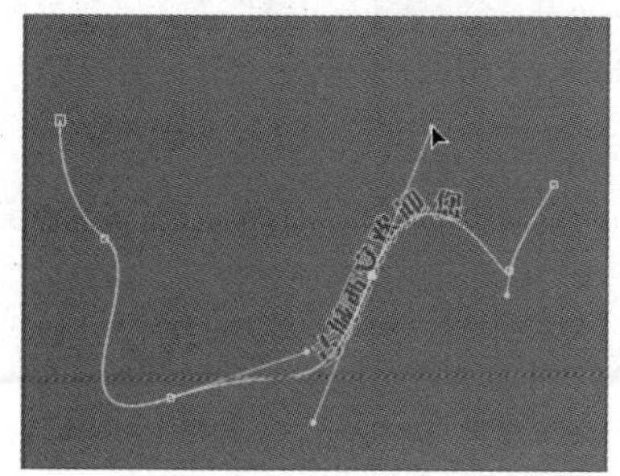

图 5.1.27　调整路径

提示：在路径选项下单击鼠标打开“反转路径”选项，可以将整个路径翻转过来，原来的起点变成终点，如图 5.1.28 所示。单击鼠标打开“强制对齐”选项，可以将文字自适应铺满整个路径，如图 5.1.29 所示。

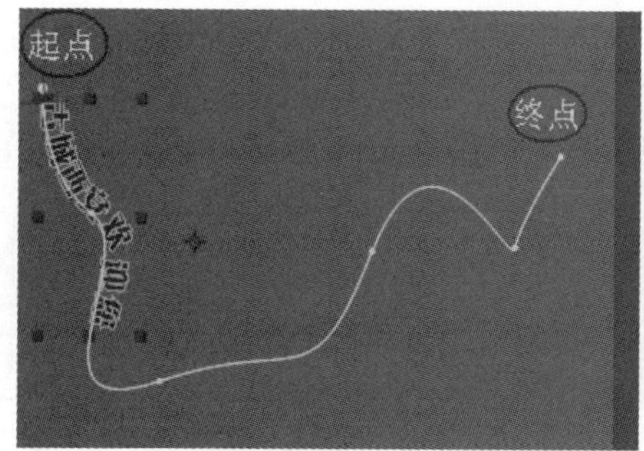

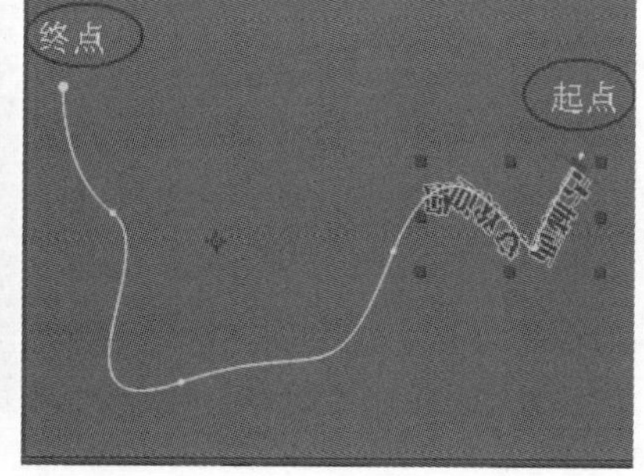

图 5.1.28　反转路径效果对比

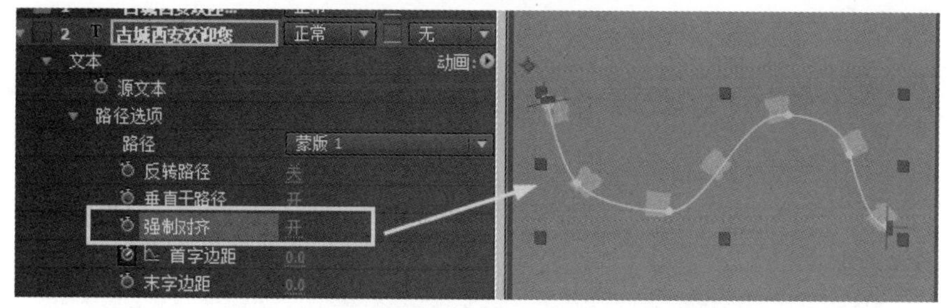

图 5.1.29　强制对齐效果显示

5.1.4　制作“打字机”效果文字

经常可以在电视上看到“打字机”打出文字的动画效果，下面就利用文字图层的“动画”选项制作一段“打字机”效果文字，具体操作步骤如下：

（1）单击横排文字工具在合成视窗上单击，输入“千年古都常来长安”文字，如图 5.1.30 所示。

（2）在文字图层上单击“动画”展开图标，在展开的列表中选择“不透明度”选项，如图 5.1.31 所示。

图 5.1.30　输入文字

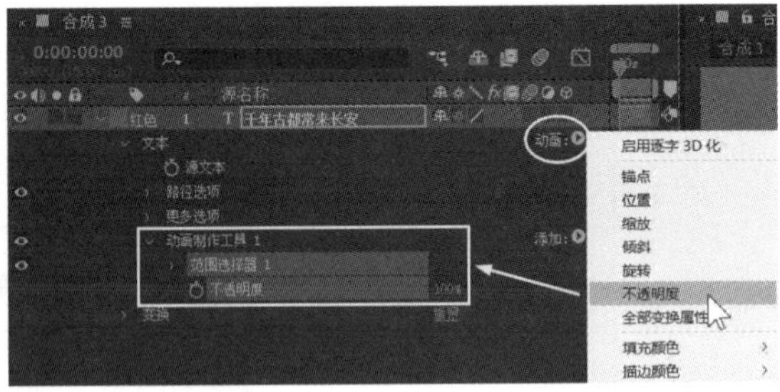

图 5.1.31　给文字添加透明度动画

（3）将文字图层的“不透明度”的参数设置为 0%，单击“偏移”选项前面的记录动画关键帧按钮，如图 5.1.32 所示。

（4）将当前时间指示器移至 0 秒开始处，设置“偏移”的参数为 0；将当前时间指示器移至 2 秒处，设置“偏移”的参数为 100，如图 5.1.33 所示。

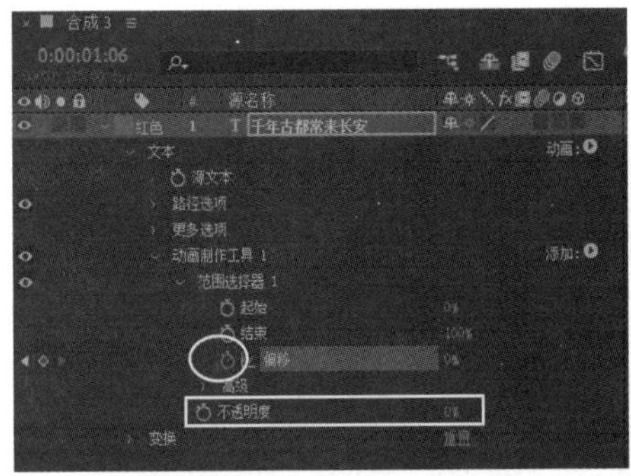

图 5.1.32　设置文字图层的透明度和偏移参数

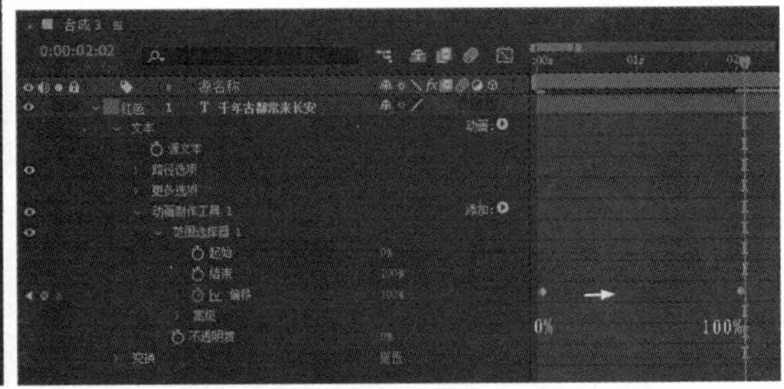

图 5.1.33　设置文字图层的偏移参数动画

（5）用鼠标移动当前时间指示器从 0 秒到 2 秒间查看整个动画，完成“打字机”效果文字的制作，如图 5.1.34 所示。

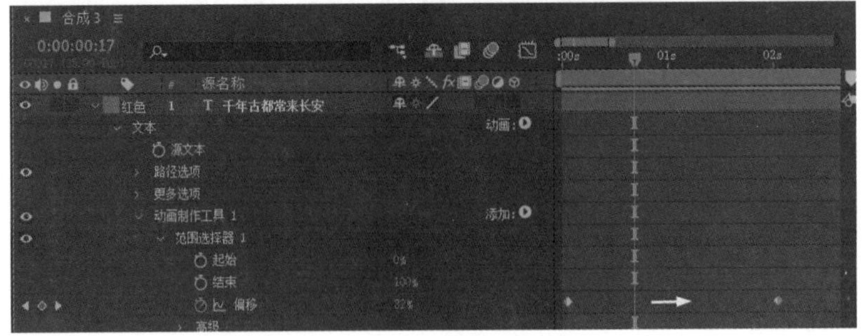

图 5.1.34　用鼠标移动时间指示器查看动画效果

5.1.5　制作“逐个砸文字”效果

前面利用文字图层动画列表当中的“透明度”制作了一段“打字机”效果文字，下面利用动画列表中的“缩放”和“透明度”一起来实现一段“逐个砸文字”效果。具体操作步骤如下：

（1）单击横排文字工具T并在合成视窗上单击，输入“美丽的古城西安欢迎您”文字，如图 5.1.35 所示。

（2）在文字图层上单击“动画”展开图标，在展开的列表中选择“缩放”选项，如图 5.1.36 所示。

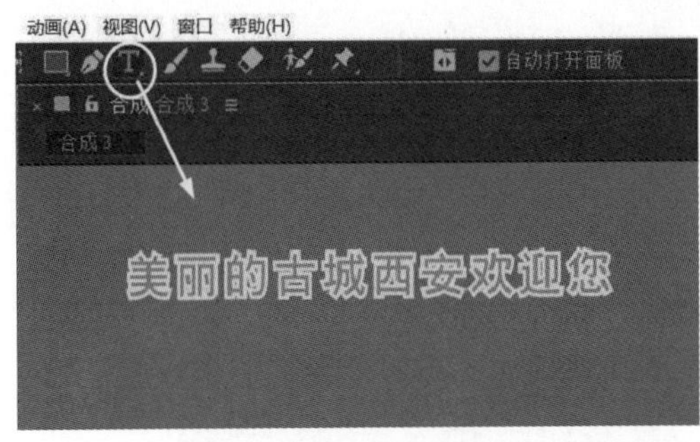

图 5.1.35　输入文字

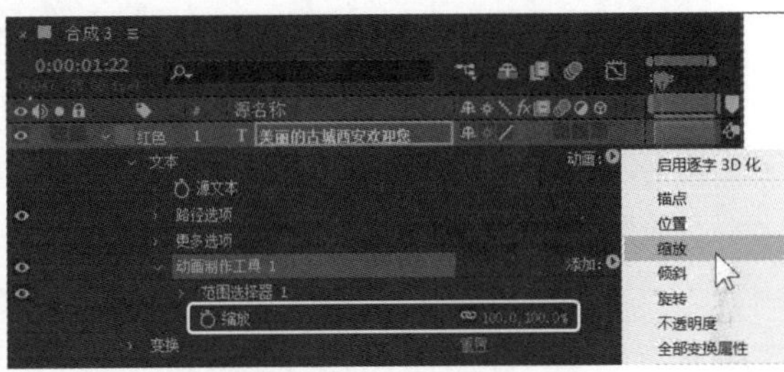

图 5.1.36　给文字添加缩放动画

（3）用鼠标单击“动画 1 的添加”展开图标，在展开的列表中选择“属性”→“不透明度”选项，如图 5.1.37 所示。

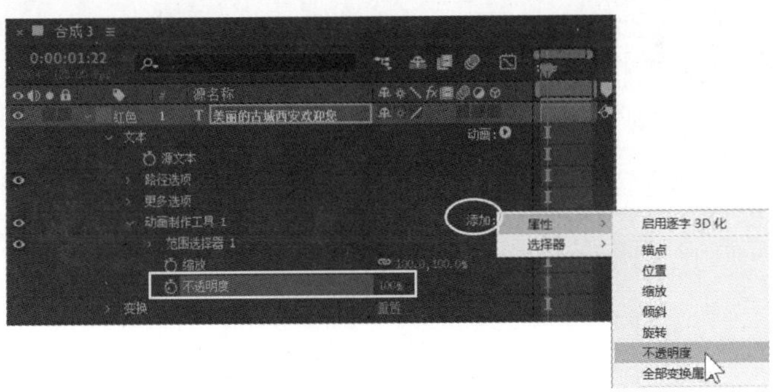

图 5.1.37　添加不透明度选项

（4）将文字图层“缩放”的参数设置为 173%，如图 5.1.38 所示。

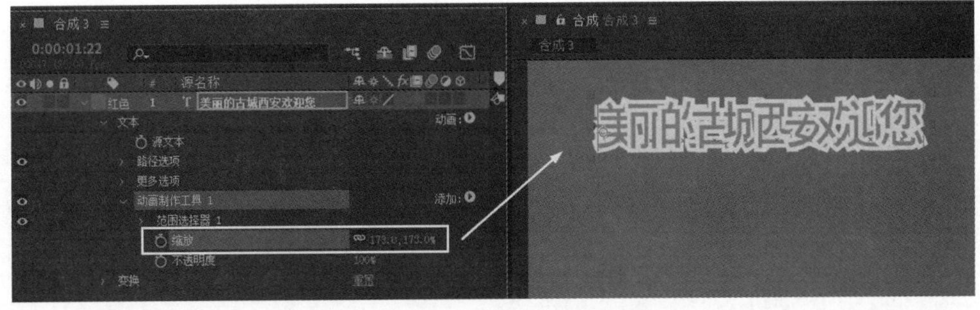

图 5.1.38　设置文字图层的比例参数

（5）将文字图层的“不透明度”设置为 0%，单击“偏移”选项前面的记录动画关键帧按钮，如图 5.1.39 所示。

图 5.1.39　设置文字图层的不透明度和偏移数值

（6）将当前时间指示器移至 2 秒开始处，设置“偏移”的参数为 0%；将当前时间指示器移至 5 秒处，设置“偏移”的参数为 100，如图 5.1.40 所示。

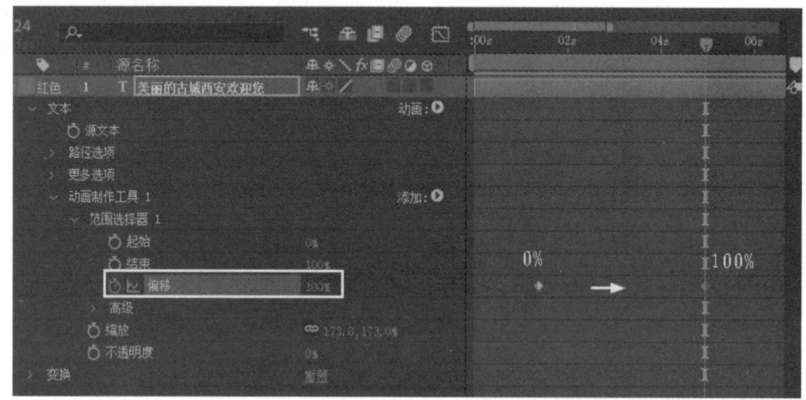

图 5.1.40　设置文字图层的偏移参数动画

注意：文字动画的持续时间要根据文字的数量和阅读速度来确定，按照正常的阅读文字速度为每秒 3 ~ 4 个汉字，在制作的过程中我们都按每秒 3.5 个汉字来计算。

（7）用鼠标移动当前时间指示器从 2 秒到 5 秒间查看整个动画，完成“逐个砸文字”效果的制作，如图 5.1.41 所示。

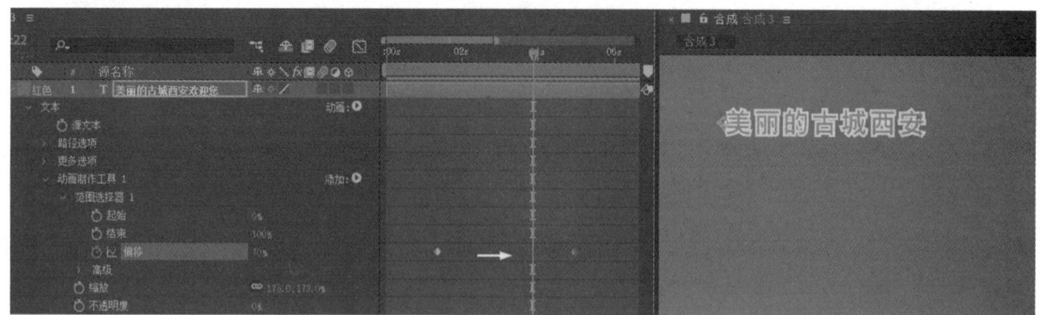

图 5.1.41　用鼠标移动时间指示器查看动画效果

5.1.6　制作“逐字放大”效果文字

大家经常在电视广告上见到商家的电话号码等数字在屏幕上逐个放大的效果，下面就利用“缩放”功能来制作一段“逐字放大”效果文字，具体操作步骤如下：

（1）单击横排文字工具T在合成视窗上单击，输入“千年古都常来长安”文字，如图 5.1.42 所示。

（2）在文字图层上单击“动画”展开图标，在展开的列表中选择“缩放”选项，如图 5.1.43 所示。

图 5.1.42　输入文字

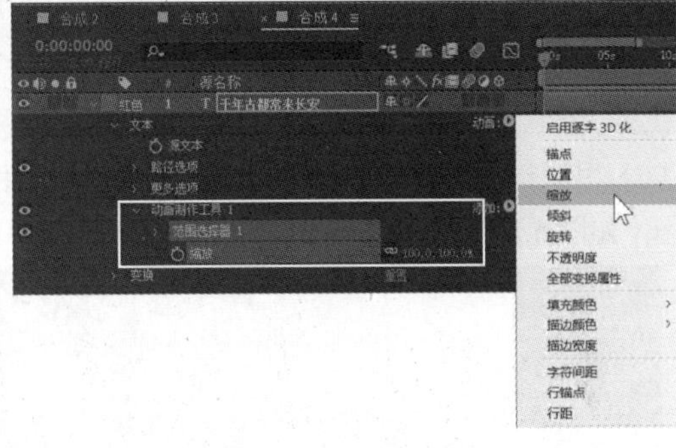

图 5.1.43　给文字添加缩放动画

（3）展开“范围选择器”选项设置“结束”的数值，将范围正好设置为一个文字，如图 5.1.44 所示。

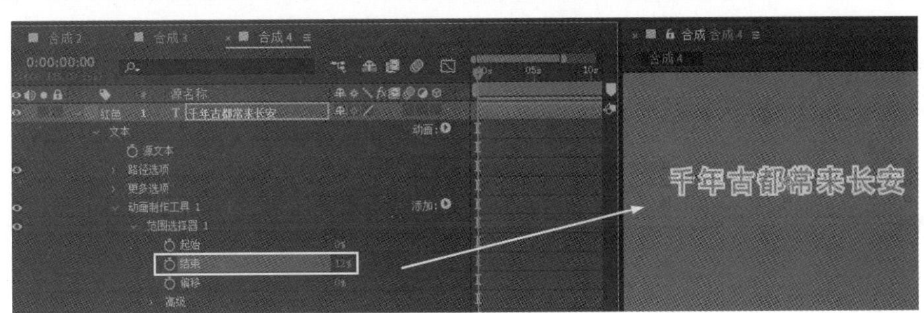

图 5.1.44　设置范围选择器

（4）设置文字“比例”选项的数值为 264%，如图 5.1.45 所示。

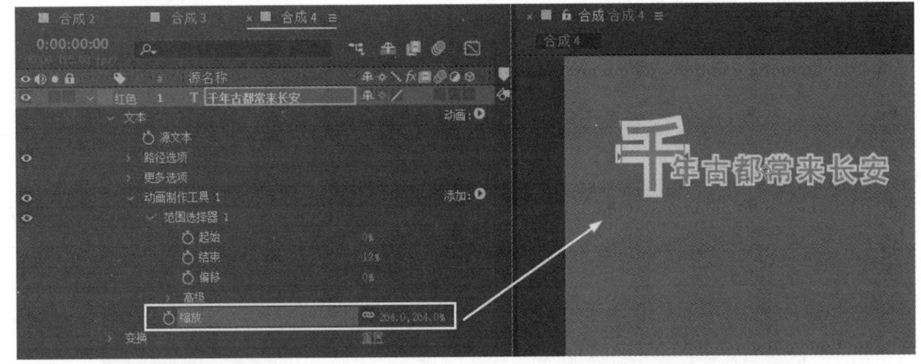

图 5.1.45　设置文字比例大小

（5）将当前时间指示器移至 5 秒开始处，设置“偏移”的参数为 0%；将当前时间指示器移至 8 秒处，设置“偏移”的参数为 100，如图 5.1.46 所示。

图 5.1.46　设置文字动画的偏移数值

（6）用鼠标移动当前时间指示器，从 5 秒到 8 秒间查看整个动画，完成“逐字放大”效果文字的制作，如图 5.1.47 所示。

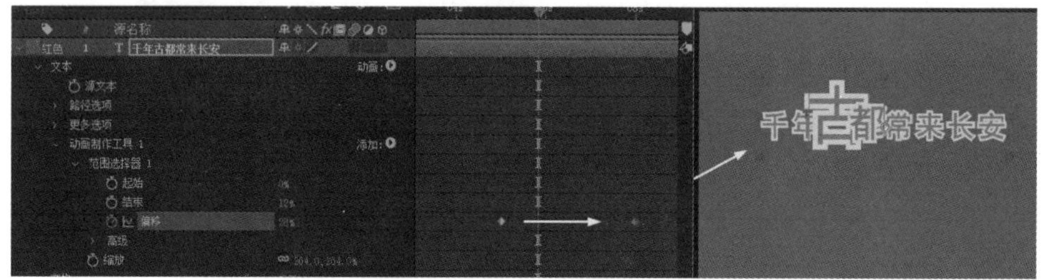

图 5.1.47　查看动画效果

5.1.7　文字动画预置

在 After Effects 2022 软件的效果和预设里，自带了上百种文字动画效果以备用户直接使用，还可以调节动画数值，可以通过在“效果和预设”面板和在 Adobe Bridge 2022 中添加文字动画预置两种方式。

利用“效果和预设”面板添加文字动画预置，具体操作步骤如下：

（1）利用文字工具创建文字“一个阳光明媚的早晨”，单击菜单执行“窗口”→“效果和预设”命令，或者按键盘“Ctrl+5”键打开“效果和预设”面板，如图 5.1.48 所示。

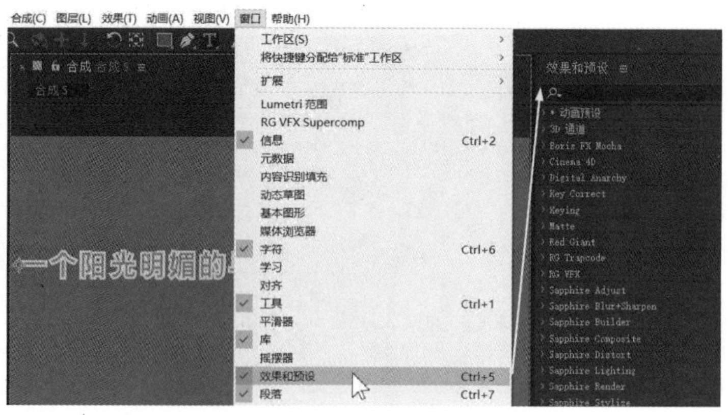

图 5.1.48　输入文字并打开效果和预设面板

（2）在“效果和预设”面板的查找栏输入“逐字”，在效果和预设面板里关于“逐字”相关字符的特效都一一展现了出来，如图 5.1.49 所示。

（3）单击“效果和预设”面板中的“滴落”效果拖拽到文字图层，如图 5.1.50 所示。

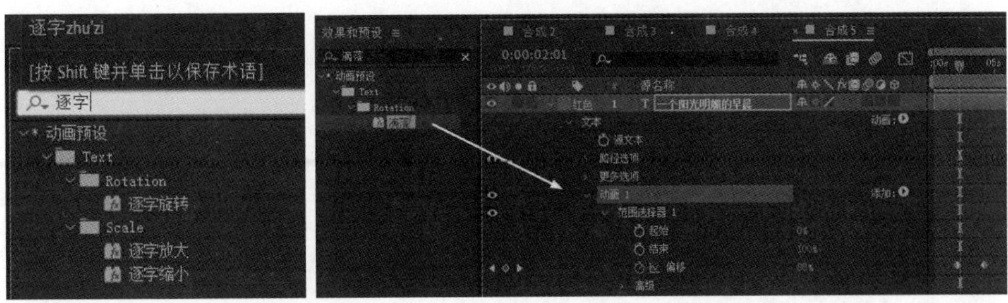

图 5.1.49　查找文字　　　　图 5.1.50　添加滴落效果

（4）用鼠标移动当前时间指示器查看整个动画，如图 5.1.51 所示。

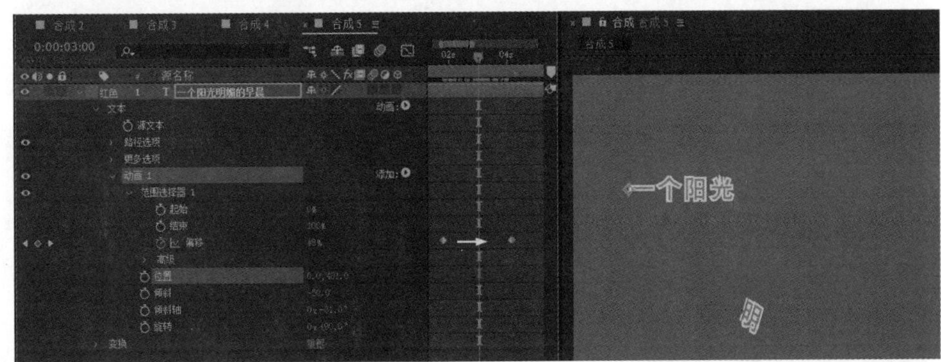

图 5.1.51　查看整个动画

利用在 Adobe Bridge 2022 面板添加文字动画预置，具体操作步骤如下：

（1）删除文字图层“一个阳光明媚的早晨”中刚才添加的文字效果。单击菜单执行“动画”→“浏览预设”命令，或者用鼠标单击“开始”→“程序”→“Adobe Bridge 2022”选项，打开 Adobe Bridge 2022 面板，如图 5.1.52 所示。

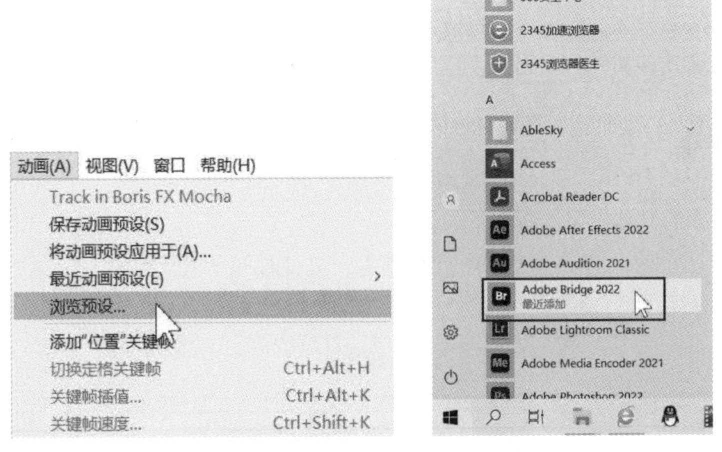

图 5.1.52　启动 Adobe Bridge 2022

（2）在 Adobe Bridge 2022 面板中找到“平滑移入”效果，通过预览窗口可以观看文字动画效果，在要添加的“平滑移入”效果上双击鼠标左键即可添加到文字图层，如图 5.1.53 所示。

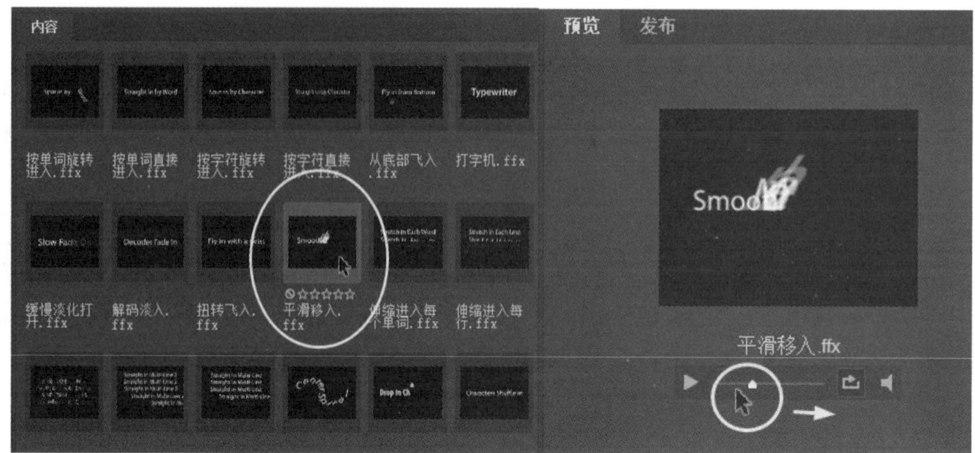

图 5.1.53　预览和添加文字动画效果

（3）用鼠标移动当前时间指示器查看整个动画，如图 5.1.54 所示。

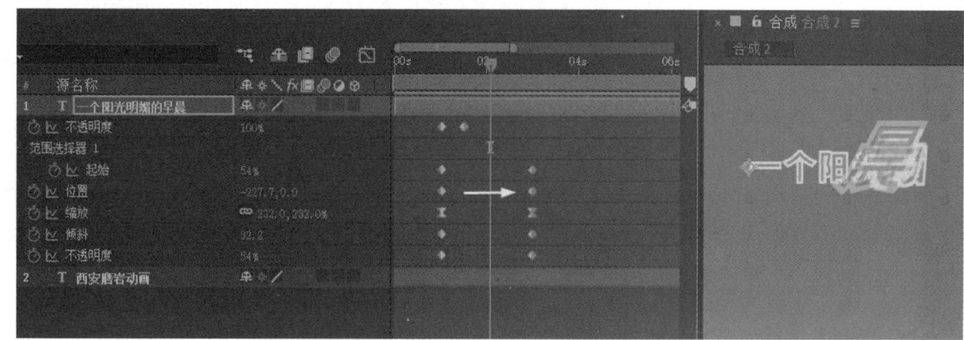

图 5.1.54　预览文字动画效果

5.2　特 效 文 字

在纯色上添加各种文字效果就是特效文字，特效文字主要有基本文字、路径文字、编号和时间码等，下面分别对这几种文字的应用和设置进行介绍。

5.2.1　基本文字

添加基本文字的具体操作步骤如下：

（1）新建一个纯色，单击菜单执行“效果”→“过时”→“基本文字”命令，如图 5.2.1 所示。

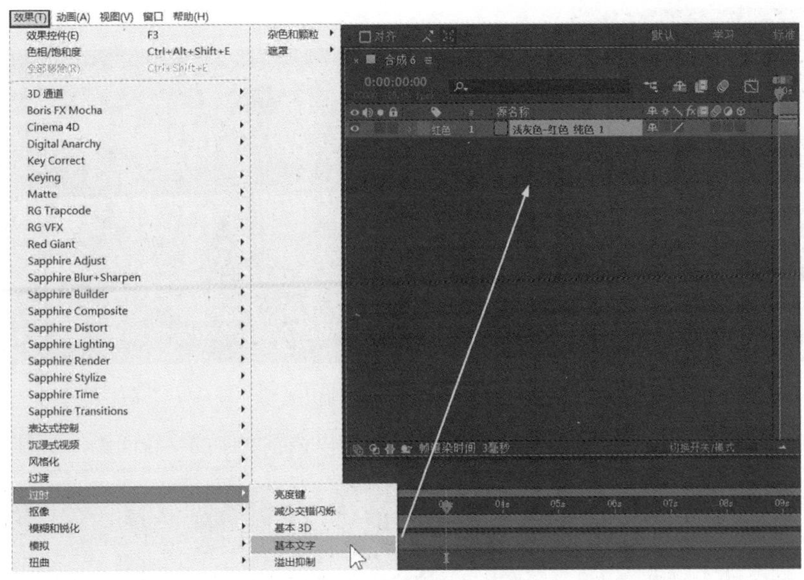

图 5.2.1　添加基本文字效果

（2）在弹出的“基本文字”面板里输入文字，设置文字的字体后按“确定”按钮，如图 5.2.2 所示。

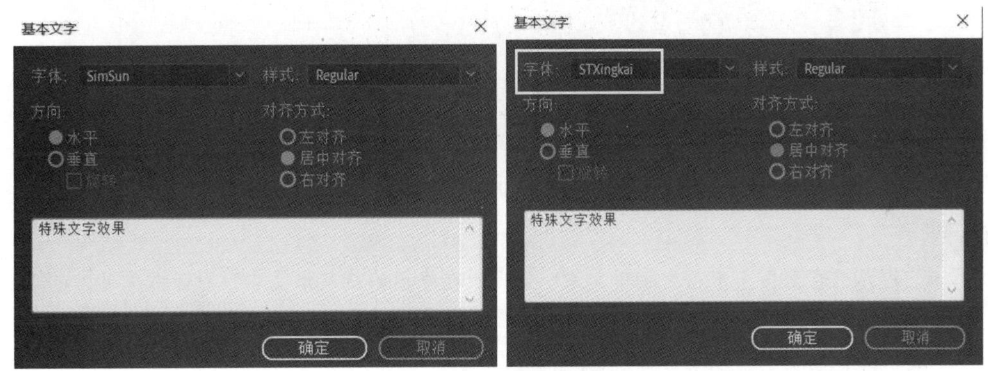

图 5.2.2　输入文字并设置字体

（3）在特效控制台面板的“基本文字”特效里调整文字的“大小”数值，如图 5.2.3 所示。

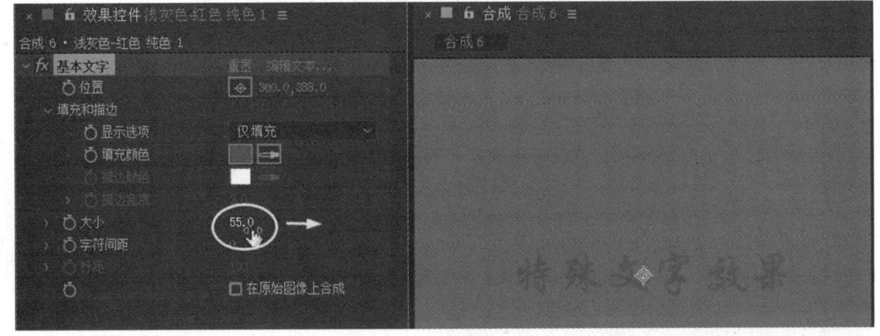

图 5.2.3　调整文字大小

（4）单击面板上“显示选项”的下拉图标选择“在描边上填充”选项，并设置描边宽度和颜色，如图 5.2.4 所示。

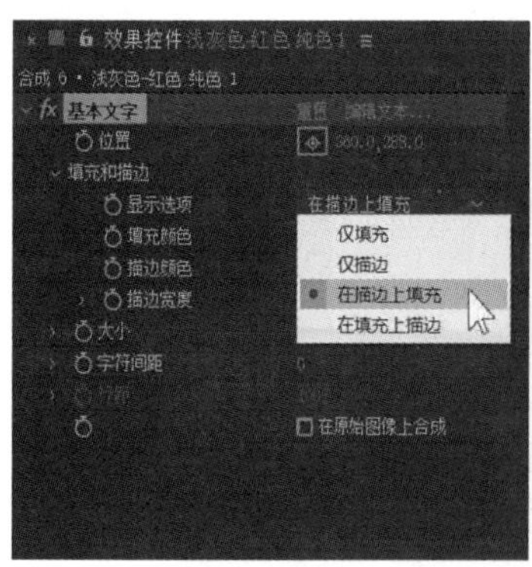

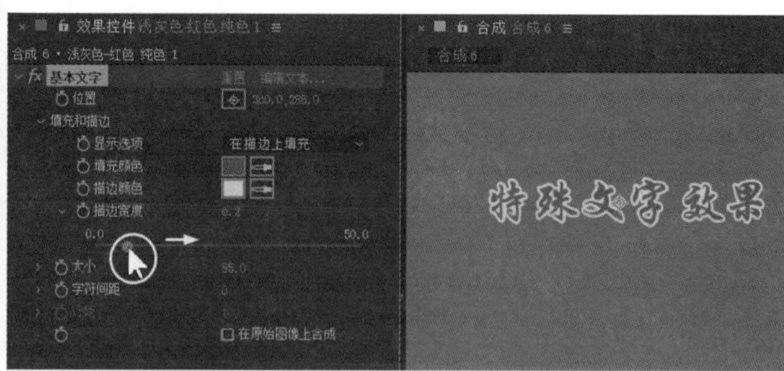

图 5.2.4　调整文字的描边选项

（5）单击鼠标拖动 “字符间距”选项的数值，可以调整文字的字符间距，如图 5.2.5 所示。

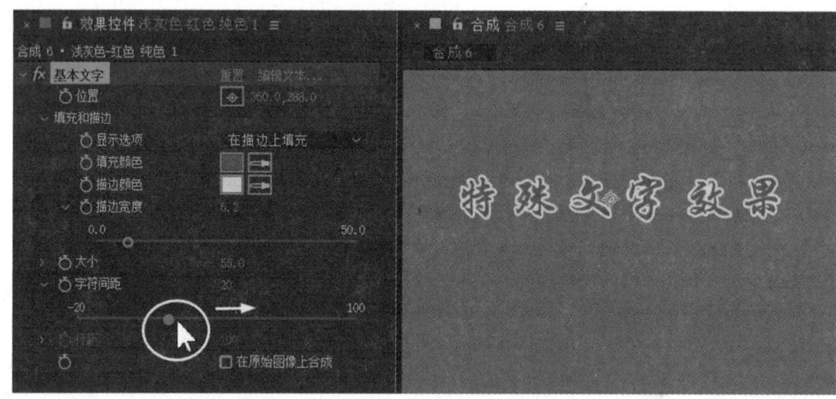

图 5.2.5　调整文字的间距

提示：在面板上单击“编辑文本”选项，在弹出的“基本文字”对话框里可以重新编辑文字，如图 5.2.6 所示。

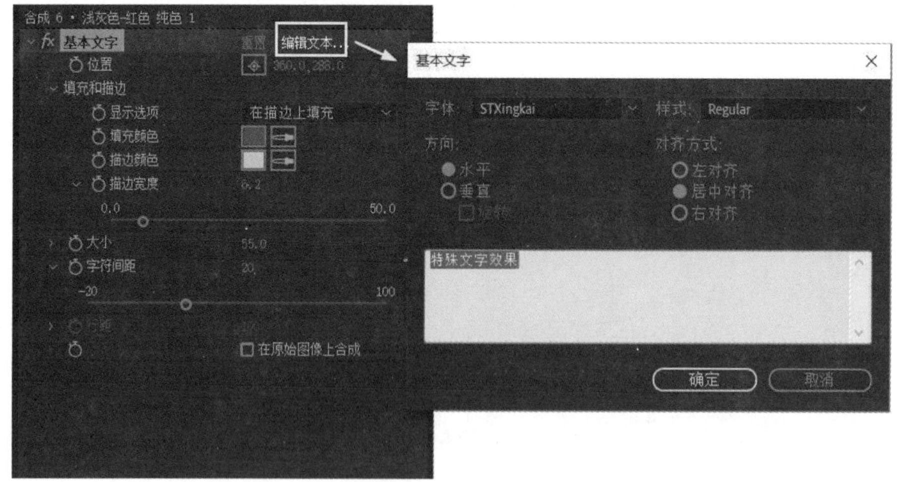

图 5.2.6　“基本文字”对话框

5.2.2　路径文字

添加路径文字的具体操作步骤如下：

（1）新建一个纯色，单击菜单执行“效果”→“过时”→“路径文本”命令，如图 5.2.7 所示。

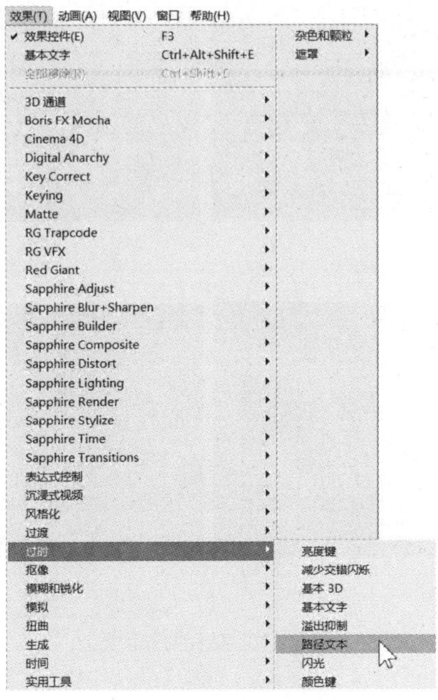

图 5.2.7　添加路径文字效果

（2）在弹出的“路径文字”面板里输入文字，设置文字的字体后按“确定”按钮，如图 5.2.8 所示。

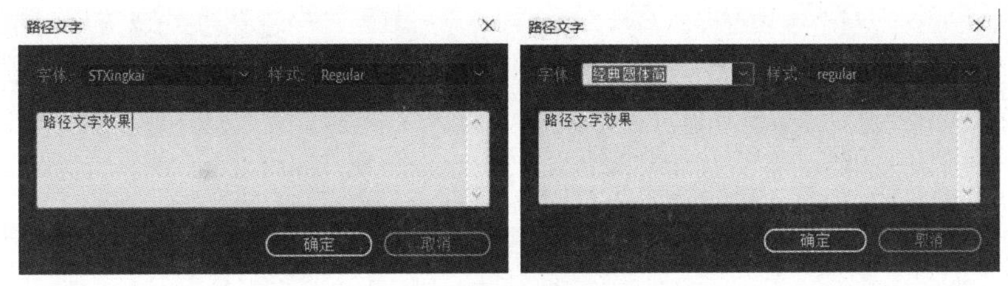

图 5.2.8　输入文字并设置字体

（3）在特效控制台面板的“路径选项”里选择“贝塞尔曲线”选项，如图 5.2.9 所示。

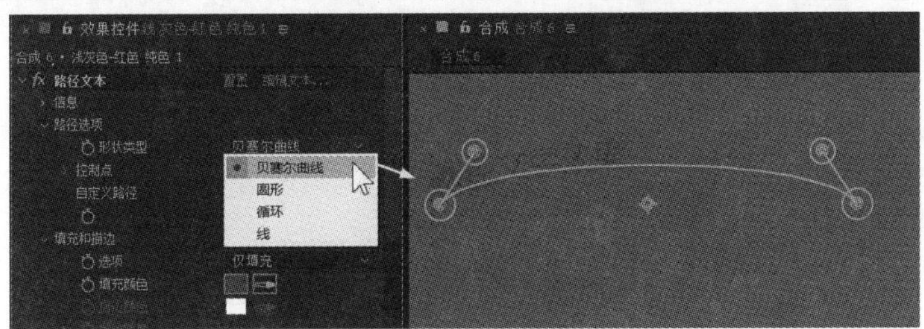

图 5.2.9　选择路径形状类型

注意：在路径文字里的路径的形状类型分为贝塞尔曲线、圆形、循环和线 4 种类型，如图 5.2.10 所示。

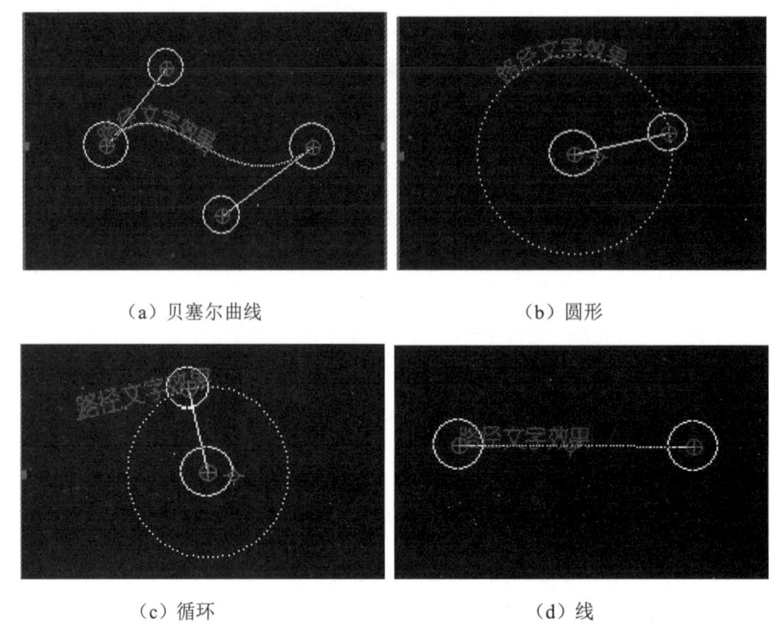

（a）贝塞尔曲线　　（b）圆形

（c）循环　　（d）线

图 5.2.10　路径的形状类型

提示：在路径文字里可以利用钢笔工具根据用户需要来绘制路径，在“自定义路径”下拉列表里选择所绘制的路径名称“蒙版 1”选项，文字会自动跟随着刚才所绘制的路径，如图 5.2.11 所示。

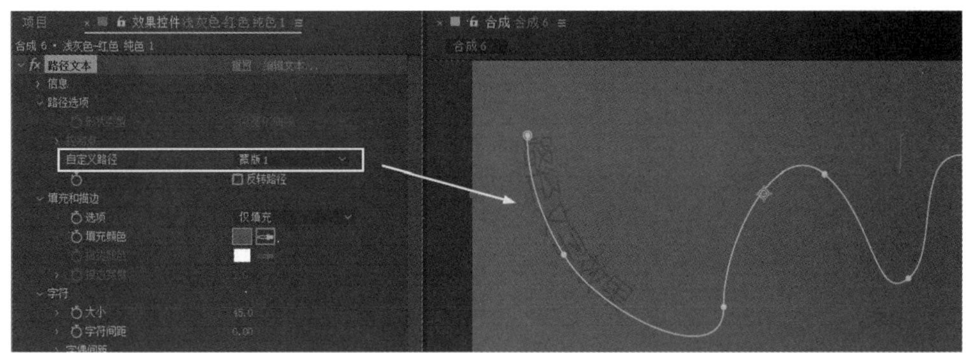

图 5.2.11　自定义路径文字

（4）在特效控制台面板的“路径文字”特效里调整文字的“填充和描边”数值，如图 5.2.12 所示。

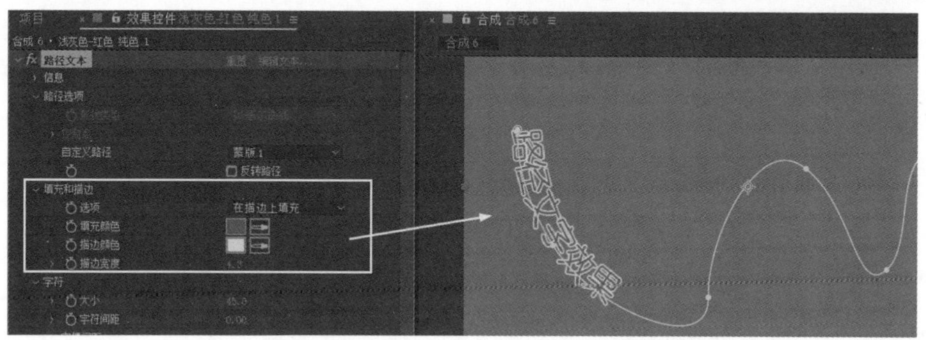

图 5.2.12　调整文字的“填充和描边”数值

（5）在“字符”选项里调整文字的“字符间距”数值，如图 5.2.13 所示。

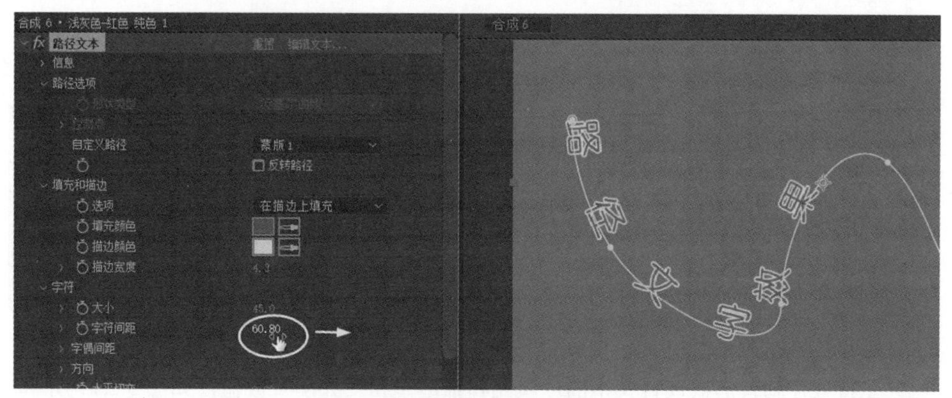

图 5.2.13　设置路径文字的字符间距

（6）在“段落”选项里单击“对齐”下拉列表选择“强制对齐”选项，路径文字将自适应到整个路径，如图 5.2.14 所示。

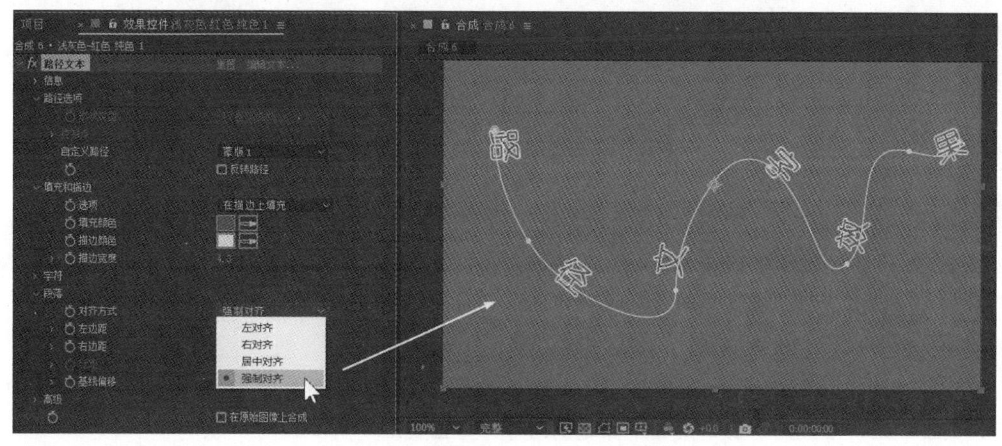

图 5.2.14　设置路径文字的对齐方式

5.2.3　编号文字

添加编号文字的具体操作步骤如下：

（1）新建一个纯色，单击菜单执行“效果”→“文本”→“编号”命令，如图 5.2.15 所示。

（2）在弹出的“编号”文字面板里设置文字的“字体”和“方向”以后按“确定”按钮，如图 5.2.16 所示。

图 5.2.15　添加编号文字

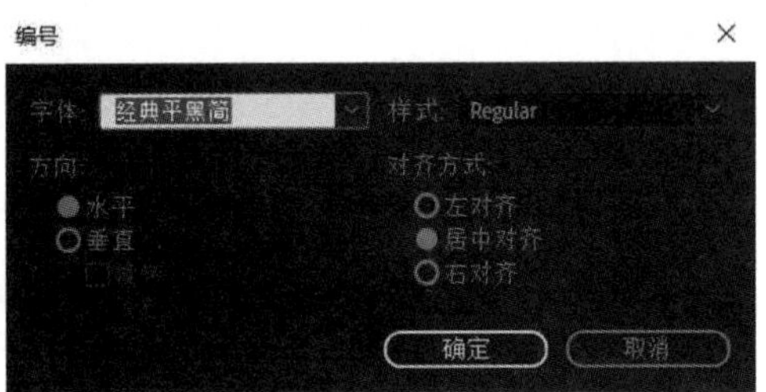

图 5.2.16　设置“字体”和“方向”

（3）在特效控制台面板设置文字的“填充和描边”和“大小”数值，如图 5.2.17 所示。

（4）在特效控制台面板的“格式”选项里的“类型”下拉列表里选择“数目”选项，如图 5.2.18 所示。

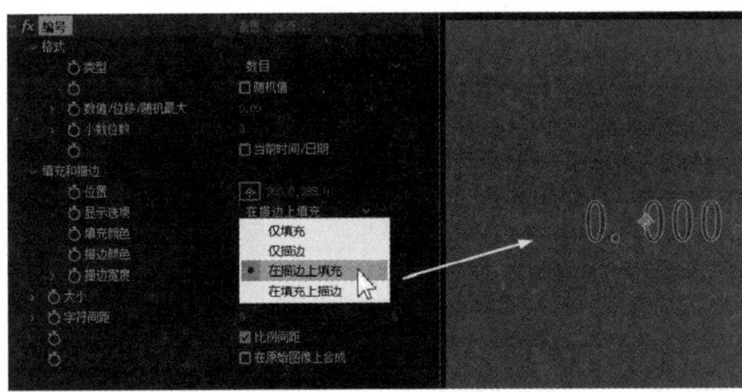

图 5.2.17　设置文字的填充描边和大小

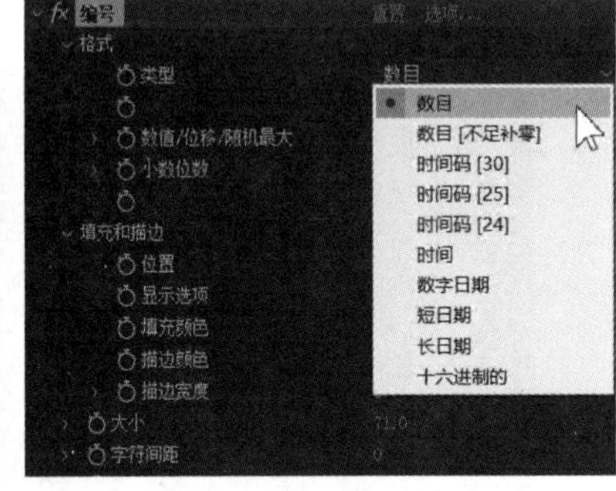

图 5.2.18　选择编号文字的类型

注意：在编号文字里的格式类型分为数目、数目（不足补零）、时间码（30\25\24）、时间、数字日期、短日期、长日期和十六进制的等，如图 5.2.19 所示。

（a）数目

（b）数目（不足补零）

（c）时间码（30）　　（d）时间

（e）数字日期　　（f）短日期

（g）长日期　　（h）十六进制的

图 5.2.19　编号文字的类型

提示：在“格式”选项下调整“小数位数”可以设置编号文字的小数位数，如图 5.2.20 所示；当编号文字类型为“时间”时，勾选“当前时间/日期”选项可以显示当前时间，如图 5.2.21 所示。

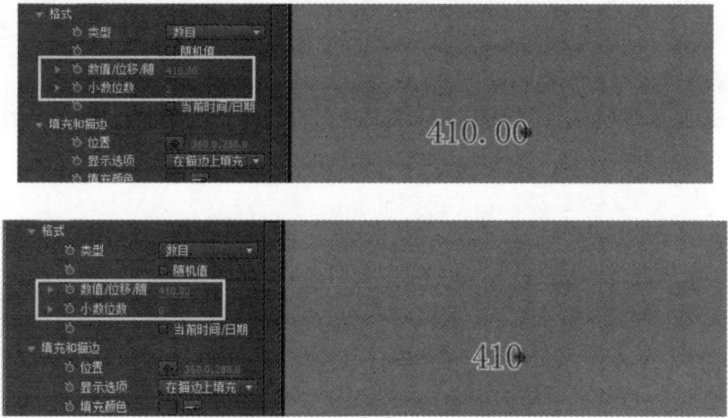

图 5.2.20　设置编号文字的小数位数

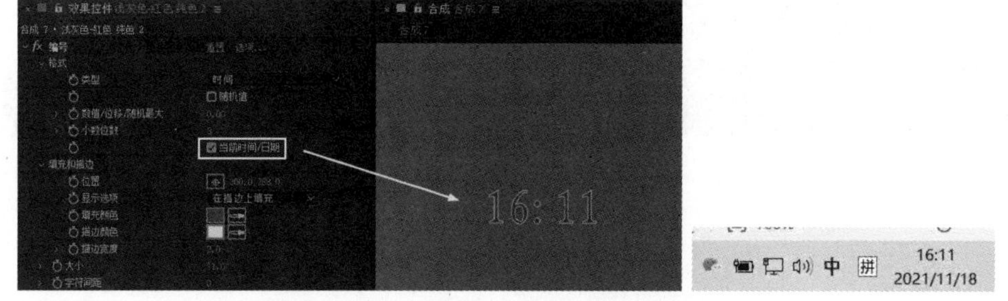

图 5.2.21　显示当前时间

（5）在特效控制台面板的“格式”选项里的“数值\位移\随机最大”选项上单击鼠标右键，在右键菜单里选择“重置”选项，如图 5.2.22 所示。

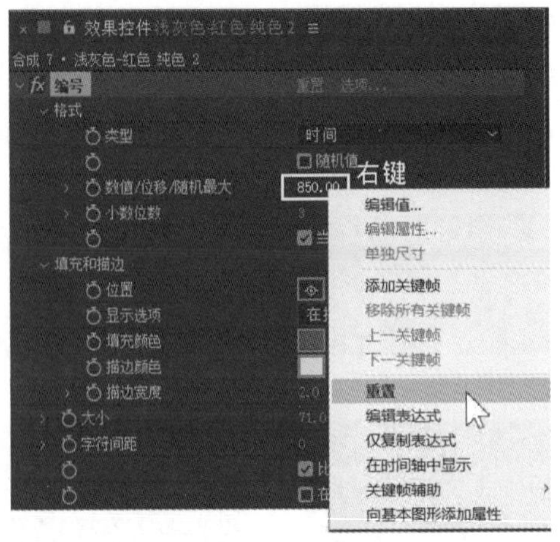

图 5.2.22　重置编号文字的“数值\位移\随机最大”参数

（6）将当前时间指示器移动至 0 秒处，单击“数值\位移\随机最大”选项前面的动画图标，开始记录动画；将当前时间指示器移动至 2 秒处，调整“数值\位移\随机最大”的数值，如图 5.2.23 所示。

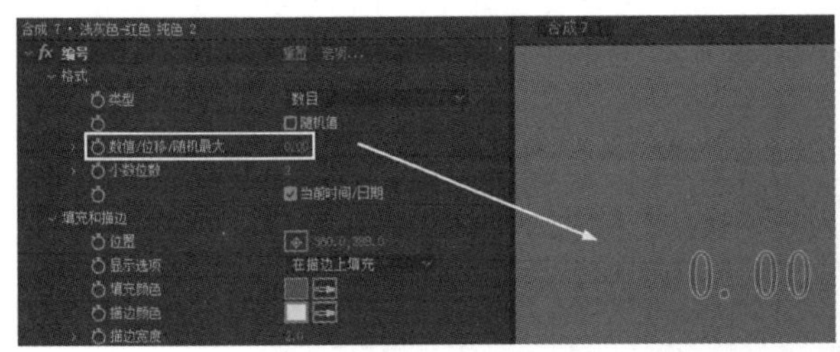

（a）当前时间指示器在 0 秒处

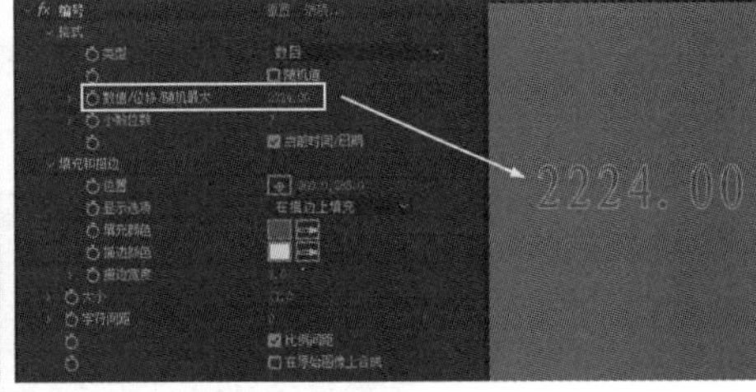

（b）当前时间指示器在 2 秒处

图 5.2.23　设置编号文字的动画

（7）用鼠标拖动当前时间指示器查看整个动画效果，如图 5.2.24 所示。

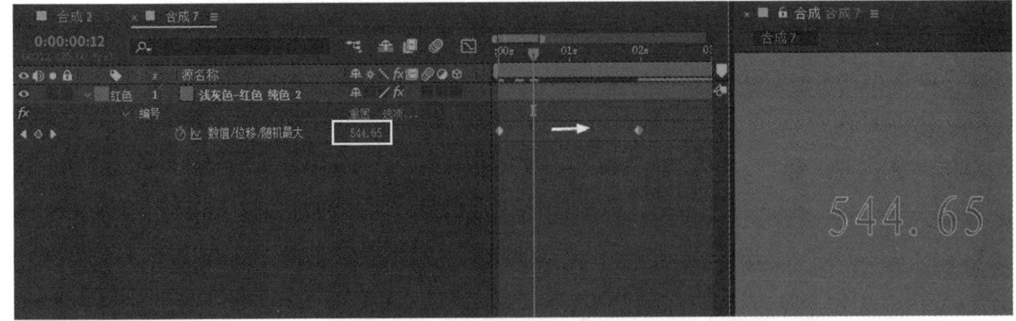

图 5.2.24　查看编号文字动画效果

5.3　课 堂 实 战

5.3.1　行程路线图的制作

本例主要利用前面所学的知识制作“行程路线图”，最终效果如图 5.3.1 所示。

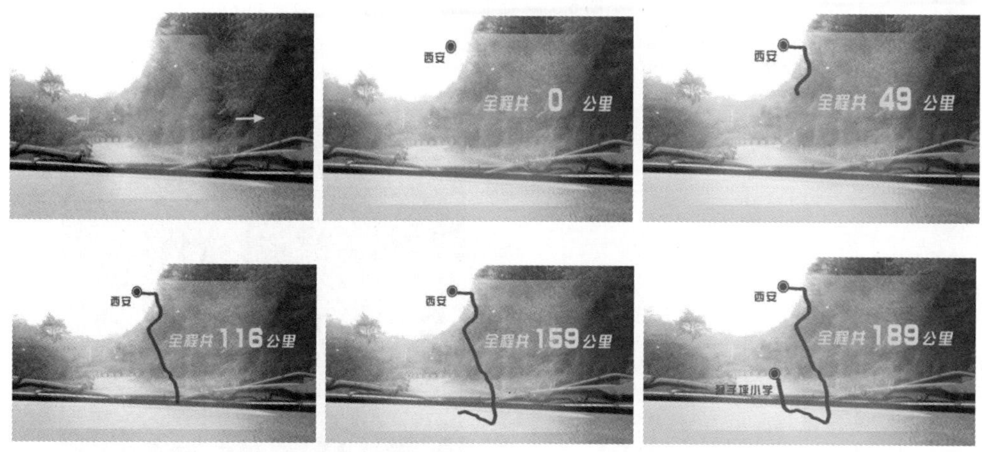

图 5.3.1　最终效果图

操作步骤：

（1）新建一个合成并命名为“汽车路线图”，合成的持续时间为 15 秒，详细参数如图 5.3.2 所示。

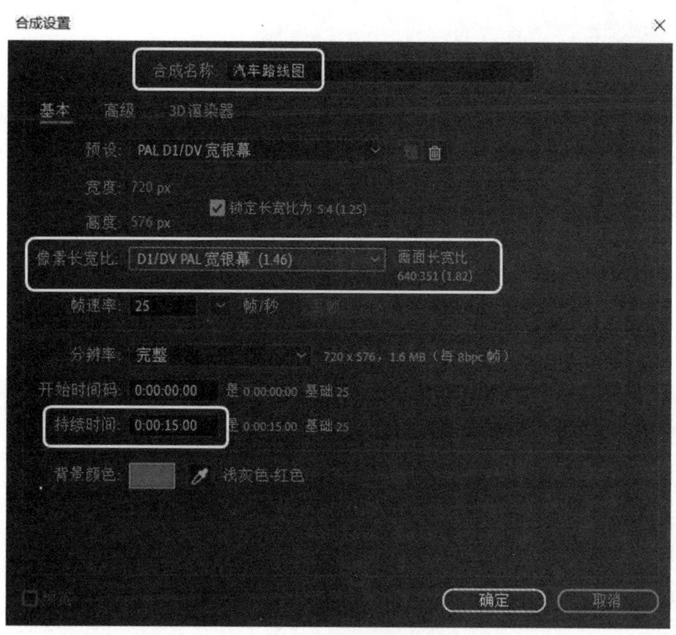

图 5.3.2　“合成设置”对话框

（2）导入“背景”素材并添加到合成时间线，如图 5.3.3 所示。

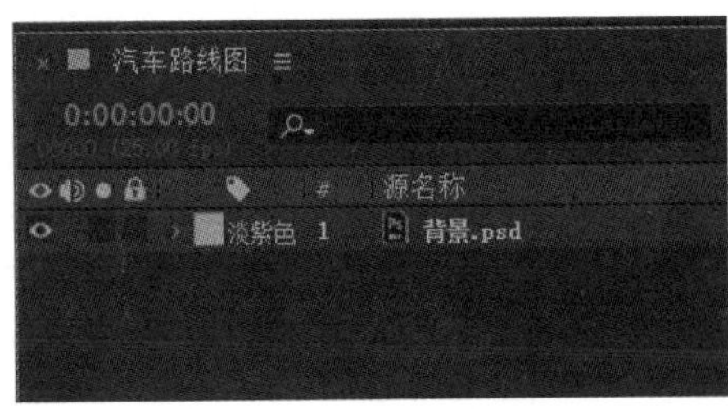

图 5.3.3　添加"背景"素材

（3）新建一个纯色并设置纯色的名称为"衬底"，颜色为白色，如图 5.3.4 所示。

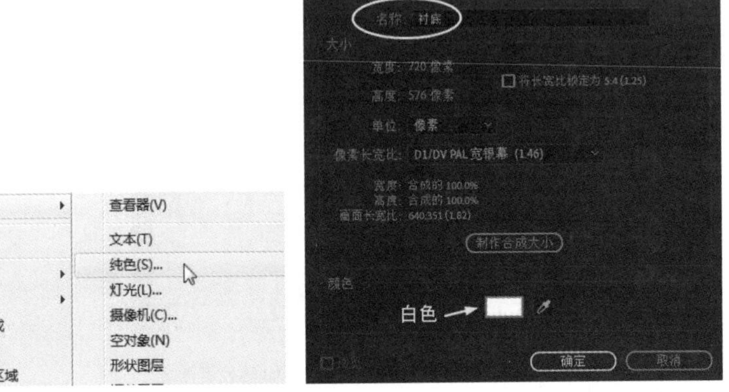

图 5.3.4　新建"纯色"并进行设置

（4）在合成时间线设置纯色衬底的缩放和不透明度数值，如图 5.3.5 所示。

图 5.3.5　设置纯色衬底的缩放和不透明度

（5）在纯色衬底上利用矩形工具绘制蒙版，并设置蒙版羽化的数值，如图 5.3.6 所示。

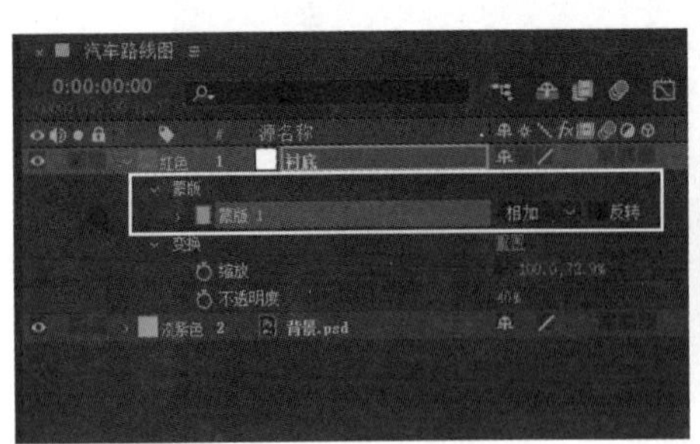

图 5.3.6　在纯色衬底上绘制矩形蒙版

（6）在 0 秒和 10 帧的位置之间设置衬底的缩放动画，让纯色衬底在 0 秒和 10 帧之间逐渐展开，如图 5.3.7 所示。

图 5.3.7　设置纯色衬底的缩放动画

（7）导入“地图”素材并添加到合成时间线，如图 5.3.8 所示。

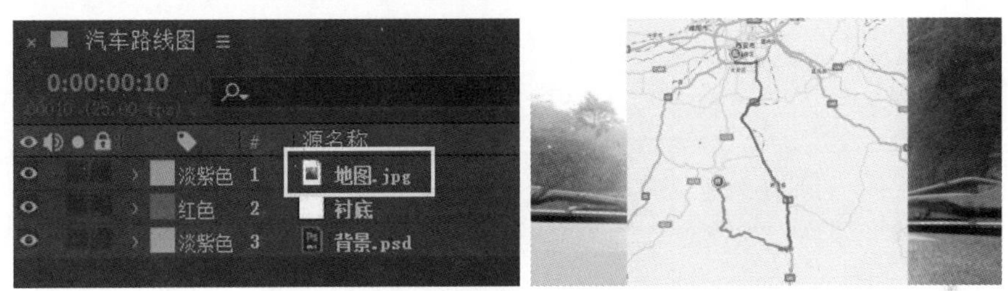

图 5.3.8　添加“地图”素材

（8）新建一个纯色并设置纯色的名称为“路线”，如图 5.3.9 所示。

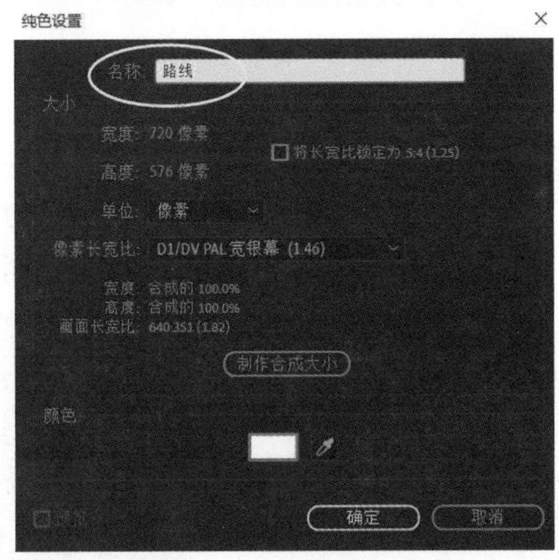

图 5.3.9　“纯色设置”对话框

（9）在合成时间线上单击按钮隐藏路线纯色图层的显示，并且利用钢笔工具顺着起点到终点的路线绘制线条，如图 5.3.10 所示。

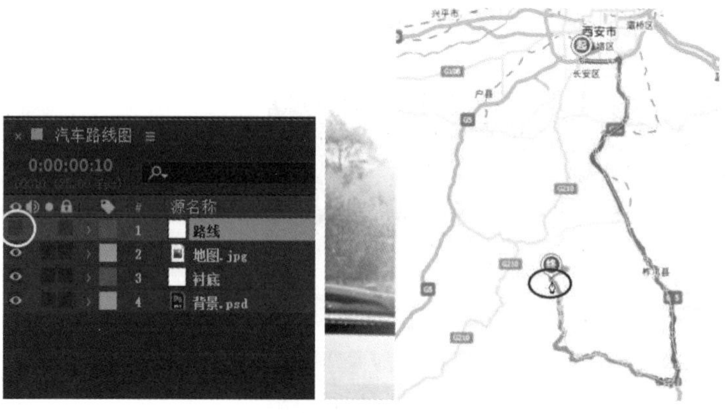

图 5.3.10　隐藏路线纯色并绘制路线

（10）选择路线纯色图层执行“效果”→“生成”→“描边”命令，如图 5.3.11 所示。

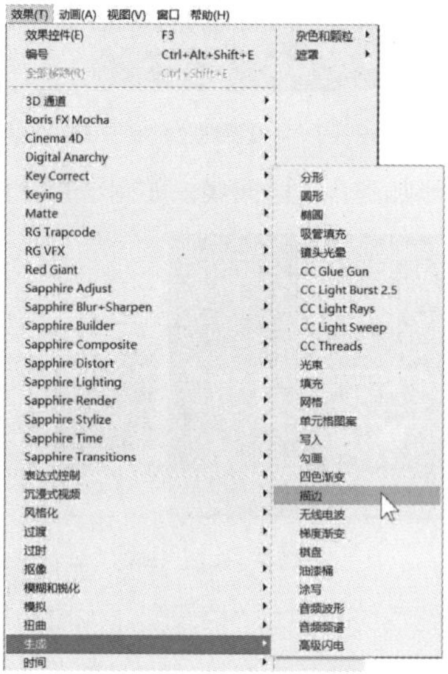

图 5.3.11　添加“描边”效果

（11）在效果控件面板中设置描边效果的颜色、画笔大小和画笔硬度数值，如图 5.3.12 所示。

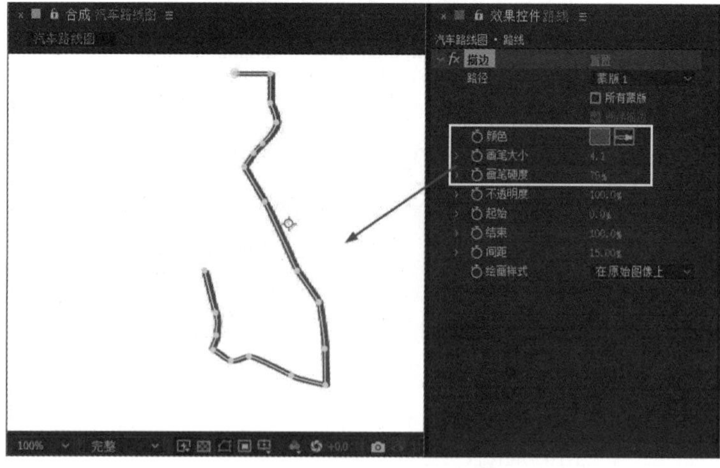

图 5.3.12　设置“描边”效果的数值

（12）在合成时间线上再次单击按钮显示路线的纯色图层显示，在“描边”效果里设置“绘画样式”为“在透明背景上”，如图 5.3.13 所示。

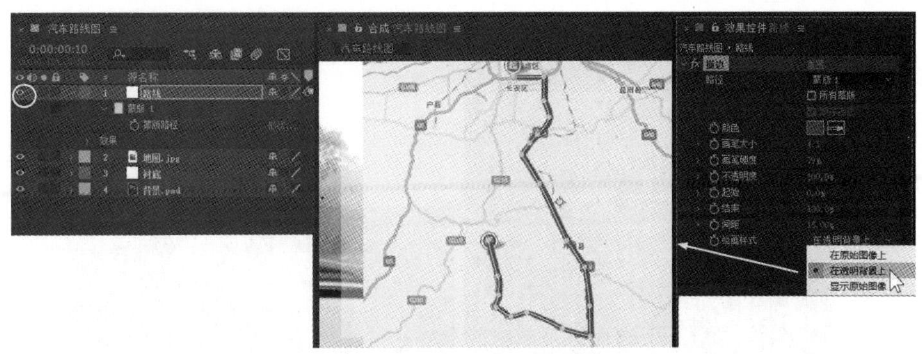

图 5.3.13　显示“路线纯色”图层并设置背景透明

（13）将播放头指针移至 10 帧的位置，设置“描边”效果的“结束”数值为 0%，并且单击启用动画按钮，再将播放头指针移至 20 帧的位置，设置“描边”效果的“结束”数值为 100%，让描边在 10 帧和 20 帧之间形成描边动画，如图 5.3.14 所示。

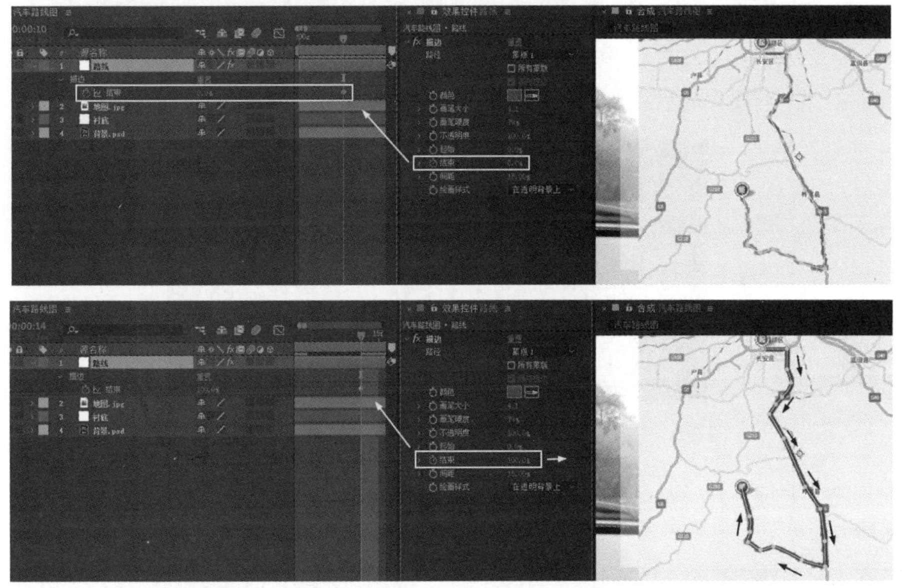

图 5.3.14　设置描边动画

（14）新建一个合成并命名为“起点”，利用椭圆工具绘制圆形，如图 5.3.15 所示。

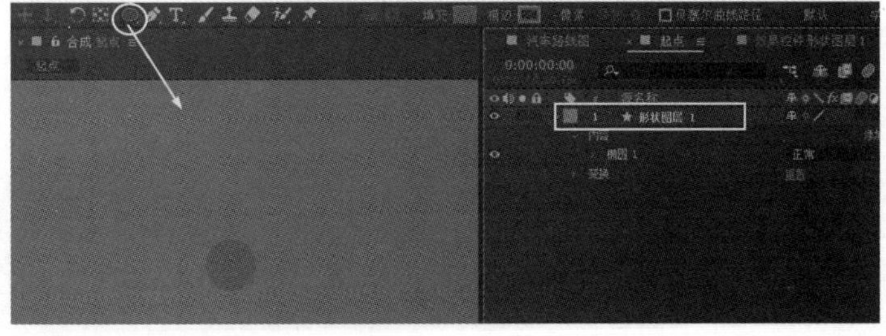

图 5.3.15　绘制圆形

（15）在合成时间线上选择“形状图层 1”后按键盘“Ctrl+D”键复制该形状图层，并设置“形状图层 1”的描边颜色、描边宽度数值，接着设置填充的不透明度和比例数值，如图 5.3.16 所示。

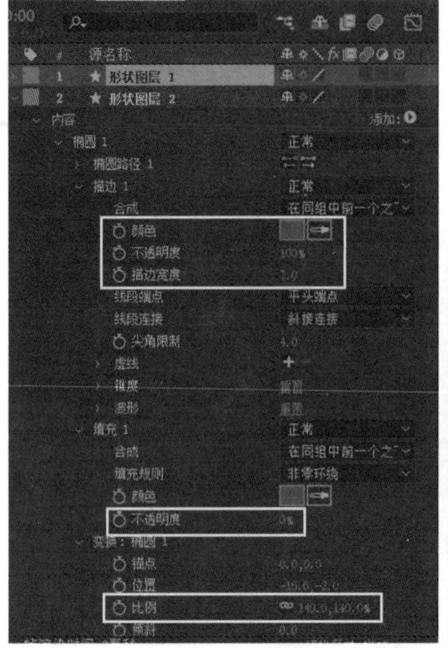

图 5.3.16　复制圆形形状图层并进行设置

（16）创建“西安”文字并设置字体、大小和颜色等属性，如图 5.3.17 所示。

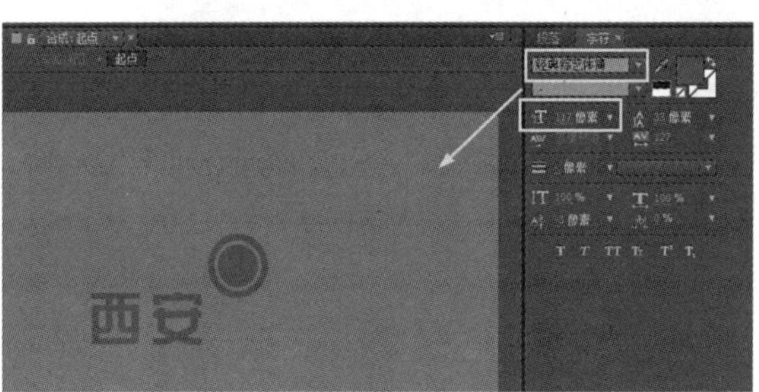

图 5.3.17　创建文字并设置文字属性

（17）在项目面板将“起点”合成添加到“汽车路线图”合成时间线，并调整位置和比例大小，如图 5.3.18 所示。

图 5.3.18　添加“起点”合成到时间线

（18）在项目面板复制“起点”合成，将复制的合成命名为“终点”，将文字内容修改为“猴子坪小学”，如图 5.3.19 所示。

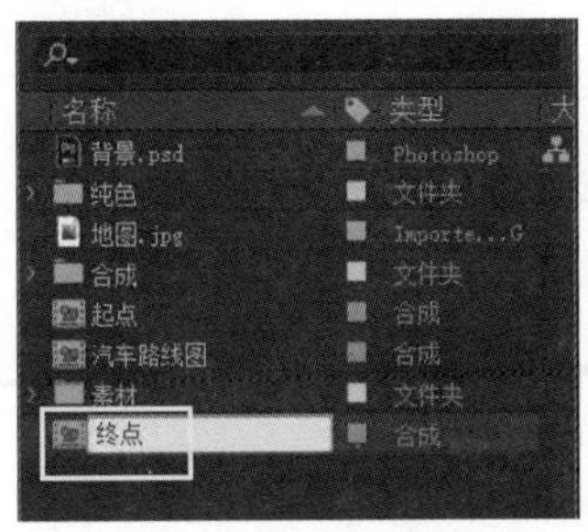

图 5.3.19　复制起点合成并修改文字内容

（19）同样在项目面板将“终点”合成添加到“汽车路线图”合成时间线，并调整位置和比例大小，如图 5.3.20 所示。

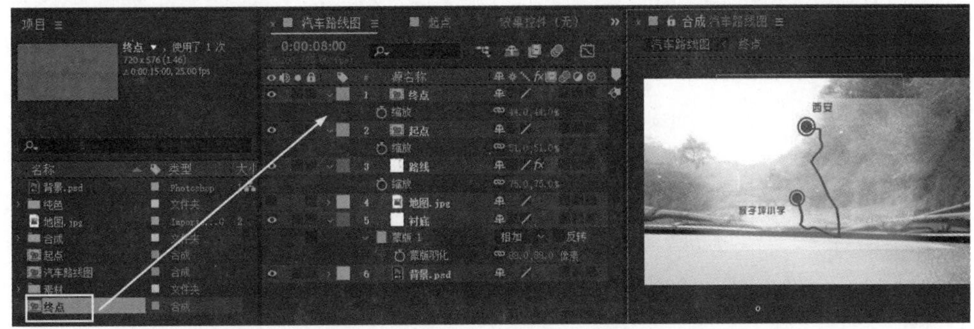

图 5.3.20　添加“终点”合成到时间线

（20）在合成时间线调整各个素材的起始位置，如图 5.3.21 所示。

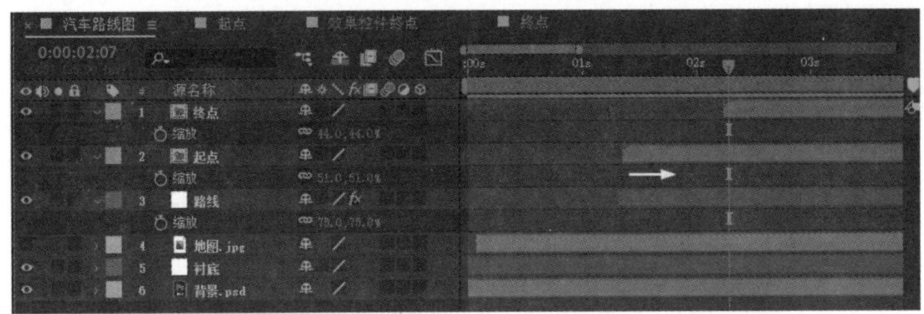

图 5.3.21　调整各个素材的起始位置

（21）按键盘 0 键预览路线的整个动画效果，如图 5.3.22 所示。

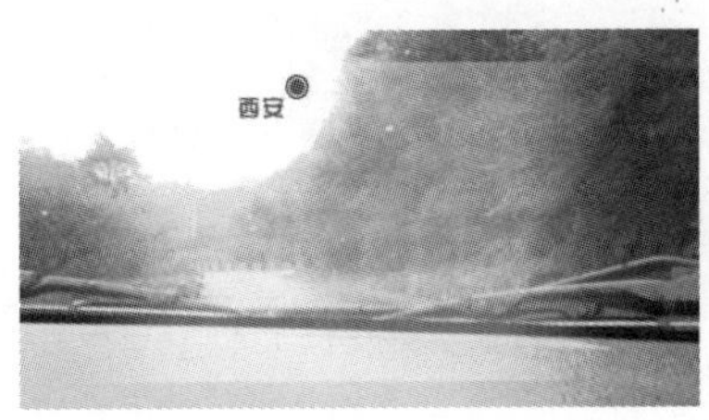

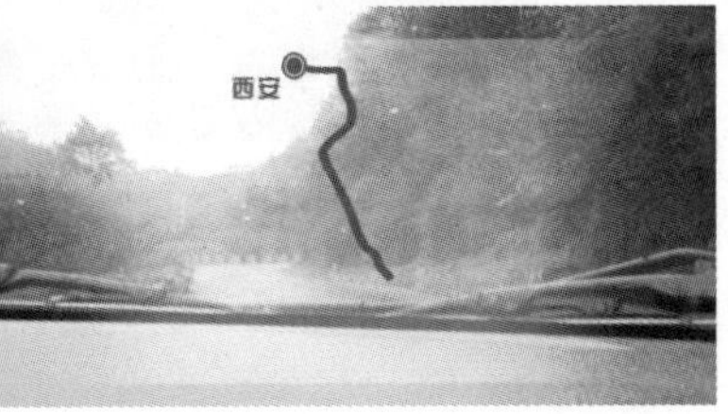

图 5.3.22　预览整个路线的动画效果

（22）利用横排文字工具 T 创建文字，并设置字体、字号和颜色等属性，如图 5.3.23 所示。

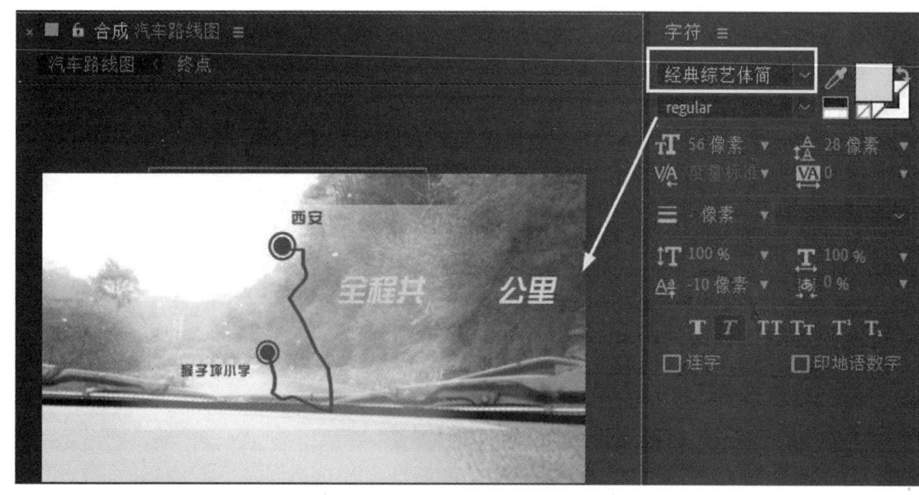

图 5.3.23　创建文字并设置文字属性

（23）新建纯色图层并设置名称为“路程数字”，如图 5.3.24 所示。

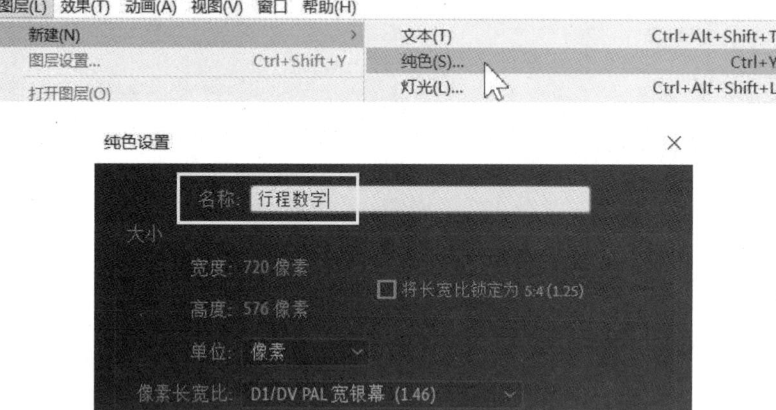

图 5.3.24　新建纯色并进行设置

（24）选择纯色图层执行“效果”→“文本”→“编号”命令，并设置编号文本的字体、方向和对齐方式等，如图 5.3.25 所示。

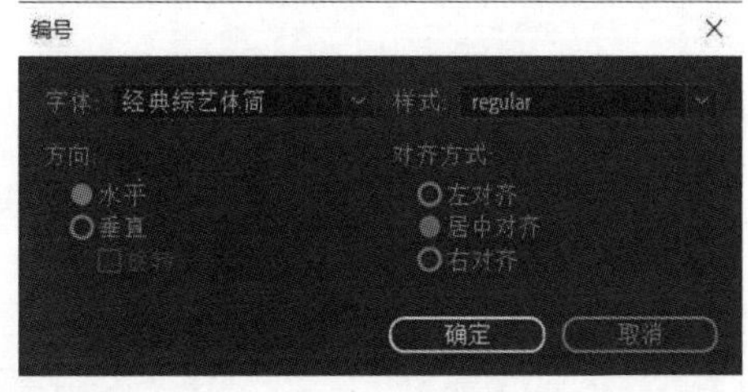

图 5.3.25　创建“编号”文本

（25）在效果控制面板设置“编号”文本的类型、数值/位移/随机最大、位置和填充颜色等，如图 5.3.26 所示。

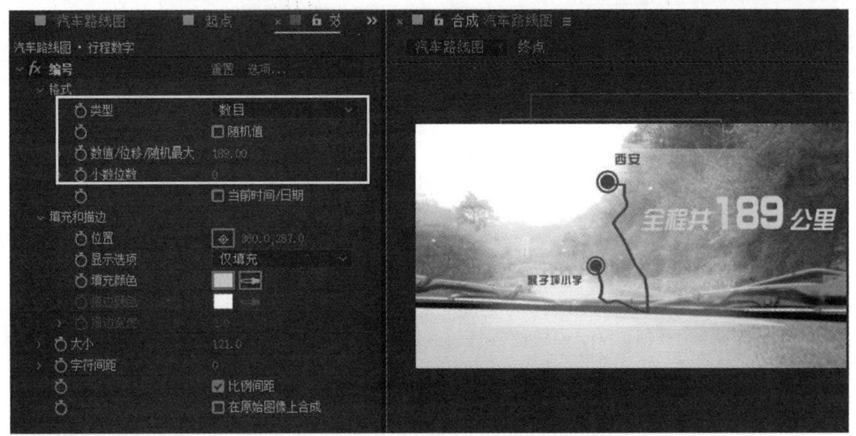

图 5.3.26　设置“编号”文本的类型等

（26）在 10 帧的位置设置“数值/位移/随机最大”的数值为 0，并且单击启用动画按钮，如图 5.3.27 所示。

图 5.3.27　设置“数值/位移/随机最大”的数值

（27）再将播放头指针移至 1 秒 16 帧位置以后，设置“数值/位移/随机最大”的数值为 189，让编号文本在 10 帧和 1 秒 16 帧之间由 0 逐渐变化到 189，如图 5.3.28 所示。

图 5.3.28　设置“数值/位移/随机最大”的关键帧动画

（28）按键盘 0 键查看“行程路线图制作”的整个动画效果，如图 5.3.1 所示。

5.3.2　纪录片《最美的你》片头制作

本例主要利用橡皮擦工具制作“手写文字”动画效果，最终效果如图 5.3.29 所示。

图 5.3.29　最终效果图

操作步骤：

（1）在项目面板单击新建合成图标，在弹出的“合成设置”对话框里设置合成名称“最美的你”，如图 5.3.30 所示。

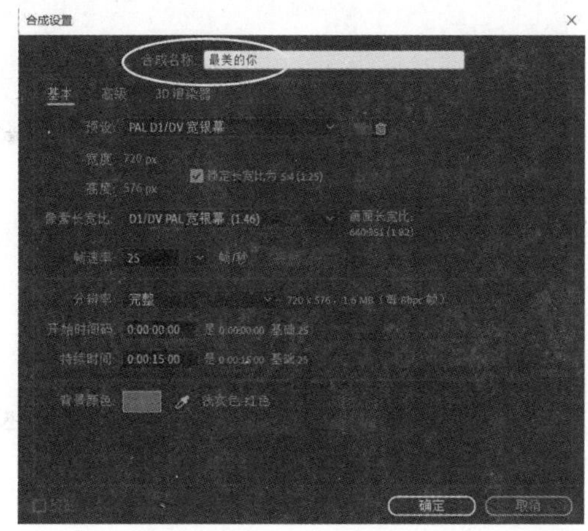

图 5.3.30　创建“最美的你”合成设置

（2）导入“背景”素材并添加到合成时间线，如图 5.3.31 所示。

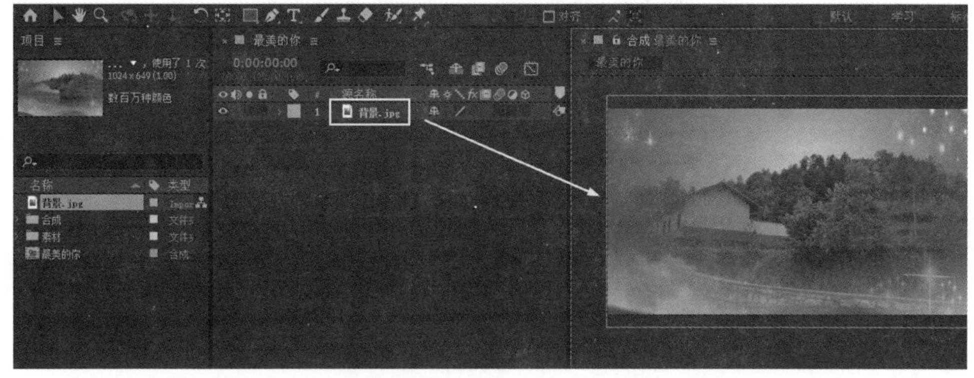

图 5.3.31　添加“背景”素材

（3）单击菜单执行“图层”→“新建”→“纯色”命令，在弹出的“纯色设置”对话框里设置纯色的名称为“位于秦岭大山的猴子坪小学”，详细参数如图 5.3.32 所示。

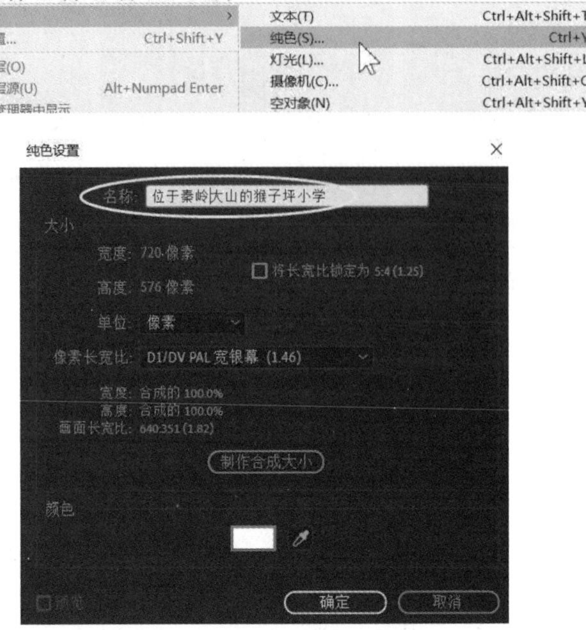

图 5.3.32　新建“纯色”并设置名称

（4）选择“纯色”素材单击菜单添加“效果”→“过时”→“基本文字”特效，在弹出的“基本文字”对话框里输入“位于秦岭大山的猴子坪小学”并设置字体、方向和对齐方式等属性，如图 5.3.33 所示。

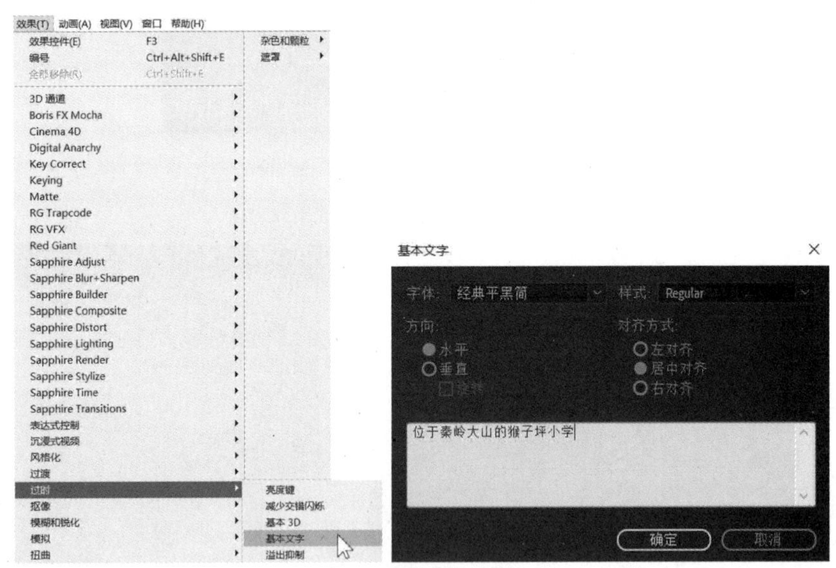

图 5.3.33　添加“基本文字”特效并进行设置

（5）在效果控件面板设置“基本文字”的显示选项、填充颜色等，如图 5.3.34 所示。

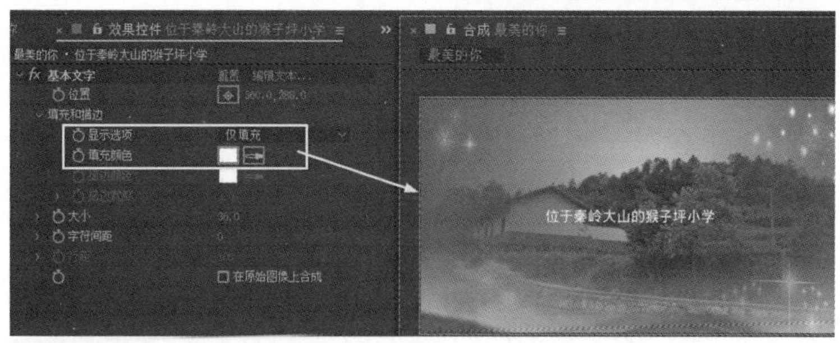

图 5.3.34　设置“基本文字”的显示选项等

（6）在 0 秒到 10 帧间设置文字从小到大的关键帧动画，详细设置如图 5.3.35 所示。

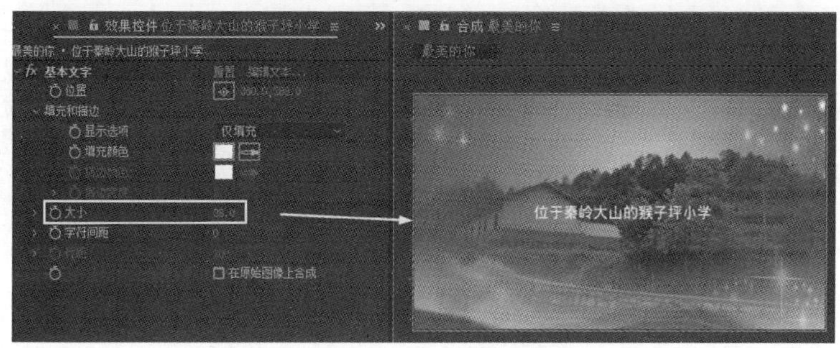

图 5.3.35　设置基本文字从小到大的关键帧动画

（7）给“基本文字”在 10 秒到 20 帧间设置字符间距关键帧动画，详细设置如图 5.3.36 所示。

图 5.3.36　设置字符间距关键帧动画

（8）选择“基本文字”图层并单击菜单添加“效果”→“模糊和锐化”→“高斯模糊”特效，并设置模糊方向为“水平”，如图 5.3.37 所示。

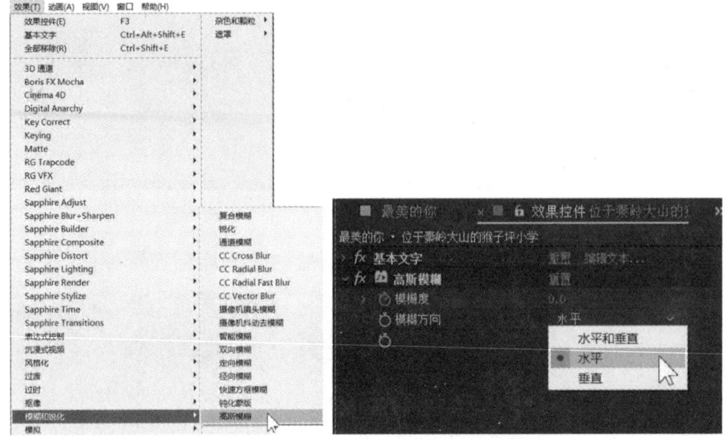

图 5.3.37　添加并设置“高斯模糊”特效

（9）在 2 秒 20 帧和 3 秒 05 帧之间设置高斯模糊关键帧动画，让文字模糊消失，如图 5.3.38 所示。

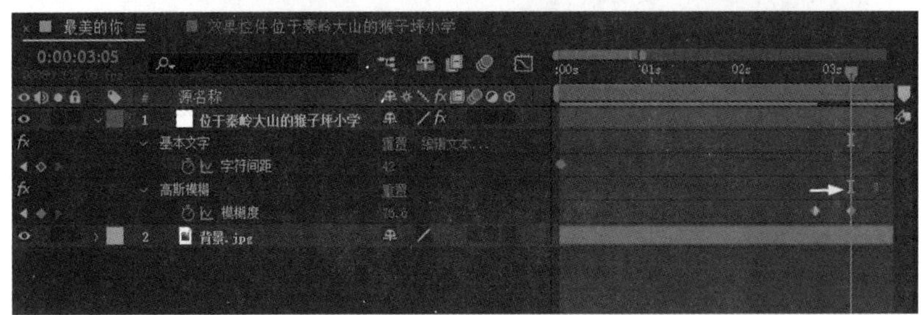

图 5.3.38　设置高斯模糊关键帧动画

（10）利用鼠标将文字图层多余部分裁剪掉，如图 5.3.39 所示。

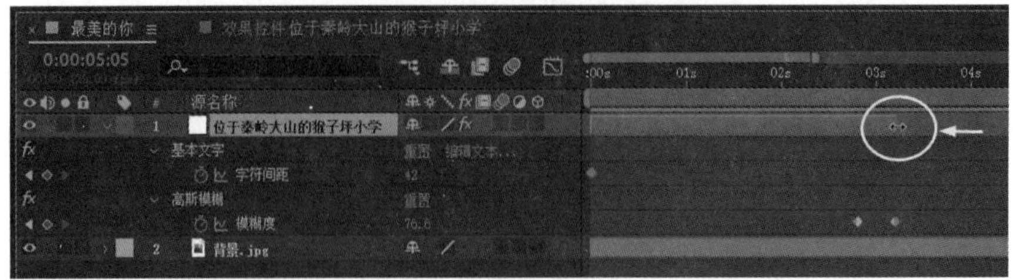

图 5.3.39　裁剪素材

（11）将“基本文字”图层复制一层并向后移动，如图 5.3.40 所示。

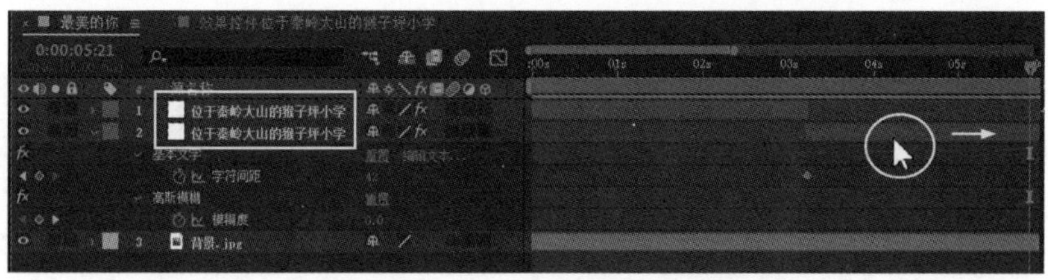

图 5.3.40　复制基本文字图层并调整位置

（12）在效果控件面板里单击“编辑文本”，在弹出的“基本文字”设置对话框里更改文字内容，如图 5.3.41 所示。

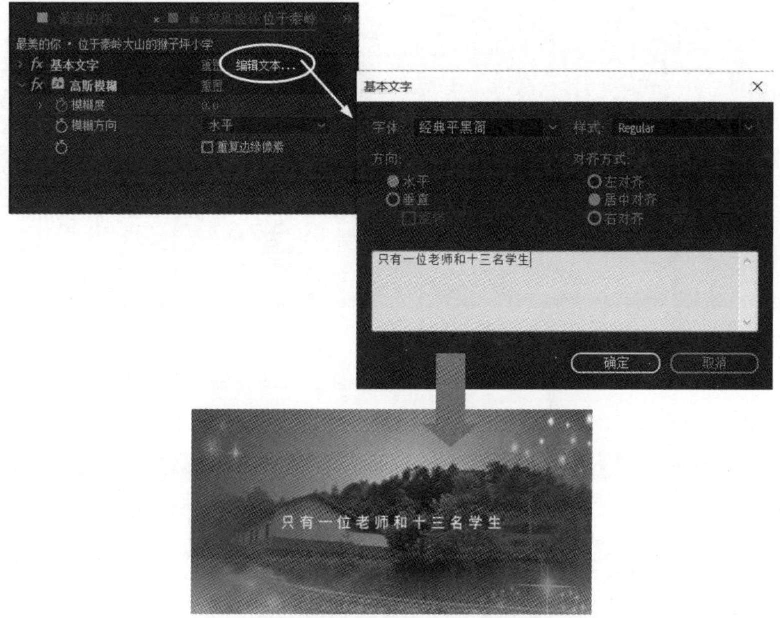

图 5.3.41　更改基本文字内容

（13）再次新建一个合成并命名为“素材”，如图 5.3.42 所示。

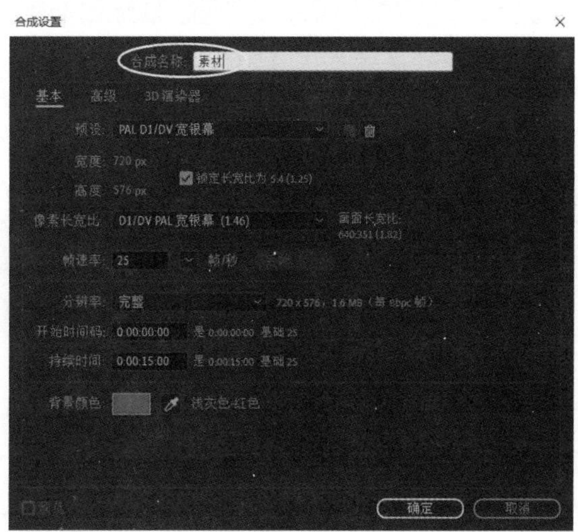

图 5.3.42　合成设置面板

（14）导入“放学途中”“辅导孩子学习”“黄同谦和学生在一起”和“手把手教孩子写作业”等素材并添加到合成时间线，如图 5.3.43 所示。

图 5.3.43　导入并添加素材

（15）在合成时间线上选择所有素材，在 0 到 3 秒之间设置缩放关键帧动画，并将所有素材多余部分裁剪掉，如图 5.3.44 所示。

图 5.3.44　设置素材的缩放关键帧动画并将多余部分裁剪掉

（16）按键盘 0 键预览整个动画效果，如图 5.3.45 所示。

图 5.3.45　预览整个动画效果

（17）导入“笔刷”素材并添加到合成时间线，如图 5.3.46 所示。

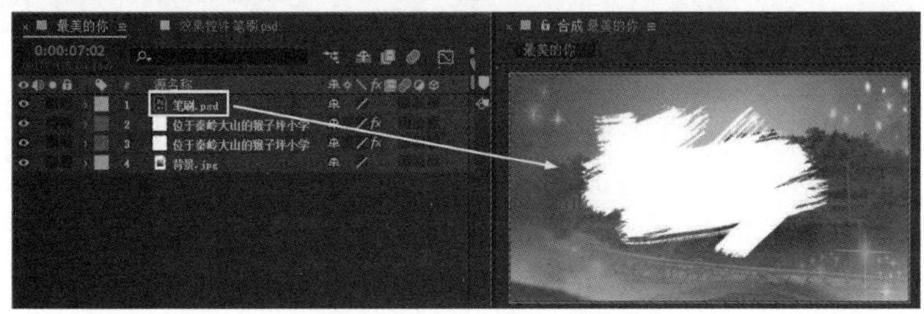

图 5.3.46　导入“笔刷”素材

（18）在合成时间线上选择“笔刷”素材双击鼠标左键进入素材编辑窗口，如图 5.3.47 所示。

（19）在工具面板单击橡皮擦工具，然后在画笔面板设置橡皮擦的直径、硬度等，接着在绘画面板将持续时间更改为“写入”，如图 5.3.48 所示。

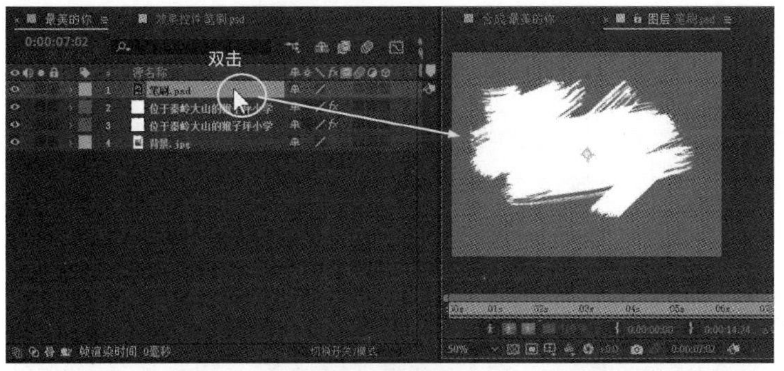

图 5.3.47　进入素材编辑窗口

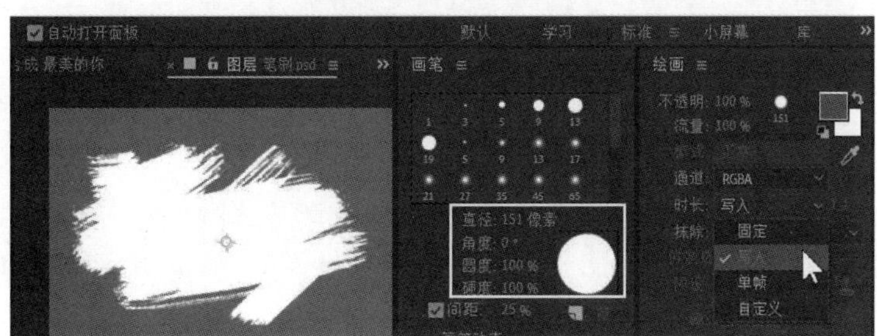

图 5.3.48　设置橡皮擦的各个参数

（20）利用橡皮擦工具将笔刷素材从下向上依次擦掉，如图 5.3.49 所示。

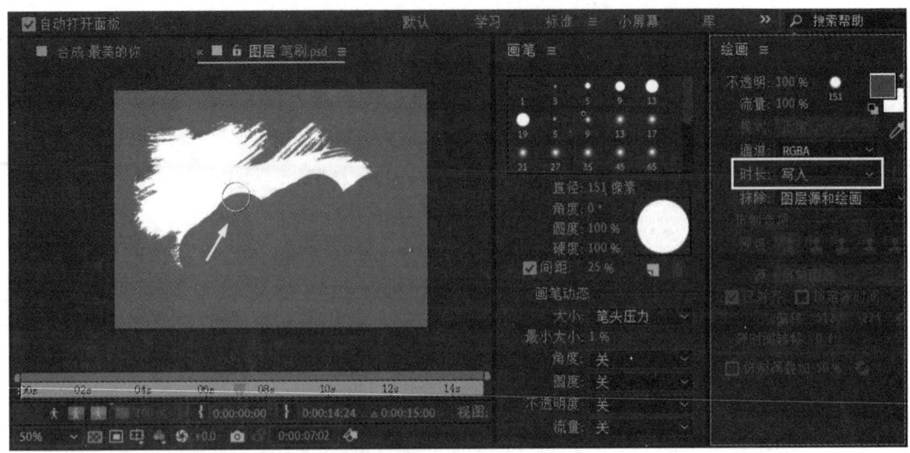

图 5.3.49　擦除笔刷素材

（21）选择笔刷素材并单击菜单添加“风格化”→“画笔描边”效果，如图 5.3.50 所示。

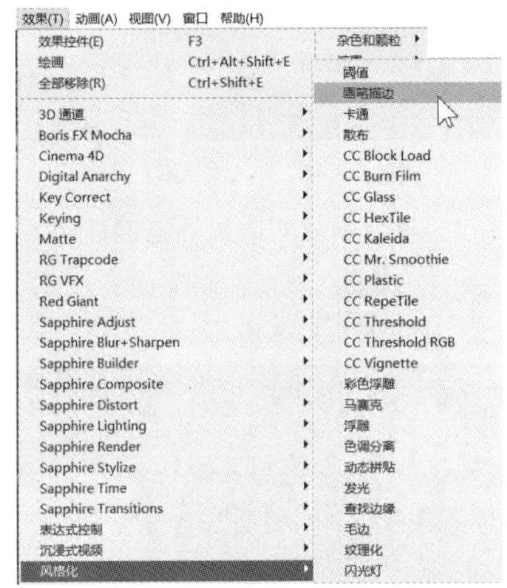

图 5.3.50　添加画笔描边效果

（22）在效果控件面板设置画笔描边的画笔大小、描边长度、描边浓度和描边随机性等参数，如图 5.3.51 所示。

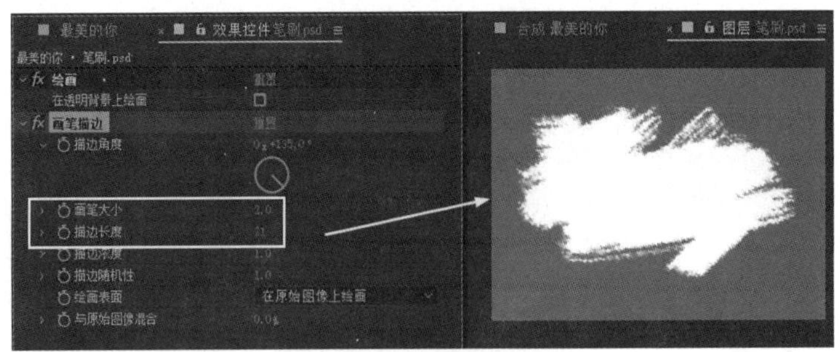

图 5.3.51　设置画笔描边参数

（23）在项目面板将“素材”合成添加到“最美的你”合成时间线，并调整缩放大小和画笔大小相等，如图 5.3.52 所示。

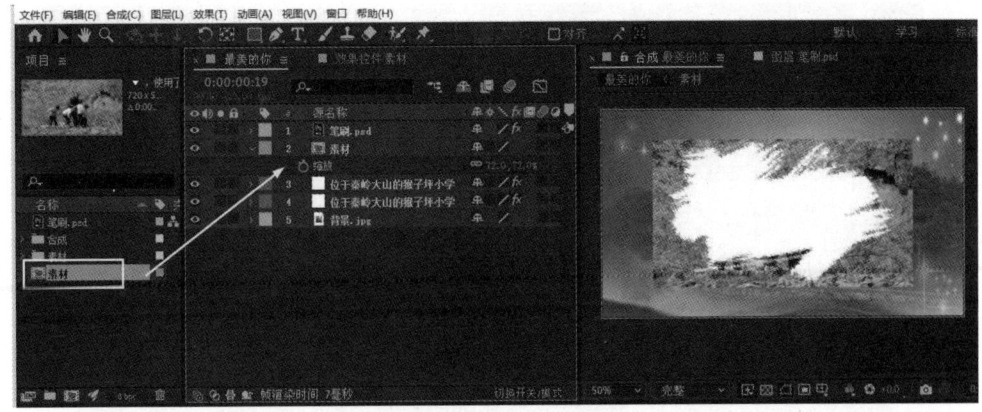

图 5.3.52　添加“素材”合成到时间线

（24）在轨道蒙版面板中将“素材”图层的轨道蒙版设置为“Alpha 遮罩‘笔刷.psd’”选项，如图 5.3.53 所示。

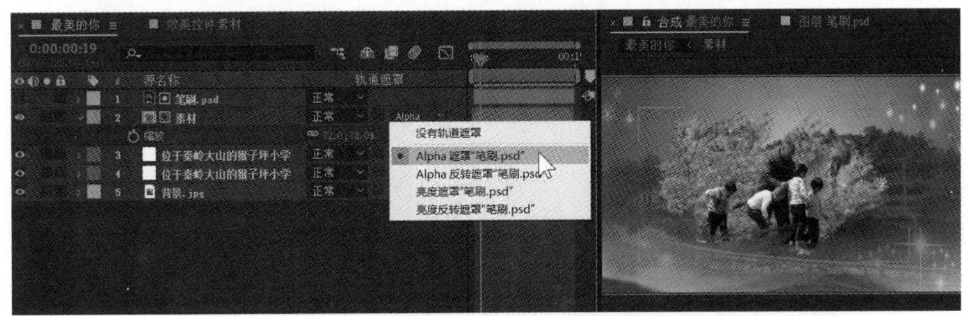

图 5.3.53　设置“素材”图层的轨道蒙版

（25）再次创建合成并命名为“手写字 1”，详细设置如图 5.3.54 所示。

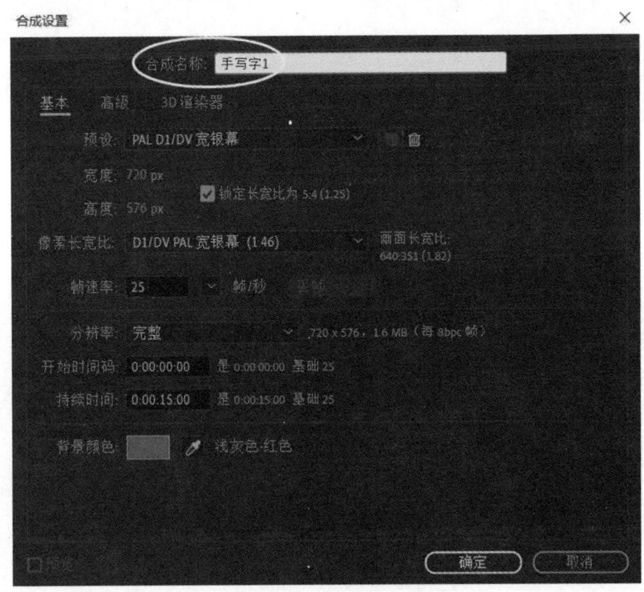

图 5.3.54　合成设置面板

（26）导入“师恩”素材并添加到“手写字 1”合成时间线，如图 5.3.55 所示。

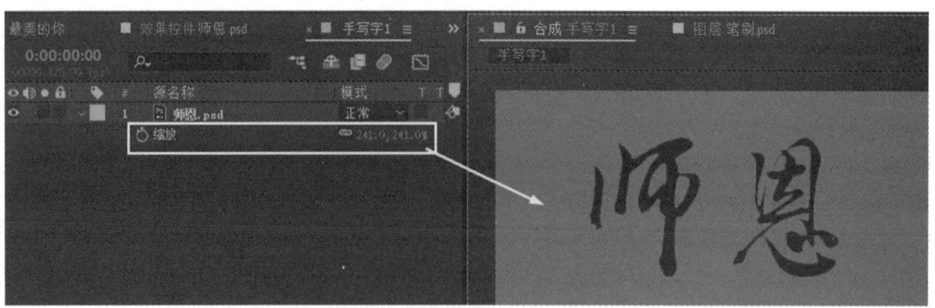

图 5.3.55 导入并添加“师恩”素材

（27）选择“师恩”素材并添加“填充”效果，将填充颜色设置为红色，如图 5.3.56 所示。

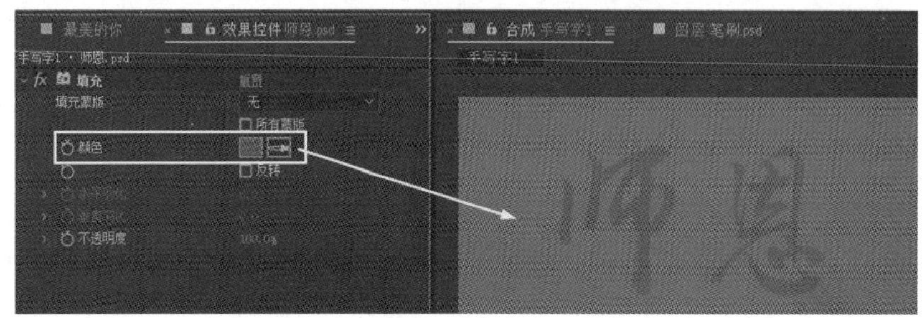

图 5.3.56 设置“填充”效果

（28）在合成时间线上将“师恩”素材根据文字的笔画复制多个，将第一层的素材单独显示，然后利用钢笔工具将文字的第一笔画进行围绕绘制蒙版，如图 5.3.57 所示。

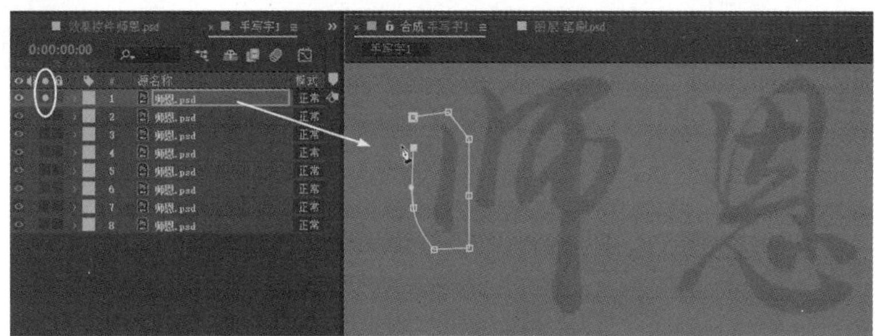

图 5.3.57 复制素材并绘制蒙版

（29）利用同样的方法选择第一层的“师恩”素材，双击鼠标左键进入编辑窗口，利用橡皮擦工具从下向上擦除第一笔，如图 5.3.58 所示。

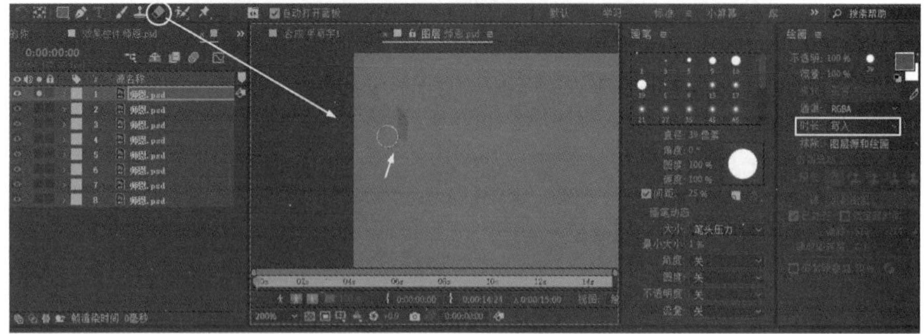

图 5.3.58 利用橡皮擦工具擦除文字第一笔画

（30）在合成时间线上调整“师恩”素材的“结束”关键帧，然后选择两个关键帧单击鼠标右键选择“关键帧辅助”→“时间反向关键帧”选项，如图 5.3.59 所示。

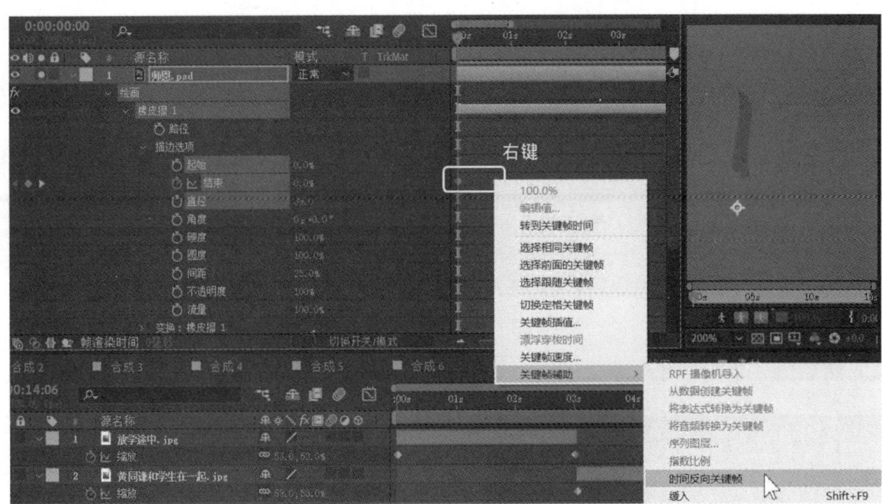

图 5.3.59　调整素材的“结束”关键帧

（31）按键盘 0 键预览文字的第一笔动画效果，如图 5.3.60 所示。

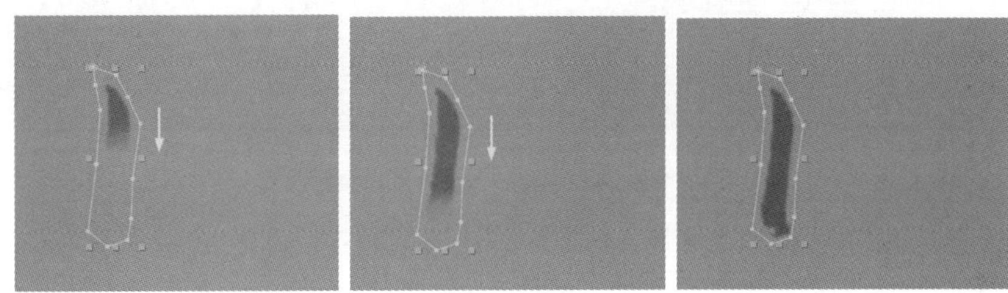

图 5.3.60　预览文字的第一笔动画效果

（32）将“师恩”两个文字剩下的笔画利用同样的方法依次制作，在这里就不再赘述了。然后将每个笔画的图层位置依据文字书写时的笔画顺序进行位置排列，按键盘 0 键预览整个手写字效果，如图 5.3.61 所示。

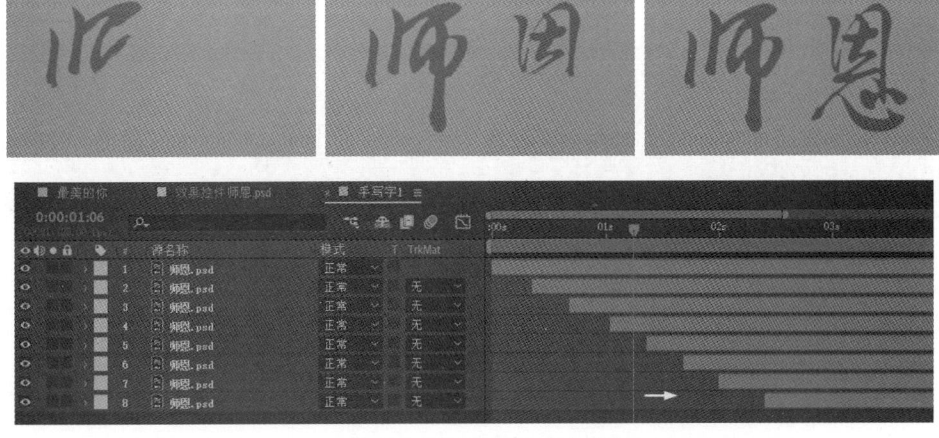

图 5.3.61　预览整个手写文字效果

（33）将“手写字 1”合成添加到“最美的你”合成里，并调整其位置和缩放数值，如图 5.3.62 所示。

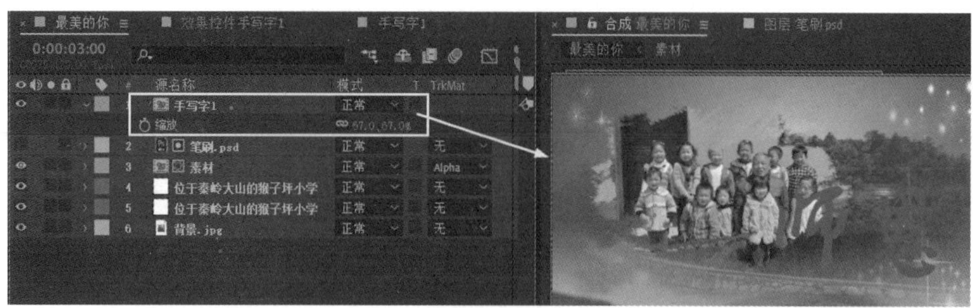

图 5.3.62　调整手写文字的缩放数值

（34）然后给“手写字 1”添加“投影”效果，并设置投影的距离和柔和度，如图 5.3.63 所示。

图 5.3.63　设置“投影”效果参数

（35）在“最美的你”合成里调整“手写字”图层的位置，按键盘 0 键预览整个动画效果，如图 5.3.64 所示。

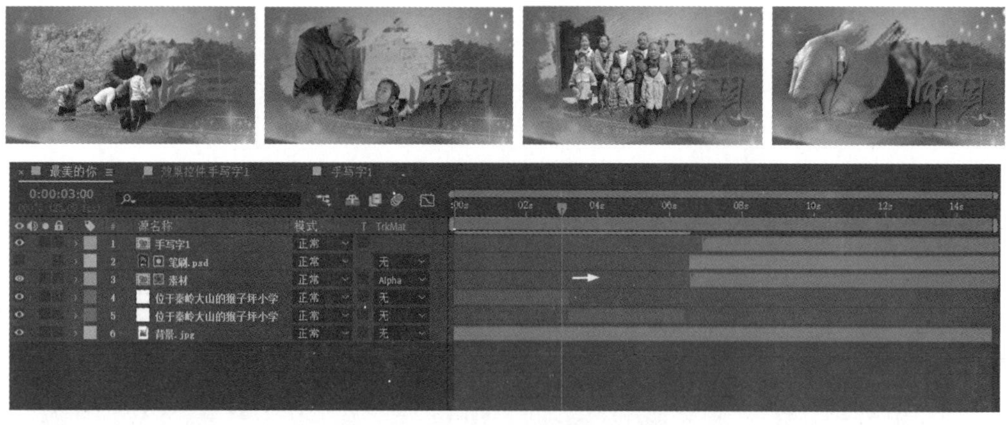

图 5.3.64　预览整个“手写字”动画效果

（36）在 20 秒和 21 秒之间设置“手写字”的不透明度关键帧动画，让“手写字”在 20 秒和 21 秒之间逐渐消失，如图 5.3.65 所示。

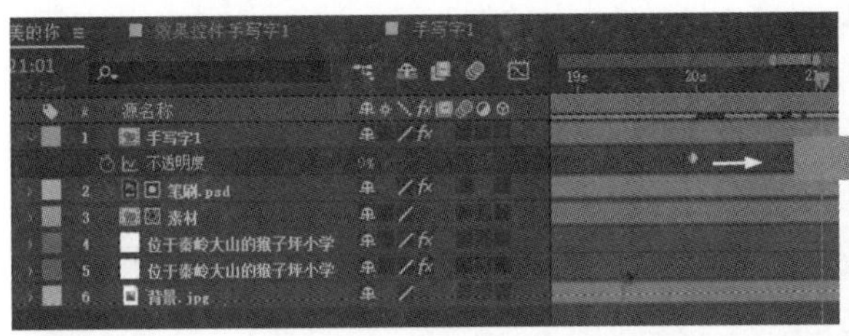

图 5.3.65　设置“手写字”的不透明度关键帧动画

（37）将手写字结束的不透明度关键帧调整至 19 秒到 20 秒之间，然后在 20 秒到 21 秒之间设置“笔刷”素材描边选项的“结束”关键帧动画，让笔刷素材逐渐擦除消失，如图 5.3.66 所示。

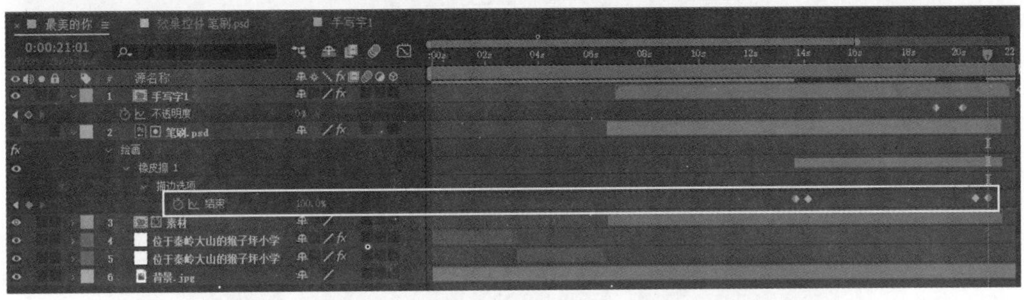

图 5.3.66　调整手写字的不透明度并设置笔刷的“结束”关键帧动画

（38）导入“最美的你”素材并添加合成时间线，设置素材的缩放数值，如图 5.3.67 所示。

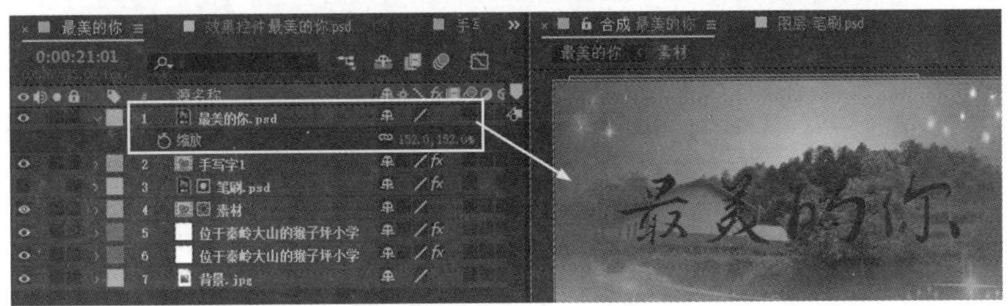

图 5.3.67　添加“最美的你”素材并设置缩放

（39）选择“最美的你”素材添加“填充”效果，将填充颜色设置为黄色，如图 5.3.68 所示。

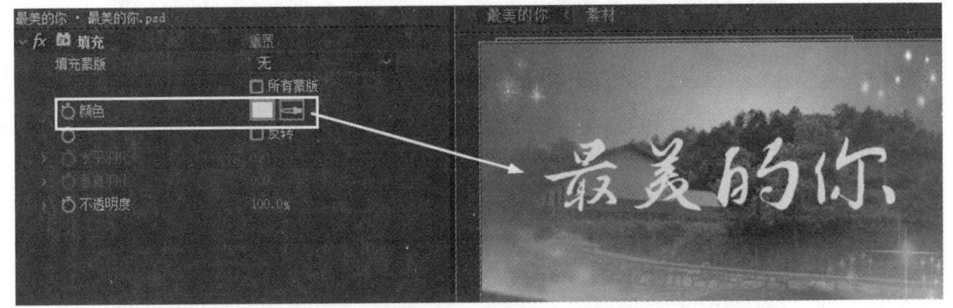

图 5.3.68　添加“填充”效果并设置填充颜色

（40）在合成时间线上单击 3D 图层按钮，设置“最美的你”位置关键帧动画，让文字从屏幕外逐渐“砸”到画面中央，如图 5.3.69 所示。

（41）最后利用水平文本工具创建“——西安磨岩动画再赴猴子坪小学”副标题，并设置文字的字体、大小等属性，如图 5.3.70 所示。

图 5.3.69　设置“最美的你”位置关键帧动画

图 5.3.70　创建副标题文字

（42）利用矩形工具在副标题文字上绘制矩形蒙版，如图 5.3.71 所示。

图 5.3.71　在副标题文字上绘制矩形蒙版

（43）设置副标题文字蒙版路径关键帧动画，让文字从左向右逐渐滑像出来，如图 5.3.72 所示。

（44）完成整个纪录片《最美的你》片头的制作，按键盘 0 键预览整个动画效果，如图 5.3.29 所示。

图 5.3.72　设置副标题文字蒙版路径关键帧动画

本 章 小 结

本章主要介绍了 After Effects 2022 的文字应用和编辑，包括基本文字、动画文字、路径文字和编号文字，通过两个课堂小实例介绍了“行程路线图的制作”和“纪录片《最美的你》片头制作”的动画效果。通过对本章的学习，读者应完全掌握文字的各种编辑方法，并且能够熟练灵活运用文字的各种动画设置。

思考与练习

一、填空题

1．在 After Effects 2022 中，可以使用工具箱中的横排文字工具、竖排文字工具来创建______文字，在纯色上添加_________、_________和编号等创建特效文字。

2．当创建文字时，自动会在合成时间线_________，用鼠标双击该层可以修改文字内容。

3．输入文字以后，在按住____键的同时拖动鼠标可以移动文字的位置。

4．使用工具箱面板单击文字工具IT在合成视窗上单击，并且输入文字即可创建_________。

5．可以通过在_______面板和在_________中添加文字动画预置两种方式。

6．在路径文字里，路径的形状类型分为_________、_________、_________和线 4 种类型。

7．在编号文字里的“格式”选项下调整“小数位数”可以设置编号文字的_________；当编号文字类型为“时间”时，勾选“当前时间/日期”选项可以显示_________。

8．在特效控制台面板选择“矢量绘图”特效，按键盘 Ctrl 键的同时在视图上单击鼠标_________

可以调整画笔的笔尖大小。

二、选择题

1. 用矢量绘图画笔描文字的时候要一直按住键盘（　）键，还要完全覆盖住源文字的颜色。

（A）Alt　　（B）Shift

（C）Ctrl+ Shift　　（D）Q

2. 在文字面板按钮后面勾选“自动打开面板”选项，当用户每次选择文字工具时将自动打开（　）面板。

（A）效果　　（B）项目

（C）文字　　（D）合成时间线

3. 单击菜单执行“图层”→“从文字创建形状”命令，可以从文字创建（　）。

（A）文字形状图层　　（B）纯色

（C）虚拟层　　（D）调节层

4. 如果需要输入大量的文字内容，可以单击横排文字工具在合成视窗单击并拖拽，即可生成（　）框并输入文字。

（A）点文字　　（B）手写文字

（C）段落文字　　（D）以上都不是

5. 选择一段“水平”文字，单击鼠标右键菜单选择“垂直”选项，可以把“水平”文字转换成（　）文字。

（A）垂直　　（B）水平

（C）横排　　（D）动画

三、简答题

1. 如何编辑文字格式？如何创建段落文字？
2. 如何将段落文字转换为点文字？如何将水平文字转换为垂直文字？
3. 创建文字的方式都有哪几种？
4. 编号文字都有哪些文字类型？

四、上机操作题

1. 熟练制作“打字机”“逐个砸文字”和“逐字放大”文字动画效果。
2. 能够完成“行程路线图的制作”和“纪录片《最美的你》片头制作”动画效果。

第 6 章　绚丽的视频特效

特效是视频处理特殊效果里的一个很强大的工具，After Effects 2022 是一款强大的影视后期特效软件，利用特效不但可以将图像进行各种美轮美奂的视觉处理，还可以对图像进行各种艺术处理。本章主要介绍常用的一些视频特效的基础知识、使用方法和技巧。

知识要点

- 视频的颜色校正
- 亮度与对比度
- 更改为颜色和更改颜色
- 视频风格化、扭曲和生成特效
- 模拟
- 键控
- 视频的跟踪动态技术

6.1　视频的颜色校正

视频制作中，色彩在画面中对作品的影响很大，由于前期拍摄时会产生一些视频偏色，而颜色却是吸引人的第一要素，合理地调整视频色彩可以使图像更加逼真、生动和赏心悦目，如图 6.1.1 所示。

图 6.1.1　不同的颜色效果对比

6.1.1　亮度与对比度

利用亮度和对比度特效可以对图像色相的亮度和色相范围进行调整，同时也是视频颜色校正的基本方式。

使用亮度与对比度特效调整图像的具体操作方法如下：

（1）导入素材并添加到合成时间线，单击菜单添加“效果”→“颜色校正”→“亮度与对比度”特效，或者在“效果和预置面板”查找栏输入文字“亮”即可找到“亮度和对比度”，在特效文字上双击鼠标左键可以将特效添加到选择的图层上，如图 6.1.2 所示。

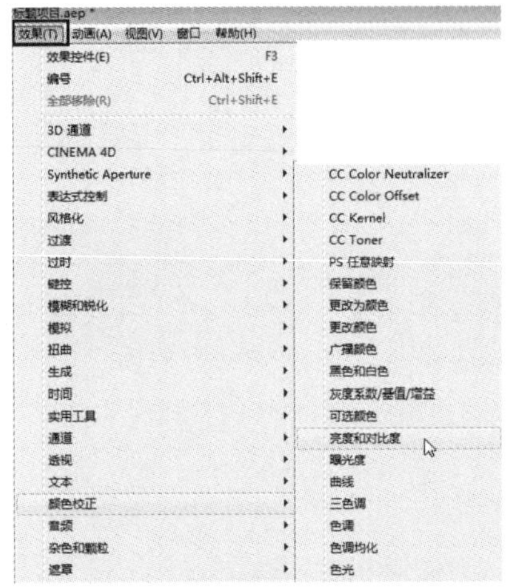

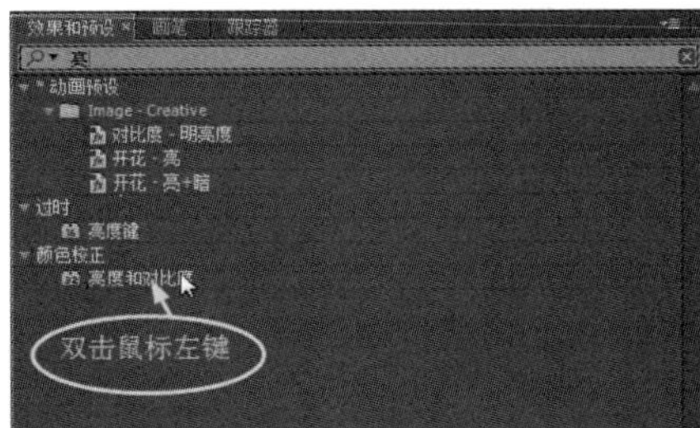

图 6.1.2　不同的颜色效果

（2）在特效控制台面板选择“亮度和对比度”特效，单击鼠标左键拖动“亮度”滑块调整数值，或者用鼠标在数值上单击左键直接输入“亮度”数值，如图 6.1.3 所示。

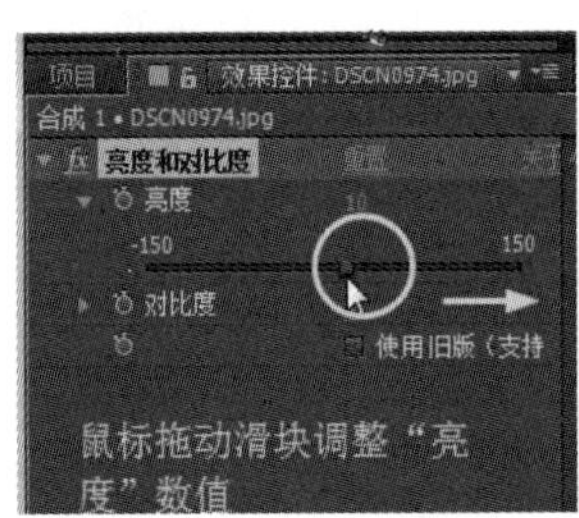

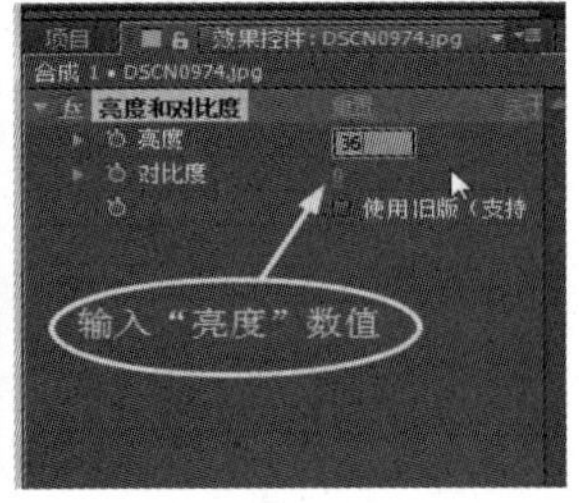

图 6.1.3　调整“亮度”数值

（3）利用同样的方法调整图像的“对比度”数值，如图 6.1.4 所示。

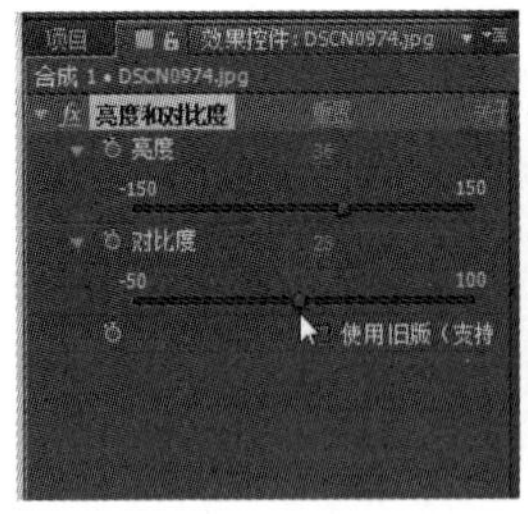

图 6.1.4　调整“对比度”数值

提示：在特效控制台面板选择“亮度”选项，单击右键列表选择“重置”选项可将“亮度”数值重置；单击“亮度与对比度”特效上面的“重置”文字可将整个特效重置到软件默认数值，如图 6.1.5 所示。

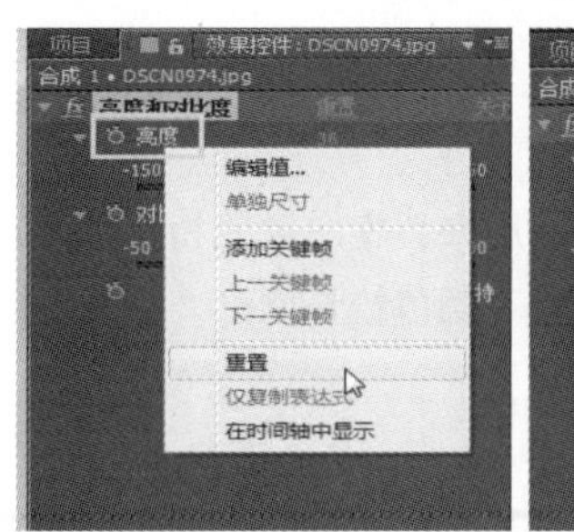

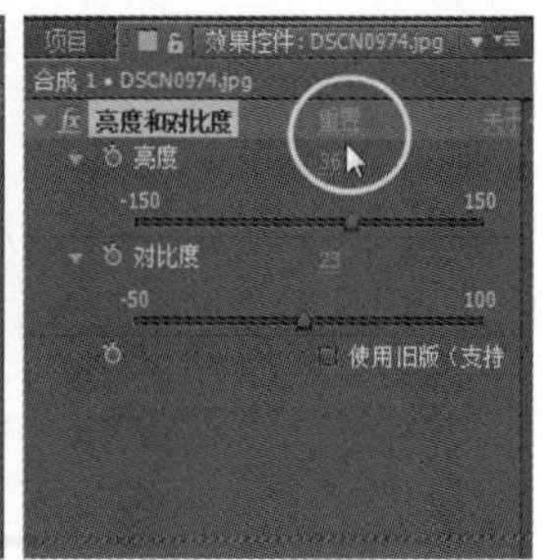

图 6.1.5 重置“亮度与对比度”数值

6.1.2 色阶

通过色阶特效可以对图像的明暗部分、色相和色彩平衡进行调整。单击菜单添加“效果”→“颜色校正”→“色阶”特效，在特效控制台面板自动显示“色阶”各控制属性，如图 6.1.6 所示。

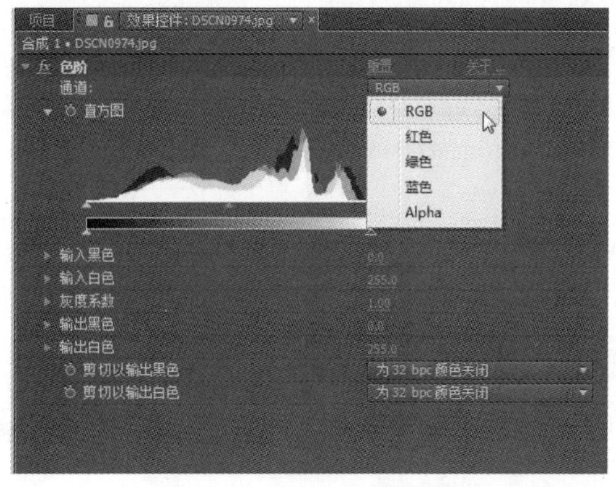

图 6.1.6 “色阶”特效控制面板

通道：用户可以在下拉列表中根据图像的变化选择其中的一种颜色通道进行单独调整。

输入黑色/白色：主要调整图像中的暗调和亮调部分，也可以通过单击拖动滑块进行调整。

灰度系数：主要对图像中的中间调图像进行调整。

输出黑色/白色：主要限定图像中的亮度和暗调的范围。

使用色阶特效可以处理一些曝光不足或者偏色的素材，调整后图像会更加清晰和逼真，最终效果如图 6.1.7 所示。

图 6.1.7 调整“色阶”前后效果对比

6.1.3 曲线

曲线特效实质上和色阶特效基本相同，都是用来调整图像色相范围的，但是曲线特效可以对图像的局部进行随意调整。单击菜单添加“效果”→“颜色校正”→“曲线”特效，在特效控制台面板自动显示“曲线”各控制属性，如图 6.1.8 所示。

从图 6.1.8 可以看出曲线图上分别有水平轴和垂直轴，水平轴向和垂直轴向之间可以通过调节对角线来控制，用鼠标在曲线上单击可以增加节点，通过调整节点改变曲线的曲率来调整图像，如图 6.1.9 所示。

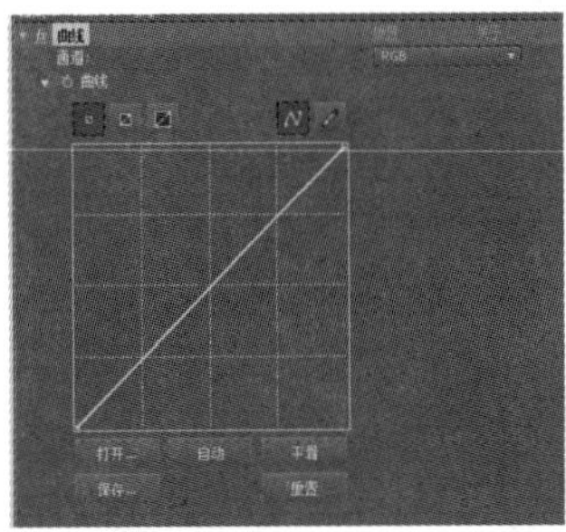

图 6.1.8 “曲线”特效控制面板

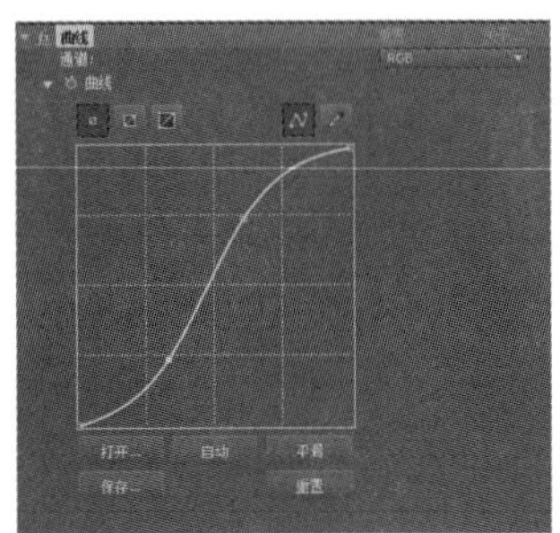

图 6.1.9 调整曲线的曲率

注意：将曲线右上角的控制点向左移动，增加图像亮部的对比度并使图像变亮；将曲线左下角的控制点向右移动，增加图像暗部的对比度并使图像变暗，如图 6.1.10 所示。

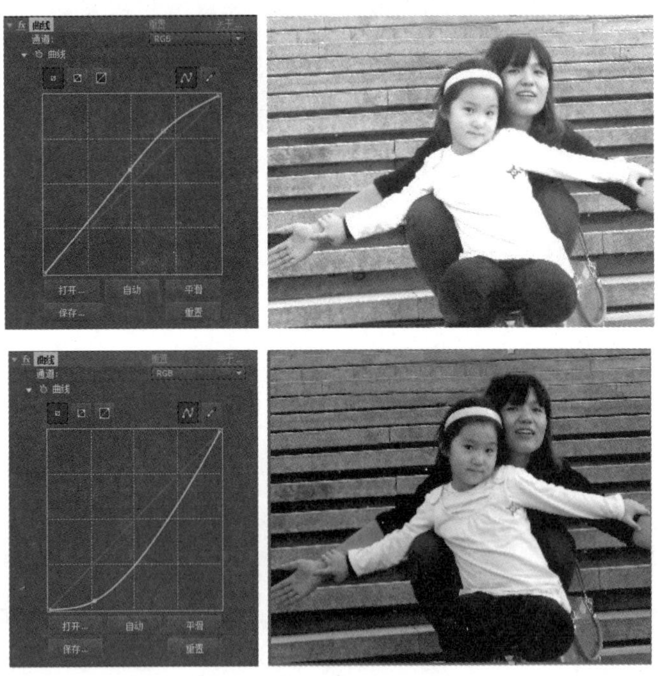

图 6.1.10 调整图像的明暗度和对比度

在“通道”中可以在图像的 RGB、红色、绿色、蓝色和 Alpha 中选择其中一个颜色通道进行调整，如图 6.1.11 所示。

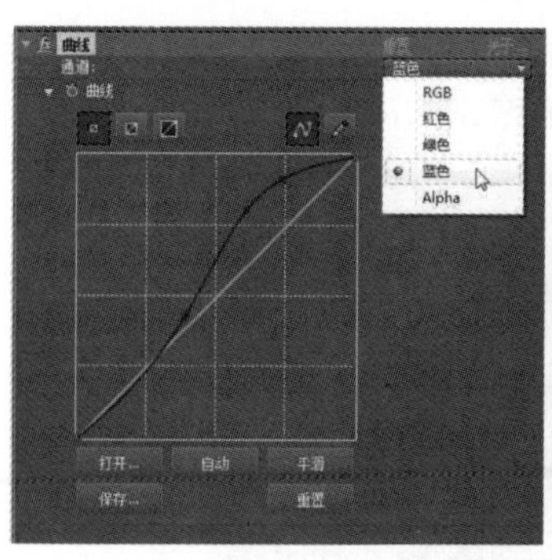

图 6.1.11　调整图像的颜色通道

经过对“通道”中各通道曲线的调整，最终效果如图 6.1.12 所示。

图 6.1.12　调整“曲线”前后效果对比

6.1.4　颜色平衡

利用颜色平衡特效可以对一些偏色图像进行一般性的颜色校正，可以更改图像的整体混合颜色。使用颜色平衡的具体操作方法如下：

（1）导入并添加需要调整的素材，图像很明显整体偏蓝色，如图 6.1.13 所示。

（2）单击菜单添加“效果”→“颜色校正”→“颜色平衡”特效，在特效控制台面板自动显示“颜色平衡”各控制属性，如图 6.1.14 所示。

图 6.1.13　导入需要调整的素材

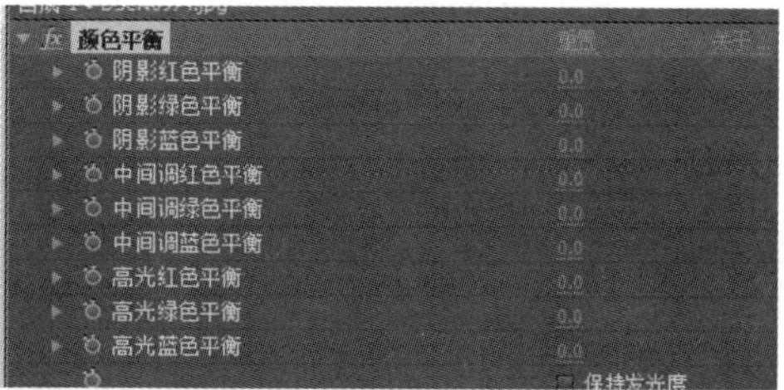

图 6.1.14　“颜色平衡”特效控制面板

提示：在“颜色平衡”特效中根据图像来选择更改色相的范围，从整体上分为投影、中值和高光三种色相，勾选“保持发光度”选项可以保持图像中的亮度范围，如图 6.1.15 所示。

（3）在“颜色平衡”特效控制面板中用鼠标单击并拖动“中间调蓝色平衡”选项滑块，在图像中适当降低蓝色的同时适当增加绿色和红色范围，如图 6.1.16 所示。

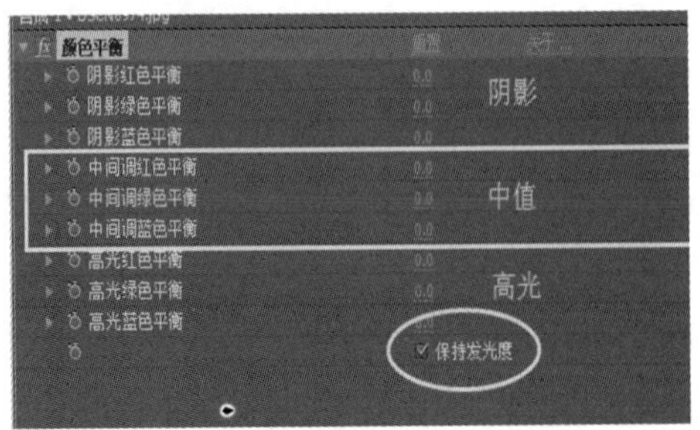

图 6.1.15　“颜色平衡”特效控制面板

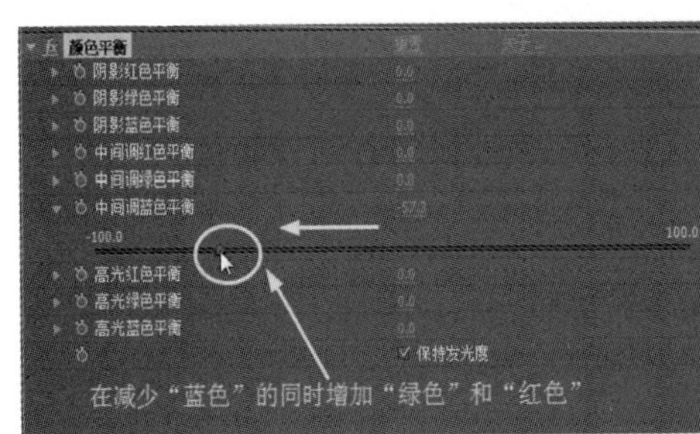

图 6.1.16　调整“颜色平衡”最终效果

6.1.5　色相/饱和度

利用色相/饱和度特效可对图像的主色相色、饱和度和亮度进行处理，也是图像颜色校正中最基本、最常用的一种视频校色特效。

单击菜单添加“效果”→“颜色校正”→“色相/饱和度”特效，在特效控制台面板自动显示“色相/饱和度”各控制属性，如图 6.1.17 所示。

注意：在使用“色相/饱和度”特效调整图像时，在“通道控制”下拉列表里根据图像选择调整颜色的范围，如图 6.1.18 所示。

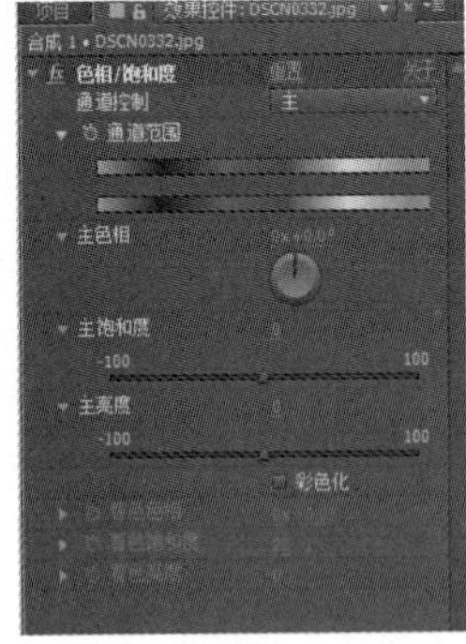

图 6.1.17　“色相/饱和度”特效控制面板

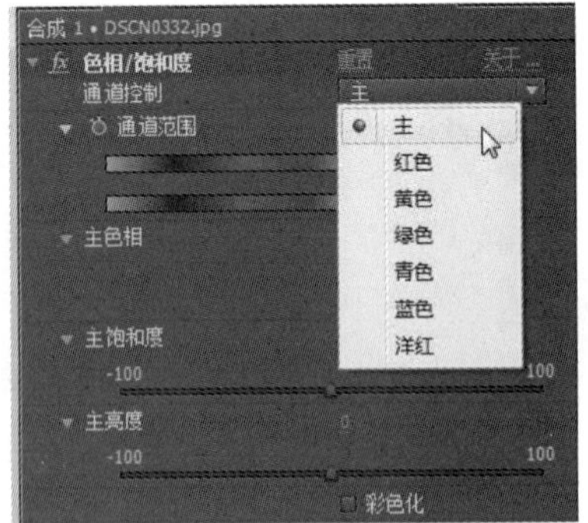

图 6.1.18　选择“通道控制”

主色相：调整主色相可以改变图像的色彩变化，前面的数值表示色相轮转动的圈数，后面的数值表示所选颜色在颜色轮所处的度数。

主饱和度：通过调整数值可以改变图像的饱和度，数值越大，饱和度越高。当饱和度为最低–100时，图像为黑白去色图像。

主亮度：主要是调整图像的亮度，数值越大，亮度越高，其取值范围在–100～100 之间。

提示：在“色相/饱和度”特效控制面板勾选“彩色化”选项，可对图像进行“着色”处理，如图 6.1.19 所示。

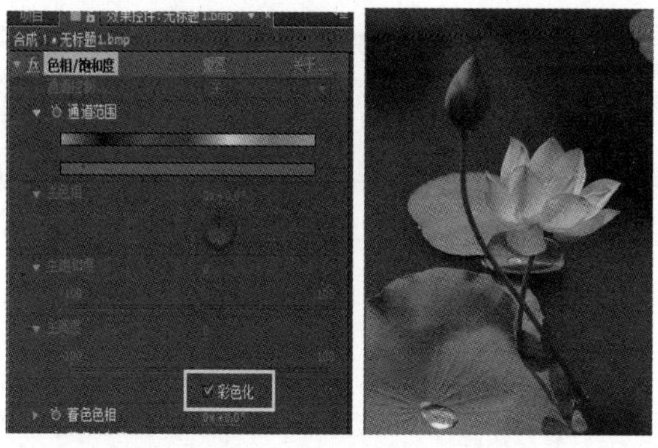

图 6.1.19　选择“彩色化”选项

6.1.6　更改为颜色和更改颜色

更改为颜色特效实质上就是从图像中选择一种颜色替换为用户指定的颜色范围，同时还可以替换并调整颜色的色相、饱和度和亮度。

使用更改为颜色调整图像的具体操作方法如下：

（1）导入并添加需要调整的“荷花”素材，单击菜单添加“效果”→“颜色校正”→“更改为颜色”特效，如图 6.1.20 所示。

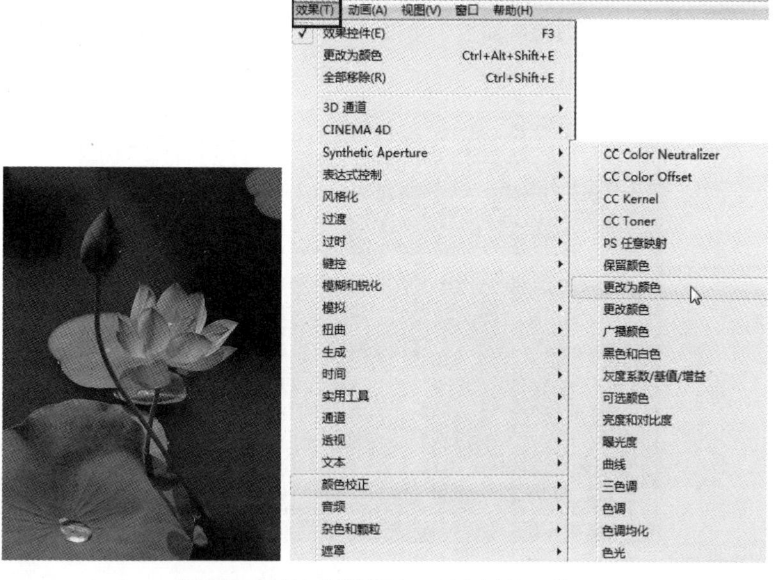

图 6.1.20　导入素材并添加“更改为颜色”特效

（2）在特效控制台面板选择“更改为颜色”特效，单击“自”选项后面的吸管在图像上吸取需要转换的颜色，如图 6.1.21 所示。

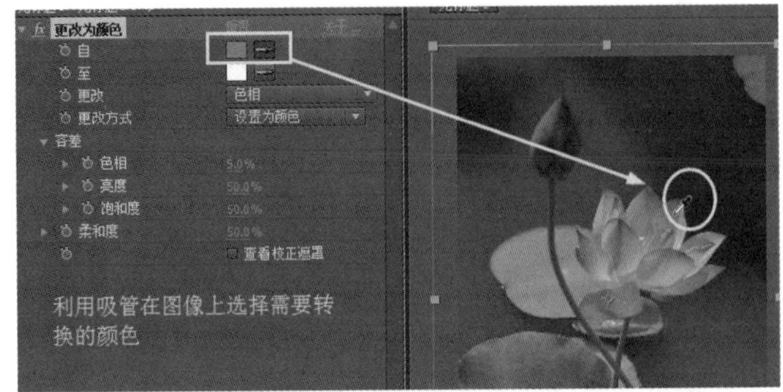

图 6.1.21　在图像上吸取需要更换的颜色

提示：吸管在图像上吸取所转换的颜色以后，再在“更改为颜色”控制面板上勾选“查看校正遮罩”选项来查看选择的范围，白色区域为选择范围，黑色区域为未选择范围，如图 6.1.22 所示。

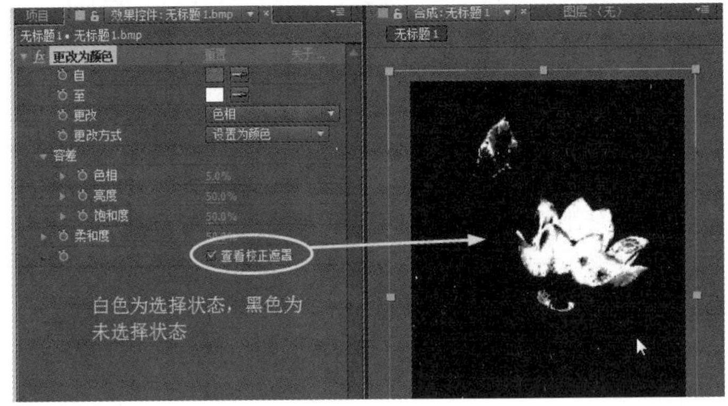

图 6.1.22　查看选择范围

（3）在“更改为颜色”特效控制面板中单击“至”选项后面的色块，在弹出的“至”面板中设置替换的颜色，如图 6.1.23 所示。

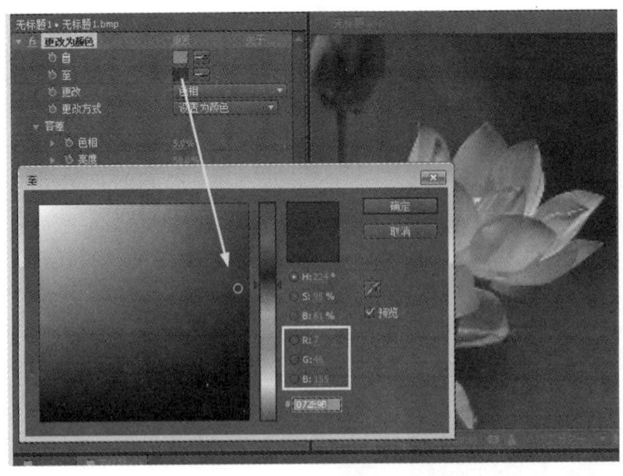

图 6.1.23　设置替换的颜色

注意：用鼠标拖动“更改为颜色”→“容差”→“色相”滑块可以改变所替换颜色的范围大小，如图 6.1.24 所示。

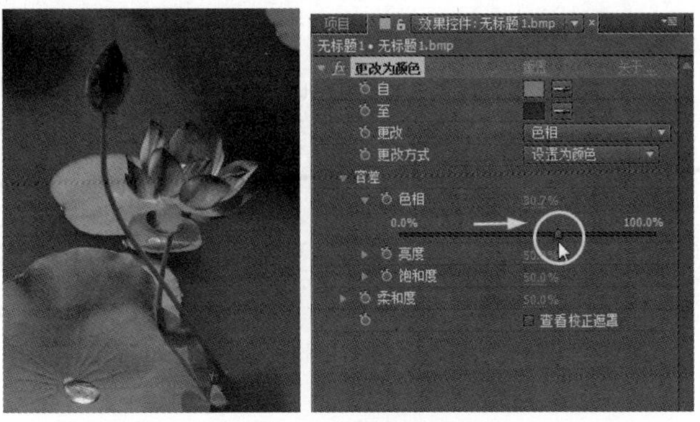

图 6.1.24　调整“色相”参数

（4）调整“柔化”数值后观察更改为颜色前后的效果对比，如图 6.1.25 所示。

图 6.1.25　使用“更改为颜色”前后效果对比

更改颜色特效和更改为颜色有所不同，更改为颜色是对图像中所选的颜色进行替换，而更改颜色是对图像中选择的颜色进行色相、亮度和饱和度的更改变化。

使用更改颜色调整图像的具体操作方法如下：

（1）同样利用“荷花”素材，单击菜单添加“效果”→“颜色校正”→“更改颜色”特效，在特效控制台面板选择“更改颜色”特效，单击“要更改的颜色”选项后面的吸管在图像上吸取需要更改的颜色，如图 6.1.26 所示。

图 6.1.26　在图像上吸取需要更改的颜色

（2）单击选择“查看”选项下拉列表里的“颜色校正蒙版”选项查看选择的范围，同样地，白色区域为选择范围，黑色区域为未选择范围，如图 6.1.27 所示。

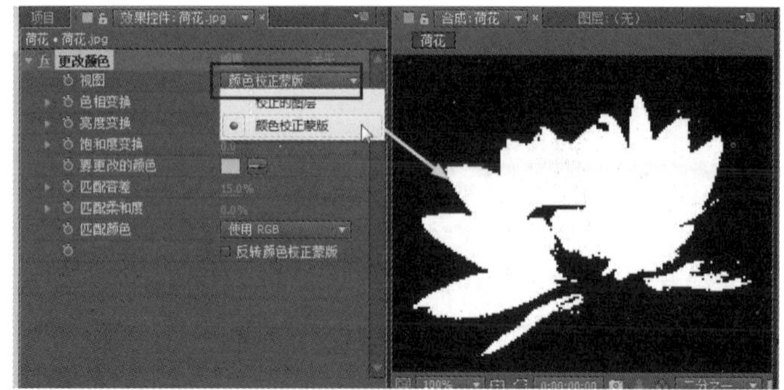

图 6.1.27　查看选择范围

提示：在“更改颜色”特效控制面板上勾选“反转颜色校正蒙版”选项，可以反向选择更改颜色的区域，如图 6.1.28 所示。

图 6.1.28　反转选择的区域范围

（3）用鼠标单击拖动“色相变换”滑块来更改所选颜色的色相变换，最后观察更改颜色前后的效果对比，如图 6.1.29 所示。

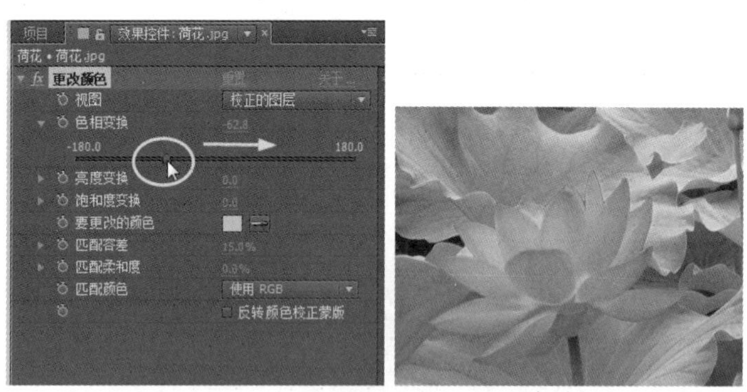

图 6.1.29　使用“更改颜色”前后效果对比

6.1.7　三色调

利用三色调特效可以调整图像的高光、投影和中间色相，并可以指定三种色相来改变图像的整体

颜色。使用三色调特效调整图像的具体操作如下：

（1）导入并添加需要调整的素材，单击菜单添加“效果”→“颜色校正”→“三色调”特效，如图 6.1.30 所示。

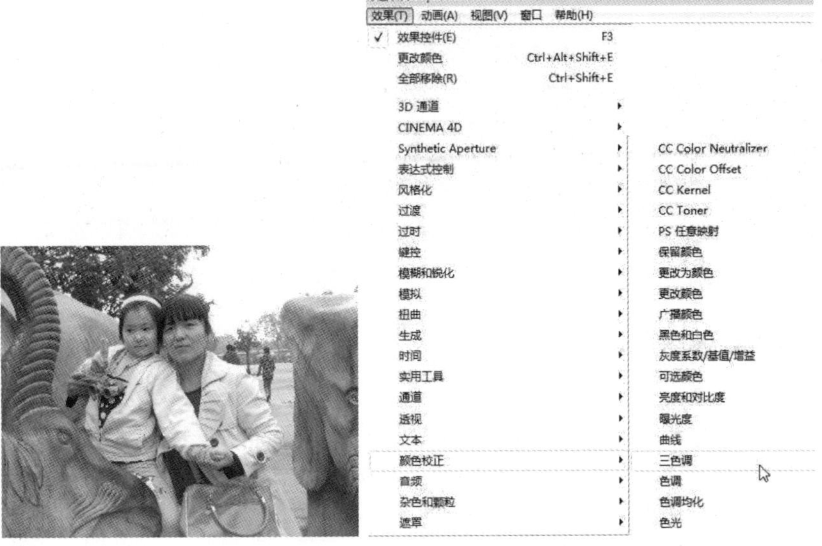

图 6.1.30　导入素材并添加三色调特效

（2）在特效控制台面板选择“三色调”特效，单击“中间调”选项后面的色块，在弹出的“中间调”面板上设置图像的中间色相，如图 6.1.31 所示。

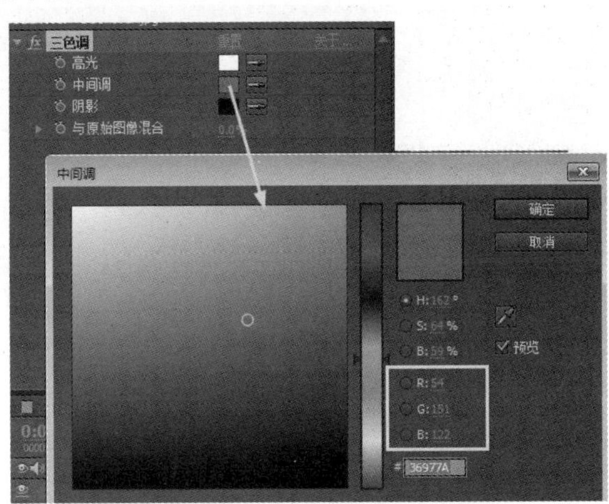

图 6.1.31　设置图像的中间色相

（3）适当调整“与原始图像混合”数值，查看更改颜色前后的效果对比，如图 6.1.32 所示。

图 6.1.32　使用“三色调”特效前后的效果对比

提示：使用“三色调”特效来调整高光、投影和中间色相的颜色，可以改变各种不同风格的图像色相，如图 6.1.33 所示。

图 6.1.33　使用“三色调”特效的各种效果展示

6.1.8　保留颜色

在电视上经常可以看到一些画面为了突出体现某一物体的表现形式，在图像上指定的颜色保留不变，将其他部分颜色转换为灰色的“单色保留”的一种艺术效果。

使用保留颜色特效调整图像的具体操作步骤如下：

（1）选择需要调整的素材，单击菜单添加“效果”→“颜色校正”→“保留颜色”特效，在特效控制台面板选择“保留颜色”特效，单击“要保留的颜色”选项后面的吸管在图像上吸取要保留的颜色，如图 6.1.34 所示。

图 6.1.34　用吸管吸取要保留的颜色

（2）单击拖拽“脱色量”滑块调整脱色数值，将背景颜色去色，如图 6.1.35 所示。

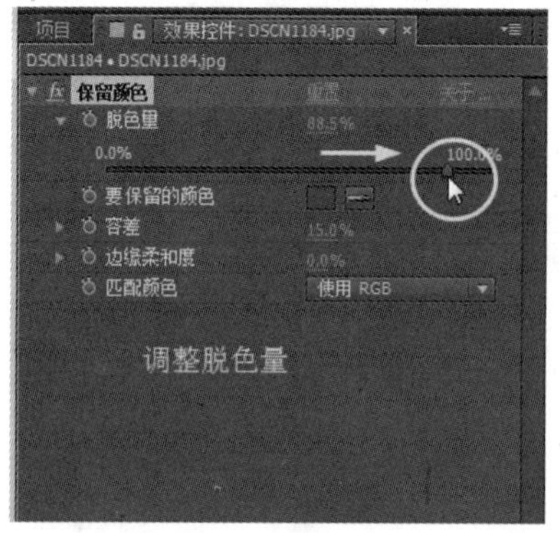

图 6.1.35　调整脱色量

（3）使用保留颜色特效处理图像前后的效果对比如图 6.1.36 所示。

图 6.1.36　使用“保留颜色”特效前后的效果对比

6.1.9　自动对比度和自动颜色

利用自动对比度特效可以对图像的亮度和暗度的对比度进行自动调整，可以方便又快捷地调整图像的对比度，主要用于对图像进行一些简单的粗略调整，如图 6.1.37 所示。

图 6.1.37　使用“自动对比度”特效前后的效果对比

自动颜色特效可以自动调整图像的颜色，主要是对图像的亮度和颜色之间的简单粗略调整，如图 6.1.38 所示。

图 6.1.38　使用“自动颜色”特效前后的效果对比

6.2　视 频 特 效

众所周知，After Effects 2022 是一款强大的影视后期特效软件，使用各种特效不仅可以帮助动画师、视频设计师完成理想而完美的视觉效果，还可以使图像产生各式各样美轮美奂的艺术效果。

6.2.1 模糊与锐化

模糊特效主要用于对清晰的图像进行各种各样的模糊处理，使图像变得更加柔和。

（1）定向模糊。定向模糊特效是一种十分具有动感的模糊效果，可以根据用户的设定产生任何方向的运动幻觉，如图 6.2.1 所示。

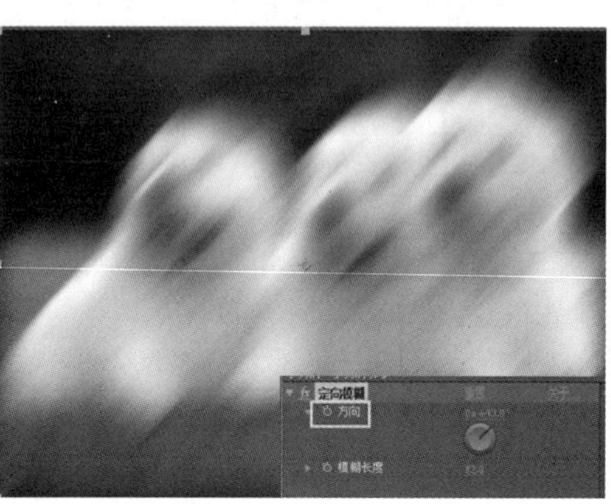

图 6.2.1 应用定向模糊特效前后效果对比

（2）高斯模糊。高斯模糊特效是一种最为常用的模糊特效，它主要是根据高斯模糊曲线的分布模式对图像进行模糊处理。选择素材并单击菜单添加“效果”→“模糊与锐化”→“高斯模糊”特效，在特效控制面板拖动“模糊度”的滑块来设置图像的模糊程度，数值越大则图像的模糊效果越明显，如图 6.2.2 所示。

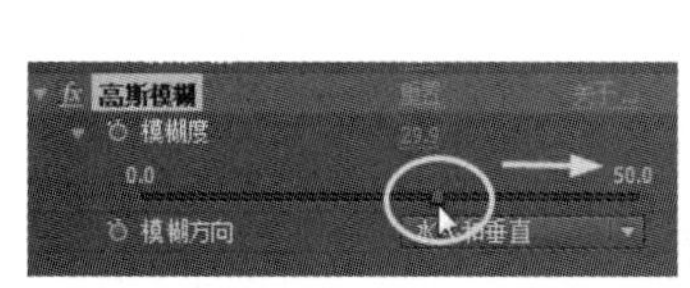

图 6.2.2 调整高斯模糊特效的模糊度

（3）径向模糊。径向模糊特效既可以对图像进行旋转扭曲模糊，也可以进行放射状模糊处理，如图 6.2.3 所示。

旋转扭曲模糊

放射状模糊

图 6.2.3 使用径向模糊特效

（4）通道模糊。通道模糊特效是分别对图像中的红色、绿色、蓝色和 Alpha 通道进行模糊处理的效果，并可以设置水平或者垂直的模糊的方向，如图 6.2.4 所示。

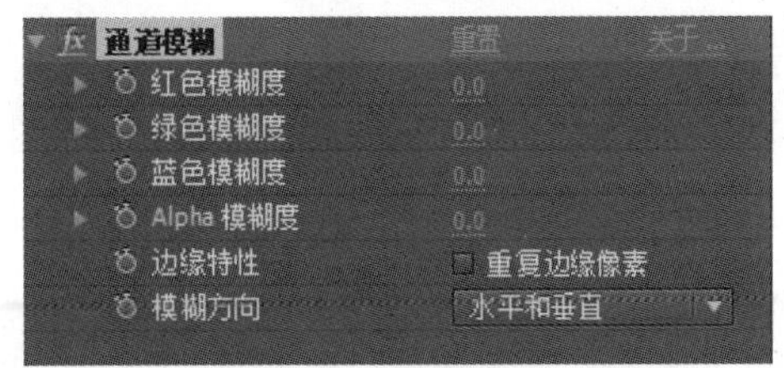

图 6.2.4　使用通道模糊特效

（5）复合模糊。复合模糊特效是用户选定“模糊层”，依据其中一层画面的亮度值对该层进行模糊处理，如图 6.2.5 所示。

图 6.2.5　使用复合模糊特效

（6）快速模糊。快速模糊用于设置图像的模糊程度，它和高斯模糊特效十分类似，而它在大面积应用的时候速度更快。

锐化特效主要用于在图像颜色发生变化的地方提高对比度，增强图像的轮廓，如图 6.2.6 所示。

图 6.2.6　使用锐化特效前后效果对比

6.2.2　风格化

风格化特效是通过置换或者提高像素和通过查找并增加图像的对比度，在图像中产生类似于一种绘画或印象派的效果，它是完全模拟真实艺术手法进行创作的，如图 6.2.7 所示。

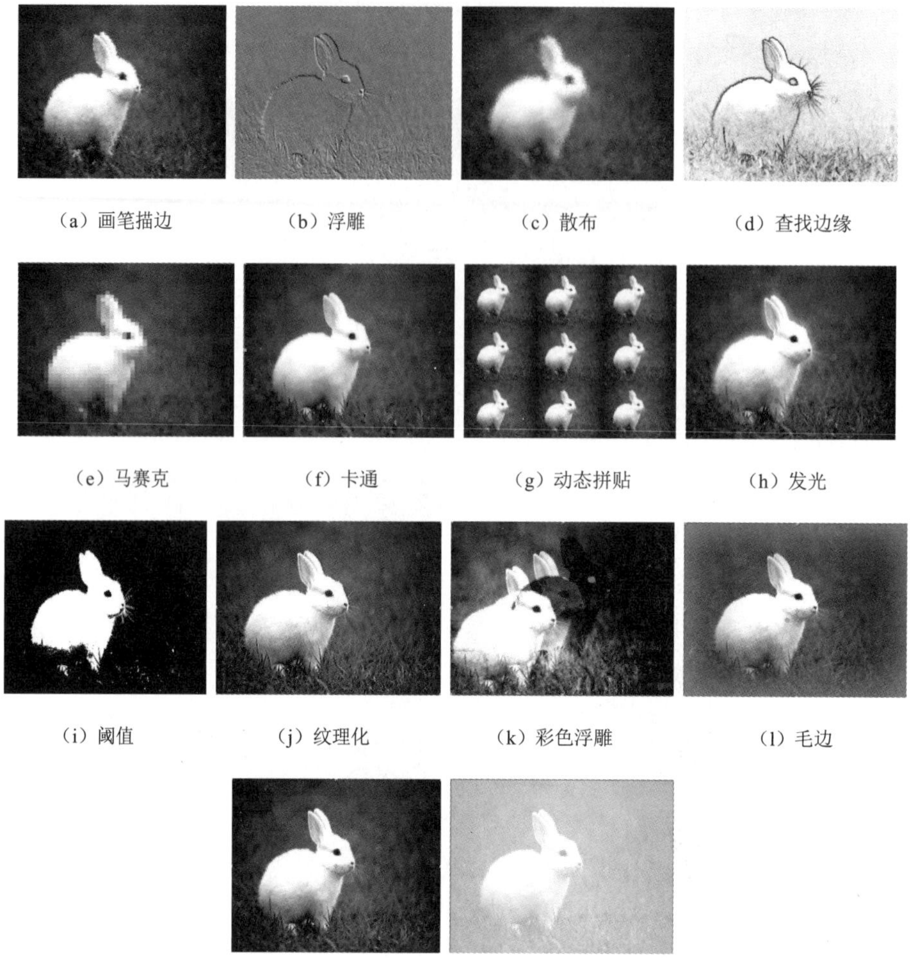

(a) 画笔描边　(b) 浮雕　(c) 散布　(d) 查找边缘

(e) 马赛克　(f) 卡通　(g) 动态拼贴　(h) 发光

(i) 阈值　(j) 纹理化　(k) 彩色浮雕　(l) 毛边

(m) 色相分离　(n) 闪光灯

图 6.2.7　使用“风格化”特效组效果展示

(1) 画笔描边。使图像产生一种模拟水彩画的效果，通过调整画笔的大小、画笔描边的密度和随机性来改变图像。

(2) 浮雕。通过用黑色或者白色加亮图像中的高对比度边缘，同时用灰色填充低对比度区域完成一种模拟雕刻的效果。

(3) 散布。使图像产生类似于透过磨砂玻璃观看的一种颗粒模糊效果。

(4) 查找边缘。对图像的边缘进行检测，把低对比度区域变成白色的，高对比度区域变成黑色的，中等对比度区域变成灰色的，使模拟轮廓边缘显示用铅笔描边的效果。

(5) 马赛克。把图像按相似色彩拼贴成许多四方块并按原图像规则排列，模拟马赛克拼图的效果。

(6) 卡通。模拟一种水彩招贴画效果。

(7) 动态拼贴。使图像以小画面铺满整个屏幕，利用调整其相位来改变画面的运动。

(8) 发光。使图像照亮边缘达到一种光芒漫射的效果，根据用户的需要可以调整辉光的颜色、强度和发光半径等。

(9) 阈值。可以将图像转换为高对比度的黑白图像。

（10）纹理化。将其他的图像纹理通过置换到当前图像，产生类似于浮雕叠加图像的一种特效。

纹理化特效处理图像的具体步骤如下：

1）导入“石头”素材并添加到合成时间线，单击菜单添加“效果”→“风格化”→“纹理化”特效，如图 6.2.8 所示。

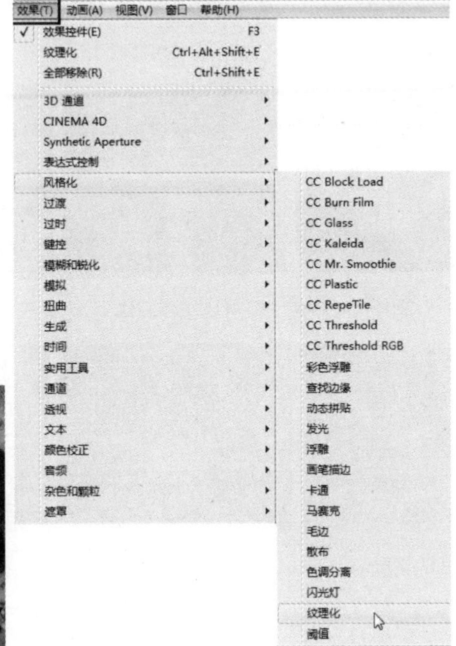

图 6.2.8　导入石头素材并添加“纹理化”特效

2）在特效控制面板里选择“纹理化”特效，单击“纹理图层”的下拉列表选择“小兔*jpg”图层，适当调整纹理对比度的数值，如图 6.2.9 所示。

3）使用“纹理化”特效最终效果如图 6.2.10 所示。

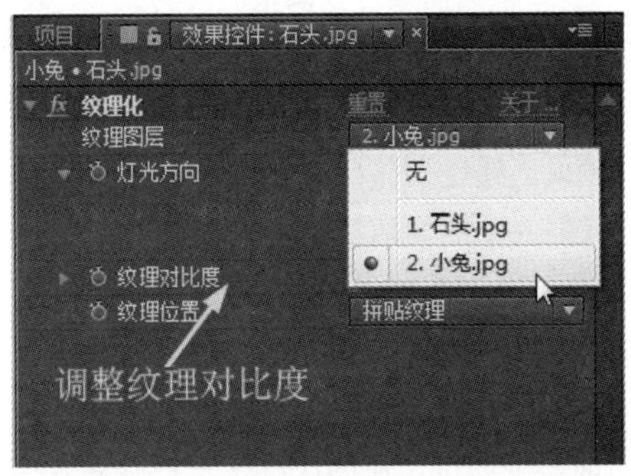

图 6.2.9　选择“纹理图层”并调整纹理对比度

图 6.2.10　使用“纹理化”特效最终效果

6.2.3　扭曲

扭曲特效是图像处理中使用最为频繁的一组特效，该滤镜组可以对图进行拉伸、变形、镜像、偏移等变形处理。这组特效在实际应用中变化无穷，这里的例图只是展现了“扭曲”特效组中最为常用的几种特效，如图 6.2.11 所示。

（a）贝塞尔曲线变形　（b） 边角定位　（c）波纹　（d）波纹变形

（e）放大　（f）光学补偿　（g）镜像　（h）凸出

（i）变形　（j）球面化　（k）网格变形　（l）旋转扭曲

图 6.2.11　使用“扭曲”特效组效果展示

（1）贝塞尔曲线变形。在图像的边界处通过调整贝塞尔曲线改变图像。

（2）边角定位。根据图像的四个顶角的位置变形整个图像，使图像达到一种透视效果。

（3）波纹。使图像以圆心向四周逐渐扩散的水波涟漪变形的特殊效果。

（4）波纹变形。使图像能够以不同的波长产生不同形状的波动效果。

（5）放大。使图像的指定区域达到一种放大镜效果，根据需要可以调整放大的数值、放大的区域等。

（6）光学补偿。使图像产生一种模拟摄像机透镜变形的效果。

（7）镜像。使用镜像效果后使图像产生左右对称的效果。

（8）凸出。使图像的指定区域产生凸透镜的效果，通过调整凸透数值来调整凸透的高度。

（9）变形。在指定的变形样式下，设定参数范围内使图像随机产生的变形效果。

（10）球面化。使图像产生球面效果，根据需要可以调整球面的半径大小和球体的中心点。

（11）网格变形。使用画面上的网格来控制图像的变形区域，通过调整“行”和“列”的数值可以增加或减少网格的密度。

（12）旋转扭曲。将图像围绕指定点旋转，扭曲整个图像，使图像产生一种旋涡效果。将“旋转扭曲角度”的数值设置为负值时，为逆向旋转扭曲。

提示：使用“凸出”特效不但可以对图像进行各种各样的变形处理，还可以对文字进行各种变形，如图 6.2.12 所示。

注意：使用“液化”特效可以快速地对图像进行变形、旋转扭曲、凹陷和膨胀等操作，使用膨胀工具在图像上涂抹，如图 6.2.13 所示。

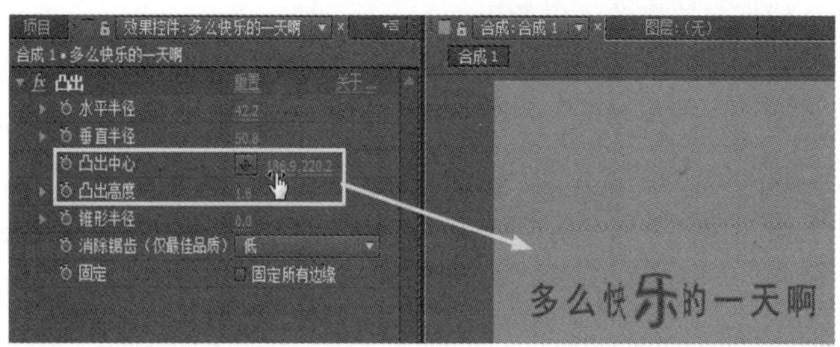

图 6.2.12　使用“凸出”特效制作文字动画

图 6.2.13　使用“液化”特效

6.2.4　生成

生成特效在图像中可以创建无线电波、分形、单元格图案、高级闪电、镜头光晕、棋盘、四色渐变和音频波形等效果，如图 6.2.14 所示。

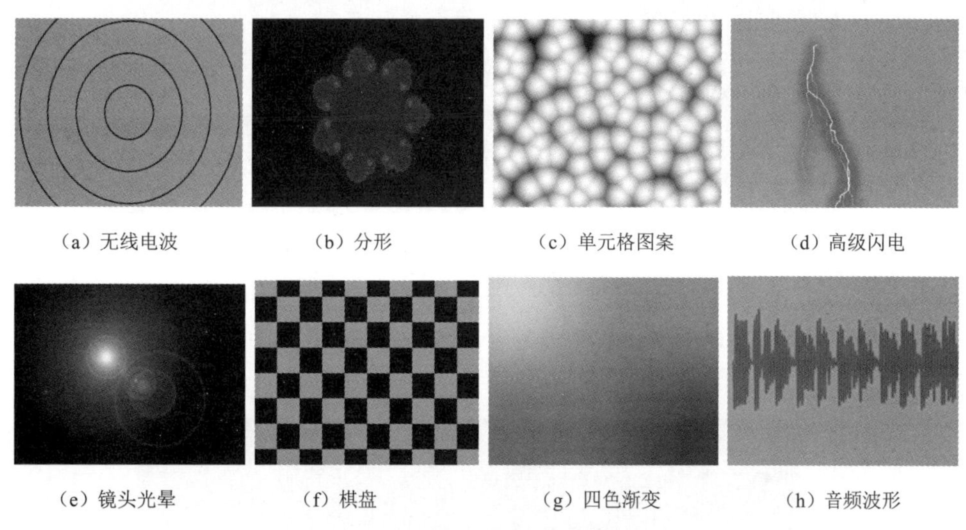

（a）无线电波　（b）分形　（c）单元格图案　（d）高级闪电

（e）镜头光晕　（f）棋盘　（g）四色渐变　（h）音频波形

图 6.2.14　使用“生成”特效组效果展示

（1）无线电波。由中心向四周不断发射无线电波的波纹，在“波形类型”选项里可以选择无线电波的形状。

（2）分形。使图像产生一种模拟万花筒的纹理图像。

（3）单元格图案。使图像产生一种模拟类似于细胞、蜂巢、晶格等形状的单元图案。

（4）高级闪电。模拟自然界的闪电效果。

（5）镜头光晕。使图像产生不同的摄像机镜头的光晕或者太阳光效果。

（6）棋盘。使图像产生棋盘图案，通过设定“宽”的数值可以改变棋盘的大小。

（7）四色渐变。该特效主要用于制作背景图像，可以自定义四种颜色的变化和位置。

（8）音频波形。将指定的音频通过置换到当前图像，将音频波形以图像化显示。

（9）描边。沿着指定的路径产生描边效果。

注意：在使用“描边”和“涂写”特效时必须先绘制蒙版，如图 6.2.15 所示。在使用“音频波形”和“音频频谱”特效时，必须在“音频层”选择音频图层，如图 6.2.16 所示。

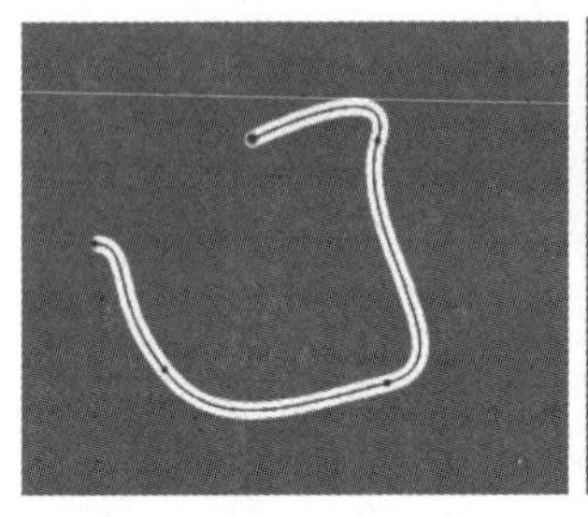

（a）使用描边特效

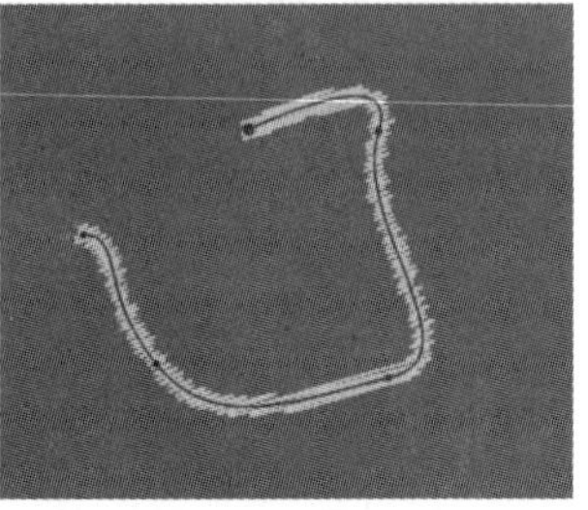

（b）使用涂写特效

图 6.2.15　使用描边和涂写特效

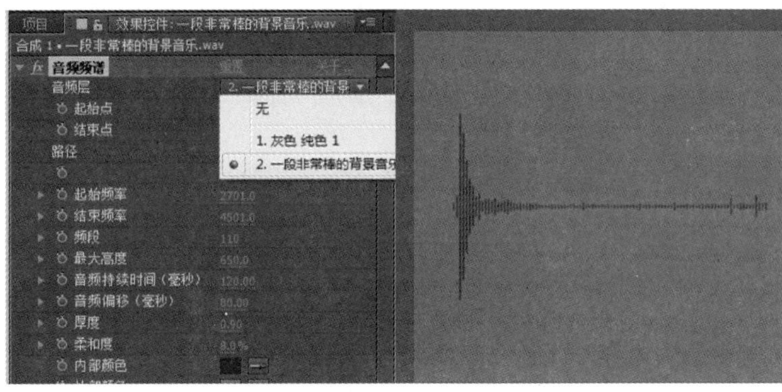

图 6.2.16　使用音频频谱特效

提示：利用“CC Light Sweep”特效可以制作一个光线从左向右划过的扫光文字，如图 6.2.17 所示。

图 6.2.17　使用“CC Light Sweep”特效制作扫光文字

6.2.5　模拟

模拟特效可以真实地模拟自然界中的下雨、下雪、碎片和气泡等现象，如图 6.2.18 所示。

（a）下雨

（b）下雪

（c）碎片

（d）气泡

图 6.2.18　使用“模拟”特效组效果展示

利用“碎片”特效制作一段“拼图”动画，具体操作步骤如下：

（1）创建一个“拼图”合成并导入“马”素材到合成时间线，单击菜单添加“效果”→“模拟”→“碎片”特效，如图 6.2.19 所示。

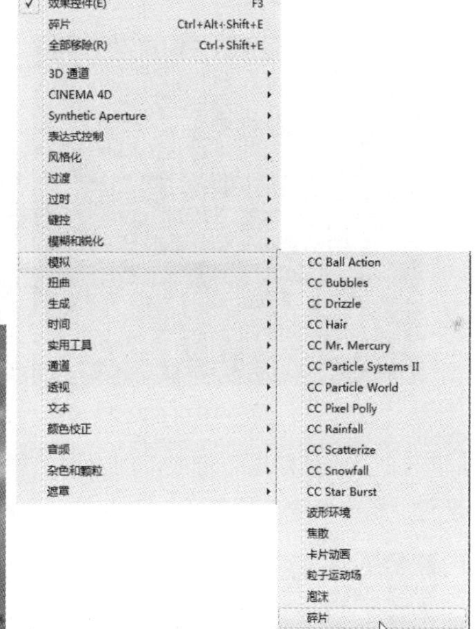

图 6.2.19　导入素材并添加“碎片”特效

（2）在特效控制面板选择“碎片”特效，单击“视图”模式下拉列表选择“已渲染”选项，如图 6.2.20 所示。

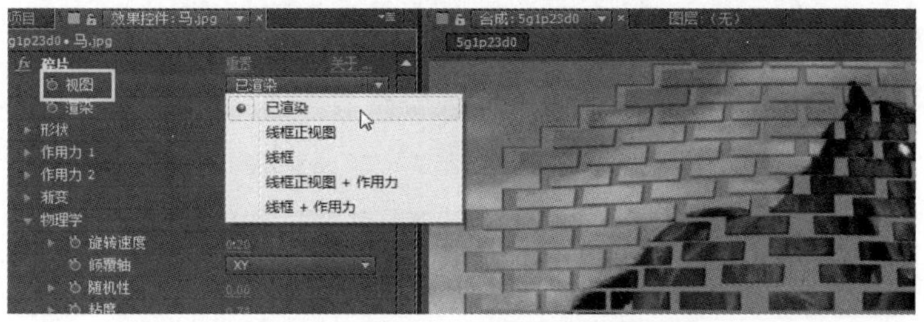

图 6.2.20　选择“已渲染”查看模式

（3）单击“图案”后面的下拉图标，在下拉列表里选择“拼图”选项，如图 6.2.21 所示。

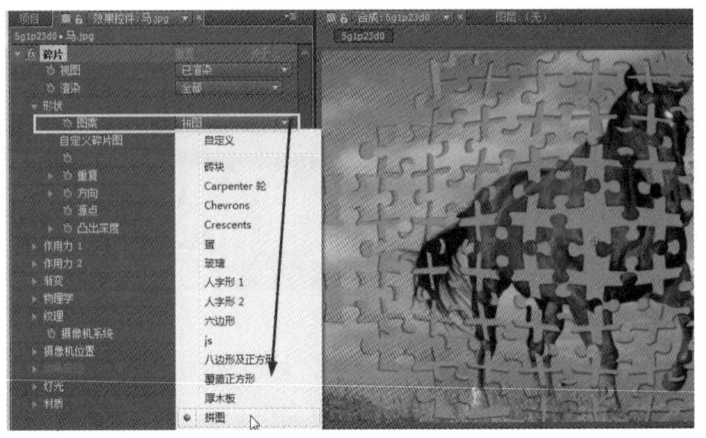

图 6.2.21　选择“拼图”图案

（4）在特效控制面板里调整“碎片”特效的形状、作用力 1 和物理学的数值，详细设置如图 6.2.22 所示。

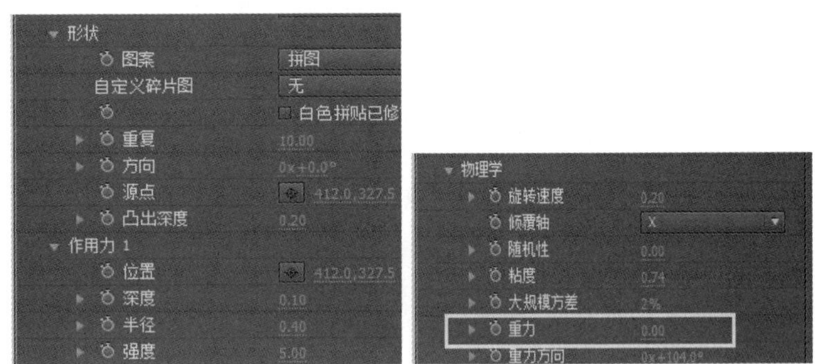

图 6.2.22　调整“碎片”特效的参数

（5）新建一个“参考图层”合成，创建固态层并单击菜单添加“效果”→“生成”→“梯度渐变”特效，设置“梯度渐变”的颜色为由黑色到白色的线性渐变，如图 6.2.23 所示。

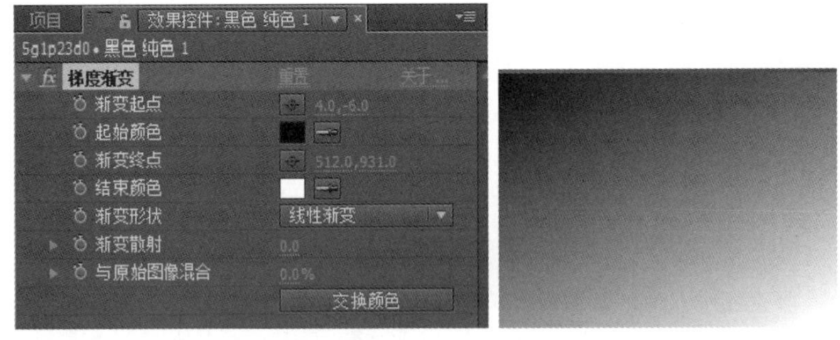

图 6.2.23　设置“梯度渐变”参考图层

（6）将“参考图层”合成添加到“拼图”合成时间线并且隐藏参考层的显示，在特效面板 “碎片”特效的“渐变图层”里选择“参考图层”选项，在时间线 0～3 秒处设置“碎片阈值”动画，如图 6.2.24 所示。

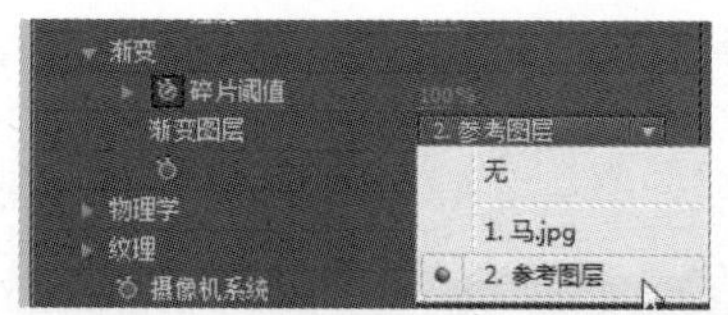

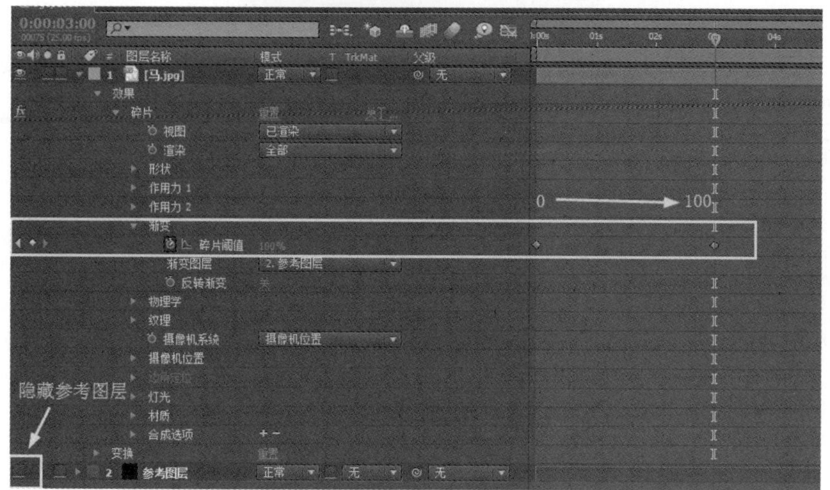

图 6.2.24　设置“碎片阈值”动画

（7）选择“马”和“参考图层”图层并按键盘“Ctrl+Shift+C”键，将新建合成命名为“拼图最终”，如图 6.2.25 所示。

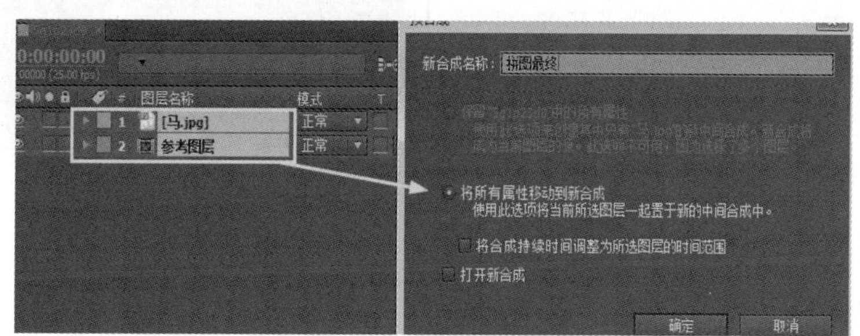

图 6.2.25　“预合成”对话框

（8）导入“相框”素材并添加到合成时间线，选择“拼图最终”图层添加“边角定位”特效，调整边角定位的四个顶角，如图 6.2.26 所示。

图 6.2.26　“预合成”对话框

（9）单击“拼图最终”图层，按键盘“Ctrl+Alt+R”键将“拼图最终”图层时间倒放，如图 6.2.27 所示。

图 6.2.27　设置“拼图最终”图层时间倒放

（10）单击“拼图最终”图层，再单击菜单添加“效果”→“透视”→“投影”特效，设置投影的“距离”和“柔和度”参数，如图 6.2.28 所示。

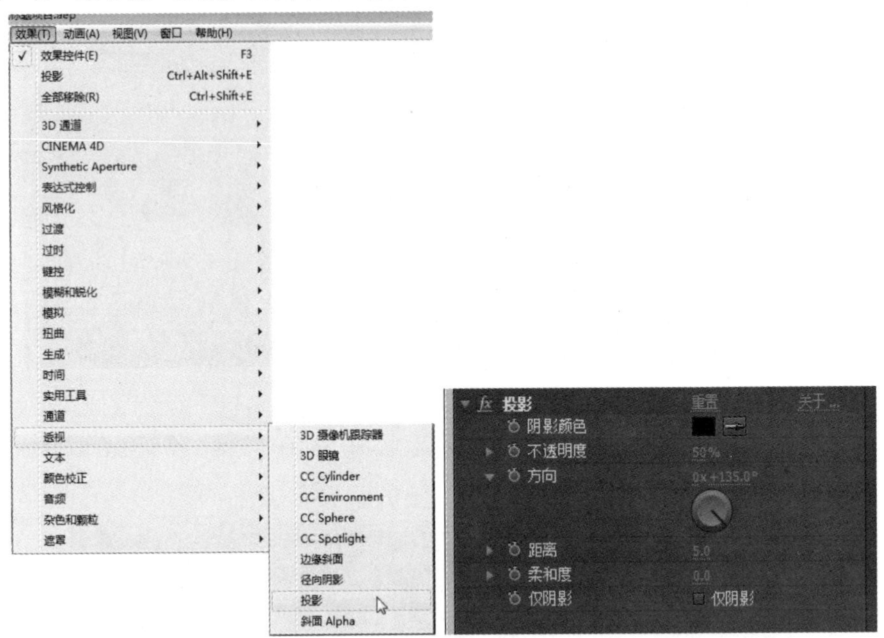

图 6.2.28　添加并设置“投影”特效

（11）“拼图动画”的最终效果如图 6.2.29 所示。

图 6.2.29　“拼图动画”的最终效果

6.2.6　键控

键控特效实质上就是蓝绿屏抠像技术，在影视制作领域已被广泛采用。从原理上讲，很多影视作品都是利用将摄影棚中所拍摄的内容，以提取颜色通道的方式把单色背景去掉并叠加在其他素材上的影像合成技术来制作的。

在摄影棚中拍摄时经常在演员或者拍摄物背后放一块蓝布，最常用的是蓝色背景和绿色背景两种，在后期制作中抠除单色背景后叠加在其他图像上，例如影视剧中空中武打戏画面的合成，如图

6.2.30 所示。

（a）蓝屏拍摄

（b）合成画面

图 6.2.30　蓝屏抠像技术原理展示

蓝屏抠像技术在影视领域中的应用非常广泛，经常用于虚拟背景的合成画面和电视台虚拟演播室等，如图 6.2.31 所示。

图 6.2.31　“蓝屏抠像”效果展示

After Effects 2022 软件的“键控”特效组里包括颜色键、亮度键、线性颜色键、差异蒙版、颜色范围和提取等抠像工具。

（1）颜色键。主要针对抠除单一背景颜色。利用“主色”吸管在图像吸取要抠除的颜色，适当调整颜色容差和羽化边缘数值，如图 6.2.32 所示。

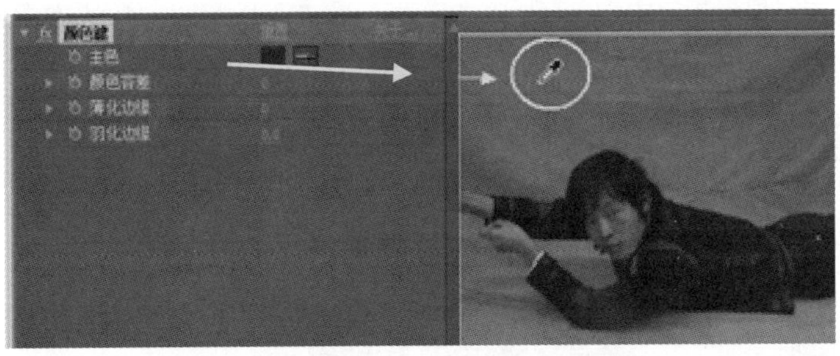

（a）利用吸管选择要抠除的背景颜色

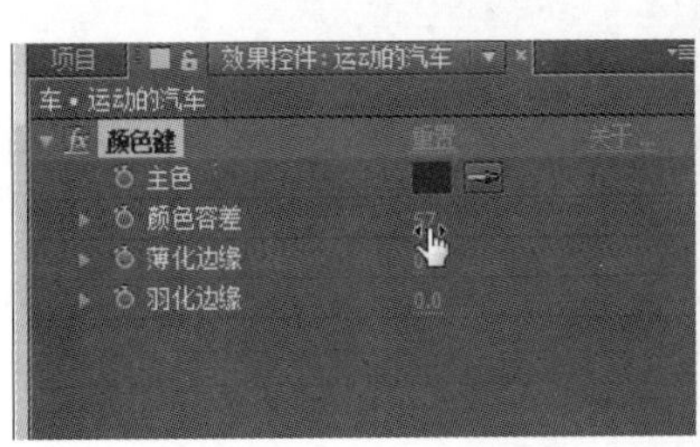

（b）调整“颜色容差”数值

图 6.2.32　应用“颜色键”特效

（2）亮度键。针对明暗反差很大的图像，根据图像的明暗程度在“键控类型”选项里选择相对应的选项，如图 6.2.33 所示。

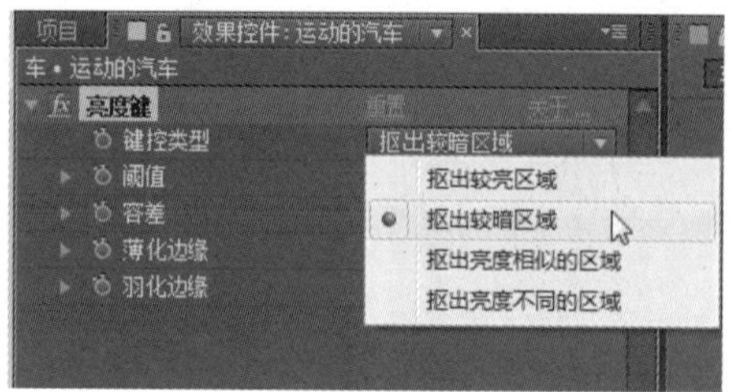

图 6.2.33　选择“亮度键”的键控类型选项

（3）线性颜色键。线性颜色键在抠除图像时可以包含半透明区域，根据用户选定匹配 RGB、色相、色度等信息与指定的“主色”进行比较产生透明区域，如图 6.2.34 所示。

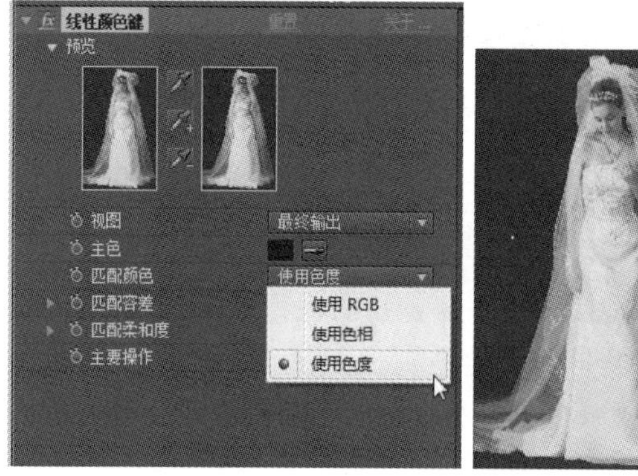

图 6.2.34　应用“线性颜色键”前后效果对比

（4）差异蒙版。通过比较两层的画面，抠除相对应的位置和颜色。

（5）颜色范围。根据指定的颜色范围产生透明，通过单击“色彩空间”选择 Lab、YUV 和 RGB 等信息抠除图像，可以抠除烟雾、水、玻璃、婚纱等半透明图像，如图 6.2.35 所示。

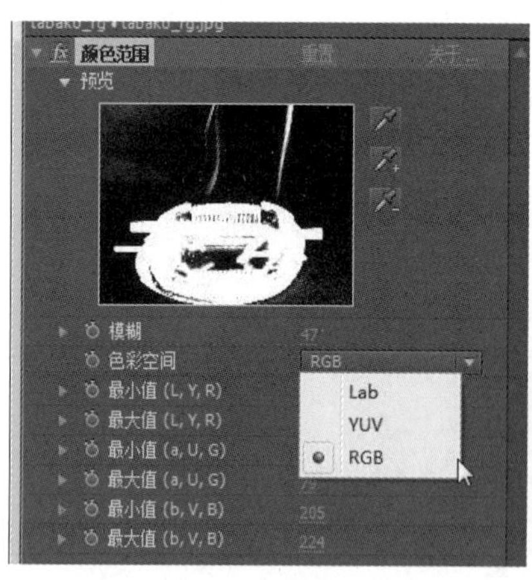

图 6.2.35　应用“颜色范围”特效

（6）提取。根据图像指定的一个亮度范围产生透明，如图 6.2.36 所示。

（7）溢出抑制。可以去除键控后图像边缘遗留的颜色痕迹，如图 6.2.37 所示。

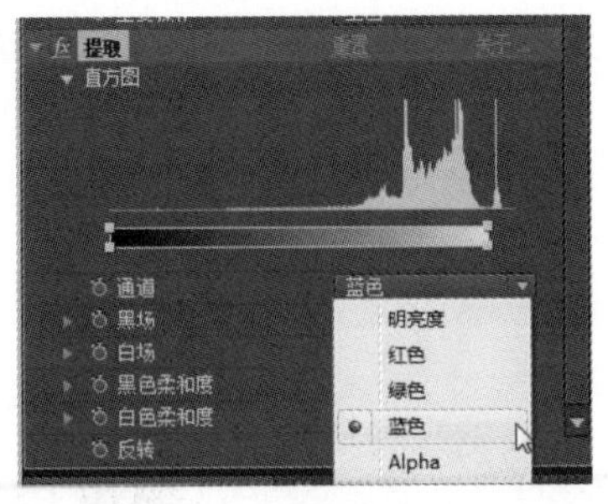

图 6.2.36　应用“提取”特效

图 6.2.37　应用“溢出抑制”特效前后对比

6.2.7　视频跟踪动态技术

在 After Effects 2022 软件中使用视频跟踪动态技术，实质上就是利用跟踪物体在动态的图像上对某一特征点进行跟踪，软件应用以后自动生成跟踪运动关键帧动画，这样跟踪物体就会产生贴在被跟踪的动态图像上一起运动的效果。

视频跟踪动态技术在影视制作中的应用非常广泛，有些镜头在拍摄中很难达到，但利用视频跟踪动态技术却可以轻易地完成。在此制作一段“着火的汽车”来详细介绍视频跟踪动态技术，具体操作如下：

（1）导入“运动的汽车”和“火焰”两段素材，并添加到合成时间线，如图 6.2.38 所示。

运动的汽车

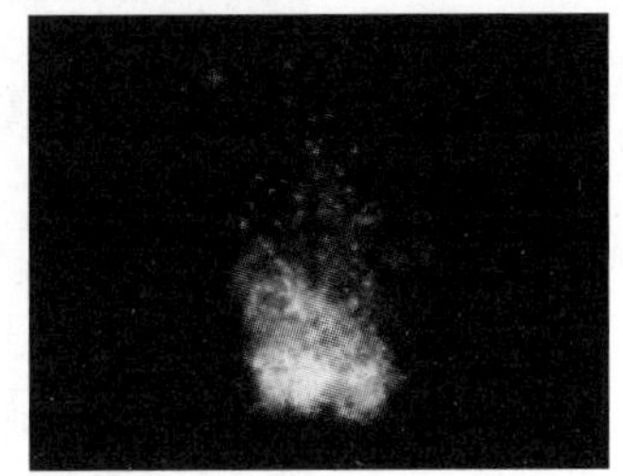

火焰

图 6.2.38　导入素材

（2）将“火焰”素材放在“运动的汽车”上面图层，并调整“火焰”素材的比例大小和位置，如图 6.2.39 所示。

（3）单击菜单执行“动画”→“跟踪运动”命令，或者选择“运动的汽车”素材单击鼠标右键，在右键菜单中选择“跟踪运动”选项，如图 6.2.40 所示。

图 6.2.39　调整“火焰”素材

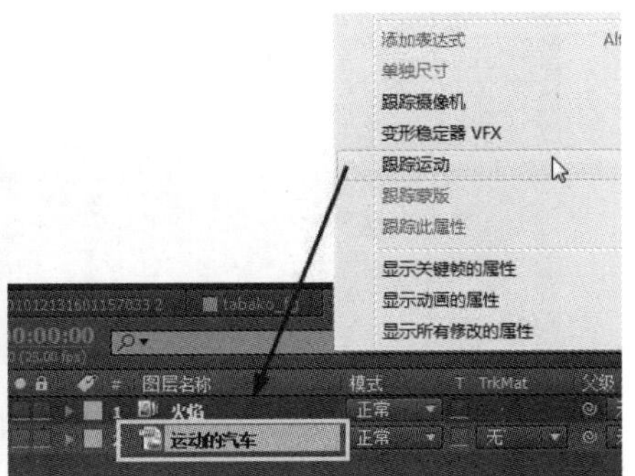

图 6.2.40　添加跟踪动态

（4）在“跟踪”设置面板单击“运动源”选择“运动的汽车”选项，单击编辑目标...按钮，在弹出的“运动目标”面板选择“火焰”图层，如图 6.2.41 所示。

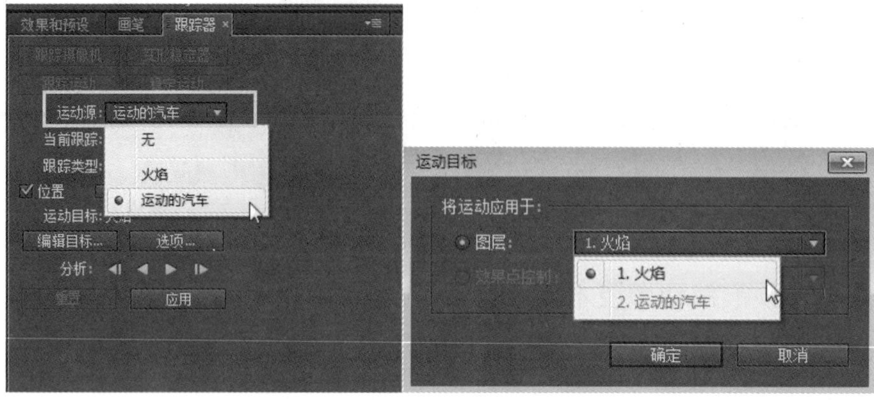

图 6.2.41　选择“运动源”和“运动目标”

（5）单击选项...按钮，在弹出的“动态跟踪器选项”选项卡设置跟踪的轨道、跟踪场和匹配前处理等选项，如图 6.2.42 所示。

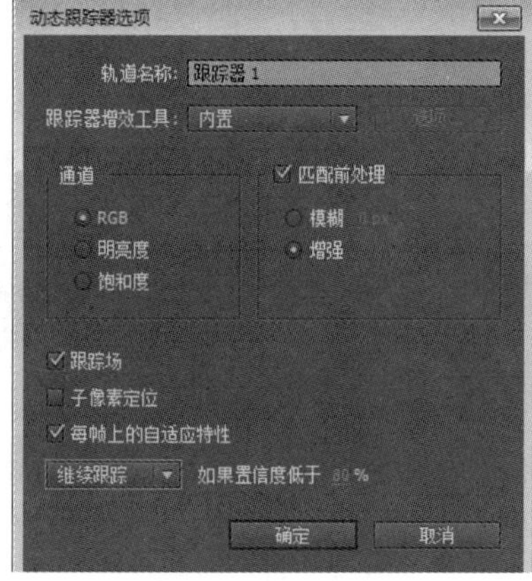

图 6.2.42　设置动态跟踪器选项

（6）在合成视图上调整跟踪点的跟踪对象和跟踪场，如图 6.2.43 所示。

图 6.2.43　调整跟踪对象和跟踪场

（7）在“跟踪器”设置面板上单击向前分析按钮分析跟踪动画，如图 6.2.44 所示。

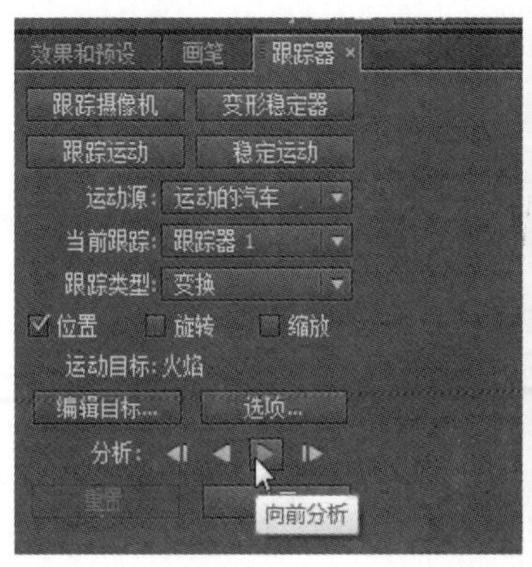

图 6.2.44　分析跟踪动画

提示：在“跟踪器”设置面板上单击 重置 按钮可以重置跟踪动态动画，单击向前分析 1 个帧按钮可以逐帧分析跟踪动画，如图 6.2.45 所示。

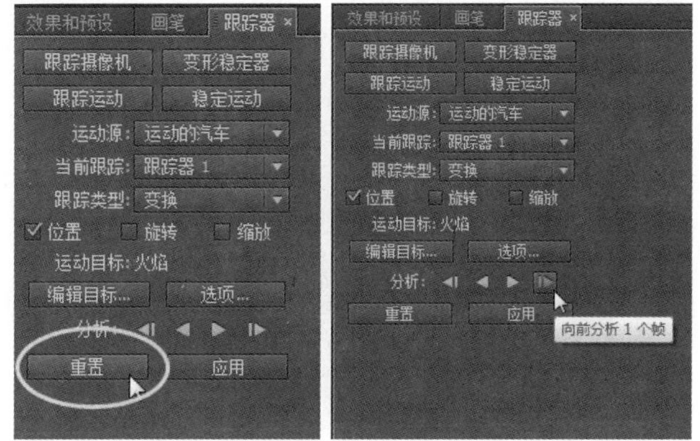

图 6.2.45　“跟踪器”设置面板

（8）在“跟踪器”设置面板单击 应用 按钮，在合成时间线自动生成跟踪动画关键帧，如图 6.2.46 所示。

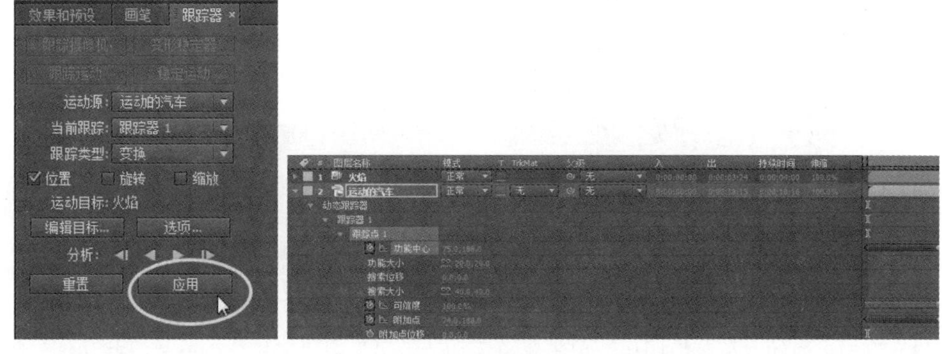

图 6.2.46　应用跟踪动画

（9）预览最终跟踪动画效果，“火焰”被跟踪到了汽车上，汽车从远处行驶过来，车头一直在“着火”，如图 6.2.47 所示。

（a）远处效果

（b）近处效果

图 6.2.47　跟踪动态最终效果

6.3　课堂实战——制作“水墨画”效果

本例综合利用前面所学的颜色校正等知识制作“水墨画”效果，最终效果如图 6.3.1 所示。

图 6.3.1　最终效果图

操作步骤：

（1）新建一组合成并命名为“水墨画”，导入“荷花”素材并添加到合成时间线，如图 6.3.2 所示。

（2）选择“荷花”素材按键盘“Ctrl+D”键复制图层，如图 6.3.3 所示。

图 6.3.2　导入素材

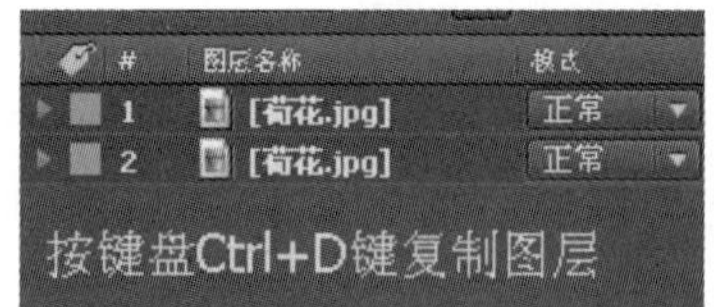

图 6.3.3　复制图层

（3）选择上面的“荷花”图层，单击菜单添加“效果”→“风格化”→“查找边缘”特效，如图 6.3.4 所示。

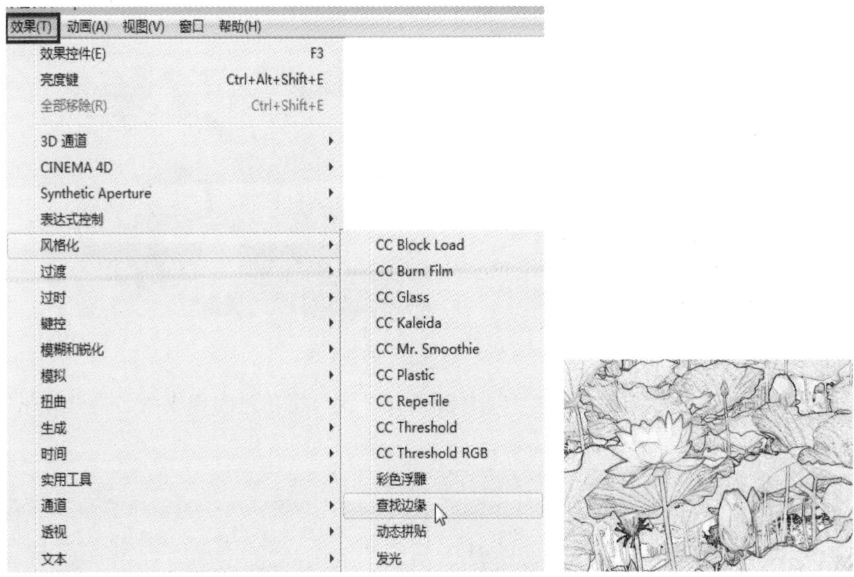

图 6.3.4　添加“查找边缘”特效

（4）给“荷花”素材再次添加“色相/饱和度”特效，调整“主饱和度”去色，添加“曲线”特效降低画面的亮度，如图 6.3.5 所示。

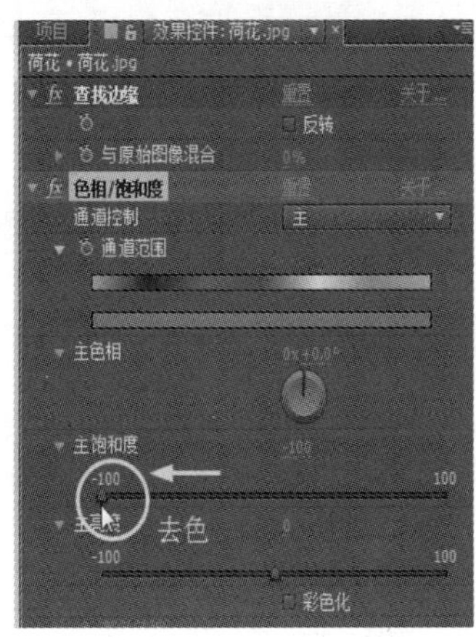

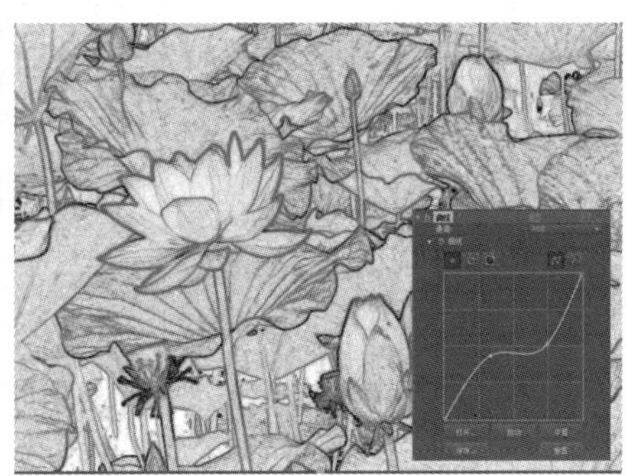

图 6.3.5　调整“色相/饱和度”“曲线”特效

（5）选择下层“荷花”素材添加“算术”和“快速模糊”特效，参数如图 6.3.6 所示。

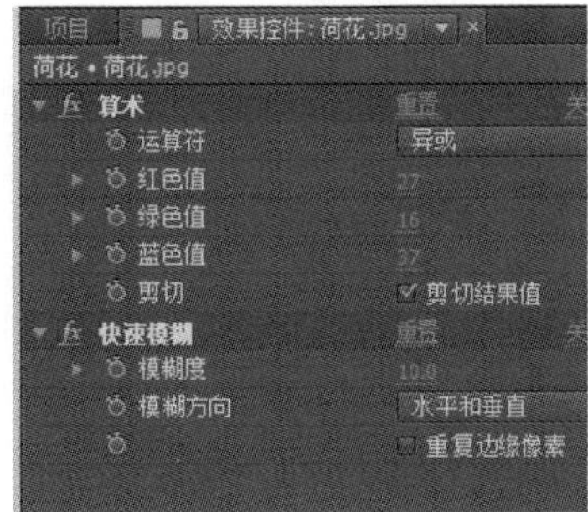

图 6.3.6　调整“算术”和“快速模糊”特效

（6）将两个“荷花”图层的图层混合模式设置为“叠加”，如图 6.3.7 所示。

图 6.3.7　设置图层的叠加模式

（7）选择两个“荷花”图层按键盘“Ctrl+Shift+C”键，将新建的合成命名为“荷花”，如图 6.3.8 所示。

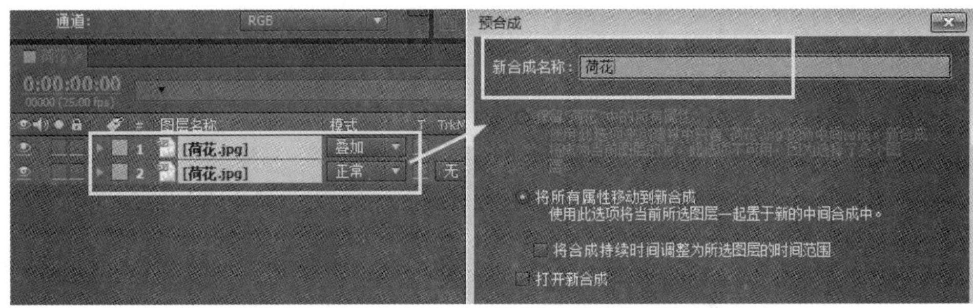

图 6.3.8　将两个图层“预合成”

（8）选择“荷花”合成添加“曲线”和“色相/饱和度”特效，如图 6.3.9 所示。

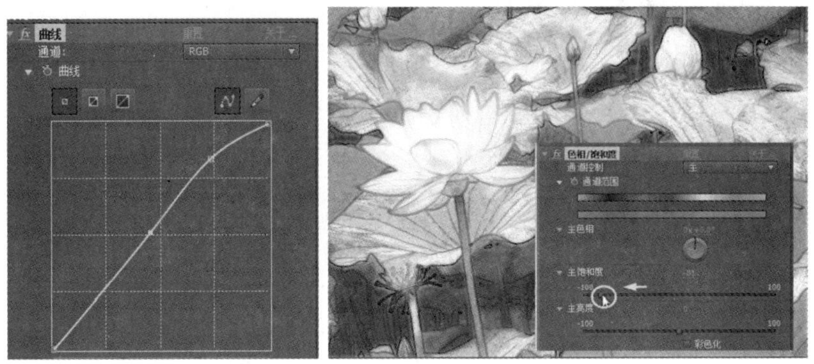

图 6.3.9　调整“曲线”和“色相/饱和度”特效

（9）再利用“液化”特效在荷叶上涂抹，如图 6.3.10 所示。

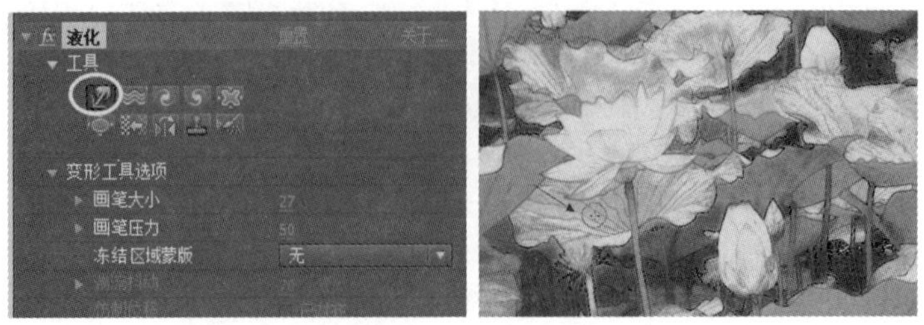

图 6.3.10　应用“液化”特效

（10）查看“水墨画”最终效果对比如图 6.3.11 所示。

图 6.3.11　“水墨画”最终效果对比

本 章 小 结

本章主要介绍了 After Effects 2022 软件常用的几组特效的使用方法和技巧，包括视频的颜色校正、视频的模糊与锐化、扭曲、风格化以及键控和视频跟踪等技术的详细介绍。通过几个课堂小实例“单色保留”“拼图动画”“着火的汽车”和“水墨画”效果等对所学的知识进行复习和巩固。通过对本章的学习，读者应完全掌握常用特效的使用方法和技巧，能够合理地运用各种视频特效创作出更精美的视频作品。

思考与练习

一、填空题

1. 利用亮度和对比度特效可以对图像色相的______和_______范围进行调整，同时也是视频颜色______的基本方式。

2. 通过色阶特效可以对图像的______、______和_______进行调整。

3. 曲线特效实质上和________基本相同，都是用来调整图像________的，但是曲线特效可以对图像的____________进行随意调整。

4. 曲线图上分别有_______轴向和_______轴向，它们之间可以通过调节对角线来控制，用鼠标在曲线上单击可以增加节点，通过调整节点改变________来调整图像。

5. 将曲线右上角的控制点向左移动，_______图像亮部的对比度并使图像变亮，将曲线左下角的控制点向右移动，增加图像_______的对比度并使图像变暗。

6. 在“颜色平衡”特效中根据图像来选择更改色相的范围，从整体上分为_______、_______和_______三种色相，勾选“保持发光度”选项可以保持___________范围。

7. 风格化特效是通过__________和通过查找并增加__________，在图像中产生类似于一种绘画或印象派的效果，它是完全模拟真实艺术手法进行创作的。

8. 蓝屏抠像技术在影视领域中应用非常广泛，经常用于__________的合成画面和电视台虚拟演播室等。

二、选择题

1．更改为颜色特效实质上就是从图像中选择一种颜色（　）为用户指定的颜色范围，同时还可以替换并调整颜色的色相、饱和度和亮度。

（A）复制　　（B）保留
（C）替换　　（D）删除

2．吸管在图像上吸取所转换的颜色以后，再在“更改为颜色”控制面板上勾选“查看校正遮罩”选项来查看选择的范围，白色区域为（　）范围，黑色区域为未选择范围。

（A）选择　　（B）排除
（C）删除　　（D）以上都不对

3．在电视上经常可以看到一些画面为了突出体现某一物体的表现形式，在图像上指定的颜色保留不变，将其他部分颜色转换为灰色的（　）的一种艺术效果。

（A）卡通　　（B）灰色
（C）彩色　　（D）单色保留

4．线性颜色键在抠除图像时可以包含（　）区域，根据用户选定匹配 RGB、色相、色度等信息与指定的“主色”进行比较产生透明区域。

（A）非透明　　（B）半透明
（C）黑色　　（D）白色

5．边角定位是根据图像的四个顶角的（　）变形整个图像，使图像达到一种透视效果。

（A）位置　　（B）距离
（C）变化

三、简答题

1．如何进行更改为颜色和更改颜色的操作？
2．如何使用“保留颜色”特效制作单色保留效果？
3．“模糊与锐化”特效组中都有哪几种模糊特效？
4．简述“键控”特效的基本原理。

四、上机操作题

1．熟练应用“色阶”“曲线”“颜色平衡”和“色相/饱和度”等视频校色特效。
2．能够制作“拼图动画”“保留颜色”和“水墨画”的艺术效果。
3．利用视频跟踪动态技术制作“着火的面包车”效果，如题图 6.1 所示。

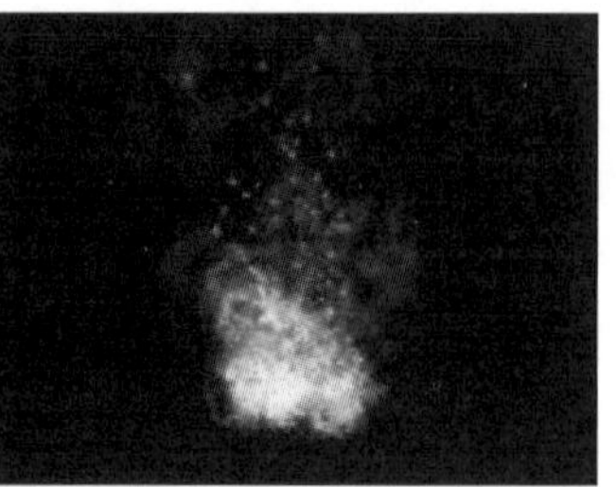

题图 6.1　制作“着火的面包车”的素材

第 7 章　三维空间合成

在 After Effects 2022 中，不仅可以在二维平面上制作出各种绚丽夺目的视觉合成效果，在三维空间中同样可以制作出具有深度、立体感强、逼真的三维空间合成效果。通过本章的学习，读者可以掌握在 After Effects 2022 中制作三维合成的方法和技巧。

知识要点

- 认识三维空间合成
- 三维图层的介绍
- 操作摄像机
- 灯光的设置
- 三维图层的质感属性

7.1　三维空间合成

在 After Effects 2022 软件中，既可以对图层间三维空间的纵深位置、透视角度等进行调整，又能创建灯光投影、质感效果和摄像机运动效果等，让二维图像以三维空间的形式展现给大家，如图 7.1.1 所示。

图 7.1.1　三维空间合成的效果

7.1.1　认识三维空间合成

在 After Effects 2022 软件中，除了音频图层以外，所有的图层都可以实现三维图层的转换，在图层开关面板单击 3D 开关按钮即可将一个二维图层转换为三维图层，如图 7.1.2 所示。

图 7.1.2　转换为三维图层

在图层转换为三维图层以后，在合成视图上就会出现红色、绿色和蓝色三个轴向，展开图层属性面板就多了 Z 轴的信息，另外还添加了“材质选项”属性，如图 7.1.3 所示。

图 7.1.3 展开三维图层属性

注意：在合成视图上出现三个轴向箭头，红色箭头代表 X 轴向，绿色箭头代表 Y 轴向，蓝色箭头代表 Z 轴向。当控制三维对象时，在工具栏单击本地轴方式按钮、世界轴按钮和查看轴按钮来改变轴向坐标系，如图 7.1.4 所示。

图 7.1.4 改变三维轴向坐标系

在合成视图工具栏中单击 4个... 图标，在展开的“视图”下拉列表里根据需要选择多个视图来观察三维空间，如图 7.1.5 所示。

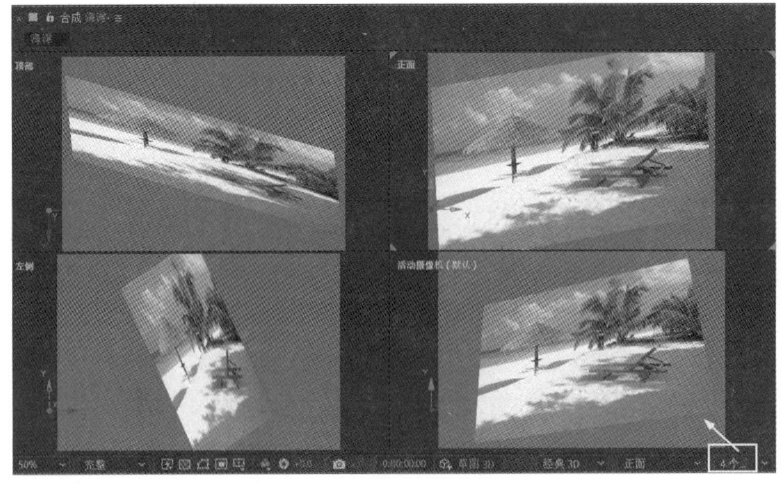

图 7.1.5 选择多个视图查看三维空间

提示：根据制作的需要可以将三维视图设定为“2 个视图”的两个视图显示方式，便于查看三维空间，如图 7.1.6 所示。

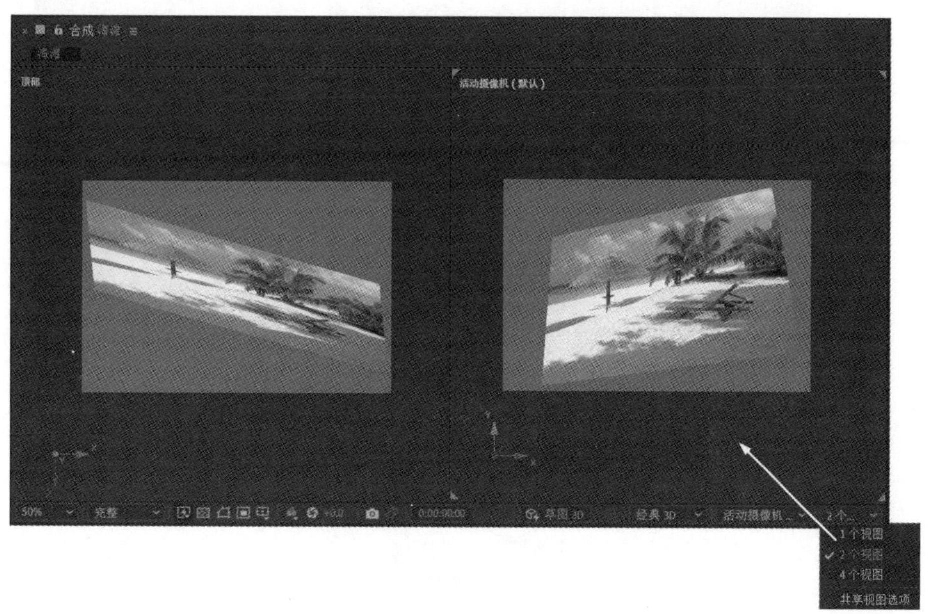

图 7.1.6　选择“水平”视图查看三维空间

在合成视图上单击选择“左上方的视图”，然后在工具栏单击有效摄像机图标选择“顶部”视图，将选定的视图设置为“顶部”视图，如图 7.1.7 所示。

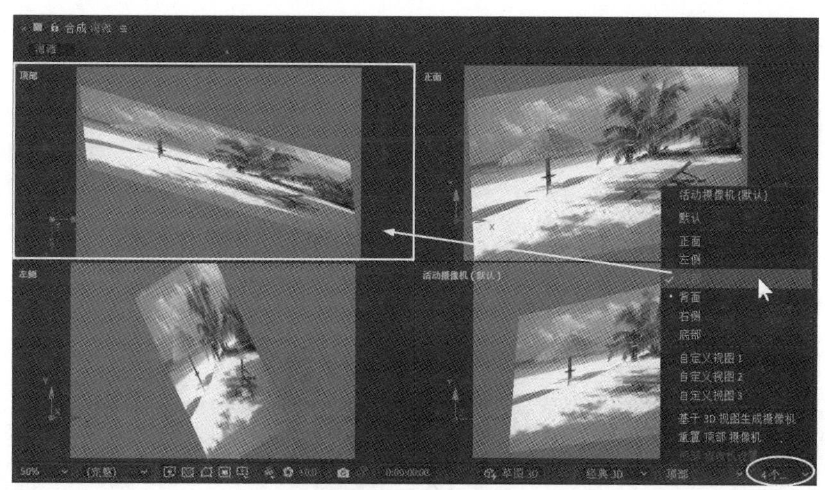

图 7.1.7　将视图设置为“顶部”视图

注意：依据在三维中的创作习惯，可以将四个视图依次设置为顶部视图、前视图、左视图和摄像机视图，如图 7.1.8 所示。

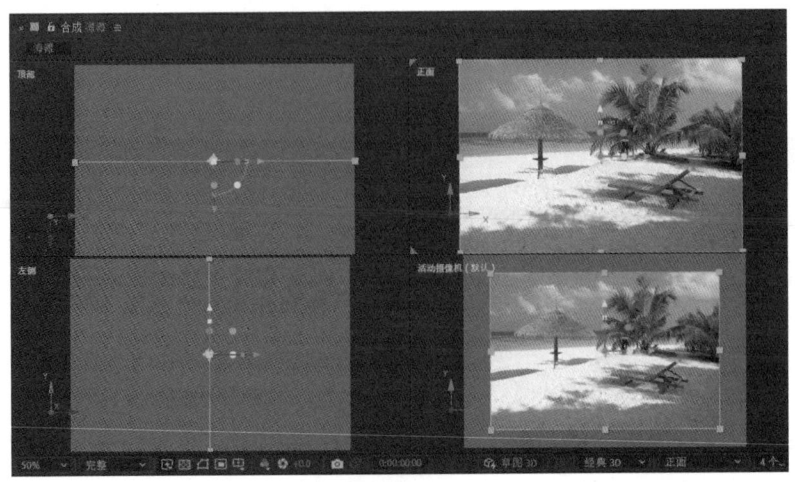

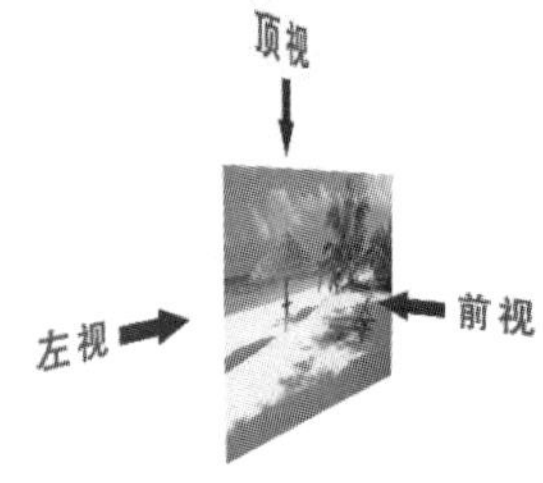

图 7.1.8　设定三维视图

7.1.2　操作三维图层

在 After Effects 2022 软件的图层开关面板中单击 3D 开关按钮以后，可以将选定的图层分别以 X、Y 轴向旋转，如图 7.1.9 所示。

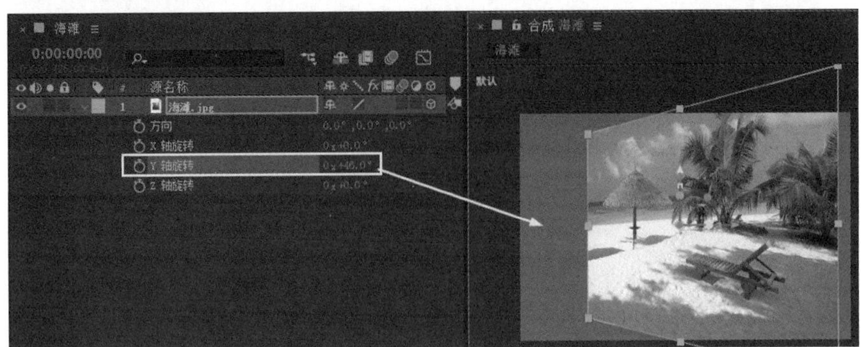

图 7.1.9　分别以 X、Y 轴向旋转图层

提示：在三维图层里，不但可以利用“旋转”方式对图层进行旋转，还可以利用调整图层的“方向”数值来旋转图层，如图 7.1.10 所示。

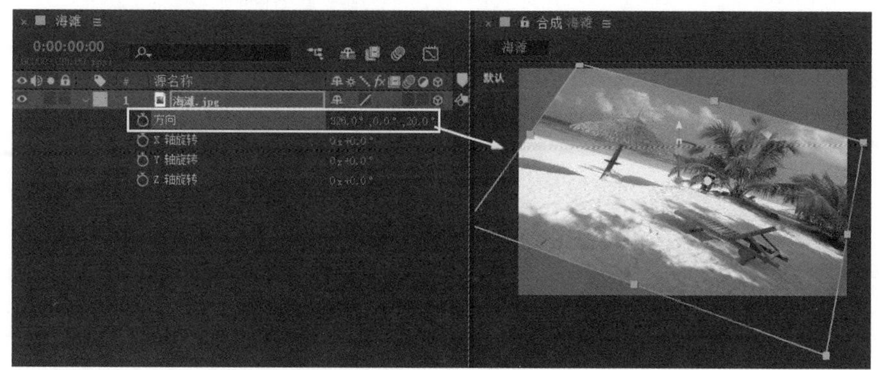

图 7.1.10　调整“方向”数值

在三维图层里分别调整“位置”属性的三个轴向位移，如图 7.1.11 所示。

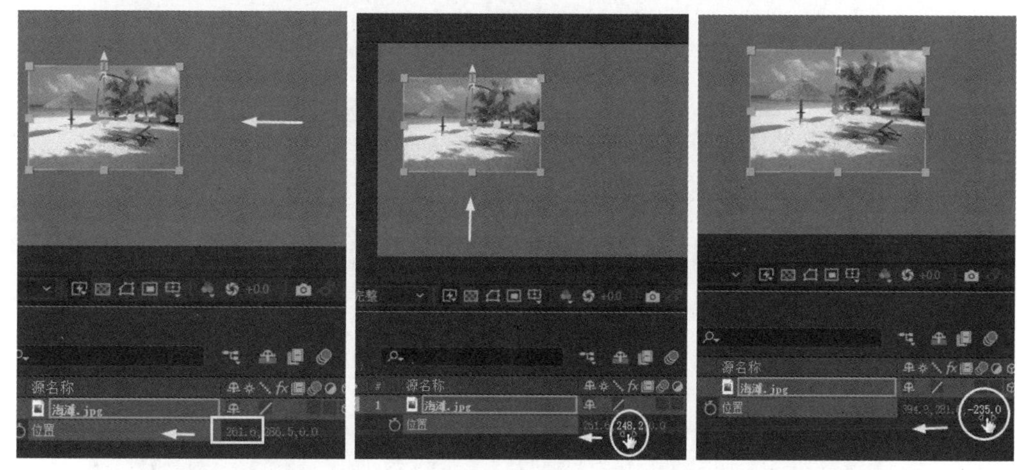

调整 X 轴向位移　　调整 Y 轴向位移　　调整 Z 轴向位移

图 7.1.11　分别以 X、Y、Z 轴向调整图层的位移

提示：将鼠标放在红色、绿色和蓝色箭头处时，系统会自动提示该轴向的信息；在轴向箭头处单击鼠标拖动，图层会自动沿着该轴向移动，如图 7.1.12 所示。

（a）图层沿着 X 轴向位移

（b）图层沿着 Y 轴向位移

（c）图层沿着 Z 轴向位移

图 7.1.12　利用鼠标在视图上移动图层

7.1.3　创建摄像机

在 After Effects 2022 软件中，经常需要利用一个或者多个摄像机来查看三维空间合成的场景，在合成空间中可以任意移动、旋转和平移摄像机来观看合成效果。单击菜单执行“图层”→“新建”→“摄像机”命令，或者按键盘“Ctrl+Alt+Shift+C”键新建摄像机，如图 7.1.13 所示。

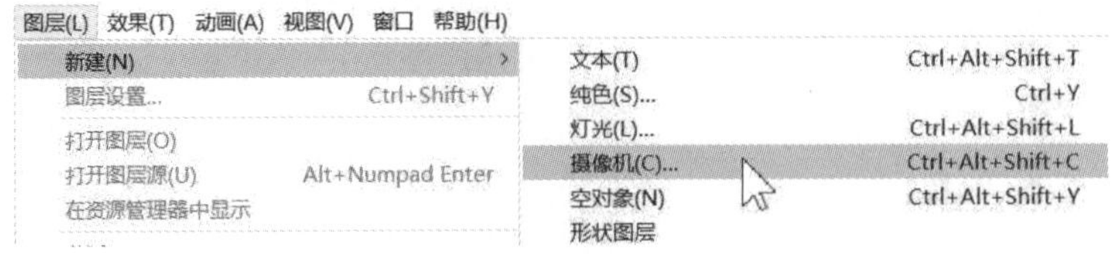

图 7.1.13　创建摄像机图层

在弹出的“摄像机设置”对话框里设置摄像机的名称、缩放、胶片大小、类型和视角等参数，如图 7.1.14 所示。

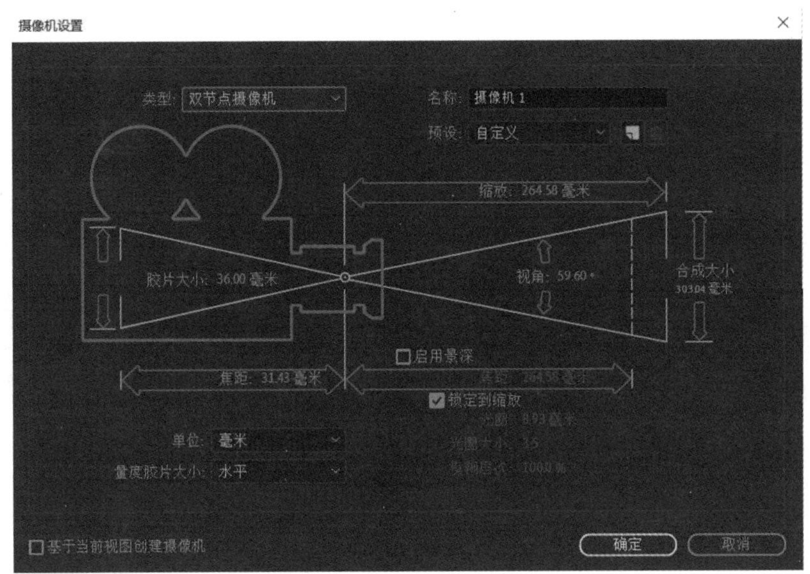

图 7.1.14　“摄像机设置”对话框

名称：摄像机的名称，用户可以自定义摄像机的名称。

缩放：摄像机镜头到合成图像间的距离。

视角：设定摄像机所能拍摄的画面范围。

启用景深：打开摄像机的景深功能，使摄像机产生镜头聚焦的效果。

焦距：胶片到镜头的距离。

光圈：镜头光圈大小的调节参数。

光圈大小：焦点长度和光圈大小的比率。

模糊层次：控制图像景深功能时的模糊级别。

胶片大小：胶片曝光区域的大小，与合成图像的大小尺寸相关联。

单位：设置相机各参数时所使用的单位。

量度胶片大小：设置胶片大小的基准方向，分为水平、垂直和对角三种。

提示：在“摄像机设置”对话框的“预设”里，摄像机自带了 9 种常见的摄像机镜头，包括 35mm 标准镜头、200mm 鱼眼长焦镜头和 15mm 广角镜头等，如图 7.1.15 所示。

注意：当图层为二维图层时，创建摄像机软件会自动弹出“警告”对话框，因为摄像机和灯光不能够对二维图层产生效果，如图 7.1.16 所示。

图 7.1.15　选择“摄像机预设”选项

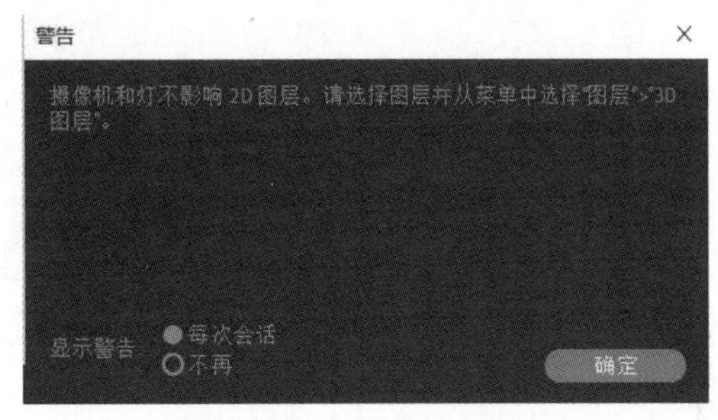

图 7.1.16　“警告”对话框

在摄像机图层的“变换”属性里可以根据需要调整目标兴趣点和摄像机的位置，如图 7.1.17 所示。

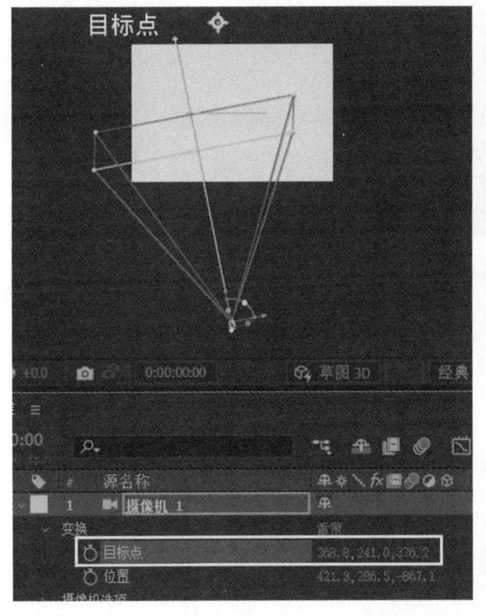

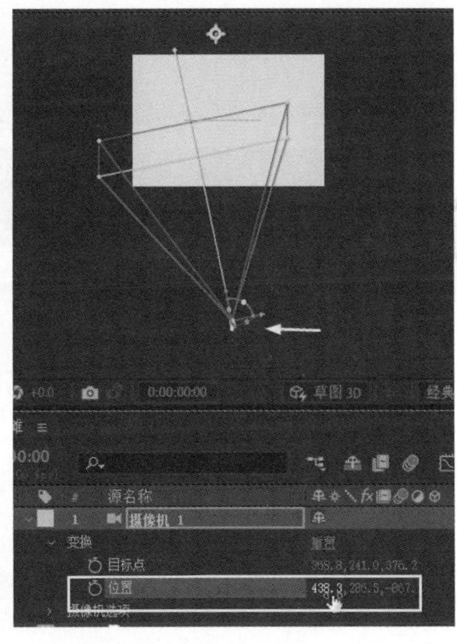

图 7.1.17　“变换”属性

在摄像机图层的“变换”属性里可以分别调整 X 轴、Y 轴和 Z 轴的数值旋转摄像机，如图 7.1.18 所示。

图 7.1.18　设置摄像机的 Y 轴向旋转数值

在工具栏中单击旋转摄像机工具按钮，XY 轴轨道摄像机工具和 Z 轴轨道摄像机工具，在摄像机视图上单击鼠标左键拖动，可以根据用户需要自由旋转、平移和缩放摄像机，如图 7.1.19 所示。

（a）旋转摄像机工具组

（b）使用轨道摄像机工具

（c）使用 XY 轴摄像机工具

（d）使用 Z 轴摄像机工具

图 7.1.19　应用“旋转摄像机”工具组

提示： 按键盘 Shif+1 键可以切换轨道摄像机工具，按键盘 Shif+2 键可以切换 XY 轴轨道摄像机工具，按键盘 Shif+3 键可以切换 Z 轴轨道摄像机工具。在 After Effects 2022 版本新增绕光标旋转工具、在光标下平移工具和向光标方向推拉工具。

7.1.4　灯光的设置

在 After Effects 2022 软件中，可以通过创建灯光来照亮三维合成中的物体。单击菜单执行“图层”→“新建”→“灯光”命令，或者按键盘“Ctrl+Alt+Shift+L”键新建灯光图层，如图 7.1.20 所示。

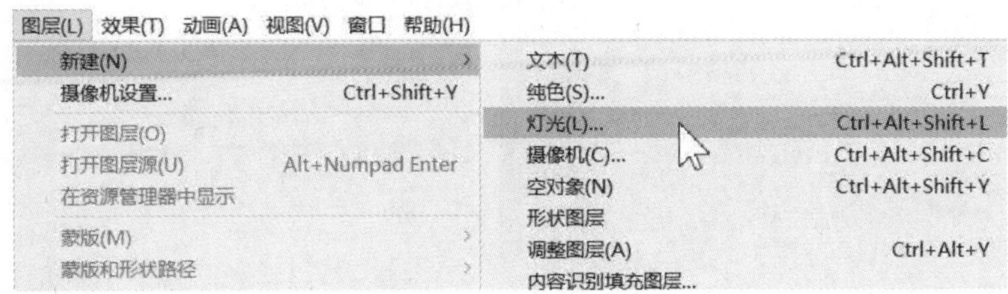

图 7.1.20　创建灯光图层

在弹出的“灯光设置”对话框里设置灯光的名称、灯光类型、强度、锥形角度、颜色和投影等参数，如图 7.1.21 所示。

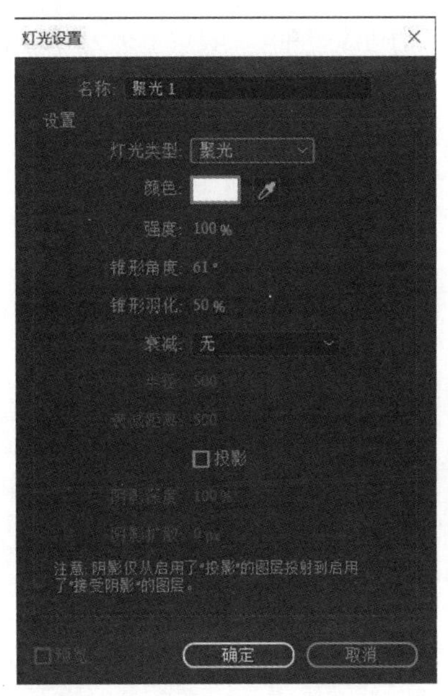

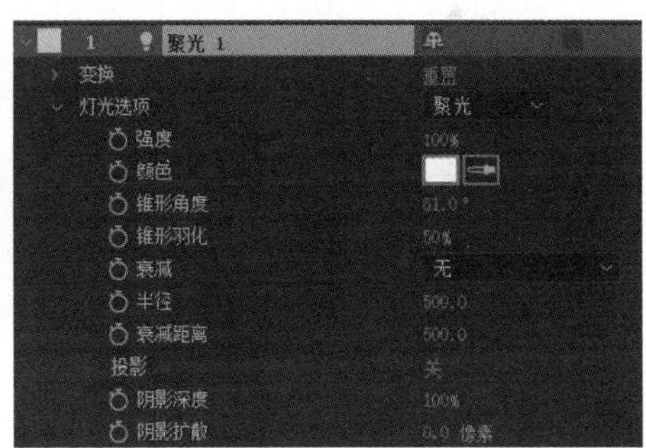

图 7.1.21　灯光图层的参数设置

名称：灯光层的名称，用户可以自定义灯光图层的名称。

灯光类型：设置灯光的类型，包括平行光、聚光灯、点光和环境光 4 种类型。

颜色：设置灯光的颜色，点击色块可以在颜色框里选择所需颜色。

强度：设置灯光的光照强度，值越高，光照越强，如图 7.1.22 所示。

锥形角度：设置聚光灯的光锥夹角，即聚光灯的照射范围，相当于聚光灯的灯罩，如图 7.1.23 所示。

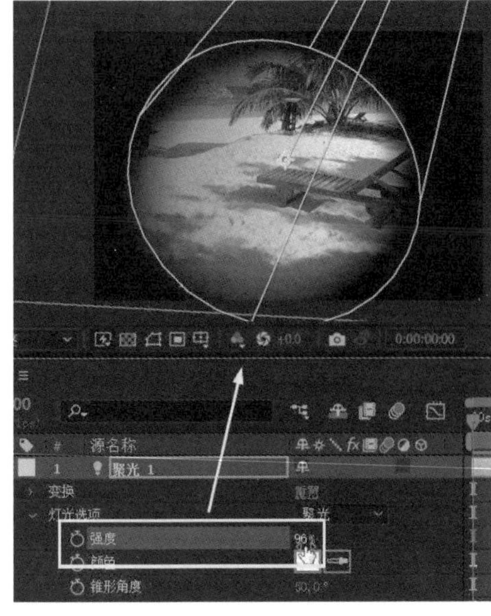

图 7.1.22　设置灯光的强度

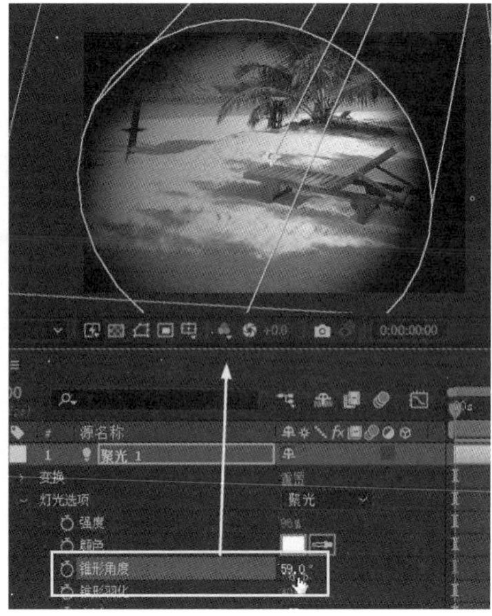

图 7.1.23　设置灯光的照射范围

锥角羽化：设置聚光灯的照射区域和非照射区域的边缘柔和度，设置值越大，边缘越柔和。

投影：是否让照射物体产生投影。

阴影深度：设置阴影颜色的暗度值。

阴影扩散：可以设置阴影边缘的扩散程度，值越高，边缘越柔和。

注意：在灯光层打开“投影”时，一定要打开被照射图层的“投影”选项，以及打开接受阴影图层的“接受阴影”选项，如图 7.1.24 所示。

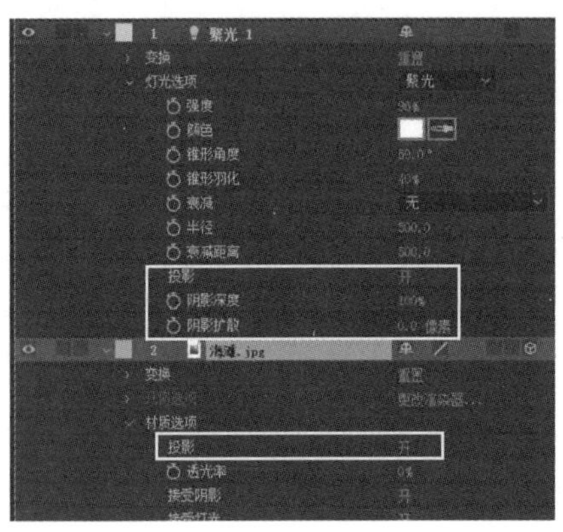

图 7.1.24　打开图层的投影

7.1.5　三维图层的质感属性

三维图层的质感属性可以对三维图层的投影、接受灯光、光泽和质感等属性进行设置，使合成场景更加逼真和完美。下面通过搭建一个简易的三维合成场景，介绍一下三维图层的质感属性，具体操作方法如下：

（1）创建一个名为“三维合成的简易搭建”的合成，导入“木板”和“墙面”图片并添加到合成时间线，在图层开关面板单击 3D 图层开关按钮，如图 7.1.25 所示。

（2）在图层面板空白处单击鼠标右键新建“摄像机”图层，如图 7.1.26 所示。

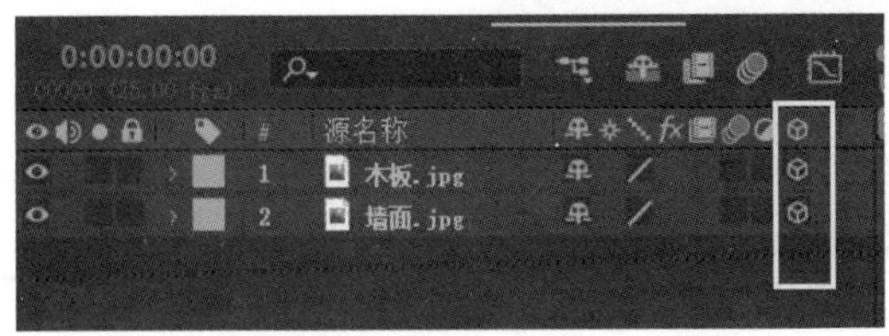

图 7.1.25 打开图层的 3D 开关

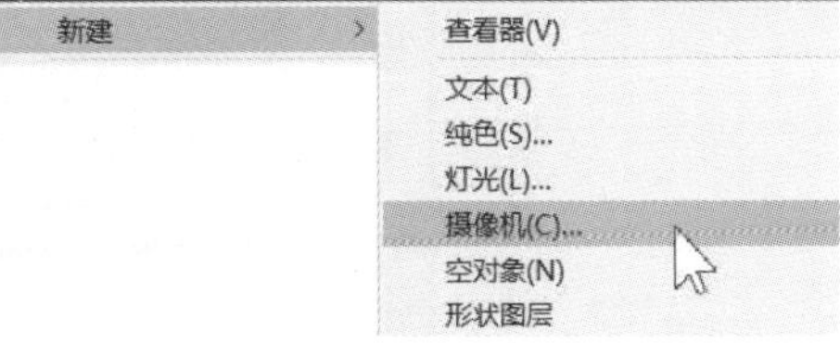

图 7.1.26 新建“摄像机”图层

（3）单击 2 个... 图标，在下拉列表选择“2 个视图”选项，将左面的视图设置为“顶”视图，右面的视图设置为“摄像机”视图，如图 7.1.27 所示。

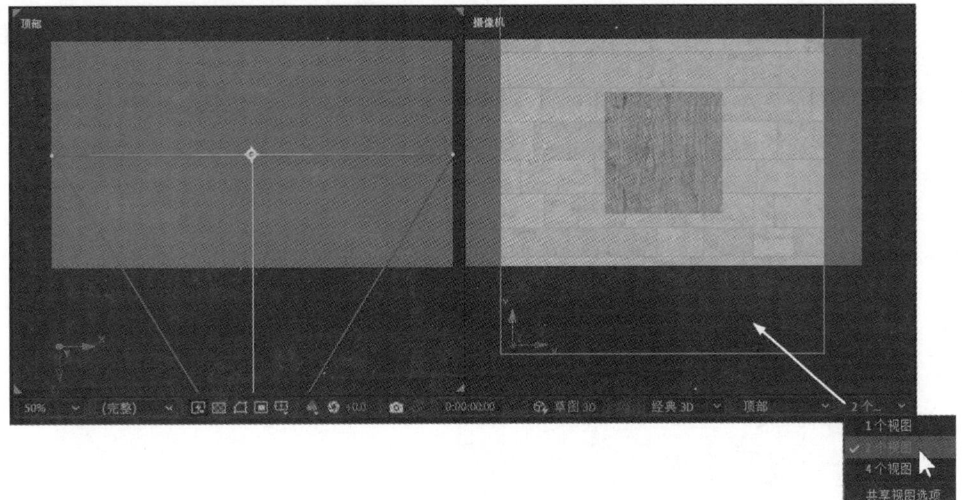

图 7.1.27 设置三维合成的视图显示方式

（4）设定“木板”图层的“比例”数值，并以 X 轴向旋转 90°，如图 7.1.28 所示。

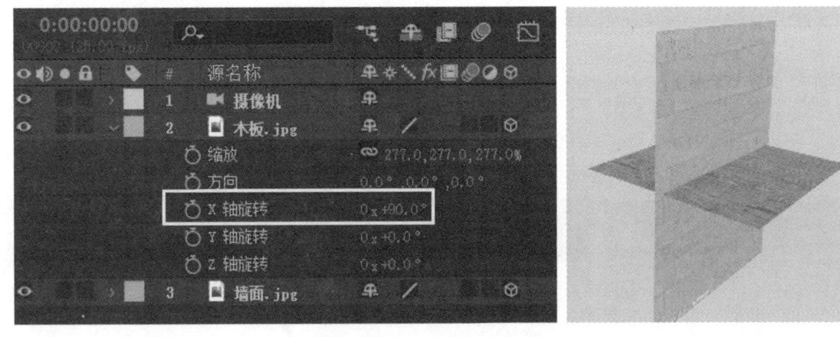

图 7.1.28 设置“木板”图层的属性

（5）复制“墙面”图层，并将“墙面”图层以 Y 轴向旋转 90°，如图 7.1.29 所示。

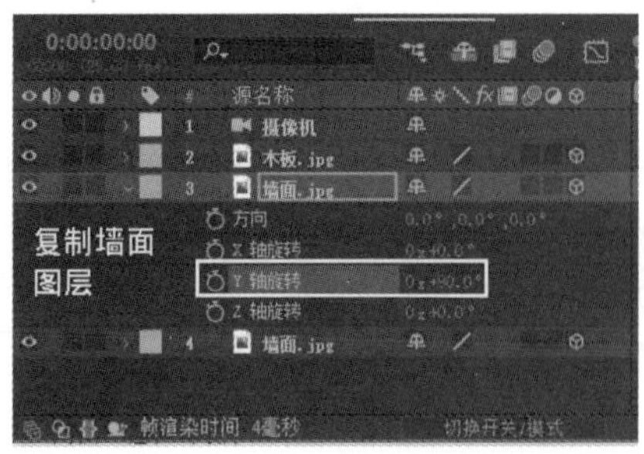

图 7.1.29　复制并设置“墙面”图层

（6）在“摄像机”视图上利用鼠标调整“墙面”和“木板”的位置，如图 7.1.30 所示。

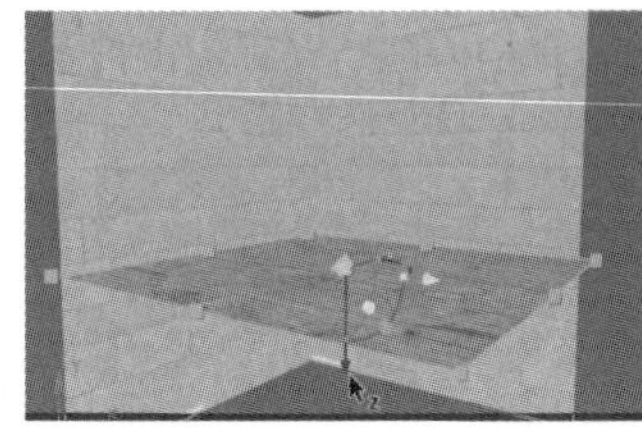

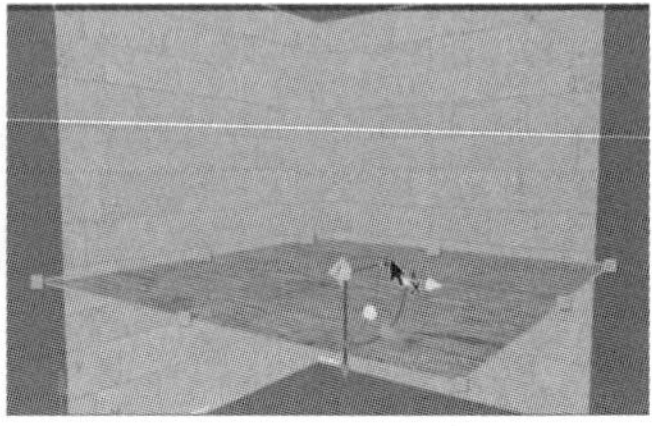

图 7.1.30　利用鼠标调整“墙面”和“木板”图层的位置

提示：在调整“墙面”和“木板”图层时，可以在“正面”视图和“顶部”视图中调整它们的精确位置，如图 7.1.31 所示。

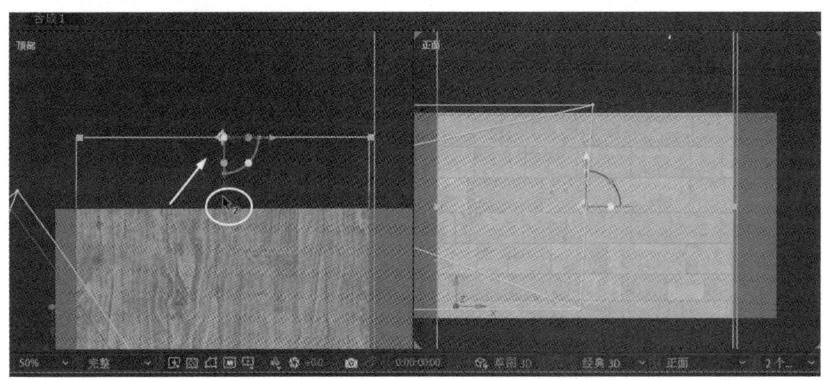

图 7.1.31　设置三维合成的视图显示方式

（7）利用绕光标旋转工具、在光标下平移工具和向光标方向推拉工具进行适当调整，如图 7.1.32 所示。

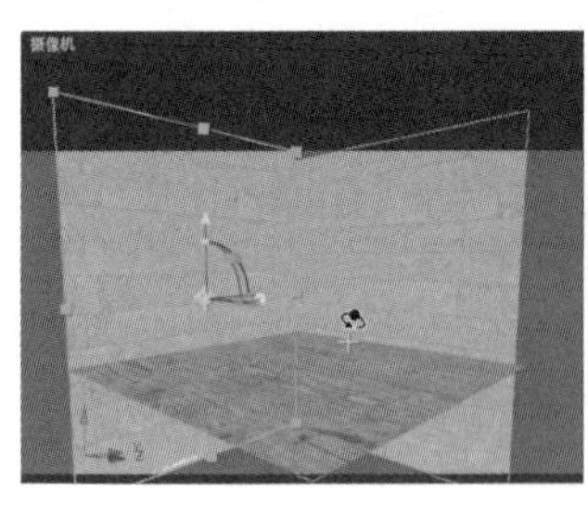
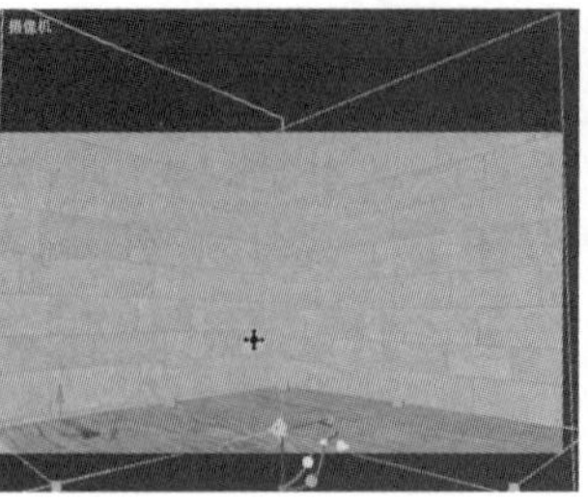
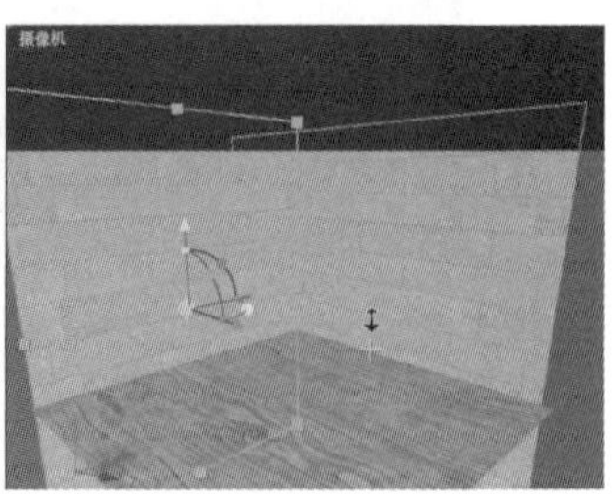

图 7.1.32　调整摄像机视图

（8）添加“苹果”素材到三维合成中，在“顶部”视图和“摄像机”视图适当调整其位置和比例大小等，如图 7.1.33 所示。

图 7.1.33　调整“苹果”素材

（9）在时间线面板空白处单击鼠标右键菜单选择“新建”→“灯光”，在弹出的“灯光设置”对话框里设置灯光类型为“聚光”，如图 7.1.34 所示。

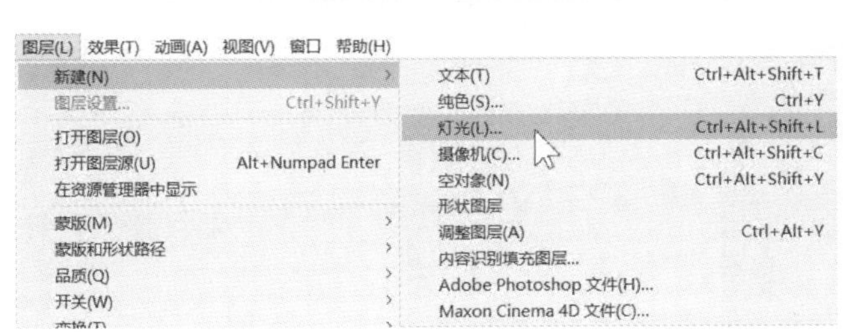

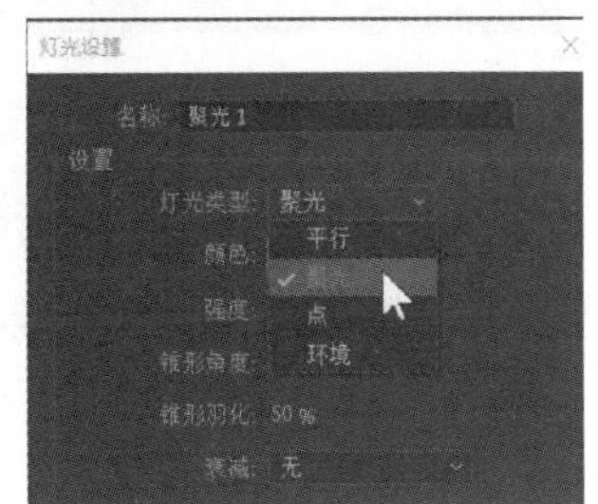

图 7.1.34　创建并设置“灯光”

（10）在“摄像机”视图和“顶部”视图调整聚光灯的位置，如图 7.1.35 所示。

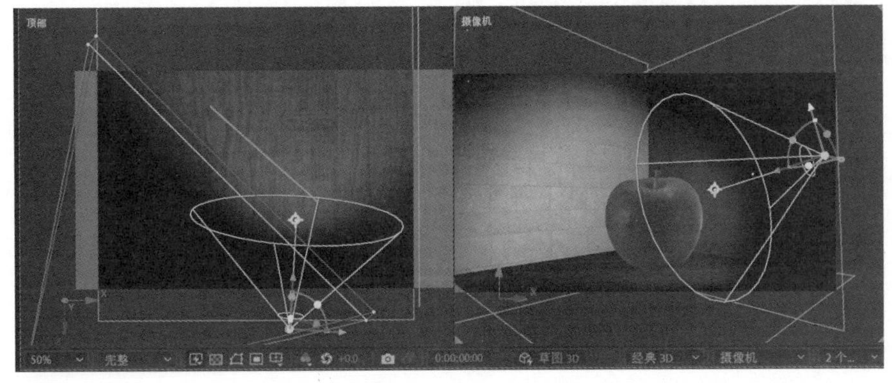

图 7.1.35　调整聚光灯的位置

（11）再次创建“灯光”图层，将遮罩“灯光类型”设置为“环境”，并将“强度”值设置为 50%，如图 7.1.36 所示。

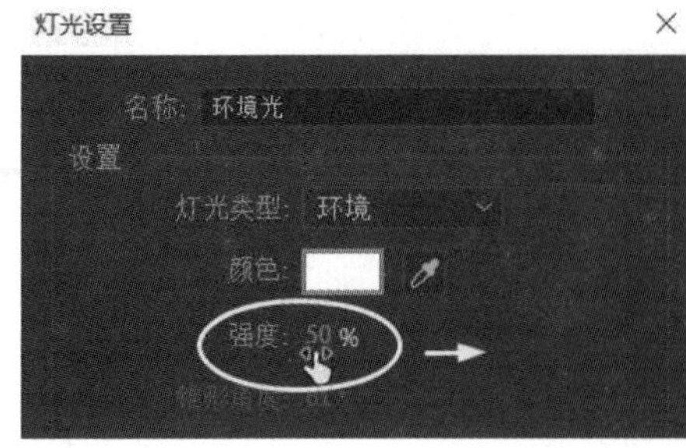

图 7.1.36　创建“环境”灯光

（12）打开“灯光”图层和“苹果”图层的“投影”选项，然后打开“墙面”和“木板”图层的“接受阴影”选项，如图 7.1.37 所示。

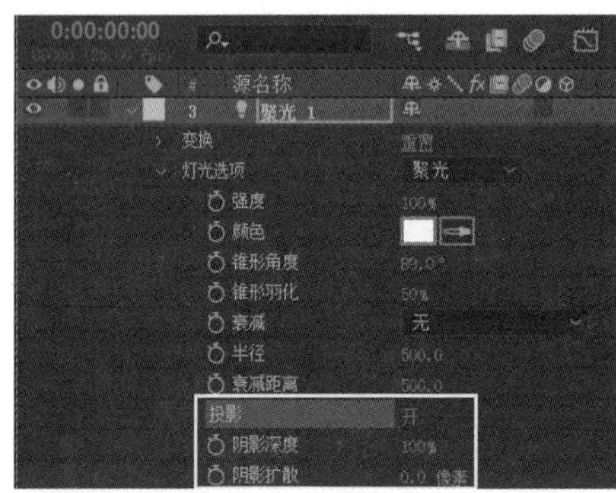

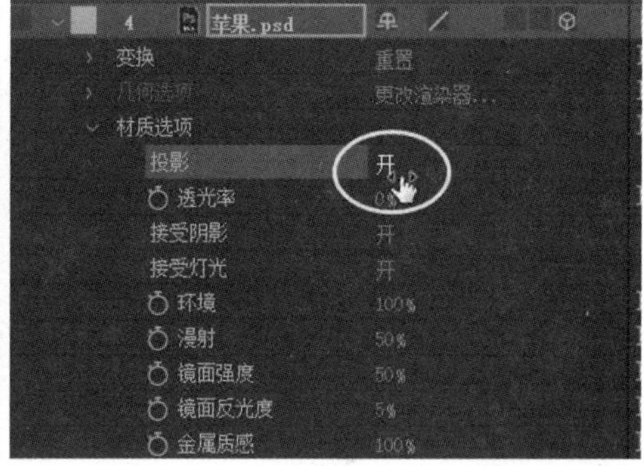

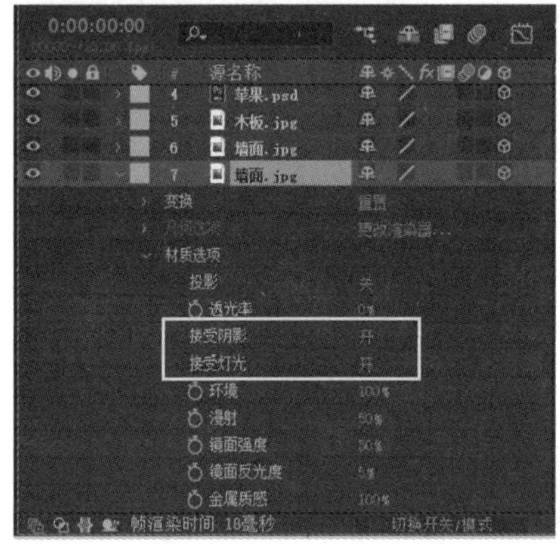

图 7.1.37　设置“苹果”的阴影

注意：三维图层“材质选项”的“投影”开关分为打开、关闭和仅投影三种，如图 7.1.38 所示。

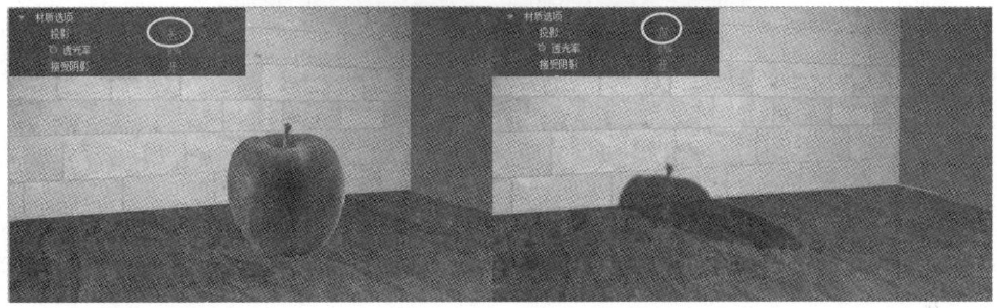

图 7.1.38　投影的选择

（13）调整“聚光灯”图层的“阴影深度”和“阴影扩散”数值，让苹果的阴影更加真实，如图 7.1.39 所示。

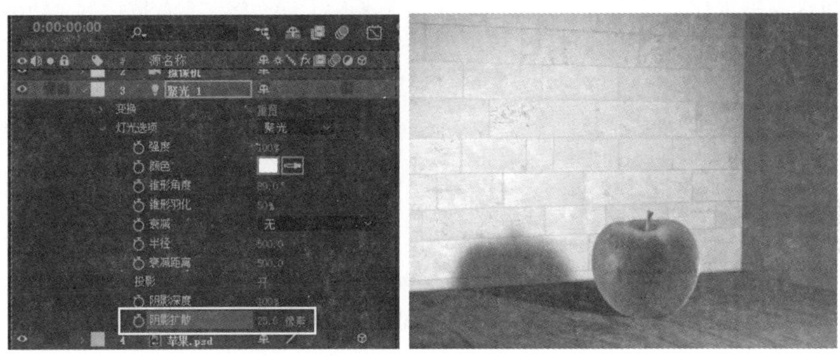

图 7.1.39　设置阴影深度和阴影扩散

提示：在三维图层“材质选项”里调整“透光率”的数值，可以将“苹果”素材以光投射到“墙面”，如图 7.1.40 所示。

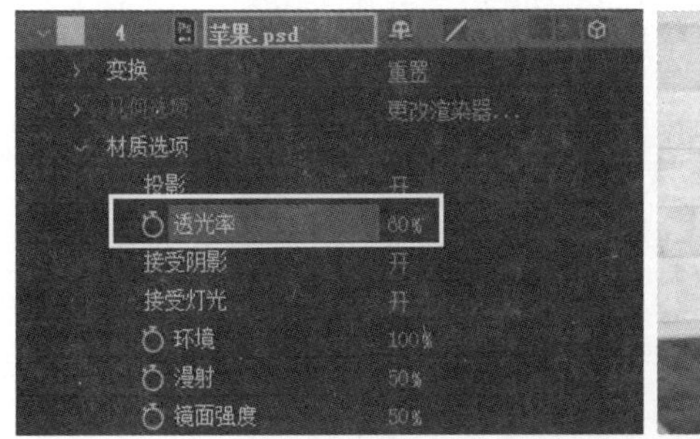

图 7.1.40　设置“透光率”

7.2 课堂实战——纪实片《和孩子们在一起》片头制作

本例综合利用前面所学的三维空间合成等知识制作纪实片《和孩子们在一起》片头，最终效果如图 7.2.1 所示。

图 7.2.1　最终效果图

操作步骤：

（1）单击菜单执行“文件”→“新建”→“新建项目”命令，或者按键盘“Ctrl+Alt+N”键新建项目文件，如图 7.2.2 所示。

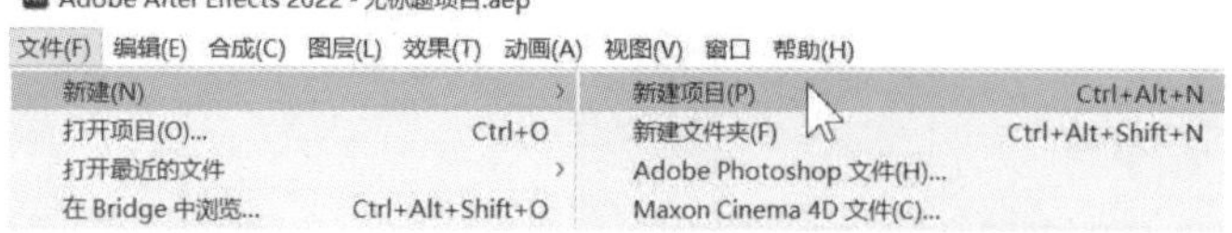

图 7.2.2　新建项目文件

（2）在弹出的“合成设置”对话框里设置合成名称为“猴子坪小学片头”，如图 7.2.3 所示。

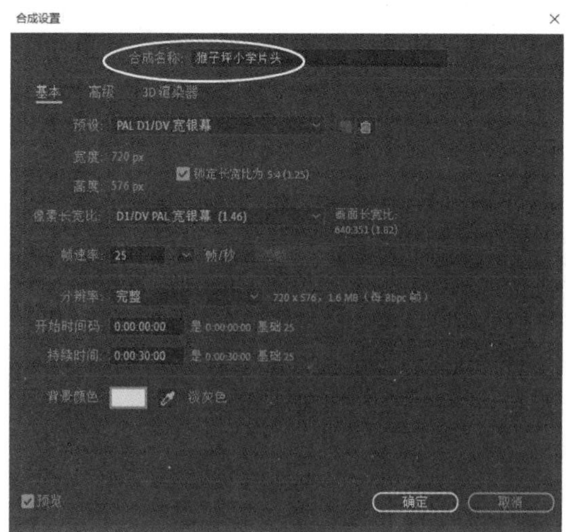

图 7.2.3　“合成设置”对话框

（3）在项目面板导入“学校外”素材并添加到合成时间线，如图 7.2.4 所示。

图 7.2.4　添加“学校外”素材到合成时间线

（4）给“学校外”素材添加“黑色和白色”效果，详细设置如图 7.2.5 所示。

图 7.2.5　添加“黑色和白色”效果

（5）利用横排文字工具创建文字，输入文字内容“位于秦岭大山的猴子坪小学，只有一位老师和十三名学生……”并设置字幕的属性，如图 7.2.6 所示。

图 7.2.6　创建文字

（6）导入“粒子”素材并添加到合成时间线，如图 7.2.7 所示。

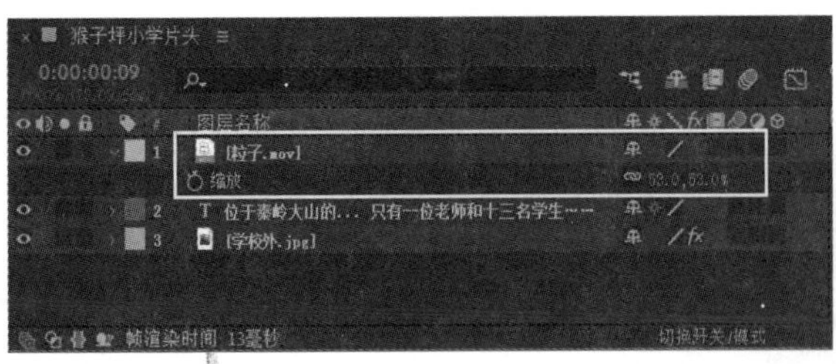

图 7.2.7　导入“粒子”素材到合成时间线

（7）给文字添加“运输车”文字动画效果，让文字逐渐模糊进入，详细设置如图 7.2.8 所示。

图 7.2.8　添加文字“运输车”动画效果

（8）导入“放学途中”素材，在项目面板中将“放学途中”素材拖拽至新建合成按钮上，如图 7.2.9 所示。

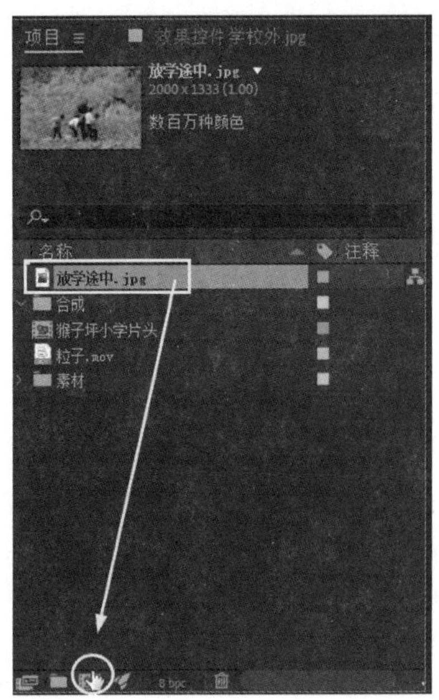

图 7.2.9　导入“放学途中”素材并创建新合成

（9）进入“放学途中”合成以后复制“放学途中”素材，如图 7.2.10 所示。

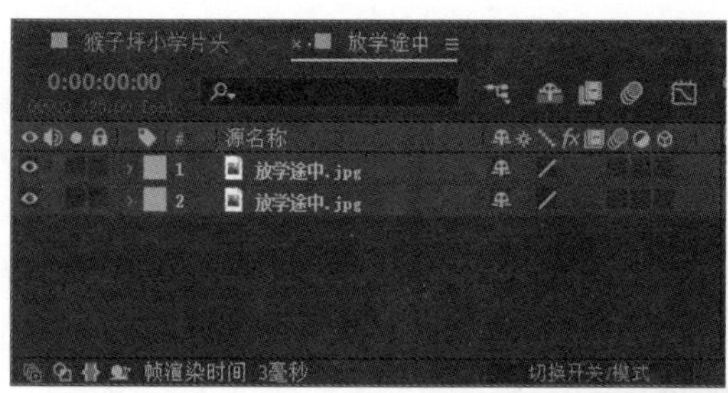

图 7.2.10 复制素材

（10）利用钢笔工具在上面图层的“放学途中”素材上沿着人物的边缘绘制蒙版，如图 7.2.11 所示。

图 7.2.11 绘制人物蒙版

（11）给下面图层的“放学途中”素材添加“黑色和白色”效果，如图 7.2.12 所示。

图 7.2.12 添加“黑色和白色”效果

（12）导入“粒子”素材并添加到“猴子坪小学片头”合成时间线，整体动画效果如图 7.2.13 所示。

图 7.2.13　添加“粒子”素材到合成时间线

（13）单击图层菜单执行“新建”→“摄像机”命令，如图 7.2.14 所示。

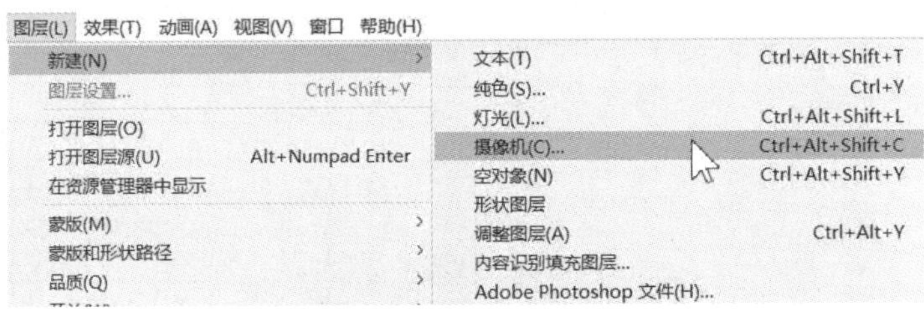

图 7.2.14　新建“摄像机”菜单

（14）在项目面板单击“学校外”素材 3D 图层按钮，设置摄像机的位置关键帧动画，让画面形成一个向外拉镜头的感觉，如图 7.2.15 所示。

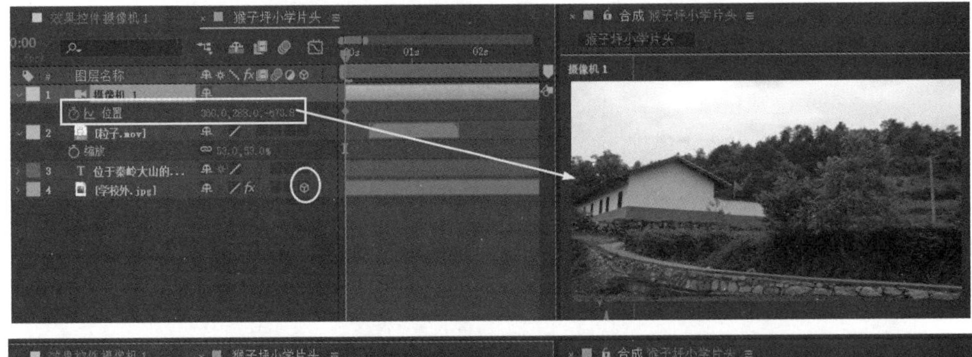

图 7.2.15　设置摄像机的位置关键帧动画

（15）在项目面板将“放学途中”合成添加到“猴子坪小学片头”合成时间线，在合成视窗更改

视图窗口为“2 个视图 • 水平”选项，左边视图为“顶部”视图显示，右边视图为“摄像机 1”视图显示，如图 7.2.16 所示。

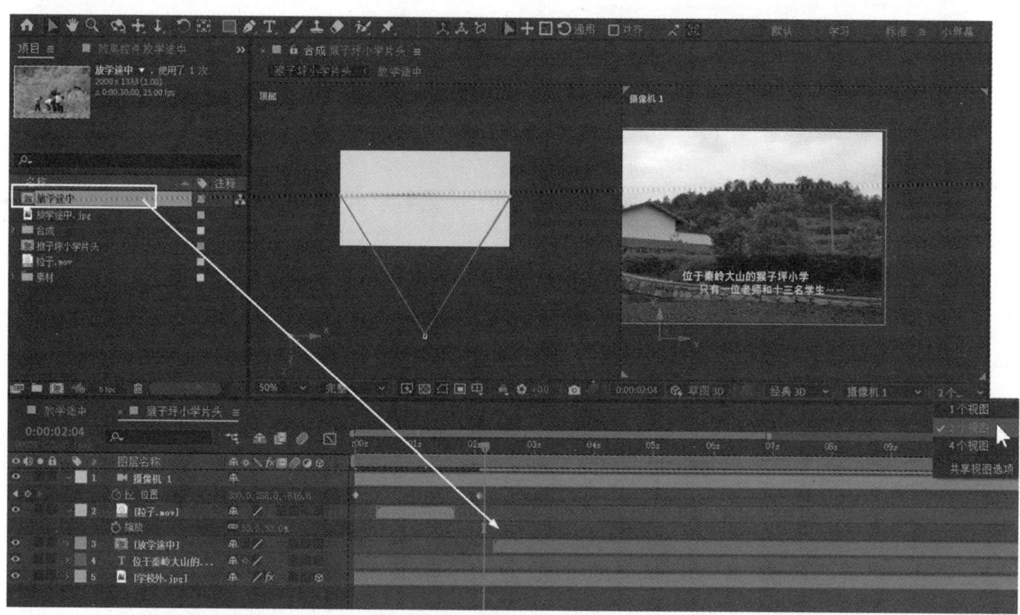

图 7.2.16　将“放学途中”合成添加到“猴子坪小学片头”合成时间线

（16）在合成时间线继续设置摄像机位置关键帧动画，让摄像机从“学校外”画面拉到“放学途中”画面，如图 7.2.17 所示。

图 7.2.17　设置摄像机位置关键帧动画

（17）拖动当前时间指示器查看整个动画效果，如图 7.2.18 所示。

图 7.2.18 查看整个摄像机关键帧动画效果

（18）在项目面板复制“粒子”素材和文字图层，在合成时间线上调整“粒子”素材和文字图层的位置，如图 7.2.19 所示。

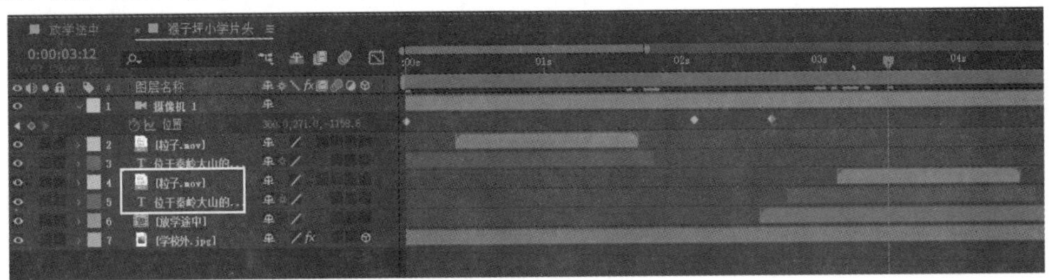

图 7.2.19 复制“粒子”素材和文字图层

（19）将复制的文字内容更改为“老师名叫黄同谦，今年 58 岁，在山区教学三十九年……”，如图 7.2.20 所示。

图 7.2.20 更改文字内容

（20）在项目面板导入“人物组合”素材，在弹出的“人物组合.psd”对话框里，将导入种类选择为“合成”选项，如图 7.2.21 所示。

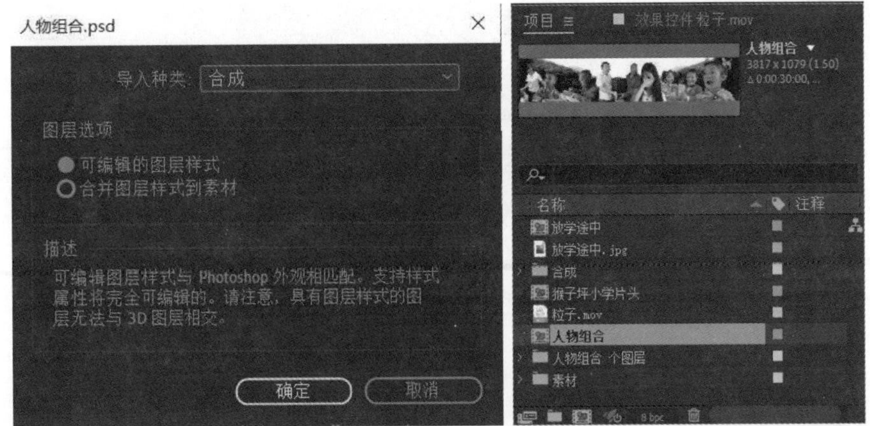

图 7.2.21　导入“人物组合”素材

（21）在项目面板选择“人物组合”合成，双击鼠标左键进入该合成，如图 7.2.22 所示。

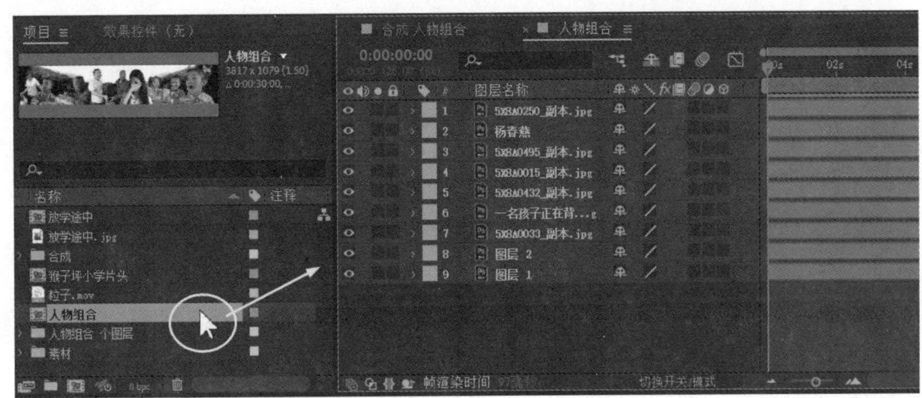

图 7.2.22　进入“人物组合”合成

（22）在“人物组合”合成里利用鼠标调整各素材的排列位置，如图 7.2.23 所示。

图 7.2.23　调整“人物组合”合成里素材间的位置

（23）将“人物组合”合成添加到“猴子坪小学片头”合成时间线，并且调整位置参数，如图 7.2.24 所示。

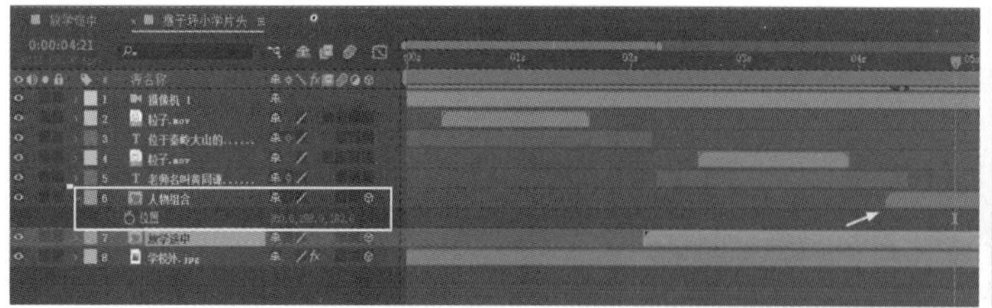

图 7.2.24　添加“人物组合”合成到“猴子坪小学片头”合成时间线

（24）在 4 秒 10 帧和 4 秒 20 帧间设置“摄像机 1”的位置关键帧，让画面从“放学途中”拉镜到“人物组合”画面，如图 7.2.25 所示。

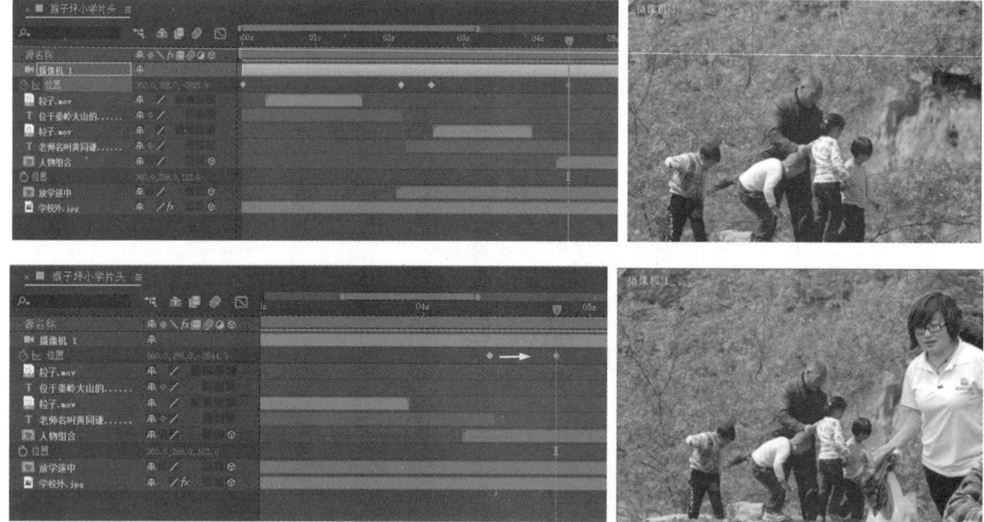

图 7.2.25　设置“摄像机 1”的位置关键帧

（25）在 4 秒 20 帧和 7 秒 20 帧间设置“摄像机 1”的目标点和位置关键帧，让画面从“人物组合”的左边平移到右边，按键盘 0 键预览整个动画效果，如图 7.2.26 所示。

图 7.2.26　设置“摄像机 1”的目标点和位置关键帧动画

（26）导入“绸缎 a”素材并添加到合成时间线，如图 7.2.27 所示。

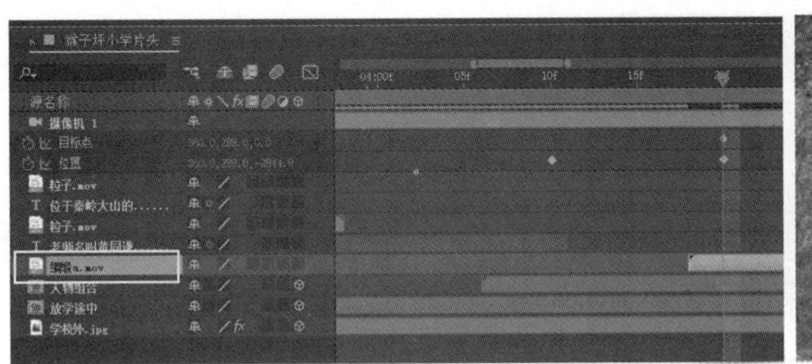

图 7.2.27　添加“绸缎 a”素材到合成时间线

（27）给“绸缎 a”素材绘制矩形蒙版，并设置蒙版路径关键帧动画，让红色绸缎从右面逐渐划向左面，如图 7.2.28 所示。

图 7.2.28　设置蒙版路径关键帧动画

（28）在合成时间线复制文字，将复制的文字内容更改为“西安磨岩动画制作培训中心的志愿者们，给孩子们带来了电脑、学习用品和玩具……”，如图 7.2.29 所示。文字的复制和设置在前面已详细介绍，在此不再赘述。

图 7.2.29　复制文字并更改文字内容

（29）导入“下雨送孩子”素材并添加到合成时间线，如图 7.2.30 所示。

图 7.2.30　添加“下雨送孩子”素材到合成时间线

（30）在合成时间线继续复制文字，更改文字内容为“39 年坚守在偏远山区小学，黄同谦把最宝贵的青春年华奉献给了教育……”，如图 7.2.31 所示。

图 7.2.31　复制文字并更改文字内容

（31）导入“教孩子古诗”素材并添加到合成时间线，接着在 16 秒 10 帧和 17 秒 10 帧间设置“摄像机 1”的目标点和位置关键帧，让画面从“下雨送孩子”平移到“教孩子古诗”画面，按键盘 0 键预览整个动画效果，如图 7.2.32 所示。

图 7.2.32　设置“摄像机 1”的目标点和位置关键帧动画

（32）利用同样的方法在合成时间线复制文字和“绸缎 a”素材，更改文字内容为“黄老师说：我喜欢这份工作，喜欢我的学生，我要和孩子们在一起……”，如图 7.2.33 所示。

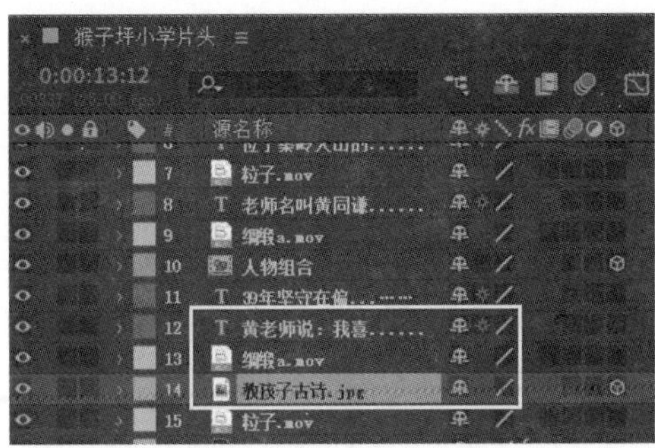

图 7.2.33　复制文字和“绸缎 a”素材并且更改文字内容

（33）继续导入“孩子们”素材并添加到合成时间线，并且设置素材的位置、Y 轴旋转数值，如图 7.2.34 所示。

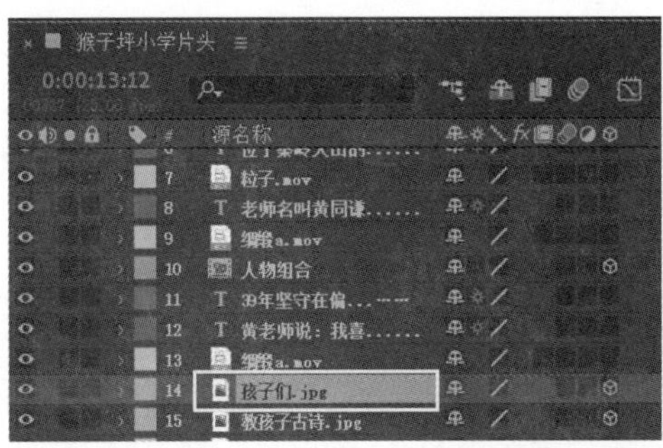

图 7.2.34　添加“孩子们”素材到合成时间线

（34）在 21 秒 20 帧和 22 秒 10 帧间设置“摄像机 1”的目标点、位置、Y 轴旋转关键帧，让画面从“教孩子古诗”平移到“孩子们”画面，按键盘 0 键预览整个动画效果，如图 7.2.35 所示。

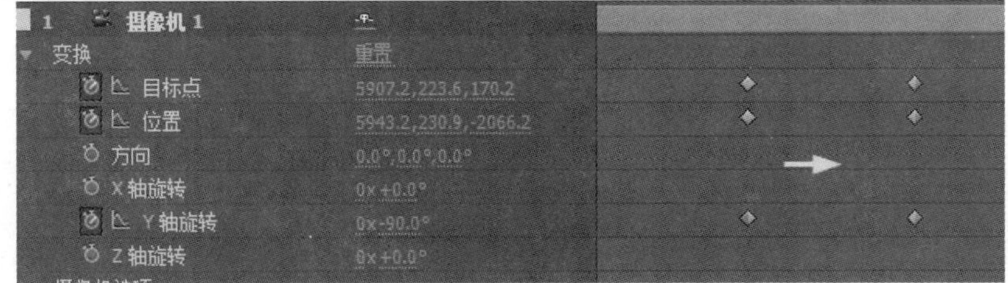

图 7.2.35　设置“摄像机 1”的目标点、位置和 Y 轴旋转关键帧动画

（35）导入“操场”素材，在弹出的“操场.psd”对话框里选择导入种类为“合成”选项，如图 7.2.36 所示。

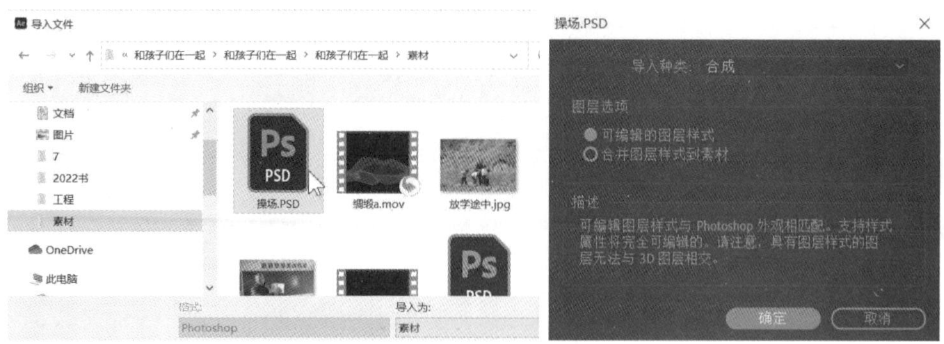

图 7.2.36 导入“操场”素材

（36）将“操场”合成添加到“猴子坪小学片头”合成中，设置“操场”合成的位置、Y 轴旋转数值，如图 7.2.37 所示。

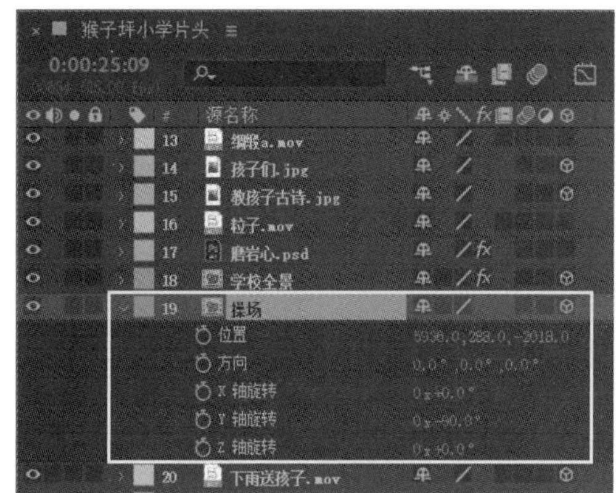

图 7.2.37 添加“操场”合成到“猴子坪小学片头”合成中

（37）在 24 秒 18 帧和 25 秒 08 帧间设置“摄像机 1”的目标点、位置、Y 轴旋转关键帧，让画面从“孩子们”平移到“操场”画面，按键盘 0 键预览整个动画效果，如图 7.2.38 所示。

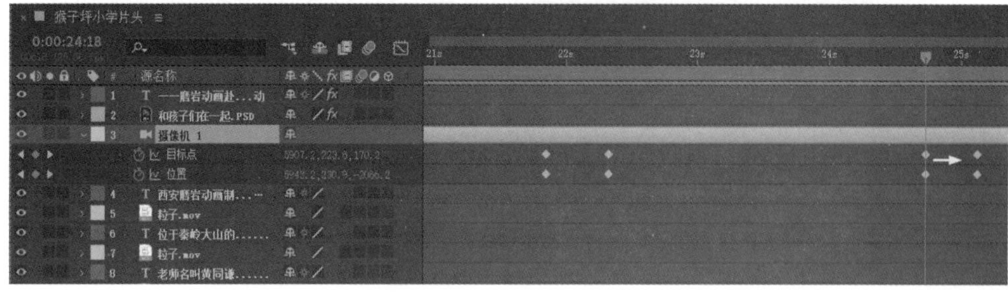

图 7.2.38 设置“摄像机 1”的目标点、位置和 Y 轴旋转关键帧动画

（38）进入“操场”合成以后，在“门.psd”图层上单击 3D 图层按钮，设置“门.psd”图层的 Y 轴旋转关键帧动画，等镜头拉出到操场上以后教室的门再关上，如图 7.2.39 所示。

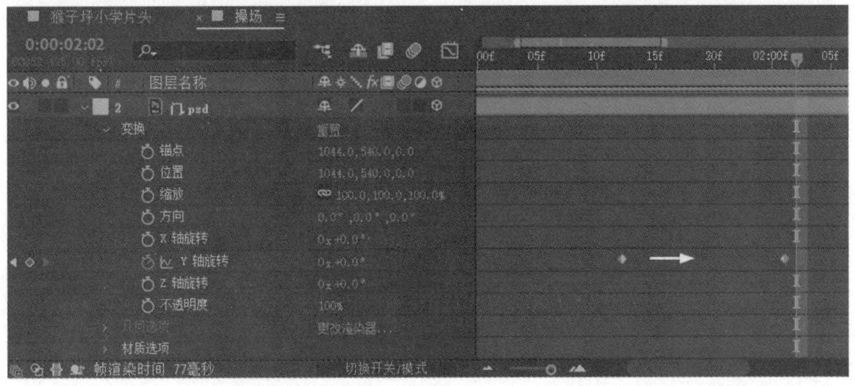

图 7.2.39　制作“关门”关键帧动画

（39）继续导入“学校全景”素材并添加到合成时间线，如图 7.2.40 所示。

图 7.2.40　添加“学校全景”素材到合成时间线

（40）在 25 秒 19 帧（图中的 1 位置）到 25 秒 20 帧（图中的 2 位置）间设置“摄像机 1”的目标点和位置关键帧，让画面从“孩子们”拉镜头到学校的铁门处，让摄像机从操场穿过铁门的感觉；在 25 秒 20 帧到 25 秒 21 帧（图中的 3 位置）间再次设置“摄像机 1”的目标点和位置关键帧，让画面从学校的铁门处拉镜头到铁门外；在 25 秒 21 帧到 26 秒 05 帧（图中的 4 位置）间再次设置“摄像机 1”的目标点、位置关键帧，让画面从学校的铁门外拉镜头到整个学校全景；按键盘 0 键预览整个动画效果，如图 7.2.41 所示。

图 7.2.41　设置“摄像机 1”的目标点、位置关键帧

（41）导入“和孩子们在一起”素材并添加到合成时间线，接着创建副标题文字，内容为“——磨岩动画赴猴子坪小学献爱心 • 新闻实践活动”，如图 7.2.42 所示。

图 7.2.42　添加“和孩子们在一起”素材并创建副标题

（42）给“学校全景”图层添加“高斯模糊”效果，设置模糊度关键帧动画，当“和孩子们在一起”文字出现以后背景达到模糊虚化效果，如图 7.2.43 所示。

图 7.2.43　设置背景模糊关键帧动画

（43）导入“磨岩心.psd”素材到合成时间线，并调整“磨岩心.psd”素材的旋转、不透明度数值，如图 7.2.44 所示。

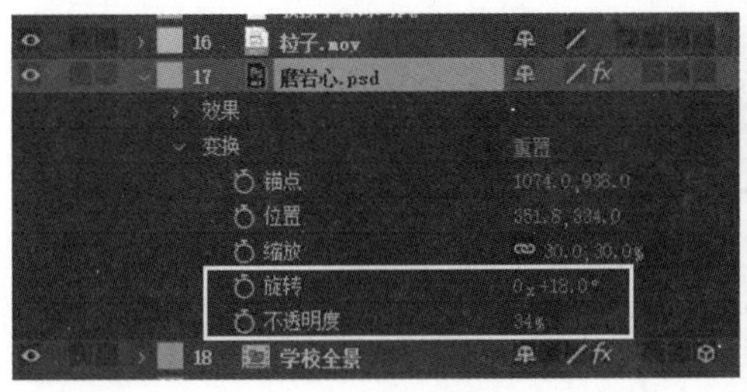

图 7.2.44　添加“磨岩心.psd”素材到合成时间线

（44）为了画面的美观，最后再添加“粒子”素材到合成时间线，如图 7.2.45 所示。

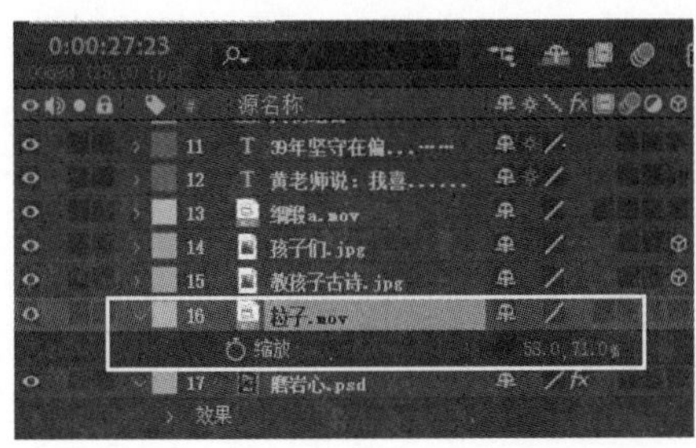

图 7.2.45　添加“粒子”素材到合成时间线

（45）给“磨岩心.psd”素材添加“径向擦除”效果，设置过渡完成关键帧动画、起始角度、擦除中心等数值，如图 7.2.46 所示。

图 7.2.46　给“磨岩心.psd”素材设置过渡完成关键帧动画

（46）给“和孩子们在一起.psd”图层设置缩放、不透明度关键帧动画，让文字由屏幕外“砸”到画面中间。接着给副标题“——磨岩动画赴猴子坪小学献爱心 • 新闻实践活动”绘制矩形蒙版，然后给副标题文字设置蒙版路径关键帧动画，有关知识在前面的内容里已作详细介绍，这里不再赘述，如图 7.2.47 所示。

图 7.2.47　预览学校外的动画效果

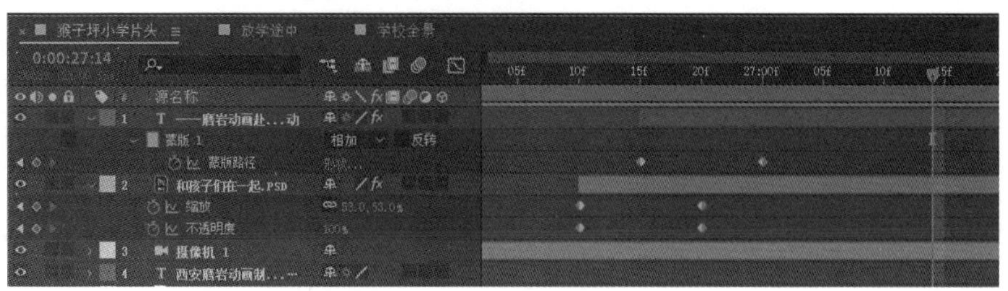

续图 7.2.47　预览学校外的动画效果

（47）完成整个纪实片《和孩子们在一起》的片头制作，最终效果如图 7.2.1 所示。

本 章 小 结

本章主要介绍了 After Effects 2022 软件中三维空间合成的定义，以及三维图层的使用方法、创建摄像机和灯光的设置等知识。通过对本章的学习，读者应熟练掌握三维合成图层的操作、灯光的设置和摄像机各参数的设置方法，能够合理地运用三维空间合成创作出更具有空间感的图像作品。

思考与练习

一、填空题

1．在图层开关面板单击 3D 开关按钮即可将________转换为________图层。

2．在合成视图上出现三个轴向箭头，________箭头代表 X 轴向，________箭头代表 Y 轴向，________箭头代表 Z 轴向。

3．在 After Effects 2022 软件中，可以对图层间进行________的纵深位置、________等发生变化调整，又能创建________、质感效果和________效果等。

4．单击菜单执行“图层”→“新建”→“摄像机”命令，或者按键盘________键新建摄像机。

5．在“摄像机设置”对话框的“预置”里，摄像机自带了________种常见的摄像机镜头，包括________标准镜头、________鱼眼长焦镜头和________广角镜头等。

二、选择题

1．在弹出的（　）对话框里设置灯光的名称、灯光类型、强度、锥形角度、颜色和投影等参数。

（A）摄像机设置　　（B）特效控制

（C）灯光设置　　（D）合成时间线

2．在摄像机图层的“变换”属性里可以根据需要调整（　）和摄像机的位置。

（A）焦距　　（B）目标兴趣点

（C）精神　　（D）快门

3．设置聚光灯的照射区域和非照射区域的边缘柔和度，设置值越大，边缘越（　）。

（A）大　　（B）小

（C）生硬　　（D）柔和

4．在灯光层打开“投影”时，一定要打开被照射图层的“投影”选项，以及打开接受阴影图层的（　）选项。

（A）接受阴影　　（B）投影

（C）接受灯光　　（D）以上答案都不对

5．三维图层的质感属性可以对三维图层的投影、（　）、光泽和质感等属性进行设置，使合成场景更加的逼真和完美。

（A）羽化　　（B）位置

（C）接受灯光　　（D）以上答案都不对

三、简答题

1．如何创建摄像机图层和灯光图层？

2．灯光分为哪 4 种类型？

3．软件中的三维空间合成主要有哪些作用？

四、上机操作题

1．熟练操作三维图层的变换练习，设置摄像机和灯光的质感属性等。

2．能够制作纪实片《和孩子们在一起》摄像机位移动画效果。

第 8 章　综合应用实例

详细地学习完了 After Effects 2022 软件各项功能和应用，读者应该对该软件有了更加深刻的了解和掌握。本章将进一步对前面所学知识进行综合练习，以便在每一步详细的操作中发现问题、解决问题，达到新的知识增长，最终巩固所学的知识。

知识要点

- 制作电视“节目导视”
- “磨岩摄影采风活动”片头制作
- 内容识别填充的应用

8.1　制作电视“节目导视”

实例内容

本例综合利用前面所学的一些知识制作电视“节目导视”，最终效果如图 8.1.1 所示。

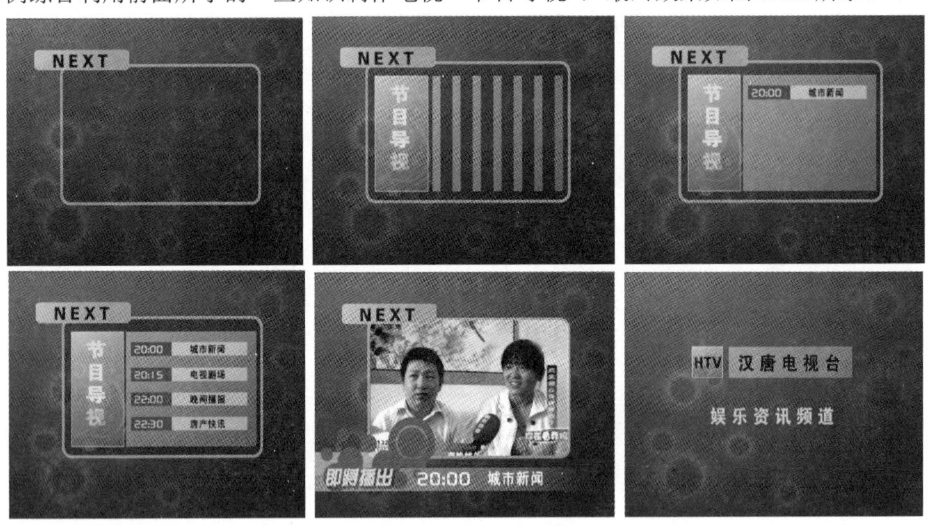

图 8.1.1　最终效果图

设计思想

电视“节目导视”是各大电视台电视栏目包装的主要组成部分之一，通过本实例的制作主要学习 MASK 蒙版动画和图形绘制、合成的嵌套应用和填充、梯度渐变、过渡等特效的应用等技巧。

操作步骤

（1）单击菜单执行“合成”→“新建合成”命令，或者按键盘“Ctrl+N”键新建合成，在弹出的“合成设置”对话框里设置合成名称为“背景”，合成画面宽度为 720px，高度为 576px，合成持续时间为 30 秒，如图 8.1.2 所示。

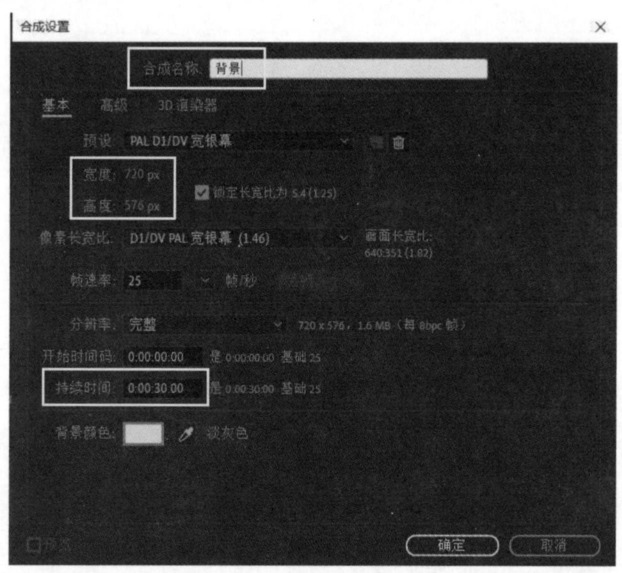

图 8.1.2　“合成设置”对话框

（2）按键盘“Ctrl+Y”键新建“纯色”，单击菜单添加“效果”→“生成”→“梯度渐变”特效，如图 8.1.3 所示。

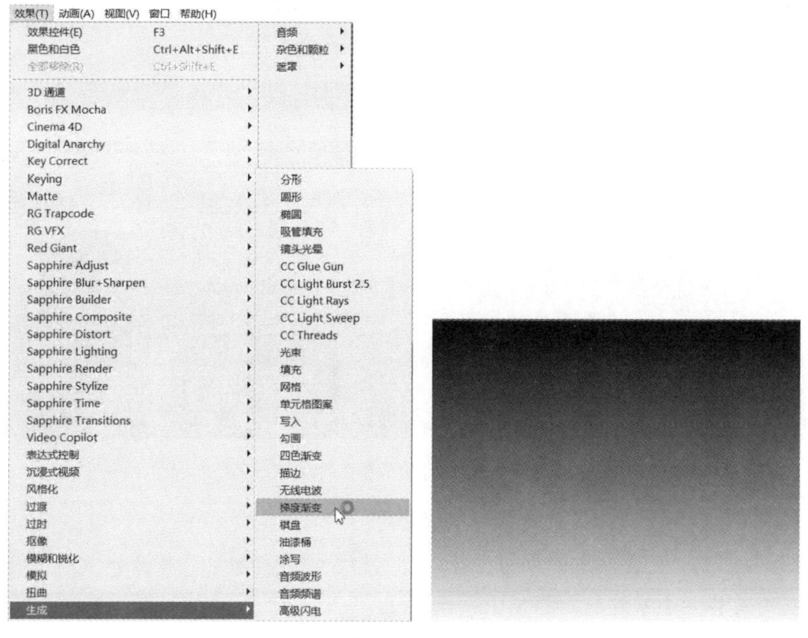

图 8.1.3　添加“梯度渐变”特效

（3）在特效控制台面板设置“梯度渐变”的开始和结束点位置，将梯度渐变形状设置为“径向渐变”，如图 8.1.4 所示。

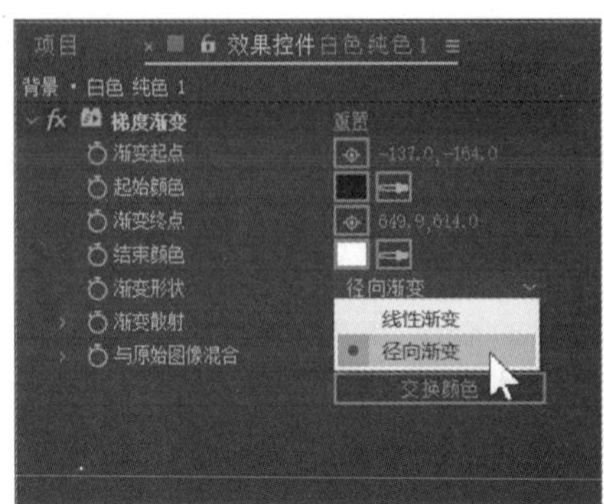

图 8.1.4　设置“梯度渐变”特效

（4）单击“起始颜色”后面的色块，在弹出的“起始颜色”面板里设置梯度渐变开始颜色为 R235、G204、B226；单击“结束颜色”后面的色块，在弹出的“结束颜色”面板里设置梯度渐变开始颜色为 R78、G11、B120，如图 8.1.5 所示。

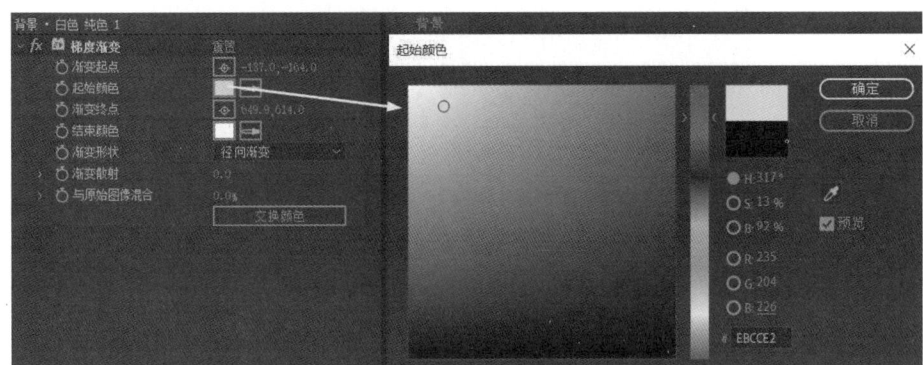

（a）“起始颜色”的设置

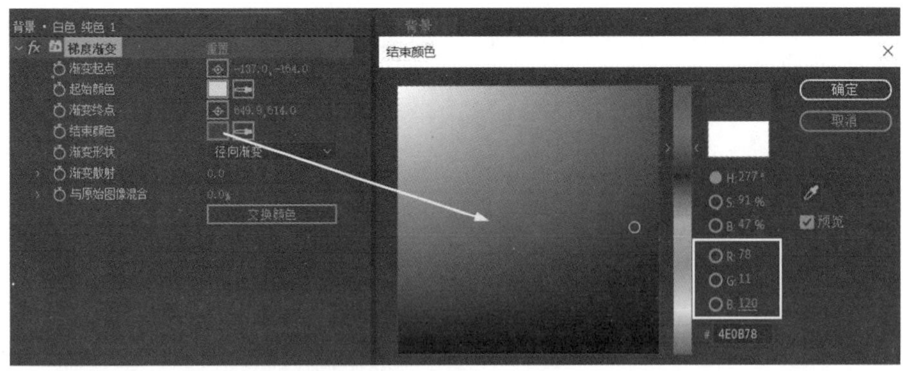

（b）“结束颜色”的设置

图 8.1.5　设置梯度渐变的颜色

（5）导入并添加“花纹”素材，将“花纹”素材设置为“叠加”模式，复制“花纹”素材后在合成中调整其位置和大小缩放，如图 8.1.6 所示。

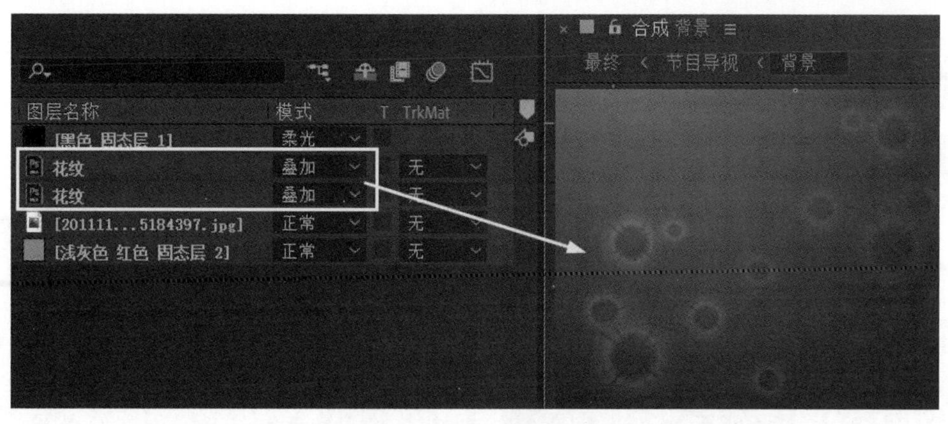

图 8.1.6　设置“花纹”素材

（6）单击菜单执行“合成”→“新建合成”命令新建“节目导视”合成，从项目面板添加“背景”合成到“节目导视”合成中，如图 8.1.7 所示。

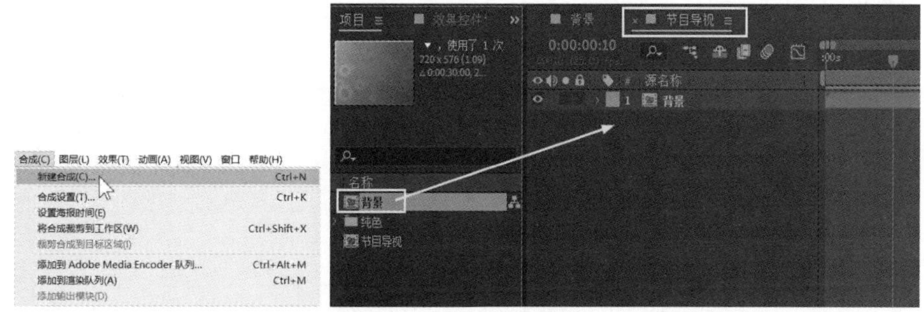

图 8.1.7　添加“背景”合成到“节目导视”合成中

（7）在工具栏单击圆角矩形工具在合成中绘制图形，单击按钮设置图形的“填充选项”为线性渐变，如图 8.1.8 所示。

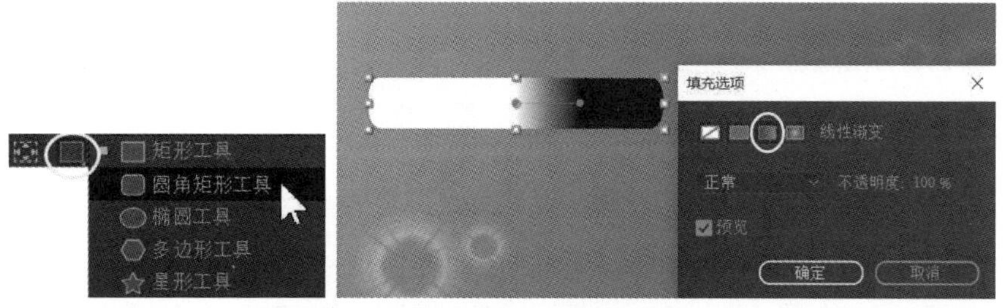

图 8.1.8　绘制圆角矩形并设置“填充选项”

（8）在工具栏单击填充色块，在弹出的“渐变编辑器”对话框里单击色标滑块设置梯度渐变颜色，如图 8.1.9 所示。

（9）在工具栏单击横排文字工具，创建“NEXT”文字，单击文字设置按钮，在“文字”设置面板里设置文字的属性，如图 8.1.10 所示。

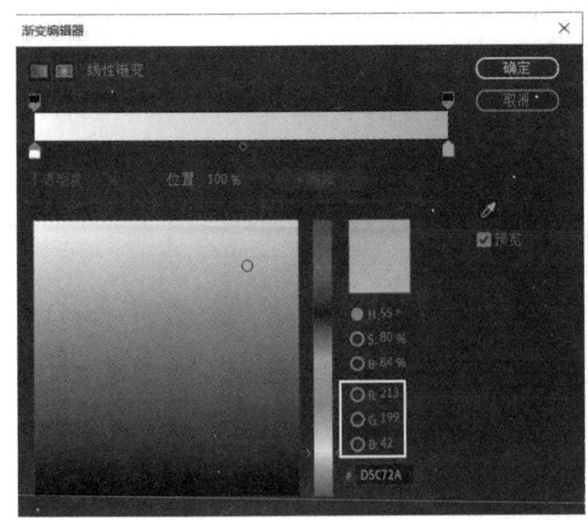

图 8.1.9 “渐变编辑器”对话框

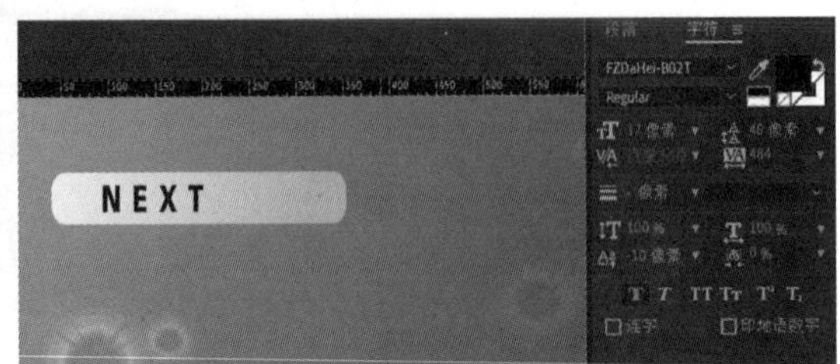

图 8.1.10 创建“NEXT”文字

（10）在合成中创建纯色，利用圆角矩形工具在新纯色中绘制圆角矩形蒙版，并添加“描边”特效，如图 8.1.11 所示。

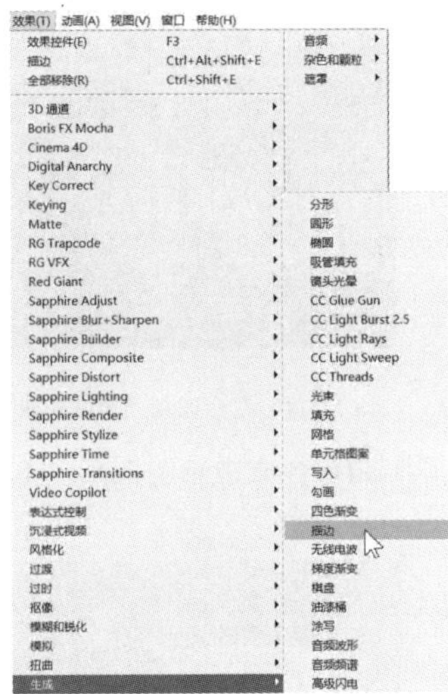

图 8.1.11 添加“描边”特效

（11）设置“描边”特效的绘制风格为“在透明背景上”，并设置描边的颜色、画笔大小、画笔硬度和不透明度数值，如图 8.1.12 所示。

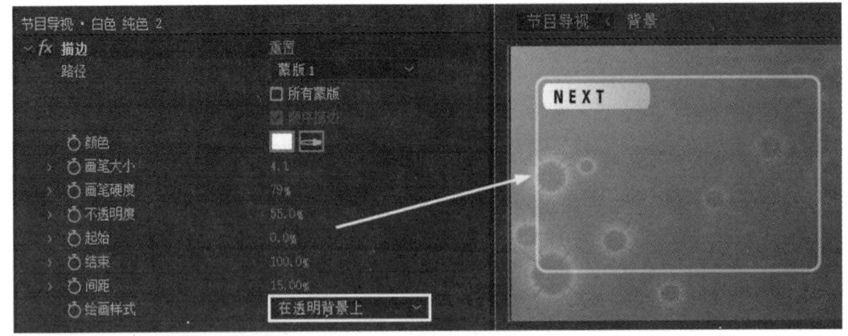

图 8.1.12 设置“描边”特效

（12）在合成中创建“方块填充”纯色，将“白色边框”图层中的蒙版复制并粘贴到“方块填充”图层，适当降低“方块填充”图层的不透明度，如图 8.1.13 所示。

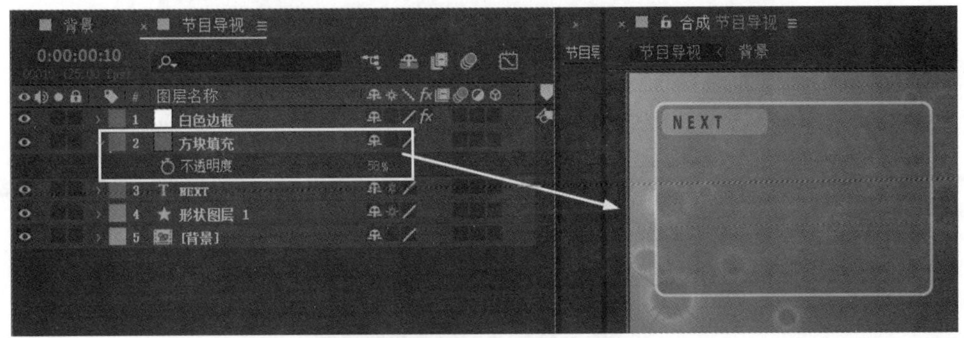

图 8.1.13　创建“方块填充”图层

（13）继续利用圆角矩形工具在合成中绘制“左面方块”图形，同样将图形的填充设置为由黄色到红色的线性梯度渐变，如图 8.1.14 所示。

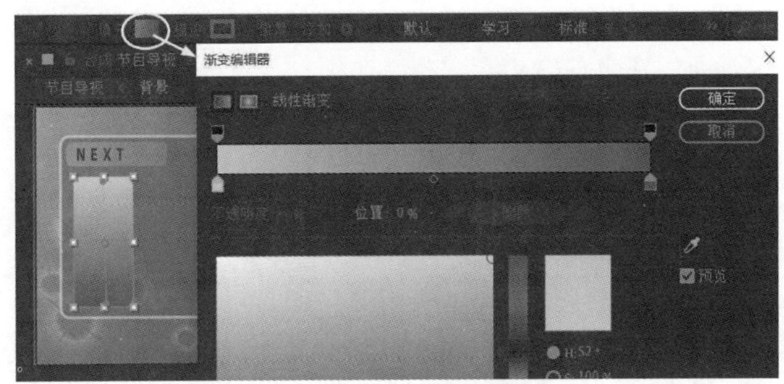

图 8.1.14　创建“左面方块”图形

（14）添加“花纹”素材并设置图层叠加模式为“柔光”，不透明度为 39%，创建“节目导视”文字设置与下面图层为“叠加”模式，如图 8.1.15 所示。

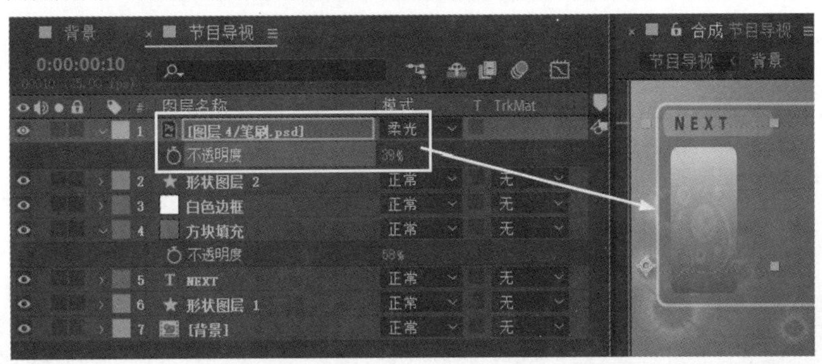

图 8.1.15　添加“花纹”和“文字”

（15）在合成中创建“右面方块”纯色，利用矩形蒙版工具调整“右面方块”的大小，并设置为由黄色到红色的线性梯度渐变，利用鼠标适当调整梯度渐变的开始点和结束点位置，如图 8.1.16 所示。

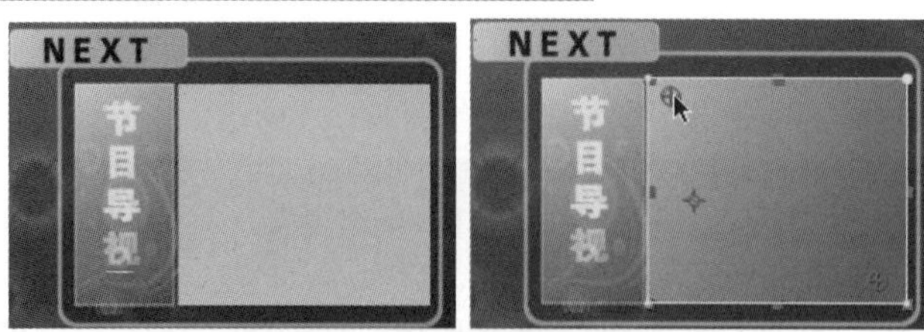

图 8.1.16　创建“右面方块”

（16）利用矩形蒙版工具在右面方块上绘制“红方块”和“白方块”图形，如图 8.1.17 所示。

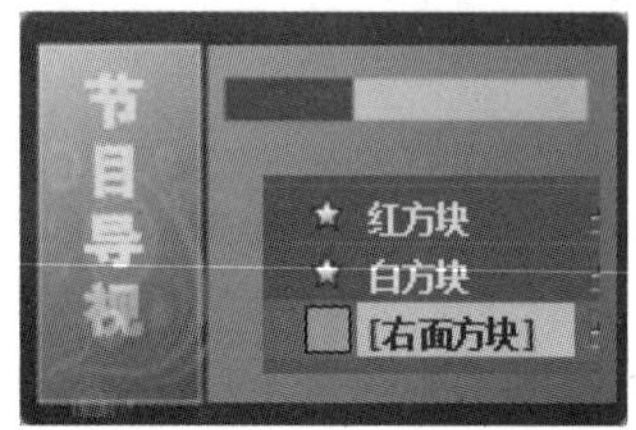

图 8.1.17　绘制“白方块”和“红方块”

（17）在红方块上创建“20：00”文字，在白方块上创建“城市新闻”文字，在“文字”面板上分别设置它们的文字属性，如图 8.1.18 所示。

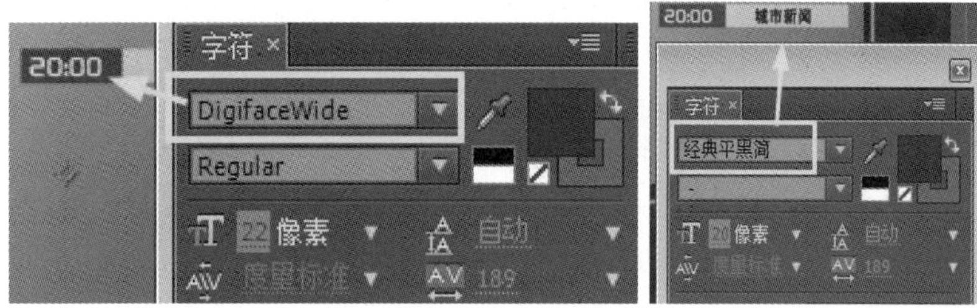

图 8.1.18　创建“文字”并设置属性

（18）在时间线面板选择城市新闻、20：00、红方块和白方块图层，按键盘“Ctrl+Shift+C”键，在弹出的“预合成”对话框里设置新建合成名称为“城市新闻”，如图 8.1.19 所示。

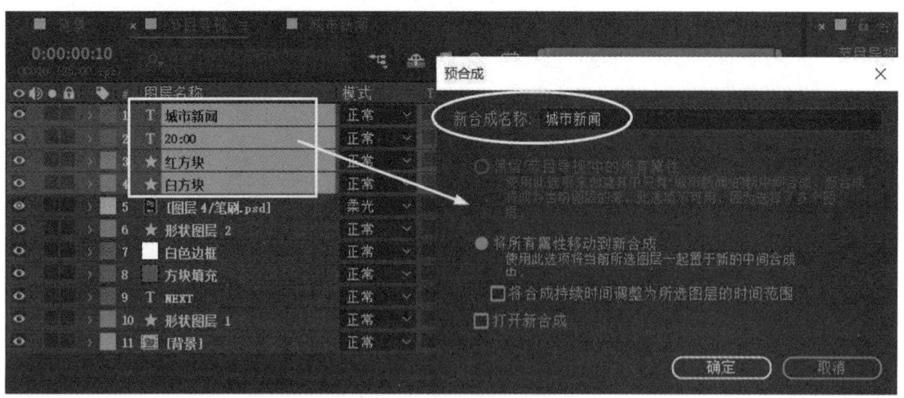

图 8.1.19　“预合成”对话框

（19）在项目面板选择“城市新闻”合成，按键盘“Ctrl+D”键复制该合成，将新复制的“城市新闻”合成命名为“电视剧场”，并双击鼠标左键进入“电视剧场”合成中更改文字内容，如图 8.1.20 所示。

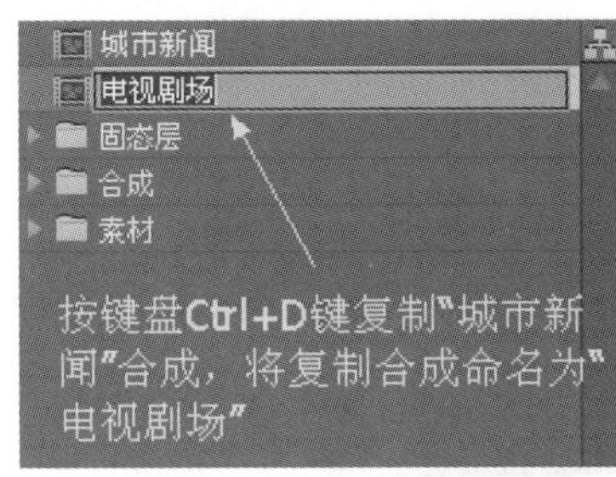

图 8.1.20　创建“电视剧场”合成

（20）在项目面板将城市新闻、电视剧场、晚间播报和房产快讯合成添加到“节目导视”合成中，如图 8.1.21 所示。

提示: 在合成视图中，通过参考线可以调整各图层间在合成中的精确位置；按键盘上的“↑”和“↓”方向键可以对选择图层进行向上或者向下微调，如图 8.1.22 所示。

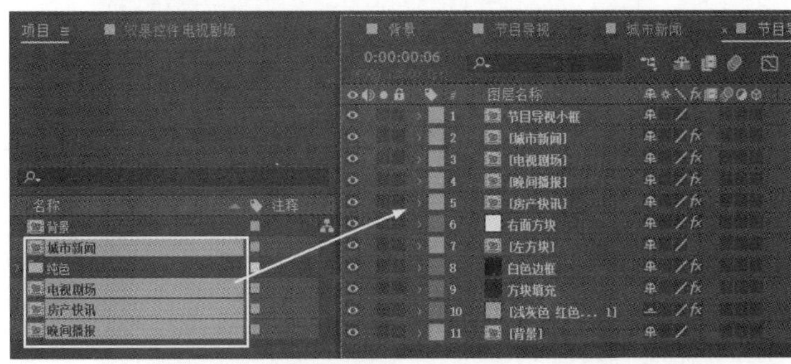

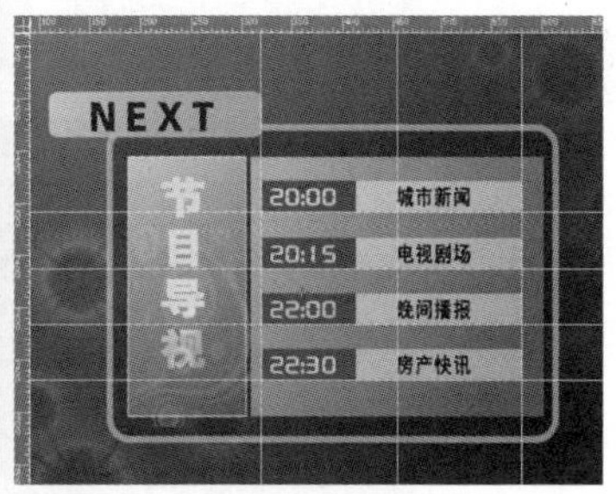

图 8.1.21　添加合成到“节目导视”中　　　　图 8.1.22　利用参考线调整各图层的位置

（21）制作好整体画面版式后开始制作整体动画效果，保留“NEXT 小框”和“背景”图层，将其他的图层选中以后统一向后拖拽，如图 8.1.23 所示。

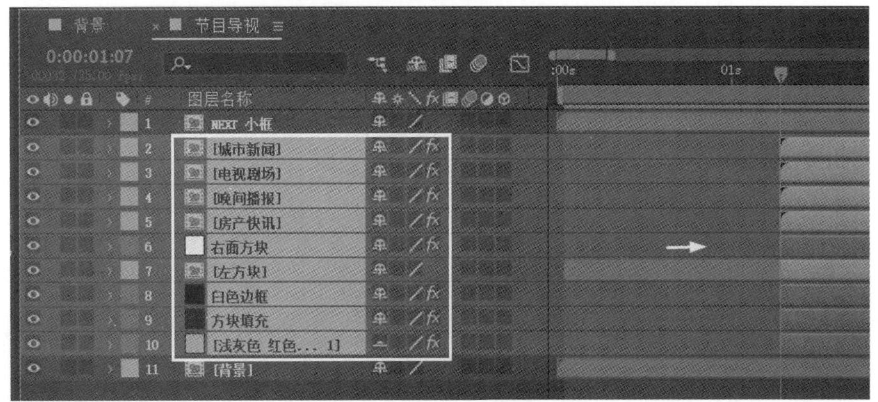

图 8.1.23　利用鼠标拖拽移动素材

（22）在合成时间线开始位置，利用矩形蒙版工具在“NEXT 小框”图层上绘制矩形蒙版，并设置从左向右展开的蒙版动画，如图 8.1.24 所示。

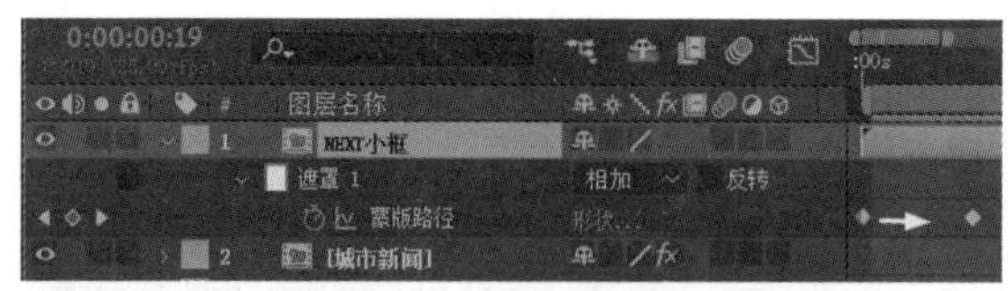

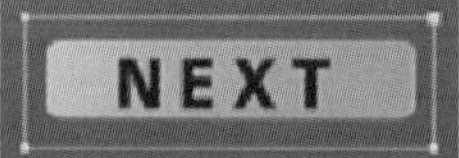

图 8.1.24　绘制蒙版并设置蒙版动画

（23）选择“白色边框”图层，按键盘“[”键，在描边特效“结束”前面单击动画关键帧按钮，在合成时间线 10 帧处设置“结束”的数值为 0%，按键盘“Shift+Page Down”键以后设置“结束”的数值为 100%，如图 8.1.25 所示。

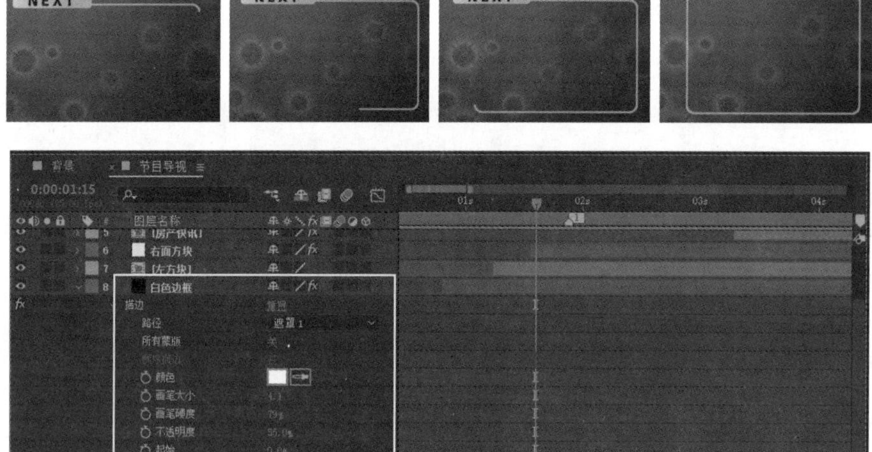

图 8.1.25　设置白色线条描边关键帧动画

（24）利用同样的方法设置“方块填充”图层的不透明度动画，如图 8.1.26 所示。

图 8.1.26　设置不透明度动画

（25）选择“节目导视”“花纹”和“左面方块”图层，按键盘“Ctrl+Shift+C”键，在弹出的“预合成”对话框里设置新建合成名称为“左方块”，如图 8.1.27 所示。

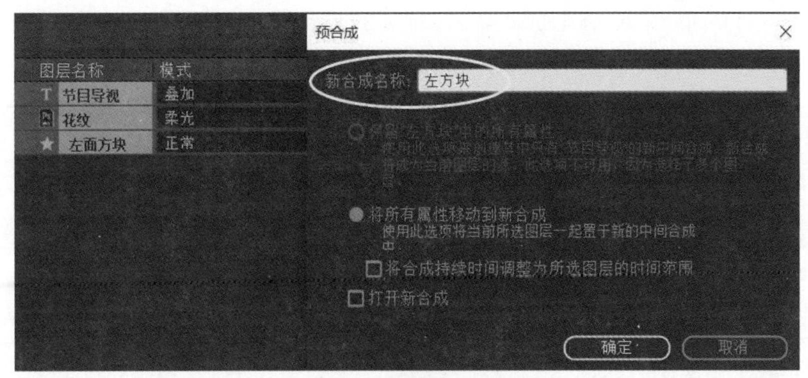

图 8.1.27　将选中图层预合成

（26）利用矩形蒙版工具在“左方块”图层上绘制矩形蒙版，设置从上向下展开的蒙版动画，如图 8.1.28 所示。

（27）选择“右面方块”图层单击菜单添加“效果”→“过渡”→“百叶窗”特效，将“百叶窗”特效的方向设置为 180°，宽度为 49，单击变换完成量前面的动画关键帧按钮，如图 8.1.29 所示。

图 8.1.28　绘制蒙版并设置蒙版动画

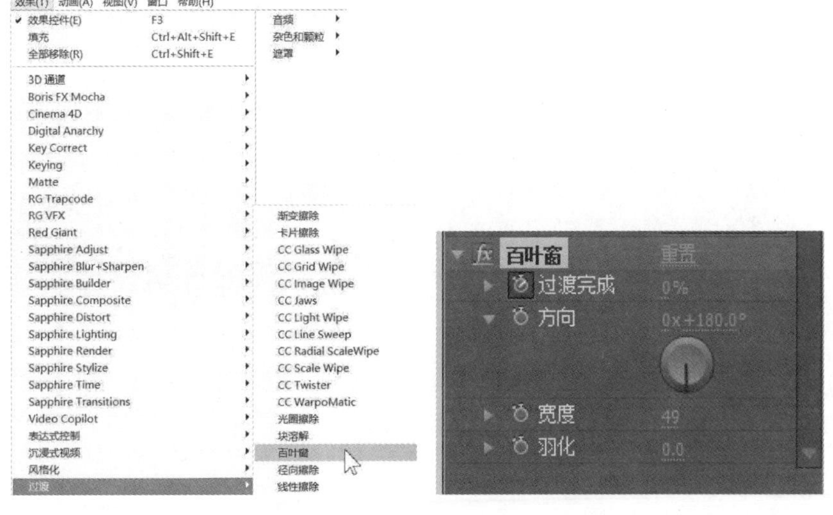

图 8.1.29　添加并设置“百叶窗”特效

（28）在合成时间线 1 秒 15 帧处设置“变换完成量”数值为 100%，按键盘“Shift+Page Down”键设置“过渡完成”数值为 0%，如图 8.1.30 所示。

图 8.1.30　设置“百叶窗”过渡效果

注意：在设置“百叶窗”过渡效果时一定要注意过渡的“方向”，当“方向”数值为 180° 时，百叶窗整体向右过渡；当“方向”数值为 0° 时，百叶窗整体向左过渡，如图 8.1.31 所示。

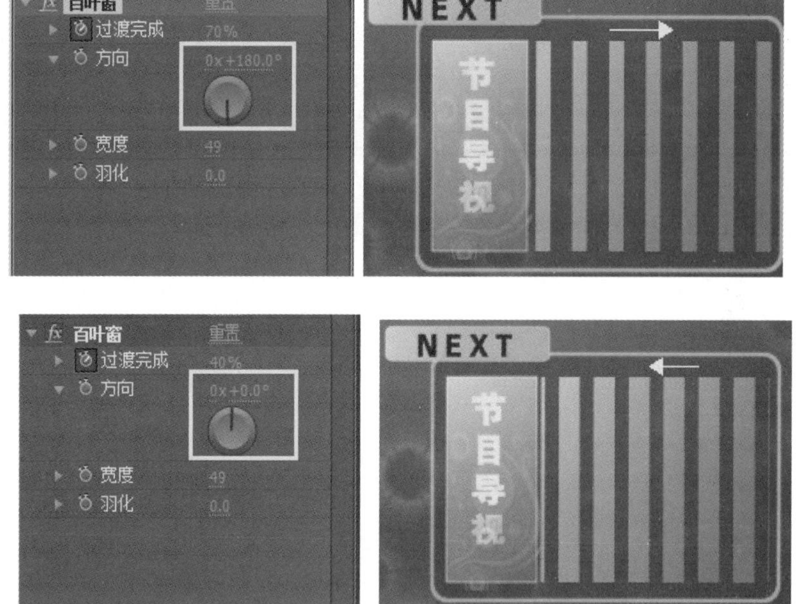

图 8.1.31　设置“百叶窗”的过渡方向

（29）将当前时间指示器移至 2 秒处，选择“城市新闻”图层按键盘“[”键，单击菜单添加“效果”→“过渡”→“线性擦除”特效，如图 8.1.32 所示。

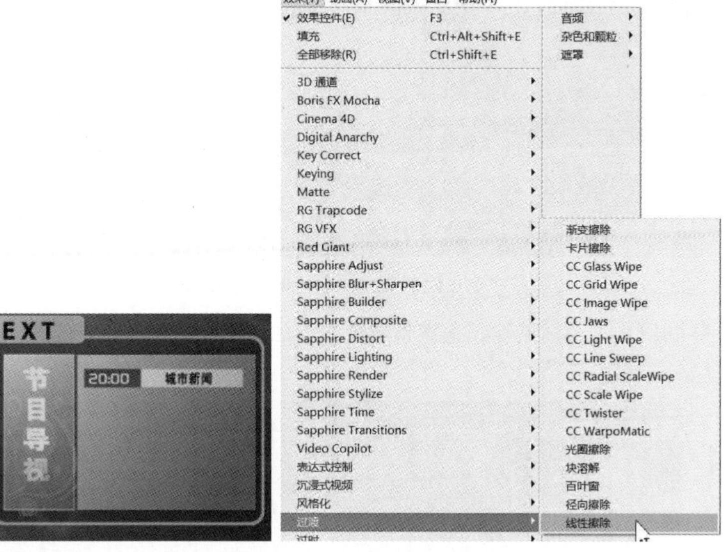

图 8.1.32　添加“线性擦除”特效

（30）利用同样的方法在合成时间线 2 秒到 2 秒 10 帧间设置“线性擦除”过渡动画，让“城市新闻”从左向右展开，如图 8.1.33 所示。

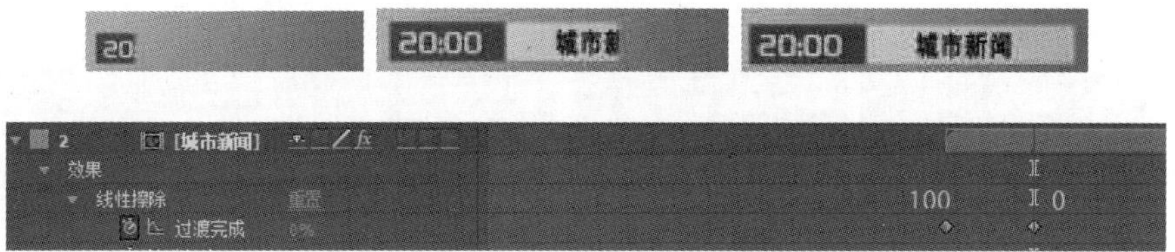

图 8.1.33　设置“线性擦除”过渡效果

提示：在合成时间线 2 秒到 2 秒 10 帧间，将“完成过渡”的数值设置为 0%～100%，让“城市新闻”从左向右展开；在 6 秒 15 帧到 7 秒间，将“完成过渡”的数值设置为 100%～0%，让“城市新闻”从右向左收回。在制作中，可以选择第 2 点的动画关键帧按“Ctrl+C”键复制，到 6 秒 15 帧处按“Ctrl+V”键，将第 2 点的动画关键帧属性粘贴到第 3 点位置；同样可以将第 1 点的动画关键帧属性复制并粘贴到第 4 点位置，如图 8.1.34 所示。

图 8.1.34　复制和粘贴动画关键帧属性

（31）利用同样的方法给“电视剧场”“晚间播报”和“房产快讯”设置“线性擦除”效果，如图 8.1.35 所示。

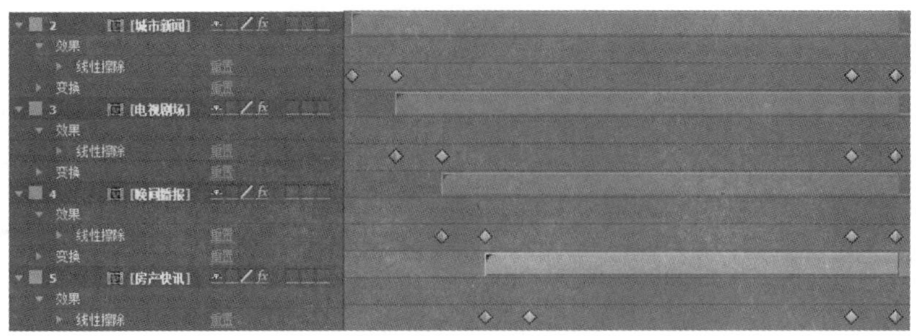

图 8.1.35　设置“线性擦除”过渡效果

（32）同样利用复制和粘贴动画关键帧属性的方法将“左方块”和“右方块”设置为“收回”动画，如图 8.1.36 所示。

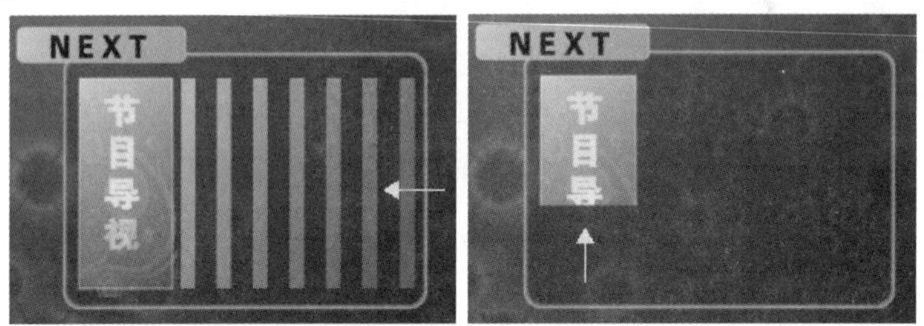

图 8.1.36　设置“左方块”和“右方块”动画

（33）移动当前时间指示器查看第一镜头整体动画效果，如图 8.1.37 所示。

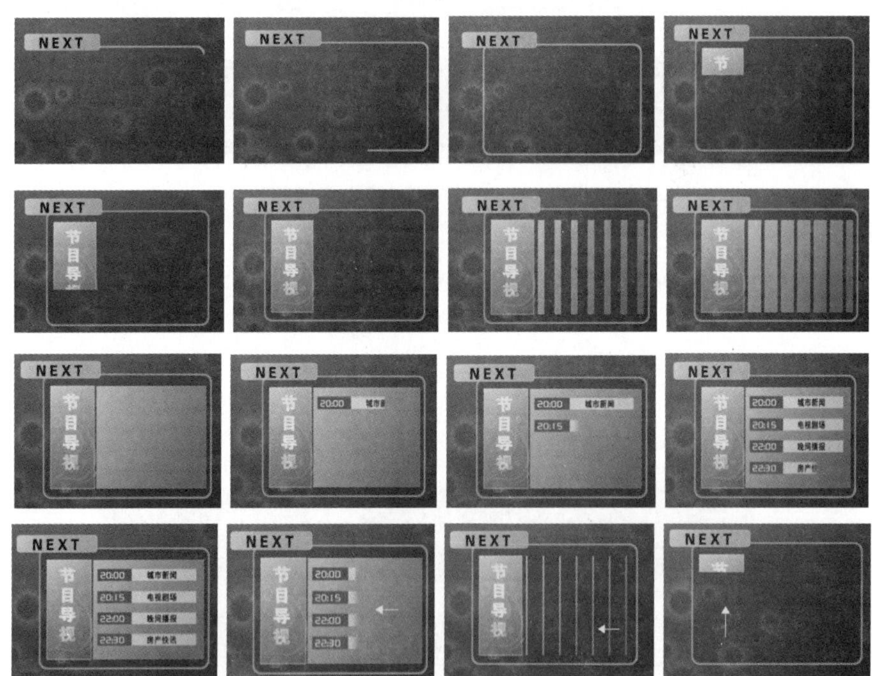

图 8.1.37　第一镜头整体动画效果预览

（34）导入“每期节目素材”添加到“节目导视”合成中，将“白色边框”图层中的圆角矩形蒙版复制并粘贴到“每期节目素材”图层，并适当调整蒙版使“每期节目素材”的图层画面和“白色边框”图层画面大小相等，如图 8.1.38 所示。

（35）选择“方块填充”图层单击菜单添加“效果”→“过渡”→“CC Grid Wipe”特效，如图 8.1.39 所示。

图 8.1.38　调整“每期节目素材”画面大小

图 8.1.39　添加“CC Grid Wipe”特效

（36）设置“方块填充”图层的“CC Grid Wipe”过渡动画效果，如图 8.1.40 所示。

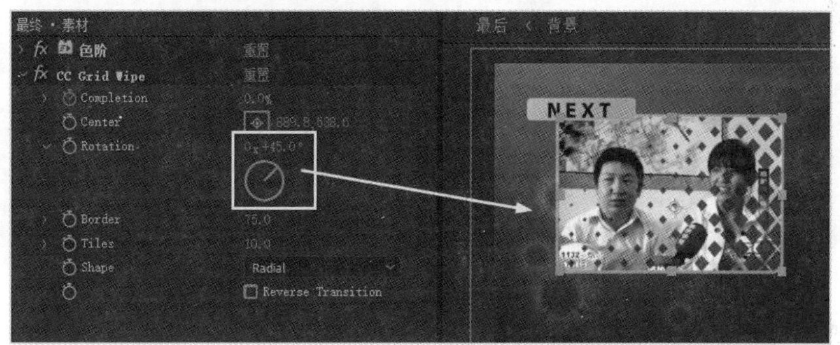

图 8.1.40　设置“CC Grid Wipe”过渡效果

提示： 选择“每期节目素材”图层并按键盘“Ctrl+Shift+C”键，在“预合成”对话框中选择“保留‘节目导视’中的所有属性”选项，可以在新建的“每期节目素材”合成中随意更换栏目每期即将播出的不同素材，如图 8.1.41 所示。

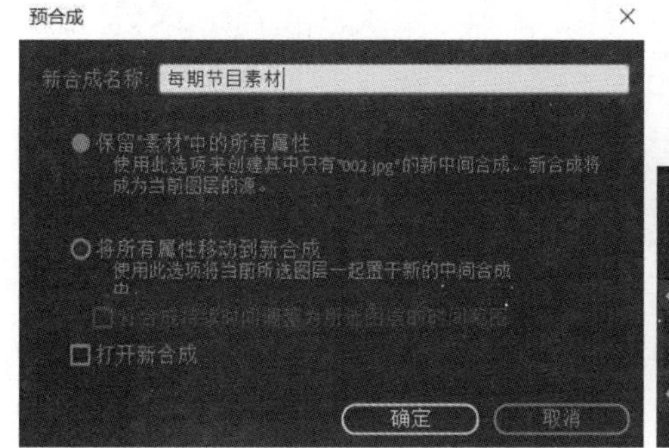

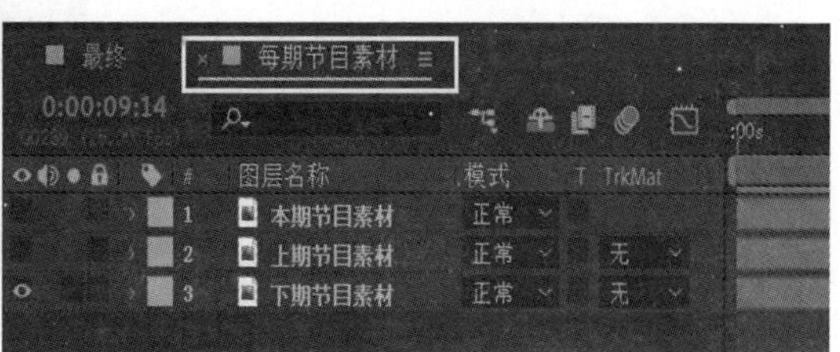

图 8.1.41　随意更换“每期节目素材”

（37）利用钢笔工具和矩形蒙版工具绘制“字幕条”图形，如图 8.1.42 所示。

图 8.1.42　绘制“字幕条”图形

（38）添加“花”素材到合成中，把“花”素材复制后将两个图层“叠加”，如图 8.1.43 所示。

（39）在字幕条上输入“即将播出”和“20：00　城市新闻”文字，设置文字的属性，如图 8.1.44 所示。

图 8.1.43　添加“花”素材到字幕条上面

图 8.1.44　输入并设置文字属性

（40）将“20：00 城市新闻”“即将播出”“花”“字幕衬条”和“白色衬条”图层预合成，新建合成为“字幕”，如图 8.1.45 所示。

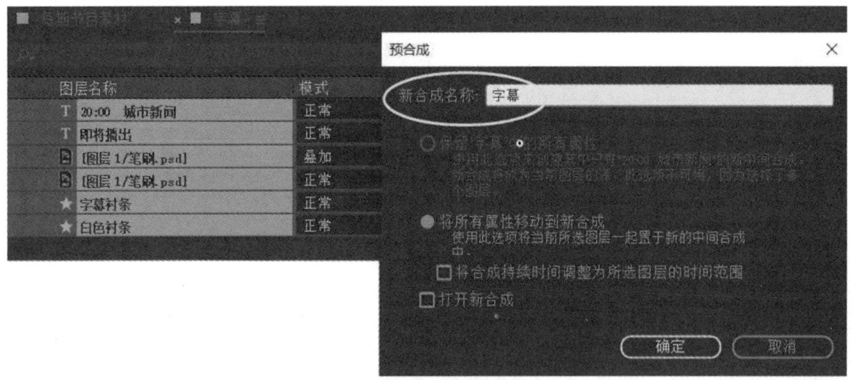

图 8.1.45　将选择图层预合成

（41）将“字幕”图层添加从左向右的“线性擦除”过渡动画效果，如图 8.1.46 所示。

图 8.1.46　设置“线性擦除”过渡动画效果

（42）设置“每期节目素材”的“CC Grid Wipe”收回动画效果，详细设置如图 8.1.47 所示。

图 8.1.47　设置“CC Grid Wipe”收回动画

（43）利用前面的复制并粘贴动画关键帧属性的方法，制作“字幕”“白色边框”和“NEXT 小框”收回动画，如图 8.1.48 所示。

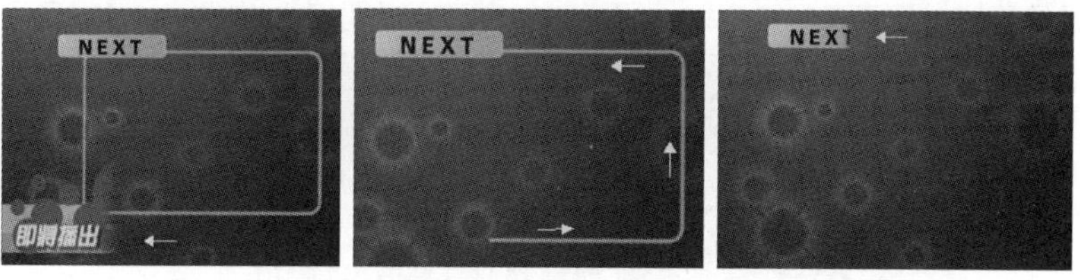

图 8.1.48　制作“收回”动画效果

（44）利用矩形蒙版工具绘制“HTV”和“汉唐电视台”图形，输入“娱乐资讯频道”文字。给“HTV”图形添加从上向下的“线性擦除”过渡效果，给“汉唐电视台”图形添加从左向右的“线性擦除”动画效果，如图 8.1.49 所示。

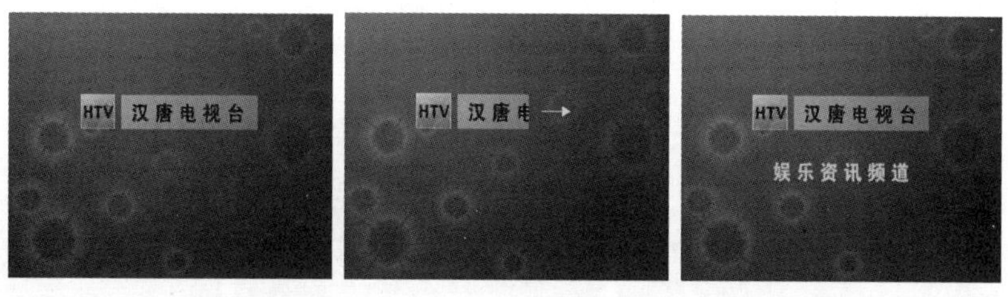

图 8.1.49　制作“HTV”和“汉唐电视台”的“线性擦除”动画效果

（45）选择“娱乐资讯频道”图层添加文字“缩放”，如图 8.1.50 所示。

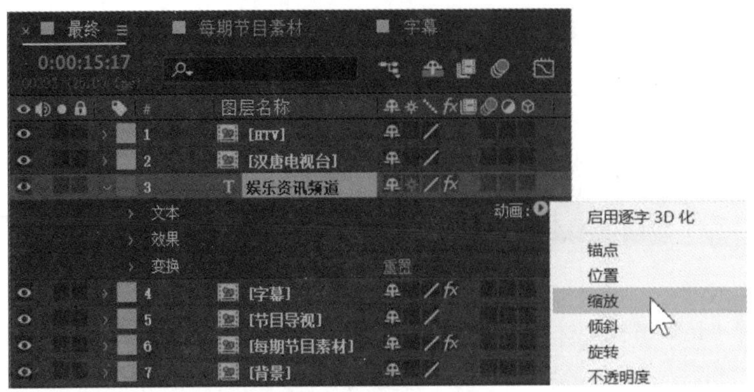

图 8.1.50　添加文字“缩放”

（46）设置“娱乐资讯频道”的文字缩放“缩放”数值，如图 8.1.51 所示。

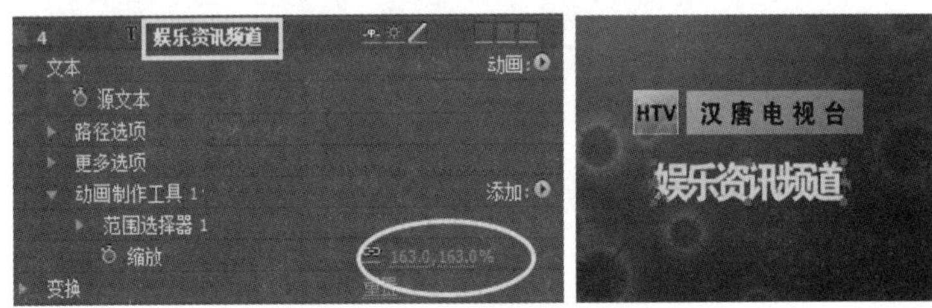

图 8.1.51　设置文字的缩放

（47）继续给“娱乐资讯频道”的文字添加文字“不透明度”，如图 8.1.52 所示。

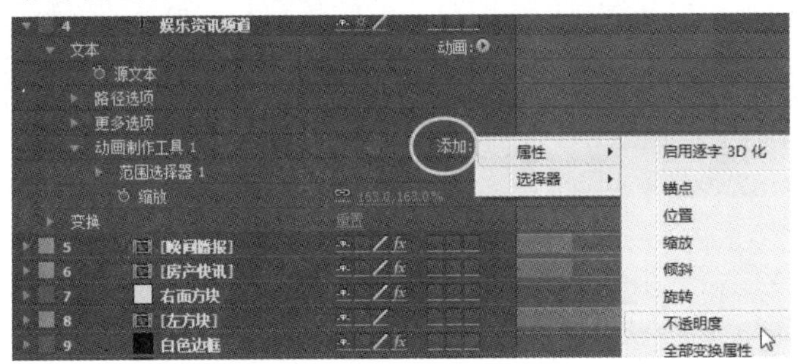

图 8.1.52　添加文字的“不透明度”

（48）将文字的“不透明度”设置为 0%，在“范围选择器 1”里设置文字的“开始”动画，如图 8.1.53 所示。

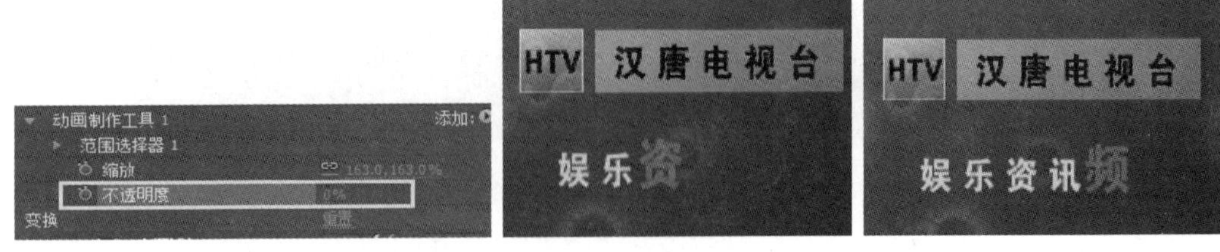

图 8.1.53　设置文字动画

（49）完成“节目导视”的整个制作，预览最终效果如图 8.1.1 所示。

8.2　“磨岩摄影采风活动”片头制作

实例内容

本例综合利用蒙版、摄像机跟踪等效果制作三维空间人物跟踪，最终效果如图 8.2.1 所示。

图 8.2.1　预览“磨岩摄影采风活动”片头最终效果

设计思想

三维空间人物跟踪制作主要运用到前面所学的蒙版、摄像机跟踪等知识，通过本实例的制作应熟练掌握蒙版动画、摄像机跟踪的应用技巧。

操作步骤

（1）单击菜单执行“合成”→“新建合成”命令，或者按键盘“Ctrl+N”键新建合成。在弹出的“合成设置”对话框里设置合成名称为“三维空间人物跟踪”，合成画面宽度为 1280px，高度为 720px，合成持续时间为 40 秒，如图 8.2.2 所示。

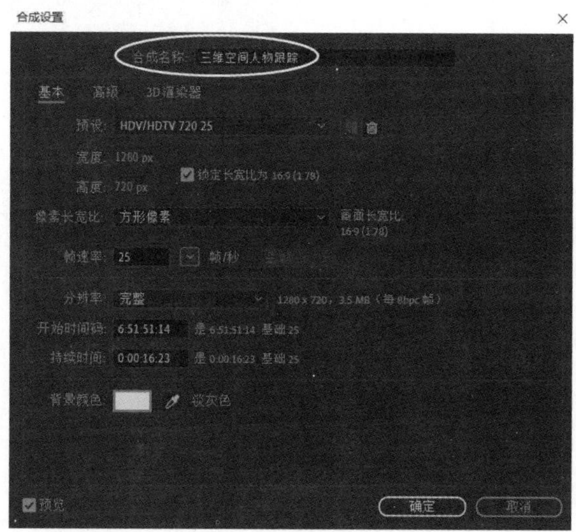

图 8.2.2　“合成设置”对话框

（2）导入“山地素材”并添加到“三维空间人物跟踪”的合成中，如图 8.2.3 所示。

图 8.2.3　添加并导入“山地素材”到合成中

（3）单击菜单执行“窗口”→“跟踪器”命令即可打开跟踪器面板，如图 8.2.4 所示。

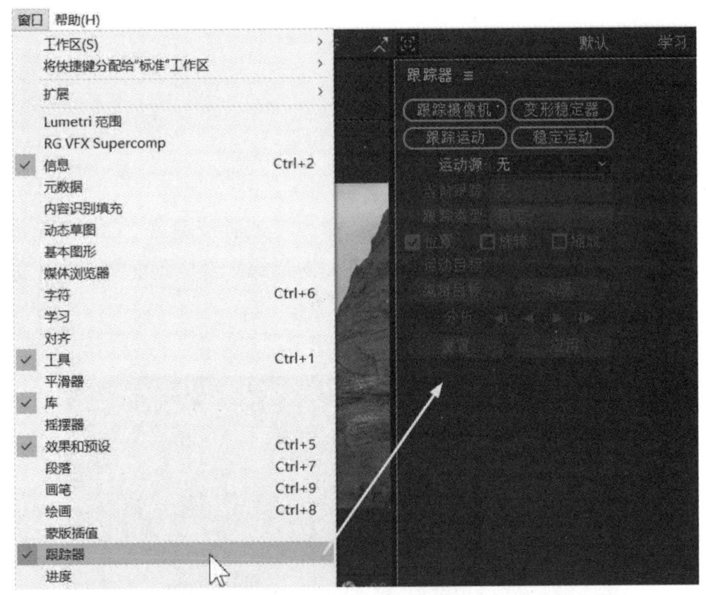

图 8.2.4　打开“跟踪器”面板

（4）选择“山地素材”然后在跟踪器面板单击跟踪摄像机按钮，软件开始在后台分析素材，如图 8.2.5 所示。

图 8.2.5　在后台分析素材

（5）在合成视窗用鼠标选择跟踪平面并单击鼠标右键执行“创建空白和摄像机”命令，如图 8.2.6 所示。

图 8.2.6　选择跟踪平面并“创建空白和摄像机”命令

（6）导入“人物 1”素材并以素材属性创建“人物 1”合成，如图 8.2.7 所示。

图 8.2.7　以素材属性创建“人物 1”合成

（7）在“人物 1”合成里利用钢笔工具顺着人物的边缘进行绘制蒙版，如图 8.2.8 所示。

图 8.2.8　利用钢笔工具绘制“人物 1”蒙版

（8）接着设置“人物 1”素材的蒙版羽化数值，如图 8.2.9 所示。

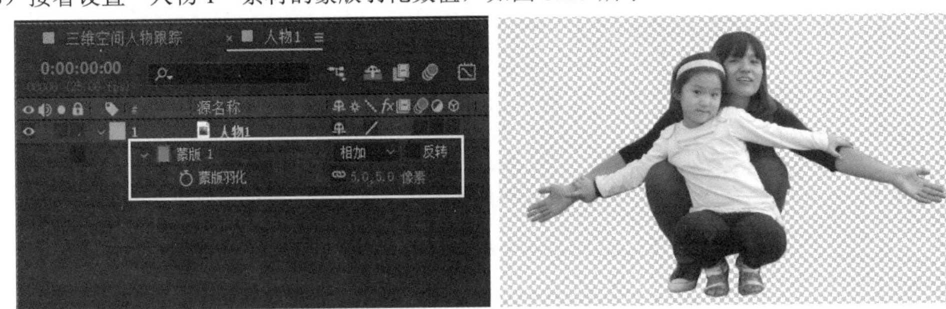

图 8.2.9　设置“人物 1”素材的蒙版羽化数值

（9）将“人物 1”合成添加到“三维空间人物跟踪”合成时间线，并调整“人物 1”的位置，如图 8.2.10 所示。

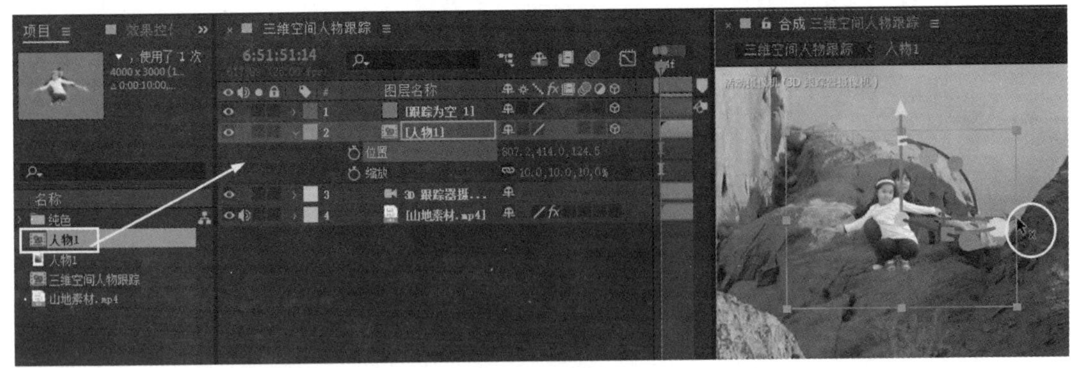

图 8.2.10　调整“人物 1”的位置

（10）在时间线窗口打开“父级和链接”，然后单击父级关联器按钮并绑定在“跟踪为空 1”图层上，如图 8.2.11 所示。

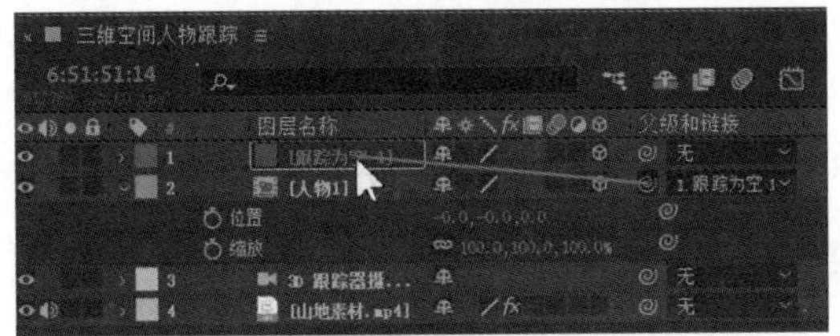

图 8.2.11　将“人物”素材绑定在“跟踪为空 1”图层上

（11）将播放头指针向后移动至 4 秒 06 帧位置，如图 8.2.12 所示。

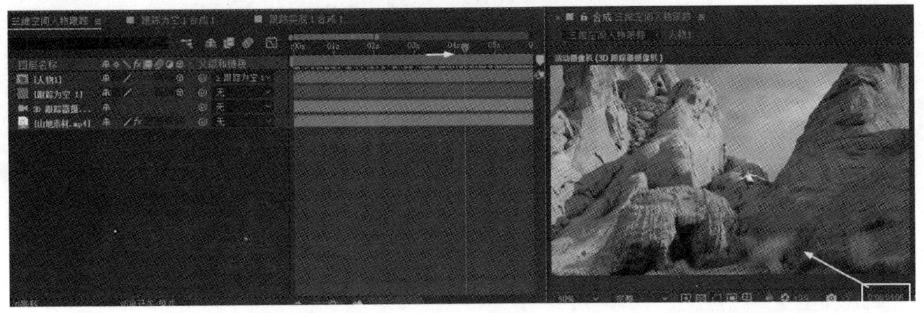

图 8.2.12　向后移动播放头指针

（12）继续导入“人物 2”素材并以素材本身属性创建“人物 2”合成，如图 8.2.13 所示。

图 8.2.13　导入“人物 2”素材

（13）同样在“人物 2”合成里利用钢笔工具顺着人物的边缘进行绘制蒙版，如图 8.2.14 所示。

图 8.2.14　利用钢笔工具顺着人物的边缘进行绘制蒙版

（14）将“人物 2”合成添加到“三维空间人物跟踪”合成时间线，并调整“人物 2”的位置，如图 8.2.15 所示。

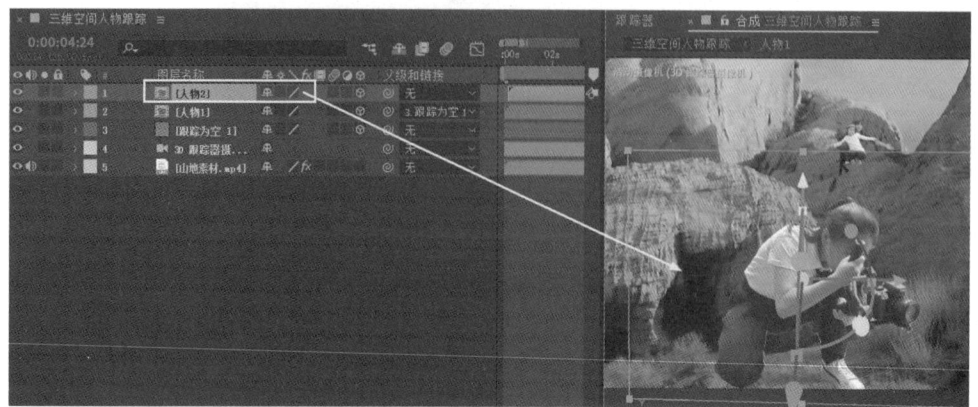

图 8.2.15　将“人物 2”合成添加到“三维空间人物跟踪”合成时间线

（15）同样在时间线窗口打开“父级和链接”，然后在“人物 2”素材上单击父级关联器按钮并绑定在“跟踪为空 1”图层上，如图 8.2.16 所示。

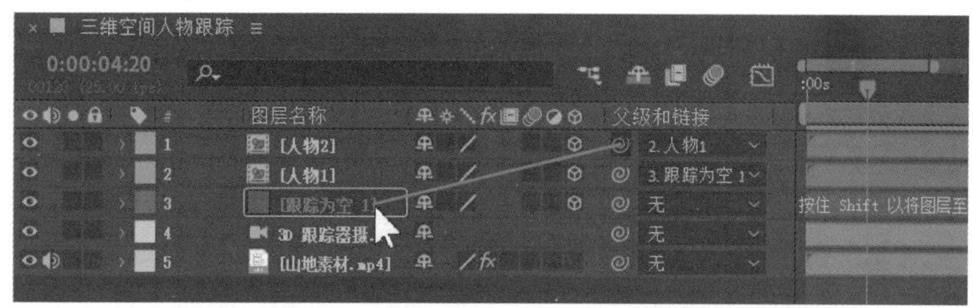

图 8.2.16　将“人物 2”素材绑定在“跟踪为空 1”图层上

（16）将播放头指针向后移动至 12 秒位置，如图 8.2.17 所示。

图 8.2.17　将播放头指针向后移动至 12 秒位置

（17）继续导入“人物 3”素材并以素材本身属性创建“人物 3”合成，如图 8.2.18 所示。

图 8.2.18　导入“人物 3”素材

（18）还是同样在“人物 3”合成里利用钢笔工具顺着人物的边缘进行绘制蒙版，如图 8.2.19 所示。

图 8.2.19　利用钢笔工具绘制“人物 3”蒙版

（19）将“人物 3”合成添加到“三维空间人物跟踪”合成时间线，并调整“人物 3”的位置，如图 8.2.20 所示。

图 8.2.20　将“人物 3”合成添加到“三维空间人物跟踪”合成时间线

（20）给“人物 3”素材添加“亮度和对比度”效果，设置数值如图 8.2.21 所示。

图 8.2.21　给“人物 3”素材添加“亮度和对比度”效果

（21）单击菜单执行“图层”→“变换”→“水平翻转”命令将“人物 3”素材进行水平翻转，如图 8.2.22 所示。

图 8.2.22　将“人物 3”素材进行水平翻转

（22）同样在时间线窗口打开“父级和链接”，然后在“人物 3”素材上单击父级关联器按钮并绑定在“跟踪为空 1”图层上，如图 8.2.23 所示。

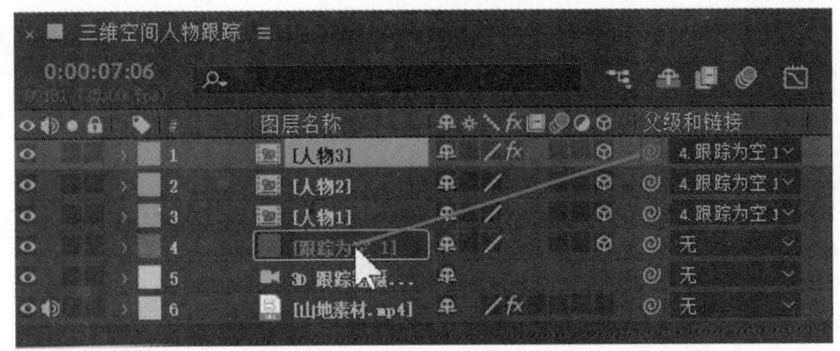

图 8.2.23　将“人物 3”素材绑定在“跟踪为空 1”图层上

（23）在工具栏单击横排文字工具T，创建“磨岩摄影采风活动”文字，在“字符”设置面板里设置文字的属性，如图 8.2.24 所示。

图 8.2.24　创建“磨岩摄影采风活动”文字

（24）在时间线窗口打开“父级和链接”，然后在“磨岩摄影采风活动”文字上单击父级关联器按钮并绑定在“跟踪为空 1”图层上，如图 8.2.25 所示。

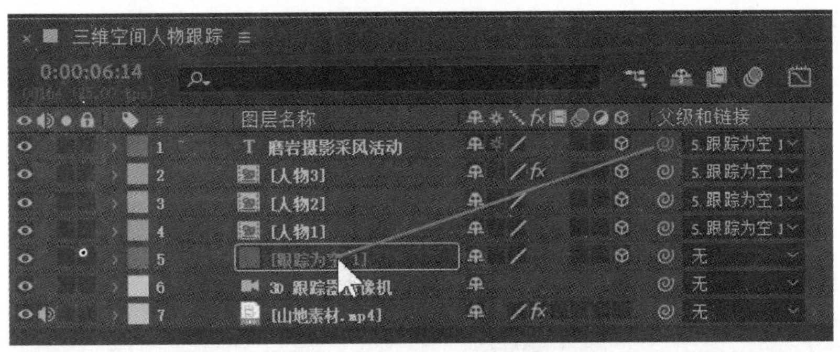

图 8.2.25　将“磨岩摄影采风活动”素材绑定在“跟踪为空 1”图层上

（25）在合成时间线上单击鼠标右键执行“新建”→“调整图层”命令创建调整图层，并将调整图层放到“磨岩摄影采风活动”文字的下面，如图 8.2.26 所示。

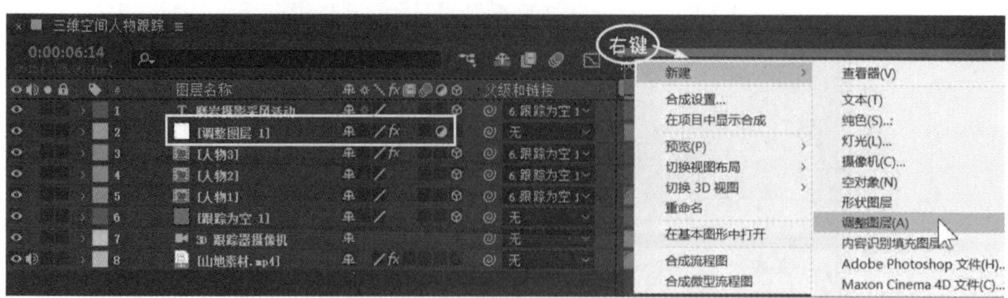

图 8.2.26　创建调整图层

（26）给调整图层添加“高斯模糊”效果，并在时间线窗口设置“高斯模糊”关键帧动画，如图 8.2.27 所示。

图 8.2.27　设置“高斯模糊”关键帧动画

（27）完成“磨岩摄影采风活动”片头的整个制作，预览最终效果如图 8.2.1 所示。

8.3　内容识别填充的应用

实例内容

本例综合利用蒙版、颜色校正和内容识别填充等知识制作移除公路上左边大货车的效果，最终效果如图 8.3.1 所示。

效果前

效果后

图 8.3.1　移除公路上的大货车效果

设计思想

本案例主要练习蒙版、颜色校正和内容识别填充知识的综合应用，目的在于让初学者熟练掌握蒙版、颜色校正和内容识别的使用技巧。

操作步骤

（1）单击菜单执行“合成”→“新建合成”命令，或者按键盘“Ctrl+N”键新建合成，在弹出的“合成设置”对话框里设置合成名称为“内容识别填充”，如图 8.3.2 所示。

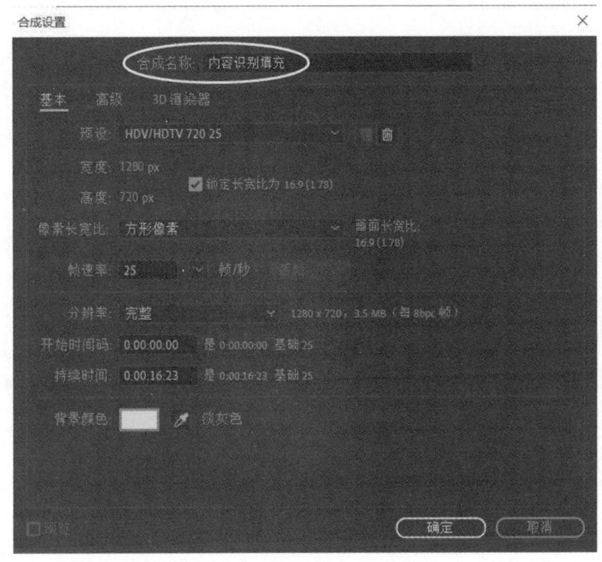

图 8.3.2　新建“内容识别填充”合成

（2）导入“公路航拍”素材到合成时间线，如图 8.3.3 所示。

图 8.3.3　导入“公路航拍”素材到合成时间线

（3）给“公路航拍”素材添加“亮度和对比度”效果，如图 8.3.4 所示。

图 8.3.4　给“公路航拍”素材添加“亮度和对比度”效果

（4）选择“公路航拍”素材以后利用钢笔工具给大货车绘制蒙版，如图 8.3.5 所示。

图 8.3.5　利用钢笔工具给大货车绘制蒙版

（5）调整“公路航拍”素材的蒙版羽化数值，如图 8.3.6 所示。

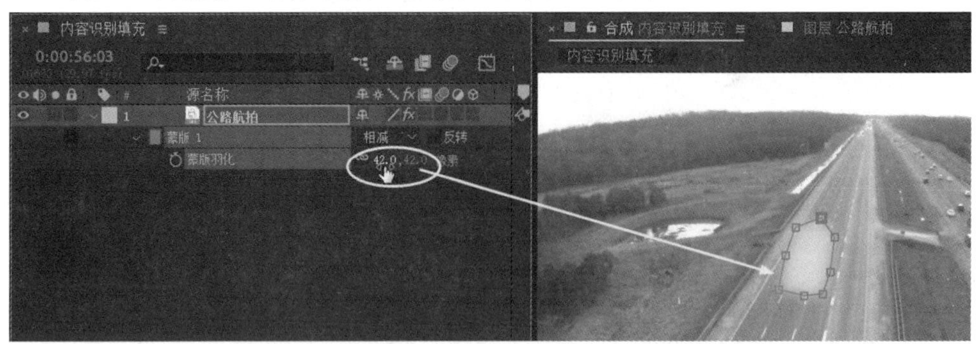

图 8.3.6　调整“公路航拍”素材的蒙版羽化数值

（6）选择“公路航拍”素材的蒙版，单击菜单执行“动画”→“跟踪蒙版”命令，如图 8.3.7 所示。

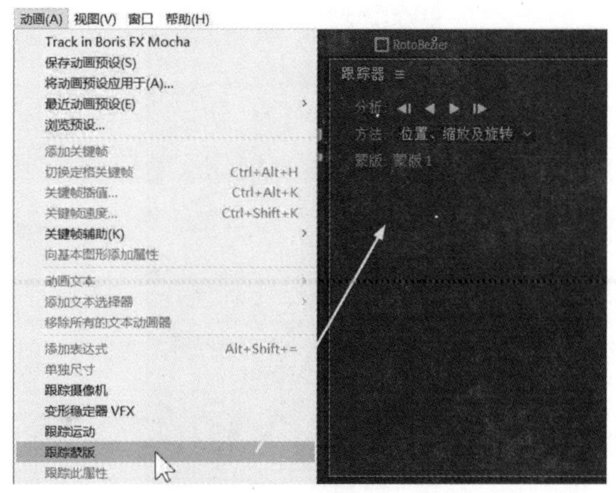

图 8.3.7　执行"跟踪蒙版"命令

（7）在"跟踪器"面板单击向前跟踪蒙版按钮，让蒙版向前跟踪大货车，如图 8.3.8 所示。

图 8.3.8　蒙版向前跟踪大货车

（8）单击菜单执行"窗口"→"内容识别填充"命令，即可打开"内容识别填充"面板，如图 8.3.9 所示。

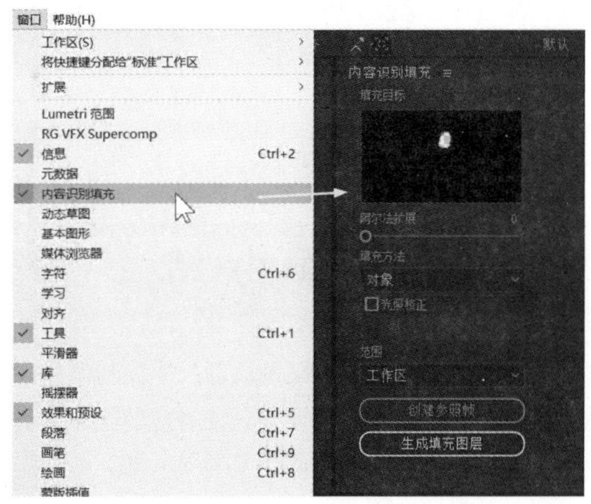

图 8.3.9　打开"内容识别填充"面板

（9）在"内容识别填充"面板单击 生成填充图层 按钮，软件就会向前自动分析画面，如图 8.3.10 所示。

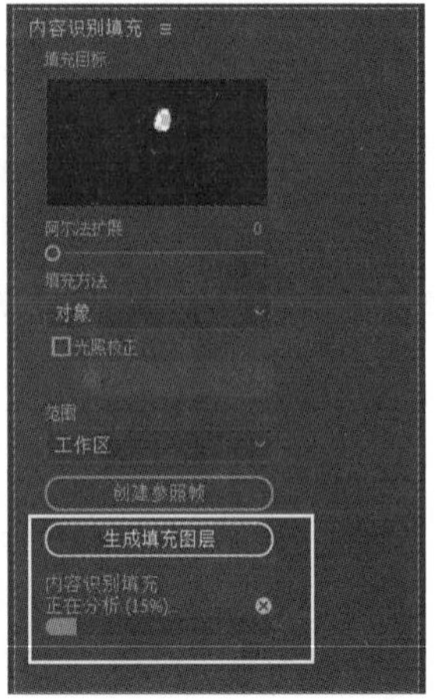

图 8.3.10　软件向前自动分析画面

（10）软件向前自动分析完画面以后，就会在时间线窗口自动生成一个“填充”图层，如图 8.3.11 所示。

图 8.3.11　在时间线窗口自动生成一个“填充”图层

（11）完成制作，预览最终效果如图 8.3.1 所示。

本 章 小 结

本章主要利用制作“节目导视”、“磨岩摄影采风活动”片头制作和内容识别填充的应用三个实例对前面所学的知识进行综合练习。通过对本章的学习，读者应完全掌握蒙版和蒙版动画的应用、视频颜色的校正、合成间的相互嵌套和摄像机跟踪动画的设置等知识，最终能够合理地运用前面所学的知识创作出更精彩的视频作品。

第9章 上 机 实 验

本章通过几个上机小实验，对前面所学的一些基础知识进行巩固，重点培养读者的实际操作能力，达到学以致用的目的。

知识要点

- 微电影片尾制作
- “节目内容提要”的制作
- 电影《延安新区之恋》片名制作

9.1 微电影片尾制作

1. 实验内容

在本实验的制作过程中，主要运用了素材的导入、添加到合成时间线、钢笔工具的使用方法和技巧、蒙版边缘的羽化设置等知识，最终效果如图 9.1.1 所示。

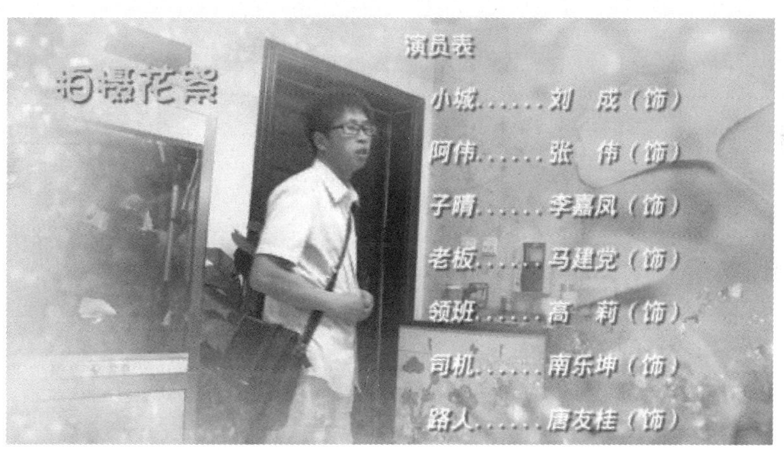

图 9.1.1 最终效果图

2. 实验目的

通过本实验的制作，能够熟练使用钢笔工具，能够独立完成调整画面的整体颜色、设置蒙版边缘羽化等操作。

3. 操作步骤

（1）单击菜单执行“图像合成”→“新建合成”命令，或者按键盘“Ctrl+N”键新建合成，在弹出的“合成设置”对话框里设置合成名称为“片尾制作”，合成画面宽度为 720px，高度为 576px，合成持续时间为 20 秒，如图 9.1.2 所示。

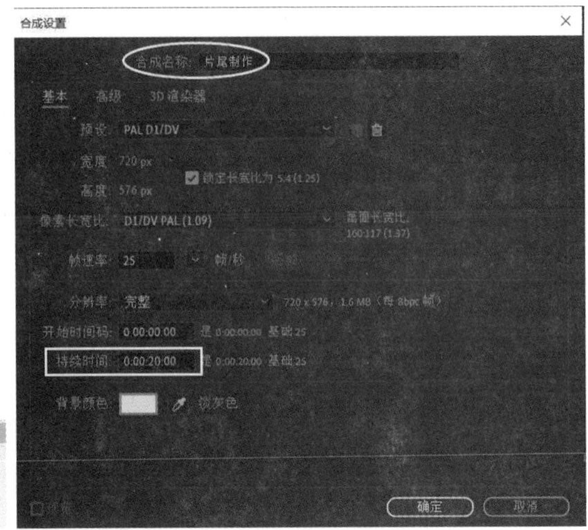

图 9.1.2　创建“片尾制作”合成

（2）在项目面板工具栏单击新建文件夹按钮，新建文件夹并管理素材，如图 9.1.3 所示。

（3）在项目面板导入“背景”素材并添加到“片尾制作”合成时间线，如图 9.1.4 所示。

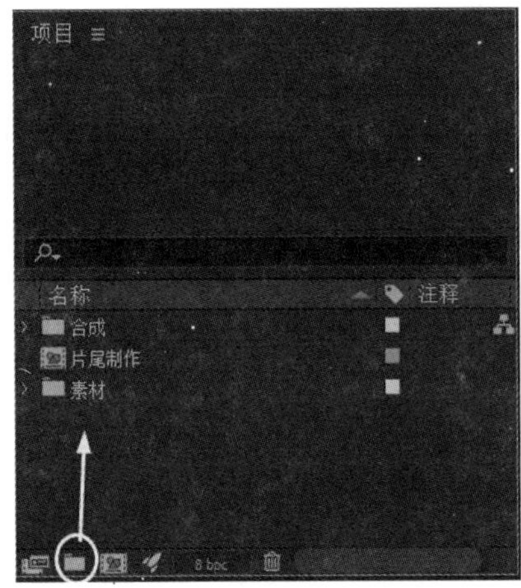

图 9.1.3　新建文件夹

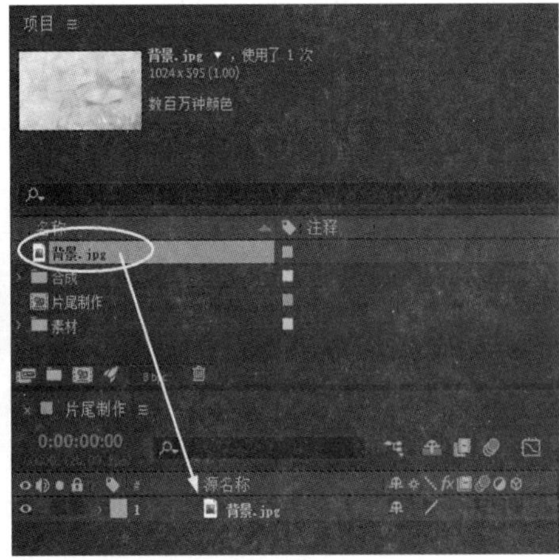

图 9.1.4　添加“背景”素材

（4）利用同样的方式添加“张伟”人物素材到合成时间线，如图 9.1.5 所示。

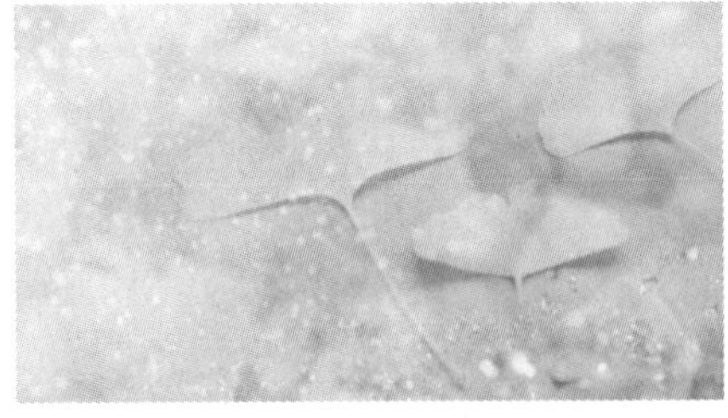

图 9.1.5　添加的“背景”和“张伟”素材

（5）在图层面板将“背景”图层放置于上层，在工具栏选择钢笔工具，如图 9.1.6 所示。

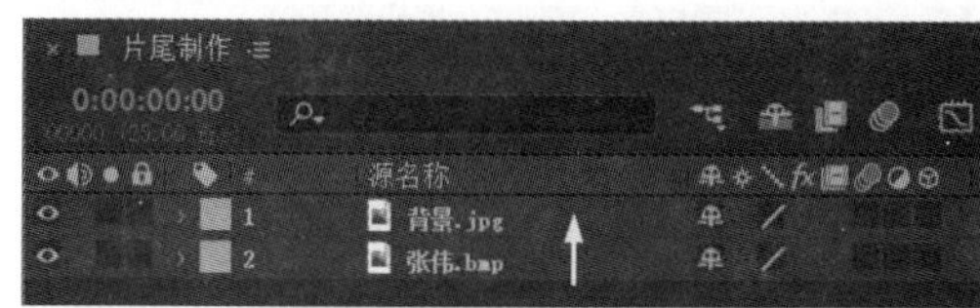

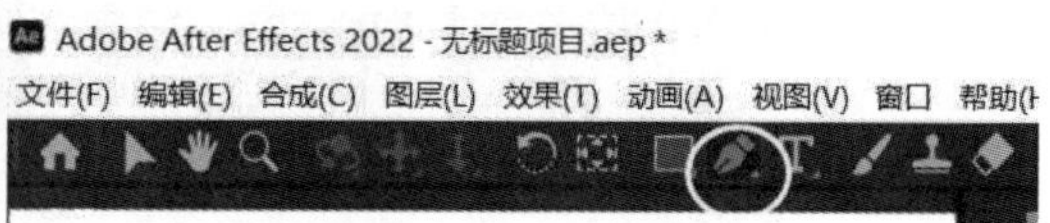

图 9.1.6　调整图层顺序并选择钢笔工具

（6）利用钢笔工具在“背景”图像上绘制蒙版，如图 9.1.7 所示。

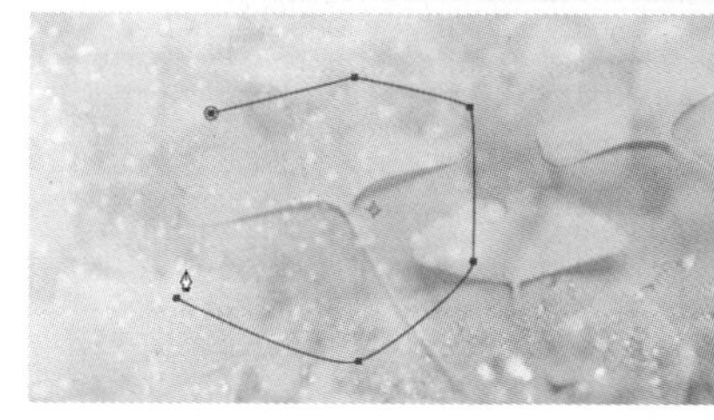

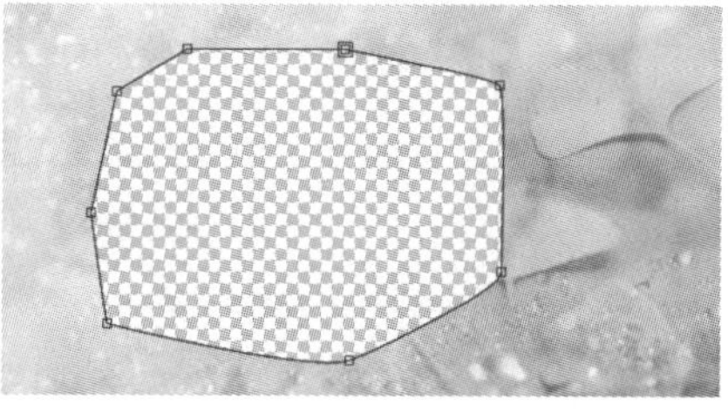

图 9.1.7　绘制蒙版

（7）按键盘“F”键，设置蒙版边缘的羽化数值为 218 像素，如图 9.1.8 所示。

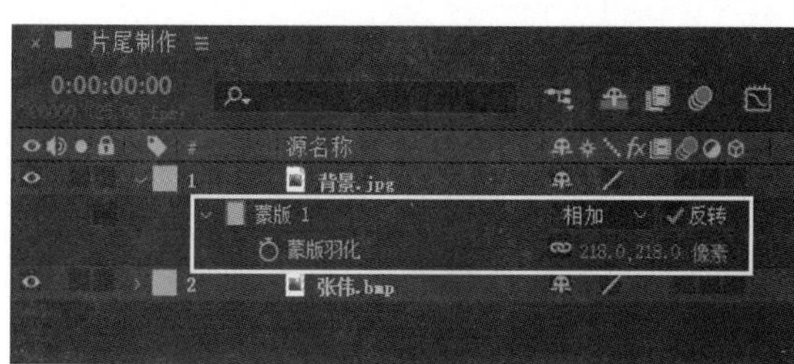

图 9.1.8　设置蒙版的边缘羽化

（8）选择“张伟”人物素材，单击菜单添加“效果”→“颜色校正”→“色阶”特效，设置“张伟”人物素材的颜色和背景颜色相匹配，详细设置如图 9.1.9 所示。

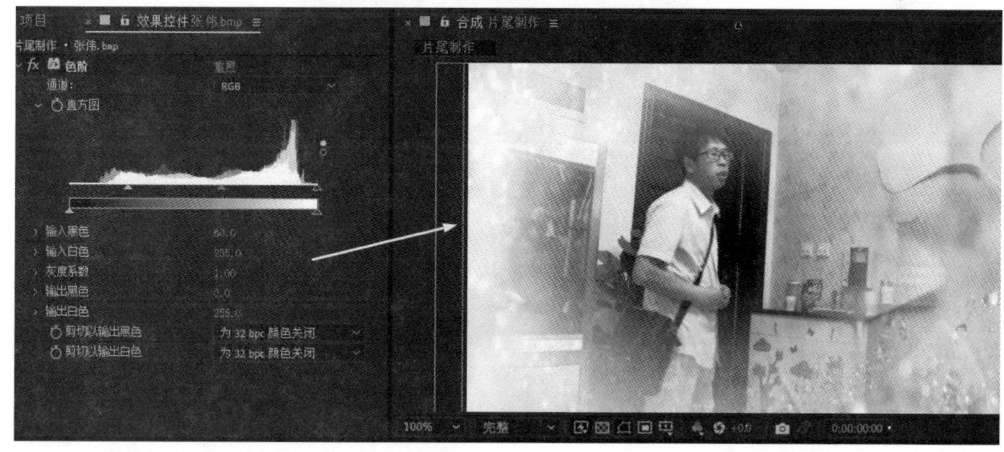

图 9.1.9　添加并设置“色阶”特效

（9）在合成图像上继续创建“向上滚屏”演职人员文字，如图 9.1.10 所示。

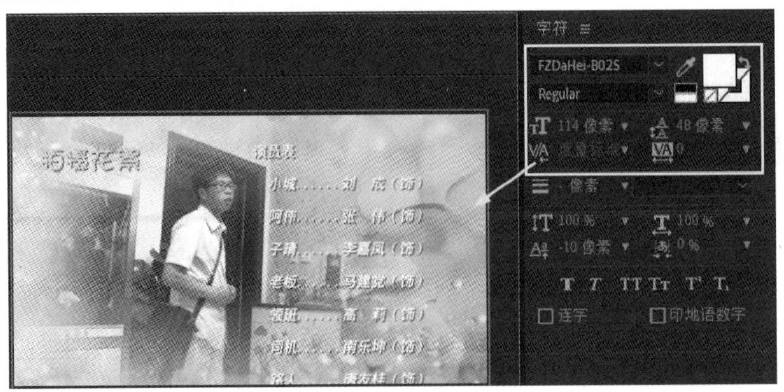

图 9.1.10　添加“向上滚屏”文字

（10）完成“微电影片尾”的整体制作，预览最终效果如图 9.1.1 所示。

9.2　“节目内容提要”的制作

1. 实验内容

在本实验中的制作过程中，主要运用到图层的轨道蒙版、绘制蒙版和羽化、斜面 Alpha 特效的使用方法和复制并粘贴蒙版的技巧等知识，最终效果如图 9.2.1 所示。

图 9.2.1　最终效果图

2. 实验目的

通过本实验的制作，能够熟练掌握绘制蒙版以及复制和粘贴蒙版等操作方法，并且巩固图层的轨道蒙版知识，合理运用“斜面 Alpha”特效等设置方法。

3. 操作步骤

（1）单击菜单执行“合成”→“新建合成”命令，在弹出的“合成设置”对话框里设置合成名称为“节目内容提要”，合成画面宽度为 720px，高度为 576 px，合成持续时间为 15 秒，添加“背景”素材到合成中，如图 9.2.2 所示。

图 9.2.2　图像合成设置对话框与“背景”素材

（2）给“背景”素材添加“色阶”特效，调整色阶的“红”色通道数值，如图 9.2.3 所示。

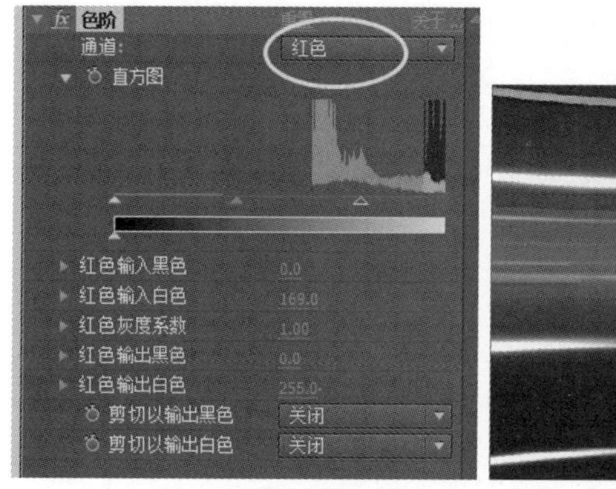

图 9.2.3　调整“背景”素材颜色

（3）利用圆角矩形工具在“动态背景”素材上绘制圆角矩形蒙版，在蒙版属性面板勾选“反转”选项，如图 9.2.4 所示。

（4）按键盘“Ctrl+N”键创建“边框”合成组，如图 9.2.5 所示。

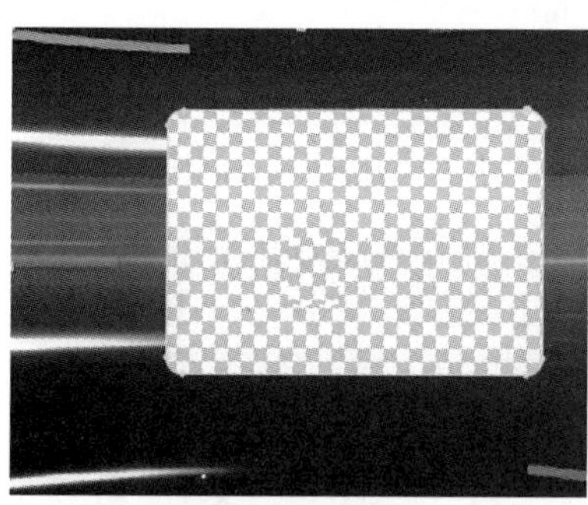

图 9.2.4　绘制圆角矩形蒙版

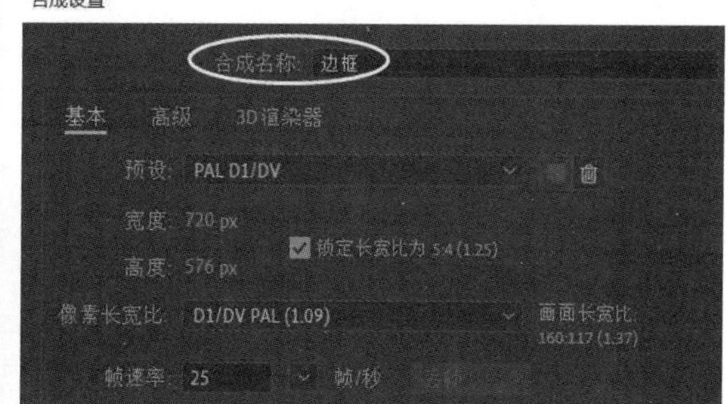

图 9.2.5　创建“边框”合成组

（5）将“背景”素材添加到“边框”合成组，在图层面板空白处单击鼠标右键执行“新建”→“纯色”命令，如图 9.2.6 所示。

（6）选择“背景”图层上的圆角矩形蒙版按键盘“Ctrl+C”键复制，在“边框”合成组里选择“白色纯色”按键盘“Ctrl+V”键粘贴，如图 9.2.7 所示。

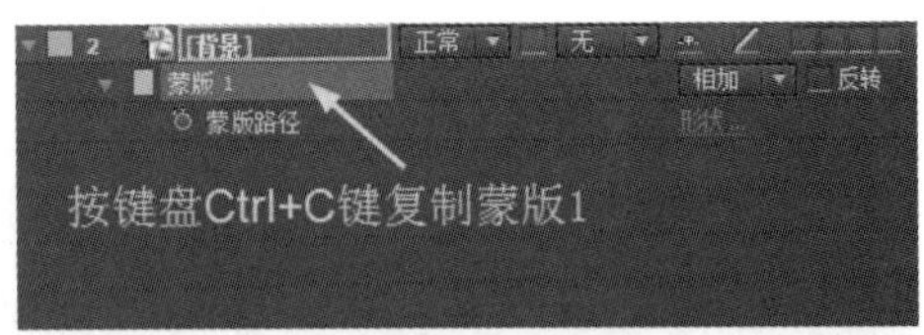

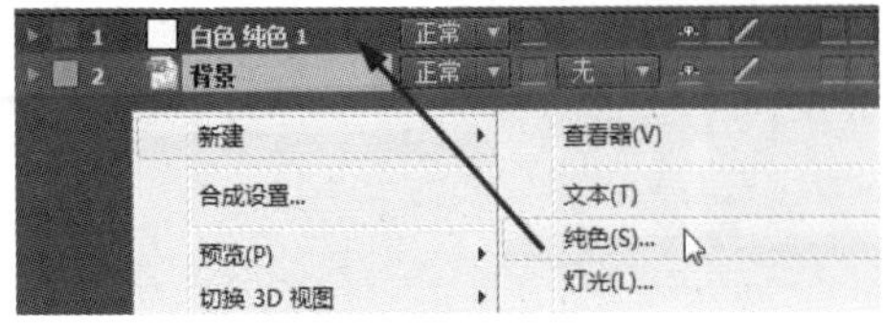

图 9.2.6　添加纯色　　　　图 9.2.7　复制并粘贴蒙版

（7）单击菜单添加“效果”→“生成”→“描边”特效，如图 9.2.8 所示。

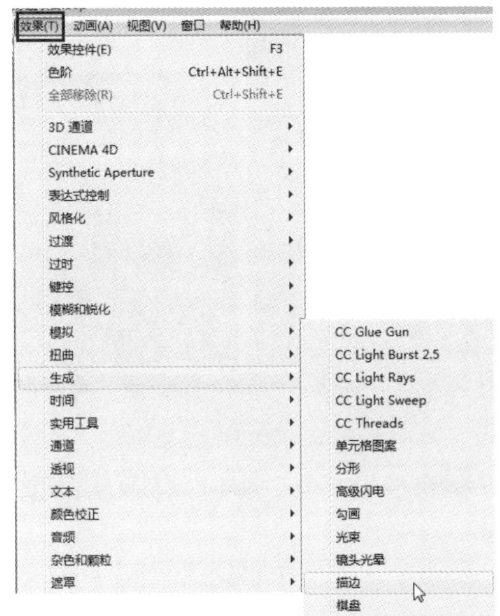

图 9.2.8　添加“描边”特效

（8）设置“描边”的颜色为白色，选择“绘画样式”为“在透明背景上”选项，如图 9.2.9 所示。

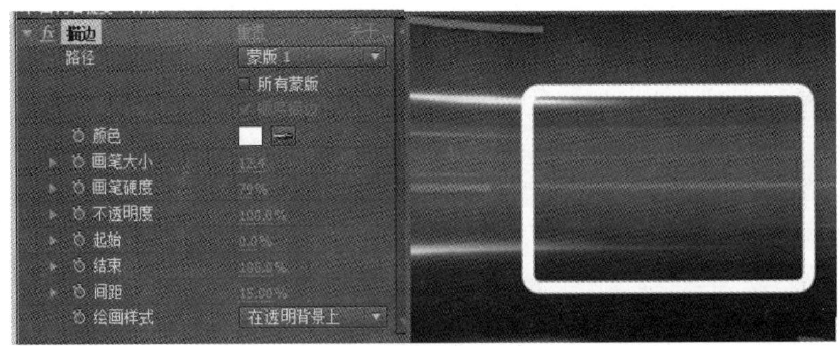

图 9.2.9　设置“描边”特效

（9）在“背景”图层的轨道蒙版上选择“Alpha 遮罩‘白色纯色 1’”选项，如图 9.2.10 所示。

（10）将“边框”合成添加到“节目内容提要”合成中，选择“边框”图层添加菜单“效果”→“透视”→“斜面 Alpha”特效，并且设置斜面 Alpha 的边缘厚度数值，如图 9.2.11 所示。

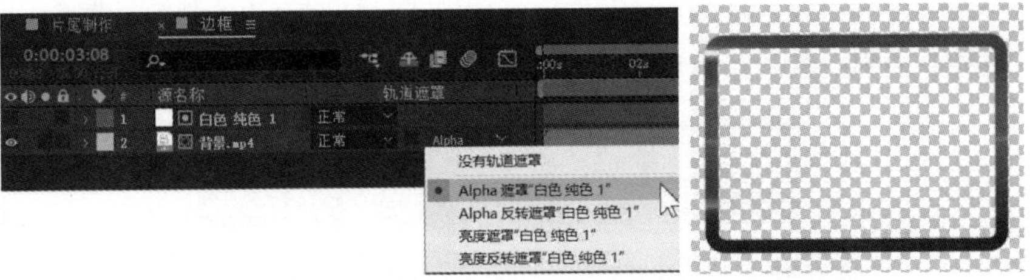

图 9.2.10 设置图层轨道蒙版

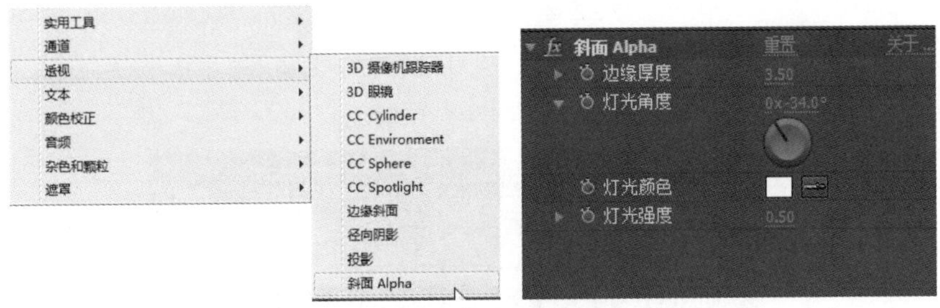

图 9.2.11 添加并设置“斜面 Alpha”特效

（11）导入“新闻素材”添加到“节目内容提要”合成的最底层，如图 9.2.12 所示。

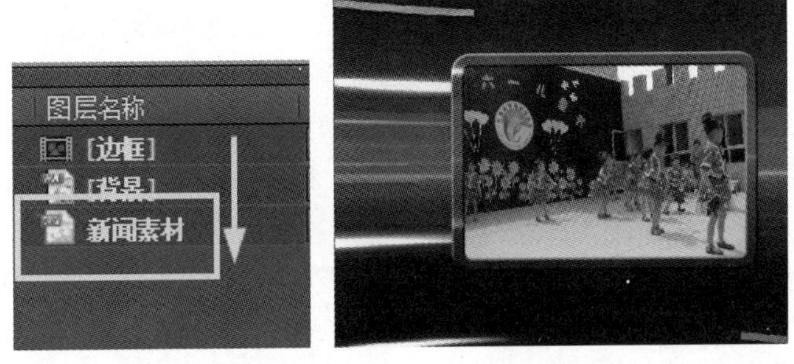

图 9.2.12 添加“新闻素材”到最底层

（12）按键盘“Ctrl+Y”键创建纯色，设置纯色名称为“字幕衬条”，纯色颜色为 R232、G107、B6，如图 9.2.13 所示。

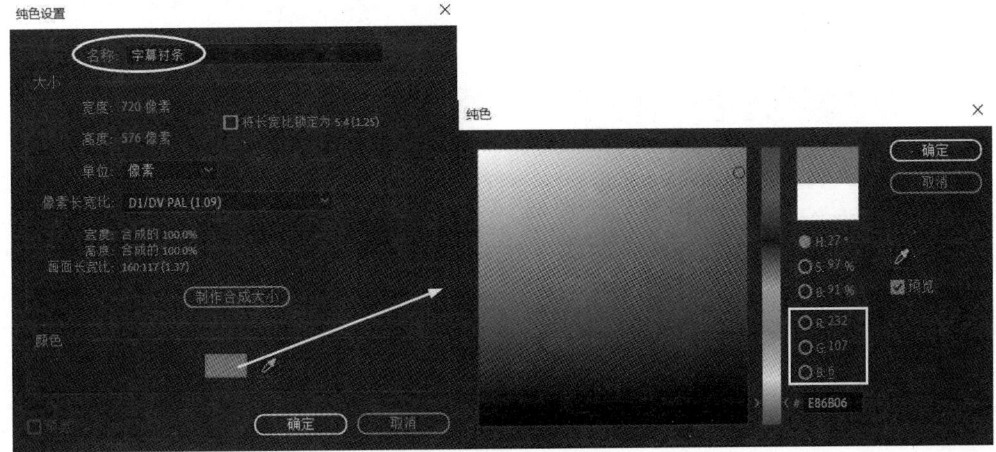

图 9.2.13 创建“字幕衬条”

（13）设置“字幕衬条”的高度，利用矩形蒙版工具■在纯色上绘制矩形蒙版，并设置水平方向的“蒙版羽化”数值，如图 9.2.14 所示。

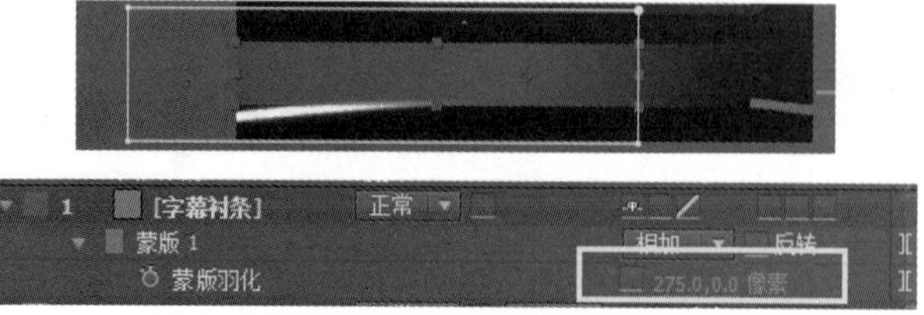

图 9.2.14　绘制矩形蒙版并羽化蒙版

（14）在合成图像上输入“内容提要”文字，在字幕衬条上输入“我市举办‘庆六一’文艺汇演”文字并设置文字的字体属性等，如图 9.2.15 所示。

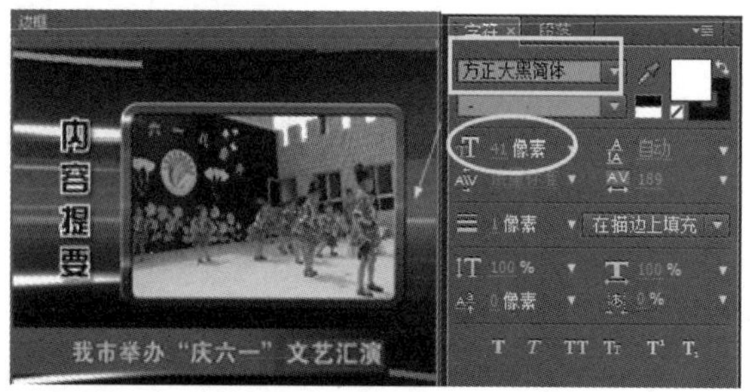

图 9.2.15　输入并设置文字属性

（15）给“背景”添加“高斯模糊”特效，适当调整“模糊量”数值，如图 9.2.16 所示。

（16）给“内容提要”文字添加“减少交错闪烁”和“投影”特效，并设置“柔和度”数值，如图 9.2.17 所示。

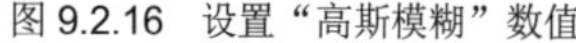

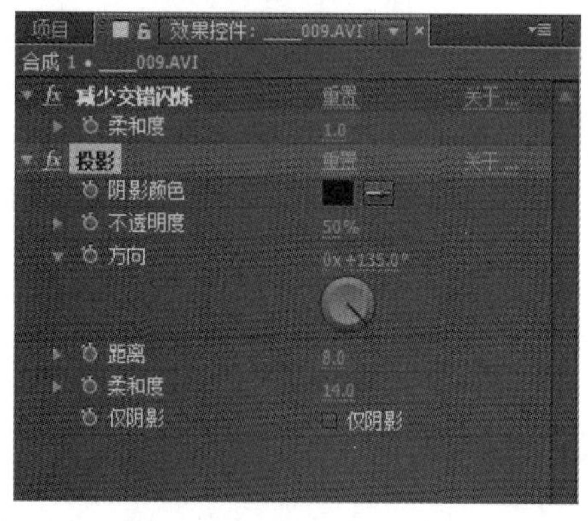

图 9.2.16　设置“高斯模糊”数值　　图 9.2.17　设置“减少交错闪烁”和“投影”特效数值

（17）完成整个“节目内容提要”的制作，最终效果如图 9.2.1 所示。

9.3　电影《延安新区之恋》片名制作

1．实验内容

在本实验的制作过程中，主要运用了绘制蒙版、书写、蒙版路径的操作方法和技巧，最终效果如

图 9.3.1 所示。

图 9.3.1　最终效果图

2．实验目的

通过本实验的制作，能够熟练绘制蒙版，合理地运用描边、蒙版路径和颜色填充等知识。

3．操作步骤

（1）按键盘“Ctrl+N”键新建合成，在弹出的“合成设置”对话框里设置合成名称为“延安新区之恋”，合成画面宽度为 720px，高度为 576px，合成持续时间为 15 秒，如图 9.3.2 所示。

（2）导入“延安”素材并添加到“延安新区之恋”合成中，如图 9.3.3 所示。

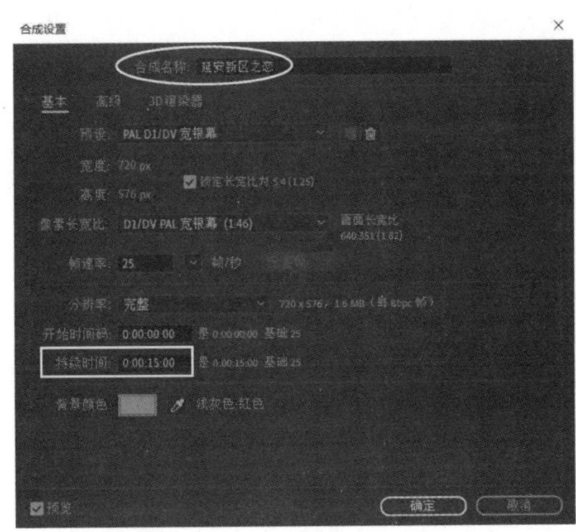

图 9.3.2　“合成设置”对话框

图 9.3.3　添加“延安”素材

（3）导入“延安新区之恋.psd”素材并添加到合成中，适当调整其在合成中的位置，如图 9.3.4 所示。

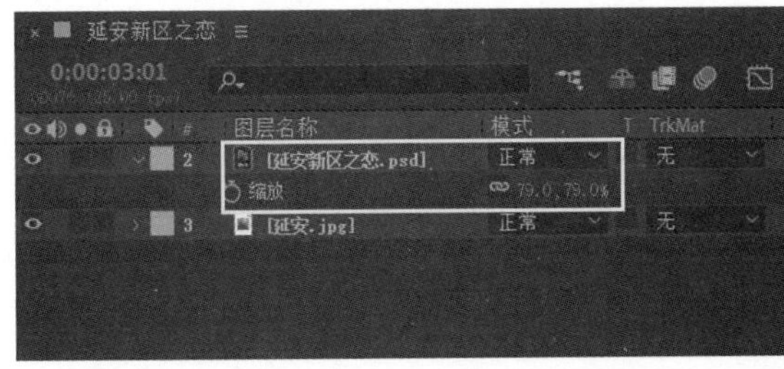

图 9.3.4　设置“延安新区之恋.psd”在合成中的位置

（4）新建一个纯色图层，在弹出的“纯色设置”对话框里设置纯色的名称为“文字蒙版”，颜色为白色，并将“纯色”图层进行隐藏显示，如图 9.3.5 所示。

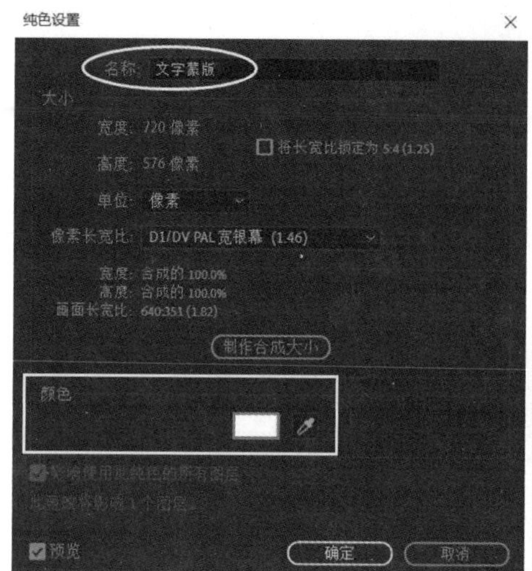

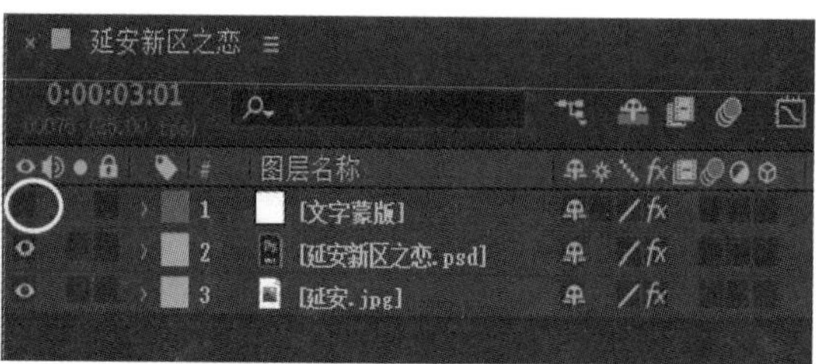

图 9.3.5　新建“纯色”图层并隐藏显示

（5）在“纯色”图层上利用钢笔工具顺着文字的笔画绘制蒙版路径，如图 9.3.6 所示。

图 9.3.6　利用钢笔工具绘制蒙版路径

（6）给“纯色”图层添加“写入”效果，并启用“画笔描边”的关键帧动画，如图 9.3.7 所示。

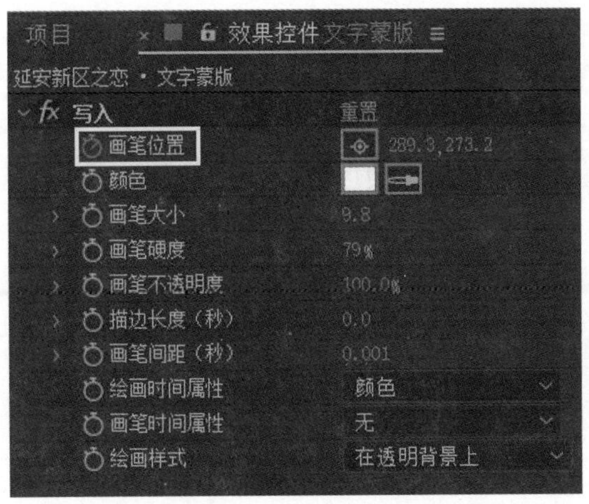

图 9.3.7　给“纯色”图层添加“写入”效果

（7）在合成时间线上调出“文字蒙版”图层的“蒙版路径”和“画笔位置”属性，将“蒙版路径”复制到“画笔位置”，如图 9.3.8 所示。

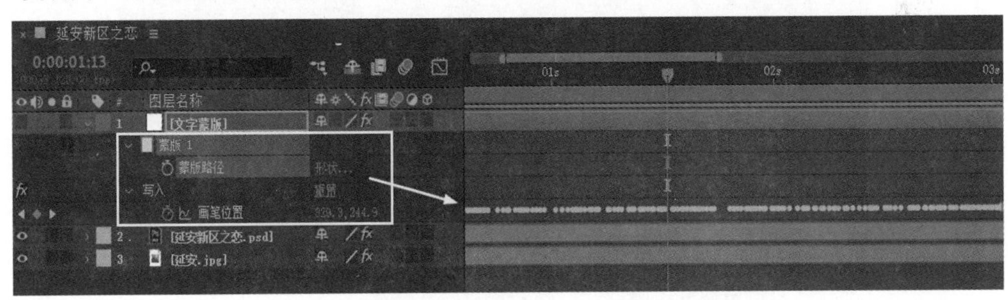

图 9.3.8　将“蒙版路径”复制到“画笔位置”

（8）在合成时间线上取消“文字蒙版”图层的隐藏，并设置“写入”效果的绘画样式为“在透明背景上”，如图 9.3.9 所示。

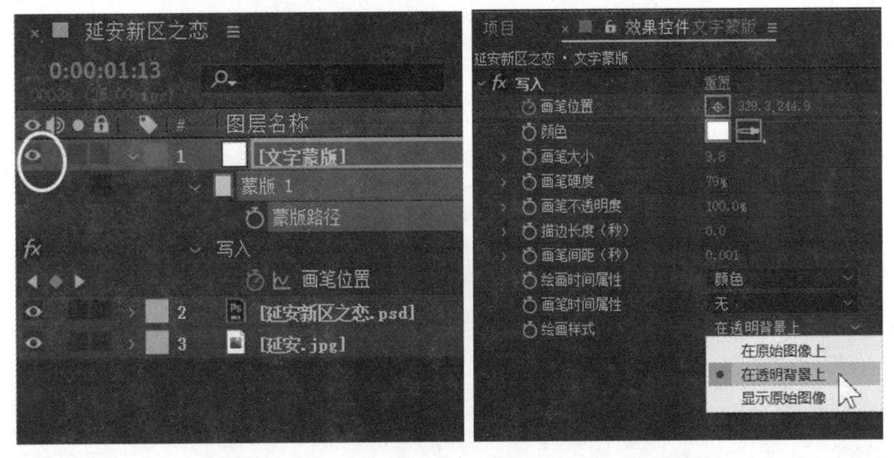

图 9.3.9　取消“文字蒙版”图层的隐藏并设置“写入”效果

（9）在效果控件面板设置“写入”效果的颜色、画笔大小和画笔间距等数值，如图 9.3.10 所示。

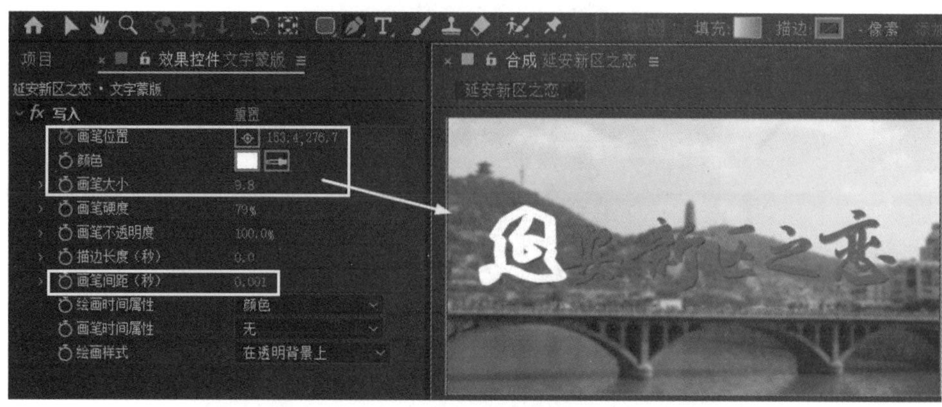

图 9.3.10 设置“写入”效果各项数值

（10）在合成时间线上将“延安新区之恋.psd”图层的轨道遮罩设置为“Alpha 遮罩[文字蒙版]”选项，完成手写文字效果，如图 9.3.11 所示。

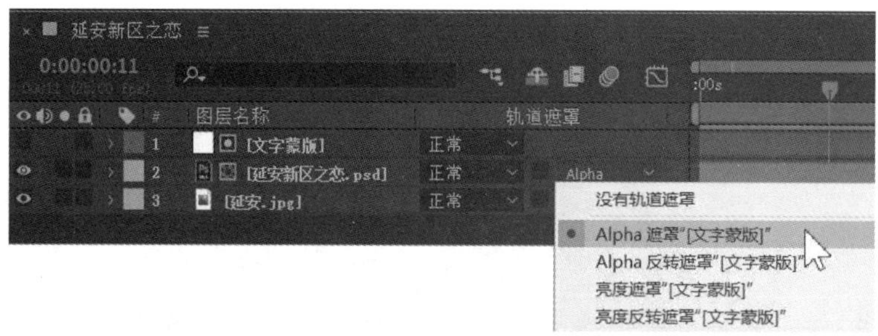

图 9.3.11 设置“延安新区之恋.psd”图层的轨道遮罩

（11）给“延安”素材添加“高斯模糊”效果，让背景素材形成虚化效果，如图 9.3.12 所示。

图 9.3.12 添加“高斯模糊”效果

（12）给“延安新区之恋.psd”图层添加“填充”和“投影”效果，设置填充颜色为红色，如图 9.3.13 所示。

图 9.3.13　添加“填充”和“投影”效果

（13）完成整个电影《延安新区之恋》片名的制作，最终效果如图 9.3.1 所示。